T0225245

Leitfaden für Fachkundige im Laserschutz

Claudia Schneeweiss · Jürgen Eichler ·
Martin Brose · Daniela Weiskopf

Leitfaden für Fachkundige im Laserschutz

Hilfe bei der Durchführung der
Gefährdungsbeurteilung nach OStrV

 Springer Spektrum

Claudia Schneeweiss
Fachbereich II, Beuth Hochschule für
Technik Berlin
Berlin, Deutschland

Jürgen Eichler
Fachbereich II
Beuth Hochschule für Technik Berlin
Berlin, Deutschland

Martin Brose
Fachkompetenzcenter Strahlenschutz
BG Energie Textil Elektro
Medienerzeugnisse
Köln, Deutschland

Daniela Weiskopf
Bundesamt für Strahlenschutz
Oberschleißheim, Bayern, Deutschland

ISBN 978-3-662-61241-5   ISBN 978-3-662-61242-2   (eBook)
https://doi.org/10.1007/978-3-662-61242-2

Die Deutsche Nationalbibliothek verzeichnet diese Publikation in der Deutschen Nationalbibliografie;
detaillierte bibliografische Daten sind im Internet über http://dnb.d-nb.de abrufbar.

Planung/Lektorat: Margit Maly
Springer Spektrum ist ein Imprint der eingetragenen Gesellschaft Springer-Verlag GmbH, DE und ist
ein Teil von Springer Nature
Die Anschrift der Gesellschaft ist: Heidelberger Platz 3, 14197 Berlin, Germany

Ich widme dieses Buch meinen wundervollen Töchtern Meike und Annika und meinem Mann Christian, ohne die mein Leben sehr viel ärmer wäre.

Claudia Schneeweiss

Ich widme dieses Buch meinem Sohn Alexander und meiner Frau Evelyn.

Jürgen Eichler

Vorwort

Verantwortlich für den Arbeitsschutz im Unternehmen sind die Arbeitgebenden. Diese müssen für jeden Arbeitsplatz eine Gefährdungsbeurteilung erstellen, geeignete Schutzmaßnahmen festlegen und umsetzen und deren Wirksamkeit regelmäßig überprüfen. Um die Arbeitgebenden hierbei zu entlasten, ist im Arbeitsschutzgesetz daher festgelegt, dass die Arbeitgebenden nach § 13 (2) zuverlässige und fachkundige Personen schriftlich damit beauftragen können, ihnen obliegende Aufgaben nach diesem Gesetz in eigener Verantwortung wahrzunehmen [1]. Dieses können Vorgesetzte wie z. B. Referatsleitende, Abteilungsleitende, Prokuristen, Meister oder Schichtleitende sein. Das vorliegende Buch soll klären und Hilfestellung dabei geben, welche Aufgaben diese Fachkundigen im Laserschutz haben und welche Qualifikationen sie für die ordnungsgemäße Wahrnehmung der ihnen übertragenen Aufgaben mitbringen müssen. Insofern richtet sich das Buch sowohl an Arbeitgebende als auch an Vorgesetzte, welche Pflichten zum Laserschutz übertragen bekommen haben.

Nach der im Laserschutz geltenden Arbeitsschutzverordnung zum Schutz der Beschäftigten vor Gefährdungen durch künstlicher optischer Strahlung OStrV [2] werden Fachkundige für die Erstellung der Gefährdungsbeurteilung und für Messungen und Berechnungen gefordert. Die für Laserschutzbeauftragte geforderten Fachkenntnisse wurden bereits in unserem Buch „Leitfaden für Laserschutzbeauftragte" [3] ausführlich bearbeitet. Dieses Buch vermittelt die Kenntnisse, welche erforderlich sind, um eine Gefährdungsbeurteilung und Messungen und Berechnungen zum Laserschutz an Laserarbeitsplätzen fachkundig durchführen zu können.

Die Themen des Buches sind in fünf Teile mit jeweils mehreren Kapiteln gegliedert, welche teilweise durch Übungen ergänzt werden.

Teil I des Buches betrachtet die rechtlichen, technischen, physikalischen und biologischen Grundlagen des Laserschutzes. Als Einstieg wird in Kap. 1 ein Überblick über die rechtlichen Grundlagen gegeben. Es werden die wesentlichen Merkmale des dualen Arbeitsschutzsystems in Deutschland erklärt, die wichtigsten Gesetze und Verordnungen betrachtet und im Anschluss daran wird auf die im Laserschutz spezifischen Regelungen eingegangen. Von großer Bedeutung ist hierbei die Verordnung zum Schutz der Arbeitnehmer vor künstlicher optischer Strahlung (OStrV) und deren Konkretisierung durch die Technischen Regeln Laserstrahlung (TROS Laser), deren Inhalte beschrieben werden. Eine weitere

wichtige Rolle im Arbeitsschutz spielt die Deutsche Gesetzliche Unfallversicherung (DGUV), deren Vorschriften, Informationen und Regeln ebenfalls aufgezeigt und besprochen werden. Abgerundet wird das Kapitel mit Informationen
zu den im Laserschutz anwendbaren Normen, welche vor allem für die Hersteller
bei der Klassifizierung von Laseranlagen von Bedeutung sind, aber auch den Fachkundigen wichtige Informationen liefern können. Unter anderem wird die Vorgehensweise bei einer einfachen Klassifizierung eines Lasersystems vorgestellt.

Im Anschluss daran werden in Kap. 2 die physikalischen Grundlagen der
Laserstrahlung erläutert. Dieses Wissen ist notwendig, da die besonderen Eigenschaften der Laserstrahlung, wie z. B. die Wellenlänge, die geringe Divergenz und
hohe Leistungs- bzw. Energiedichten, zum einen die vielfachen Anwendungen
des Lasereinsatzes ermöglichen, zum anderen aber auch die Grundlage des
Gefährdungspotenzials darstellen. Nach einer kurzen Einführung in die Funktion
des Lasers werden dessen Eigenschaften erläutert und der Unterschied zwischen
kohärenter und inkohärenter Strahlung beschrieben. Danach wird auf den Aufbau
und die Funktion des Lasers eingegangen. Weiterhin werden verschiedene Lasersysteme vorgestellt, es werden die Strahlparameter wie Strahlradius und Strahldivergenz beschrieben und die Strahlführung durch Linsen und Fasern bearbeitet.

Das Kap. 3, Messungen von Laserstrahlung und Geräte, gibt eine Einführung
in die Funktion und den Umgang mit Messgeräten zur Bestimmung der Parameter
wie z. B. Leistung, Energie und Wellenlänge der Laserstrahlung. Daneben werden
verschiedene Möglichkeiten der Abschirmung und die Bestimmung des Laserbereichs beschrieben.

Es folgt in Kap. 4 eine Beschreibung der biologischen Wirkungen der Laserstrahlung, welche zum Verständnis der Entstehung eines Laserschadens benötigt
werden. Wichtige neue Erkenntnisse hierzu wurden von Frau Dr. Bettina Hohberger von der Augenklinik des Universitätsklinikums Erlangen zum Thema
Augengefährdung und von Frau Dr. Stephanie Albrecht, von der Beuth Hochschule für Technik und der Charité Berlin, zum Thema Hautgefährdung beigetragen. Es wird in diesem Kapitel zunächst auf die optischen Eigenschaften von
Gewebe wie Absorption, Streuung und Reflexion von optischer Strahlung eingegangen und im Anschluss daran ein Überblick über die verschiedenen Wechselwirkungen von Laserstrahlung mit Gewebe gegeben. Je nach Bestrahlungsdauer
und Leistungs- bzw. Energiedichte kommt es zu unterschiedlichen Gewebs-
reaktionen, wie der thermischen Wirkung, der fotochemischen Wirkung und zu
nichtlinearen Effekten, welche bei sehr hohen Intensitäten auftreten können. Da
die Art der Wirkung auch von der Eindringtiefe und somit von der Wellenlänge
der Strahlung abhängt, wird auch darauf intensiv eingegangen. Weiterhin wird
eine Übersicht über den Schadensort (Auge oder Haut) und die jeweilige Wirkung
gegeben. Übungen mit Lösungen runden das Thema ab.

In *Teil II* des Buches wird auf die im Laserschutz wichtigen Grenzwerte eingegangen. Ein ganz wesentlicher Aspekt stellt das Verständnis der Expositionsgrenzwerte (EGW) dar, welche in Kap. 5 behandelt werden. Diese geben
die Grenzen von Leistungs- bzw. Energiedichte an, ab welchen mit einem
Augen- bzw. Hautschaden zu rechnen ist. Die Expositionsgrenzwerte hängen

in komplizierter Weise von der Bestrahlungsdauer und der Wellenlänge ab. Es werden diese Grenzwerte erklärt, typische Expositionsdauern aufgezeigt und die sogenannte „scheinbare Quelle" erklärt, welche die Größe des Netzhautbildes bestimmt und Einfluss auf die Höhe des EGW hat. Es wird veranschaulicht, wie Expositionsgrenzwerte sowohl anhand einer vereinfachten Tabelle als auch unter zu Hilfenahme ausführlicher Tabellen aus der TROS Laserstrahlung (Teil 2) ermittelt werden können. Einige Beispiele vertiefen das Verständnis.

Die in Kap. 6 beschriebenen Grenzwerte der zugänglichen Strahlung (GZS) werden vom Laserhersteller angewandt, um die Laser bzw. Lasersysteme in sogenannte Laserklassen einzuteilen. Für die Anwender sind die Laserklassen ein erster Hinweis auf die Gefährdung, die von dem Lasergerät ausgehen kann. Es wurde ein System von 8 Laserklassen entwickelt, wobei die Gefährdung von unten (Klasse 1) nach oben (Klasse 4) steigt. Für eine bessere Verständlichkeit werden die Voraussetzungen für die Laserklassen beschrieben und beispielhaft Grenzwerte berechnet und aufgezeigt. Die Klassifizierung ist sehr aufwändig und erfordert viel Fachwissen und die nötige Infrastruktur zur Messung der Laserstrahlung. An einem Beispiel wird die Vorgehensweise bei der Klassifizierung eines Lasers beschrieben.

Teil III des Buches beschäftigt sich mit der Ermittlung von Gefährdungen am Arbeitsplatz und daraus resultierenden Schutzmaßnahmen. Hierbei ist es wichtig, sich mit den jeweiligen Arbeitsabläufen vertraut zu machen. Es wird zwischen direkten und indirekten Gefährdungen unterschieden. Die in Kap. 7 beschriebenen direkten Gefährdungen entstehen durch direkte, reflektierte und gestreute Laserstrahlung. Sie betreffen nur die Augen und die Haut, da die Laserstrahlung relativ stark vom Gewebe absorbiert wird und nicht zu den Organen vordringen kann. Der Schaden wird durch die Laserstrahlung selbst verursacht und kann je nach Wellenlänge unterschiedliche Bereiche betreffen. Es wird beschrieben, welche Gefährdungen bei der Einwirkung von Laserstrahlung im UV-Bereich, im sichtbaren- und im infraroten Bereich auf Auge und Haut auftreten und welche Wirkung diese haben kann.

Indirekte Gefährdungen werden ebenfalls in Kap. 7 betrachtet. In Expertenkreisen inzwischen unbestritten ist die indirekte Gefährdung durch die Blendung im sichtbaren Wellenlängenbereich. Bereits sehr kleine Laserleistungen können dazu führen, dass Personen nach einer Bestrahlung der Augen einige Minuten lang nichts sehen. Dies ist in verschiedenen Arbeitssituationen, wie z. B. dem Führen eines Fahrzeugs oder dem Arbeiten auf Leitern, ein ernst zu nehmendes Problem, da die Sehbehinderung zu einem Unfall führen kann. Eine weitere indirekte Gefährdung kann durch inkohärente optische Strahlung entstehen, wie sie z. B. beim Schweißen von Materialien entsteht. Dort wo mit extrem kurz gepulster Laserstrahlung gearbeitet wird, ist außerdem mit der Entstehung von Röntgenstrahlung zu rechnen. Kann dies nicht ausgeschlossen werden, so ist ein Strahlenschutzbeauftragter hinzuzuziehen, der die Gefährdung beurteilen und gegebenenfalls Schutzmaßnahmen festlegen muss. Weitere nicht zu unterschätzende Gefährdungen bestehen in der Brand- und Explosionsgefahr von Stoffen und Stoffgemischen, welche durch Laserstrahlung in Brand gesetzt bzw.

zur Explosion gebracht werden können und die Entstehung von toxischen und infektiösen Stoffen bei der Einwirkung von Laserstrahlung.

Wurde im Unternehmen festgestellt, dass vom Laserarbeitsplatz Gefährdungen ausgehen, so müssen dementsprechende Schutzmaßnahmen getroffen werden. Hierbei ist nach dem sogenannten STOP-Prinzip, welches ausführlich beschrieben wird, vorzugehen. Zunächst einmal ist eine Substitution durchzuführen, welche in Kap. 8 beschrieben wird. Dies bedeutet, dass der Arbeitgeber vor dem Kauf bzw. Einsatz eines Arbeitsmittels prüfen soll, ob es ein geeignetes anderes Arbeitsmittel mit einer geringeren Gefährdung gibt. und dieses dementsprechend dann einsetzt. Ist dies nicht möglich, sollen zunächst technische und bauliche, dann organisatorische und zuallerletzt personenbezogene Schutzmaßnahmen getroffen werden.

Kap. 9 befasst sich mit möglichen technischen Schutzmaßnahmen, welche aber nur eine Auswahl darstellen.

Danach werden in Kap. 10 organisatorische Schutzmaßnahmen, wie die Bestellung der Laserschutzbeauftragten, das Abgrenzen und Kennzeichnen des Laserbereichs sowie dessen Zugangsregelung, beschrieben. Es wird gezeigt, wie eine Betriebsanweisung für die Beschäftigten auszusehen hat, wann die Arbeitsmedizinische Vorsorgeverordnung Anwendung findet und wie man sich nach einem Unfall verhalten muss.

Kap. 11 widmet sich dann dem Thema der personenbezogenen Schutzmaßnahmen mit dem Schwerpunkt auf Laserschutz- und Laserjustierbrillen. Um die richtigen Brillen anschaffen und beurteilen zu können , ist einiges an Wissen erforderlich. Es wird erklärt, nach welchem Prinzip Schutzbrillen arbeiten und was sich hinter der Kennzeichnung auf dem Gestell oder den Filtern verbirgt. Weiterhin werden beispielhaft mit Hilfe von Tabellen Schutzstufen von Brillen für den Schutz vor Strahlung aus Dauerstrich- und Impulslasern ermittelt. Zum Schluss werden Hinweise zum Arbeiten mit Schutzbrillen im Laserbereich gegeben und es wird kurz auf Schutzkleidung eingegangen.

Kap. 12 befasst sich mit einem wichtigen Instrument des Arbeitsschutzes, der Unterweisung. Es wird beschrieben, wer unterweisen muss, wer die Personen sind, die unterwiesen werden müssen und wann und wie eine Unterweisung zu erfolgen hat.

Kap. 13 beschäftigt sich mit einer speziellen Anwendung des Lasers, dem Einsatz bei Lasershows und Laserprojektionen.

In *Teil IV des Buches* wird in Kap. 14 ausführlich auf die Erstellung und Dokumentation der Gefährdungsbeurteilung eingegangen.

Um den Fachkundigen die Arbeit zu erleichtern, werden in Kap. 15 einige exemplarische Beispiele von Gefährdungsbeurteilungen aus verschiedenen Anwendungsbereichen entworfen, welche als Vorlage zum eigenen Entwurf der Gefährdungsbeurteilung dienen können.

Abgerundet wird das Buch durch häufige Fragen (FAQ) und deren Beantwortung, die im Rahmen von Fachkunde- und Laserschutzkursen an die Autorinnen und die Autoren herangetragen wurden.

Den Abschluss des Buches bilden in *Teil V* verschiedene Anlagen. Dort finden sich die aktuelle OStrV, eine Formelsammlung zum Laserschutz, Beispiele für Betriebsanweisungen aus unterschiedlichen Bereichen, eine Vorlage für die Bestellung von Laserschutzbeauftragten und eine Vorlage für eine Unterweisung.

Die Autorinnen und die Autoren haben sich mit dem Genderaspekt der Sprache befasst und soweit wie möglich genderneutrale Formen benutzt. Wo dies aus Gründen der Lesbarkeit nicht möglich ist, sind bei der Benutzung der männlichen Form immer auch die Frauen mit gemeint.

Berlin Köln München
im März 2020

Claudia Schneeweiss
Jürgen Eichler
Martin Brose
Daniela Weiskopf

Literatur

1. Arbeitsschutzgesetz – ArbSchG. http://www.gesetze-im-internet.de/arbschg/__13.html. Zugegriffen: 6. Nov. 2017
2. Verordnung zum Schutz der Beschäftigten vor Gefährdungen durch künstliche optische Strahlung (Arbeitsschutzverordnung zu künstlicher optischer Strahlung – OStrV). https://www.gesetze-im-internet.de/ostrv/BJNR096010010.html. Zugegriffen: 7. Nov. 2017
3. Schneeweiss, C., Eichler, J., Brose, M.: Leitfaden für Laserschutzbeauftragte. Springer Spektrum, Heidelberg (2017)

Danksagung

An der Entwicklung dieses Buches waren neben den Autoren viele weitere Menschen beteiligt, die durch thematische Diskussionen, Vorarbeiten auf dem Gebiet des Laserschutzes und mit Korrekturen geholfen haben, das Buch zu verwirklichen.

Ganz besonders möchten wir uns bei unseren Ansprechpartnerinnen vom Springer Verlag Frau Stella Schmoll und Frau Margit Maly bedanken, die uns während des Entstehungsprozesses des Buches begleitet haben und uns immer mit Rat und Tat zur Seite standen.

Ein großer Dank geht an Frau Dr. Bettina Hohberger von der Augenklinik des Universitätsklinikums Erlangen und Frau Dr. Stephanie Albrecht von der Beuth Hochschule für Technik und der Charité Berlin, die mit ihren Beiträgen das Buch sehr bereichert haben.

Unser Dank geht auch an Herrn Dr. Thomas Collath, stellvertreter Geschäftsführer des Ingenieurbüros Goebel, der uns mit Kompetenz und Fachwissen zum Thema Klassifizierung von Lasersystemen beraten hat.

Ein weiterer Dank richtet sich an Prof. Dr. Wolfgang Wollmer vom UKE Hamburg, der durch seine Forschungen auf dem Gebiet der Entstehung von ionisierender Strahlung beim Einsatz von UKP-Lasern zur Entstehung dieses Buches beigetragen und uns Bildmaterial zur Verfügung gestellt hat.

Bedanken möchten wir uns auch bei Herrn Carsten Stoldt, von der BG ETEM, der uns bei den rechtlichen Grundlagen fachkundig unterstützt hat und bei Herrn Prof. Tassilo Seidler von der Beuth Hochschule für Technik Berlin, der uns auf dem Gebiet der biologischen Wirkungen beraten hat.

Unser Dank gilt Herrn Dr. Christian Sinn, Inhaber des Köln.Optik Ingenieurbüros, der uns durch die Korrekturen der Berechnungen dieses Buches sehr unterstütz hat.

Einige Bilder wurden uns von Firmen überlassen, die in den jeweiligen Bildlegenden zitiert sind. Auch ihnen gehört unser Dank.

Claudia Schneeweiss
Jürgen Eichler
Martin Brose
Daniela Weiskopf

Inhaltsverzeichnis

Teil V   Anhang

Teil I
Rechtliche, technische, physikalische und biologische Grundlagen

Rechtliche Grundlagen

1

Inhaltsverzeichnis

Damit die Fachkundigen ihrer verantwortungsvollen Position im Gesundheits- und Unfallschutz gerecht werden können, müssen sie auch im Bereich der rechtlichen Grundlagen Kenntnisse erwerben.

Der Arbeitsschutz basiert heute auf dem Arbeitsschutzgesetz (ArbSchG) von 1996 [1], gemäß welchem die Arbeitgeber verpflichtet sind, die Beschäftigten vor Gefahren bei der Arbeit zu schützen. Die Forderungen im Arbeitsschutzgesetz legen hierbei den Rahmen fest, welcher dann von den Arbeitgebern umgesetzt werden muss. Die Spannweite der Aufgaben reicht dabei von der sicheren Planung

© Springer-Verlag GmbH Deutschland, ein Teil von Springer Nature 2020
C. Schneeweiss et al., *Leitfaden für Fachkundige im Laserschutz,*
https://doi.org/10.1007/978-3-662-61242-2_1

und Errichtung der Arbeitsplätze, über die Beurteilung von Gefährdungen, die Festlegung geeigneter Schutzmaßnahmen und deren Umsetzung, bis zur Unterweisung der Beschäftigten.

Neben dem staatlichen Arbeitsschutz gibt es noch das System der Unfallverhütung durch die Deutsche Gesetzliche Unfallversicherung (DGUV), sodass der Arbeitsschutz aus zwei Säulen (duales System) besteht. Beide Systeme arbeiten eng zusammen, um den Arbeitsschutz so sicher wie möglich zu gestalten und Rechtssicherheit für die Unternehmen und die Beschäftigten zu schaffen. Im Rahmen der Gemeinsamen Deutschen Arbeitsschutzstrategie (GDA) haben sich alle Parteien dazu verpflichtet, bei der Beratung und Überwachung der Betriebe aufeinander abgestimmt vorzugehen [2].

Der Arbeitsschutz in Deutschland ist, wie in Abb. 1.1 gezeigt, hierarchisch aufgebaut und basiert heute auf europäischem Recht. Europäische Richtlinien zum Arbeitsschutz müssen in den Mitgliedsländern innerhalb einer bestimmten Frist in nationales Recht umgesetzt werden.

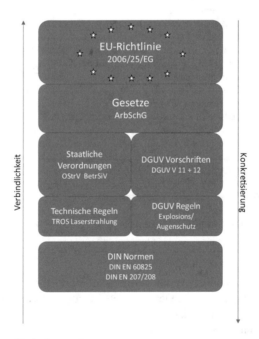

Abb. 1.1 Die Hierarchie im Laserschutz

ArbSchG	Arbeitsschutzgesetz
ASIG	Arbeitssicherheitsgesetz.
ChemG	Chemikaliengesetz.
ProdSiG	Produktsicherheitsgesetz
MPG	Medizinproduktegesetz.
MuSchG	Mutterschutzgesetz.
JArbSchG	Jugendarbeitsschutzgesetz.
SGB VII	Siebtes Buch Sozialgesetzbuch – Gesetzliche Unfallversicherung.
BetrSichV	Betriebssicherheitsverordnung
OStrV	Arbeitsschutzverordnung zu künstlicher optischer Strahlung
GefStoffV	Gefahrstoffverordnung.
DGUV	Deutsche Gesetzliche Unfallversicherung.
TROS	Technische Regeln Optische Strahlung.

1.1   Staatliche Regelungen des Laserschutzes

Der Laserschutz, als Teil des Arbeitsschutzes, basiert im Wesentlichen auf der EU-Richtlinie 2006/25/EG, welche in Deutschland auf Basis des Arbeitsschutzgesetzes mit der **Verordnung zum Schutz der Beschäftigten vor Gefährdungen durch künstliche optische Strahlung (OStrV) am** 27. Juli 2010 in nationales Recht umgesetzt wurde. Die OStrV wurde durch Art. 5 Abs. 6 vom 18.10.2017 geändert.

Im Folgenden werden die für den Laserschutz wesentlichen rechtlichen Grundlagen in hierarchischer Reihenfolge vorgestellt. Es wird hierbei kein Anspruch auf Vollständigkeit erhoben.

1.1.1   EU-Richtlinie 2006/25/EG

Die *Europäische Richtlinie* 2006/25/EG *Mindestvorschriften zum Schutz von Sicherheit und Gesundheit der Arbeitnehmer vor der Gefährdung durch physikalische Einwirkungen (künstliche optische Strahlung)* ist die Grundlage für die Vereinheitlichung des Schutzes vor künstlicher optischer Strahlung in den Mitgliedsländern. Die Umsetzung in nationales Recht hatte bis 2010 zu erfolgen. Die zentralen Themen sind die Gefährdungsbeurteilung der Arbeitsplätze mit künstlicher optischer Strahlung, die verbindliche Festlegung von Expositionsgrenzwerten als Mindeststandards in Europa sowie die Orientierung zur Festlegung von geeigneten Schutzmaßnahmen und die Unterweisung der Beschäftigten.

Zum besseren Verständnis dieser EU-Richtlinie wurde in der EU ein sogenannter Leitfaden erarbeitet:

Der unverbindliche Leitfaden der Europäischen Kommission für bewährte Praktiken zur Umsetzung der Richtlinie 2006/25/EG legt Anwendungen mit minimalen Risiken fest und gibt Hinweise zu weiteren Anwendungen. Er enthält eine Bewertungsmethode und beschreibt Maßnahmen zur Verminderung von Gefahren und zur Untersuchung gesundheitsschädlicher Auswirkungen [3].

In Deutschland ist er unter dem Namen *Ein unverbindlicher Leitfaden zur Richtlinie 2006/25/EG über künstliche optische Strahlung* entweder als Printausgabe oder im Internet auf den Seiten der Europäischen Kommission und den Seiten der Bundesanstalt für Arbeitsschutz und Arbeitsmedizin (BAuA) erhältlich. Zielgruppe sind die Staaten der EU, die auf der Basis des Leitfadens z. B. Technische Regeln erlassen können. Ferner können Fachkundige auf Basis des Leitfadens Gefährdungsbeurteilungen durchführen, sofern der eigene Staat keine anderen Festlegungen gibt.

1.1.2 Arbeitsschutzgesetz

Das *Arbeitsschutzgesetz* (ArbSchG) hat den Zielgedanken der Sicherung und Verbesserung des Arbeitsschutzes und der Vermeidung von Gefahren am Arbeitsplatz. Damit setzt es das im Grundgesetz Artikel 2 geforderte Recht der Menschen auf körperliche Unversehrtheit um. Das ArbSchG regelt die allgemeinen Pflichten und Aufgaben der Arbeitgeber. Es fordert u. a. die Erstellung einer Gefährdungsbeurteilung und die Unterweisung der Beschäftigten. Das ArbSchG regelt auch die Übertragung von Unternehmerpflichten, die arbeitsmedizinische Vorsorge und die Pflichten und Rechte der Beschäftigten.

1.1.3 Betriebssicherheitsverordnung (BetrSichV)

Die *Betriebssicherheitsverordnung* hat als Zielgedanken die Regelung der Anforderungen an das Bereitstellen von geeigneten Arbeitsmitteln durch den Arbeitgeber. Die Anforderungen aus der BetrSichV werden in den Technischen Regeln für Betriebssicherheit TRBS 1201 konkretisiert. Bei der Auswahl der Arbeitsmittel und der Einrichtung der Arbeitsplätze hat der Arbeitgeber auch auf altersbezogene physiologische Veränderungen der Beschäftigten zu achten. Er ist also verpflichtet, gegenwärtige und zukünftige Entwicklungen zu berücksichtigen. Ein Beispiel hierfür ist die im Alter eingeschränkte Beweglichkeit der Gelenke. Der Arbeitsplatz muss dahingehend eingerichtet werden, dass z. B. bestimmte Körperhaltungen vermieden werden. Weiterhin hat der Arbeitgeber die psychische Belastung am Arbeitsplatz zu bewerten. Beispiele hierfür sind Mobbing, zu hohe Erwartung an die Beschäftigten und nachlassende Leistungsfähigkeit im Alter.

1.1.4 Gefahrstoffverordnung (GefStoffV)

Die *Gefahrstoffverordnung* (GefStoffV) hat den Zielgedanken des Schutzes von Mensch und Umwelt vor Gefahrstoffen und fordert Schutzmaßnahmen der Beschäftigten und anderer Personen bei Tätigkeiten mit diesen. Zentrale Themen sind die Gefährdungsbeurteilung des Arbeitsplatzes, Schutzmaßnahmen und die Unterweisung der Beschäftigten. Zur Konkretisierung dieser Verordnung dienen die *Technischen Regeln für Gefahrstoffe* (TRGS).

1.1.5 Arbeitsschutzverordnung zu künstlicher optischer Strahlung (OStrV)

In Deutschland wurde am 19. Juli 2010, basierend auf der EU-Richtlinie 2006/25/EG, die *Arbeitsschutzverordnung zu künstlicher optischer Strahlung* – OStrV erlassen, welche im November 2016 und letztmalig am 18.10.2017 im Bundesrat geändert wurde. Die OStrV deckt sowohl den Bereich der kohärenten Strahlung (Laserstrahlung) als auch der inkohärenten Strahlung (IOS) ab und hat als Zielgedanken den Schutz der Arbeitnehmer vor Gefährdungen durch künstliche optische Strahlung. Zentrale Themen sind die Gefährdungsbeurteilung der Arbeitsplätze, Expositionsgrenzwerte und die Unterweisung der Beschäftigten. Das Inhaltsverzeichnis der OStrV ist in Tab. 1.1 Inhalte der Arbeitsschutzverordnung zu künstlicher optischer Strahlung – OStrV [4] gezeigt.

1.1.6 Technische Regeln Laserstrahlung (TROS Laserstrahlung)

Technische Regeln lösen die sogenannte Vermutungswirkung aus und bieten dadurch Rechtssicherheit für den Anwender. So kann der Arbeitgeber bei der Anwendung der Technischen Regeln davon ausgehen, die entsprechenden Arbeitsschutzvorschriften einzuhalten. Weicht der Arbeitgeber von der Technischen Regel ab oder wählt eigenständig eine andere Lösung zur Erfüllung der Verordnung, ist die gleichwertige Erfüllung durch den Arbeitgeber mit Angabe des Grundes für die entsprechenden Maßnahmen nachzuweisen und schriftlich zu dokumentieren [5].

Tab. 1.1 Inhalte der Arbeitsschutzverordnung zu künstlicher optischer Strahlung – OStrV [4]

Abschnitt 1	Anwendungsbereich und Begriffsbestimmungen
Abschnitt 2	Ermittlung und Bewertung der Gefährdung durch künstliche optische Strahlung; Messungen
Abschnitt 3	Expositionsgrenzwerte für und Schutzmaßnahmen gegen künstliche optische Strahlung
Abschnitt 4	Unterweisung der Beschäftigten bei Gefährdungen durch künstliche optische Strahlung; Beratung durch den Ausschuss für Arbeitssicherheit
Abschnitt 5	Straftaten und Ordnungswidrigkeiten

Um die Verordnung OStrV in die Praxis umzusetzen und rechtssicher anwenden zu können, wurden durch den Ausschuss für Betriebssicherheit sowohl für die Laserstrahlung als auch für die inkohärente optische Strahlung *Technische Regeln Optische Strahlung* (TROS) erarbeitet. Die TROS *Laserstrahlung* [5] wurde erstmalig im Juli 2015 durch das Bundesministerium für Arbeit und Soziales (BMAS) im *Gemeinsamen Ministerialblatt* Nr. 12–15/2015 veröffentlicht und ist sowohl im Internet auf den Seiten des BMAS (https://www.bmas.de) als auch in gedruckter Form beim BMAS, Referat Information, Publikation, Redaktion in 53.107 Bonn erhältlich (Anfragen per Email an: publikationen@bundesregierung.de). Die TROS Laserstrahlung wurde 2018 aktualisiert.

Der Zielgedanke der TROS Laserstrahlung ist die Konkretisierung der Anforderungen aus der OStrV. Sie gibt Hilfestellung bei den zentralen Themen Gefährdungsbeurteilung der Arbeitsplätze, Messungen und Berechnungen von Expositionen, sie enthält Tabellen zu den Expositionsgrenzwerten und beschreibt Schutzmaßnahmen. Der Inhalt der TROS Laserstrahlung ist in Tab. 1.2 dargestellt.

Teil „Allgemeines" Im Teil „Allgemeines" werden wesentliche Begriffe hinsichtlich der Laserstrahlung erläutert, die bei der Durchführung der Gefährdungsbeurteilung, Messungen, Berechnungen und der Festlegung von Schutzmaßnahmen relevant sind. Hier werden z. B. die radiometrischen Größen und die Größen zur Laserstrahlcharakterisierung definiert sowie die Betriebszustände einer Laser-Einrichtung beschrieben, die bei der Durchführung der Gefährdungsbeurteilung zu unterscheiden sind.

In diesem Teil werden auch die Aufgaben und Anforderungen an die Kenntnisse eines Laserschutzbeauftragten bestimmt.

Die Anlagen zum Teil „Allgemeines" erläutern das Laserprinzip und die Eigenschaften der Laserstrahlung, geben einen Überblick über Lasertypen und Laseranwendungen und stellen die biologischen Wirkungen optischer Strahlung mit möglichen Schädigungen der Augen und der Haut dar. Des Weiteren werden alle, auch alte Laserklassen, aus Sicht des Arbeitsschutzes beschrieben, die Kennzeichnung der Laser-Einrichtungen wird erläutert und es werden Beispiele für die Kennzeichnung der Laserklassen angegeben.

Teil 1 „Beurteilung der Gefährdung durch Laserstrahlung" In Teil 1 wird die Beurteilung der Gefährdung durch Laserstrahlung detailliert beschrieben. Neben den Grundsätzen zur Durchführung der Gefährdungsbeurteilung, wie u. a. die Ermittlung und Bewertung von Laserstrahlen am Arbeitsplatz, wird ausführlich auf die Informationsermittlung eingegangen. Weitere Themen sind die arbeitsmedizinische Vorsorge, die Durchführung der Gefährdungsbeurteilung und die Unterweisung der Beschäftigten. Weiterhin werden die allgemeine medizinische Beratung, Schutzmaßnahmen und die Wirksamkeitsprüfung sowie die Dokumentation der Gefährdungsbeurteilung beschrieben.

Ausführliche Anlagen des Teils 1 geben Hinweise zur Gefährdungsbeurteilung bei Lichtwellenleiter-Kommunikationssystemen, zu Laserbearbeitungsmaschinen,

Tab. 1.2 Inhalt der Technischen Regeln Laserstrahlung (TROS Laserstrahlung)

Teil	Abschnitt
Teil Allgemeines	Anwendungsbereich
	Verantwortung und Beteiligung
	Gliederung der TROS Laserstrahlung
	Begriffsbestimmungen und Erläuterungen
	Der Laserschutzbeauftragte (LSB)
	Literaturhinweise
	Anlage 1 Grundlagen zur Laserstrahlung
	Anlage 2 Lasertypen und Anwendungen
	Anlage 3 Biologische Wirkung von Laserstrahlung
	Anlage 4 Laserklassen
	Anlage 5 Beispiele für die Kennzeichnung der Laserklassen
Teil 1 Beurteilung der Gefährdung durch Laserstrahlung	Anwendungsbereich
	Begriffsbestimmungen
	Grundsätze zur Durchführung der Gefährdungsbeurteilung
	Informationsermittlung
	Arbeitsmedizinische Vorsorge
	Durchführung der Gefährdungsbeurteilung
	Unterweisung der Beschäftigten
	Allgemeine arbeitsmedizinische Beratung
	Schutzmaßnahmen und Wirksamkeitsüberprüfungen
	Dokumentation
	Literaturhinweise
	Anlage 1 Beurteilung der Gefährdung bei Tätigkeiten mit Lasern für Lichtwellenleiter-Kommunikationssysteme (LWLKS)
	Anlage 2 Beispiele und wichtige Punkte für spezielle Gefährdungsbeurteilungen
	Anlage 3 Muster für die Dokumentation der Unterweisung
Teil 2 Messungen und Berechnungen von Expositionen gegenüber Laserstrahlung	Anwendungsbereich
	Begriffsbestimmungen
	Vorgehen bei Messungen von Expositionen gegenüber Laserstrahlung
	Einflussfaktoren bei der Ermittlung der Expositionsgrenzwerte
	Beispiele zur Berechnung von Expositionen und Expositionsgrenzwerten
	Literaturhinweise
	Anlage 1 Messgrößen und Parameter zur Charakterisierung von Laserstrahlung
	Anlage 2 Messgrößen und Parameter für die Berechnung oder die Messung von Laserstrahlung
	Anlage 3 Beschreibung von Messgeräten
	Anlage 4 Expositionsgrenzwerte

(Fortsetzung)

Tab. 1.2 (Fortsetzung)

Teil	Abschnitt
Teil 3 Schutzmaßnahmen	
	Anwendungsbereich
	Begriffsbestimmungen
	Bestellung eines Laserschutzbeauftragten
	Grundsätze bei der Feststellung und Durchführung von Schutzmaßnahmen
	Unterweisung
	Betriebsanweisung
	Literaturhinweise
	Anlage 1 Schutzmaßnahmen bei bestimmten Tätigkeiten, Verfahren und Betrieb spezieller Laser
	Anlage 2 Zuordnung von Maßnahmen
	Anlage 3 Beispiele zur Kennzeichnung und Abgrenzung von Laserbereichen
	Anlage 4 Schutzmaßnahmen beim Umgang mit Lichtwellenleiter-Kommunikationssystemen (LWLKS)

zu Show- und Projektionslasern (Anmerkung: Hierzu gehören auch Laserpointer), zu Lasern in medizinischen Anwendungen und zu nicht klassifizierten Laser-Einrichtungen.

Teil 2 „Messungen und Berechnungen von Expositionen gegenüber Laserstrahlung" Im Teil 2 wird die Vorgehensweise bei Messungen und Berechnungen von Expositionen gegenüber Laserstrahlung und dem Vergleich der Messergebnisse mit den Expositionsgrenzwerten beschrieben. Die Expositionsgrenzwerte, die in der Anlage des Teils 2 angegeben werden, entsprechen weitestgehend den bisher maximal zulässigen Bestrahlungswerten für Laserstrahlung (MZB-Werten) der DGUV Vorschrift 11 bzw. 12 (Unfallverhütungsvorschrift BGV B2 bzw. GUV-V B2) „Laserstrahlung". Dieser Teil wendet sich u. a. an die fachkundigen Personen, die in Einzelfällen eine Bewertung anhand der Expositionsgrenzwerte durchführen müssen. Die komplexen Rechnungen und Bewertungen können jetzt anhand der umfangreichen Beispiele in diesem Teil nachvollzogen werden.

Teil 3 „Maßnahmen zum Schutz vor Gefährdungen durch Laserstrahlung" Nach Informationen zu den Laserschutzbeauftragten wird auf die wichtigsten Schutzmaßnahmen zum Schutz vor Gefährdungen durch Laserstrahlung eingegangen. Es werden die Grundsätze bei der Festlegung und Durchführung der Schutzmaßnahmen genannt. An erster Stelle steht hierbei der Einsatz alternativer Arbeitsverfahren oder Geräte, die zu einer geringeren Gefährdung der Beschäftigten führen (Substitution). Darauf folgen technische Maßnahmen, die immer Vorrang vor organisatorischen Maßnahmen haben, und zuletzt personenbezogene Schutzmaßnahmen. Weitere wichtige Punkte sind die Unterweisung der Beschäftigten und die Erstellung einer Betriebsanweisung.

Die Anlagen des Teils 3 beinhalten Informationen zu Schutzmaßnahmen bei bestimmten Tätigkeiten, Verfahren und beim Betrieb spezieller Laser sowie beim Umgang mit Lichtwellenleiterkommunikations-Systemen. Weiterhin gibt es Beispiele zur Kennzeichnung und Abgrenzung von Laserbereichen und Erläuterungen zur Erstellung einer Betriebsanweisung.

1.1.7 Verordnung zur arbeitsmedizinischen Vorsorge (ArbMedVV)

Der Zielgedanke der *Verordnung zur arbeitsmedizinischen Vorsorge* ist die frühzeitige Erkennung und Vermeidung von arbeitsbedingten Erkrankungen. Zentrale Themen sind die Pflichtvorsorge, Angebotsvorsorge und Wunschvorsorge.

Pflichtvorsorge ist arbeitsmedizinische Vorsorge, die der Arbeitgeber bei bestimmten besonders gefährdenden Tätigkeiten zu veranlassen hat. Diese Tätigkeiten sind im Anhang der Verordnung zur arbeitsmedizinischen Vorsorge konkret aufgeführt. Der Arbeitgeber darf eine Tätigkeit nur ausüben lassen, wenn zuvor eine Pflichtvorsorge durchgeführt worden ist. Dies führt dazu, dass Beschäftigte faktisch verpflichtet sind, an dem Vorsorgetermin teilzunehmen. Auch bei der Pflichtvorsorge dürfen körperliche oder klinische Untersuchungen nicht gegen den Willen des oder der Beschäftigten durchgeführt werden. Wird Pflichtvorsorge nicht oder nicht rechtzeitig veranlasst, droht dem Arbeitgeber ein Bußgeld und unter bestimmten Umständen sogar eine Strafe.

Angebotsvorsorge ist arbeitsmedizinische Vorsorge, die der Arbeitgeber den Beschäftigten bei bestimmten gefährdenden Tätigkeiten anzubieten hat. Diese Tätigkeiten sind im Anhang der Verordnung zur arbeitsmedizinischen Vorsorge konkret aufgeführt. Wird Angebotsvorsorge nicht oder nicht rechtzeitig angeboten, droht dem Arbeitgeber ein Bußgeld und unter bestimmten Umständen sogar eine Strafe. Die Anforderungen an das Angebot werden in einer arbeitsmedizinischen Regel *Anforderungen an das Angebot von Arbeitsmedizinischer Vorsorge* (AMR 5.1) konkretisiert.

Wunschvorsorge ist arbeitsmedizinische Vorsorge, die der Arbeitgeber dem Beschäftigten über den Anhang der Verordnung zur arbeitsmedizinischen Vorsorge hinaus bei allen Tätigkeiten zu gewähren hat. Dieser Anspruch besteht nur dann nicht, wenn nicht mit einem Gesundheitsschaden zu rechnen ist. Im Streitfall muss der Arbeitgeber dies darlegen und beweisen. Wunschvorsorge kommt beispielsweise in Betracht, wenn Beschäftigte einen Zusammenhang zwischen einer psychischen Störung und ihrer Arbeit vermuten. Wird Wunschvorsorge nicht ermöglicht, kann die zuständige Behörde gegenüber dem Arbeitgeber eine vollziehbare Anordnung erlassen und bei Zuwiderhandlung ein Bußgeld verhängen [6].

Mit der Novellierung der ArbMedVV im Jahr 2013 entfielen die Pflicht- und die Angebotsvorsorge für die kohärente Strahlung (Laserstrahlung). Der Arbeitgeber hat Beschäftigten jedoch eine arbeitsmedizinische Vorsorge zu ermöglichen, sofern ein Gesundheitsschaden im Zusammenhang mit ihrer Tätigkeit nicht ausgeschlossen werden kann (Wunschvorsorge).

Zu beachten ist jedoch, dass beim Betrieb von Lasern, insbesondere bei der Materialbearbeitung, auch inkohärente optische Strahlung entsteht. Beispiele hierfür sind die sogenannte Schweißlichtfackel und das Entstehen von UV-Strahlung beim Schweißen oder die inkohärente Anregungsstrahlung von Blitzlampen. Werden Tätigkeiten in der Nähe der offenen Lasermaterialbearbeitung durchgeführt und dabei die Expositionsgrenzwerte für die inkohärente Strahlung möglicherweise überschritten, muss die Pflicht- oder Angebotsvorsorge durchgeführt werden. Beim Betrieb von Ultrakurzpulslasern („Femtosekunden-Lasern") kann auch ionisierende Strahlung entstehen. In diesem Fall ist ggf. die Arbeitsmedizinische Vorsorge nach dem Strahlenschutzgesetz bzw. den entsprechenden Verordnungen vorzusehen.

1.2   Vorschriften- und Regelwerk der DGUV

Neben dem staatlichen Arbeitsschutz gibt es in Deutschland auch noch den Arbeitsschutz durch die Deutsche Gesetzliche Unfallversicherung DGUV (Berufsgenossenschaften und Unfallkassen), welche diesen branchenbezogen durch Unfallverhütungsvorschriften, Regeln und Informationen regelt (Abb. 1.2). Die Überwachung der Umsetzung erfolgt durch den Technischen Aufsichtsdienst.

Das Vorschriften- und Regelwerk [7] zum Arbeits- und Gesundheitsschutz ergänzt die staatlichen Vorschriften. Es gibt Hinweise zum Stand der Technik. Dort, wo das Regelwerk über die gesetzlichen Anforderungen hinausgeht, ist es von den Unternehmern und Versicherten einzuhalten. Es umfasst die Kategorien DGUV Vorschriften, DGUV Regeln, DGUV Informationen und DGUV Grundsätze sowie Fachinformationen der Fachbereiche, der Sachgebiete und der jeweils zuständigen Unfallversicherungsträger.

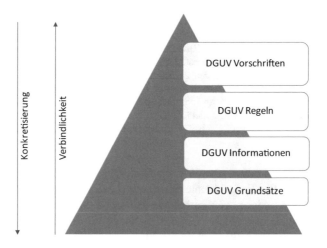

Abb. 1.2 Regelwerk der Deutschen Gesetzlichen Unfallversicherung DGUV

Das bis zum 01.05.2015 gültige berufsgenossenschaftliche Regelwerk wurde in das Vorschriften- und Regelwerk der DGUV überführt. Die davor geltenden Bezeichnungen wurden ersetzt. Eine Transferliste ist auf den Internetseiten der DGUV zu finden [8].

1.2.1 DGUV Vorschriften und Regeln

Vorschriften Bis zur Verabschiedung der OStrV im Jahr 2010 war die Unfallverhütungsvorschrift Laserstrahlung DGUV Vorschrift 11 (früher BGV B2) und die DGUV Vorschrift 12 (früher GUV VB2) das einzige Regelwerk für den Laserschutz in Deutschland. Deren Zielgedanke ist die Sicherheit und der Gesundheitsschutz am Laserarbeitsplatz mit den zentralen Themen Gefährdungen durch Laserstrahlung, Schutzmaßnahmen, Unterweisung der Beschäftigten und Laserklassen. Durchführungsanweisungen geben an, wie die in der Unfallverhütungsvorschrift geforderten Ziele erreicht werden können.

DGUV Regeln und Informationen DGUV Regeln, Informationen und Grundsätze geben konkrete Hilfestellung für die Verständlichkeit und Erfüllung der Vorschriften. Im Folgenden werden die für den Laserschutz wesentlichen Regeln vorgestellt.

Die DGUV Regel 112–992 (früher BGR 192) *Benutzung von Augen- und Gesichtsschutz* hat den Zielgedanken der Konkretisierung der Unfallverhütungsvorschrift BGV A1 bezüglich des Einsatzes von Augen- und Gesichtsschutz mit den zentralen Themen der Anwendung und Kennzeichnung von Schutzbrillen.

Die DGUV Information 203-042 (früher BGI 5092) *Auswahl und Benutzung von Laser-Schutz- und Justierbrillen* hat den Zielgedanken der Hilfestellung für Laserschutzbeauftragte und Unternehmer bei der Ermittlung und Auswahl geeigneter Laserschutz- und Justierbrillen mit den zentralen Themen der Berechnung von Laserschutz- und Justierbrillen.

Die DGUV Information 203-039 (früher BGI 5031) *Umgang mit Lichtwellenleiter-Kommunikations-Systemen (LWKS)* hat den Zielgedanken der Hilfestellung für Laserschutzbeauftragte und Unternehmer beim Umgang mit Lichtwellenleiter-Kommunikationssystemen und den zentralen Themen der Gefährdungsermittlung und Schutzmaßnahmen.

Die DGUV Information 203-036 (früher BGI 5007) *Laser-Einrichtungen für Show- oder Projektionszwecke* hat als Zielgedanken die Hilfestellung für Unternehmer und Betreiber von Laseranlagen bei der Erstellung der Gefährdungsbeurteilung.

Die DGUV Information 213-850 *Sicheres Arbeiten in Laboratorien Grundlagen und Handlungshilfen* hat als Zielgedanken das sichere Arbeiten im Umgang mit Gefahrstoffen.

Die DGUV Regel 113-001 (früher BGR 104) *Explosionsschutz-Regeln* hat den Zielgedanken der Konkretisierung der Betriebssicherheitsverordnung. Ihre zentralen Themen sind die Sammlung aller relevanten technischen Regeln zum Thema Explosionsschutz.

1.2.2 DGUV Grundsatz

Im DGUV Grundsatz 303-005 Ausbildung und Fortbildung von Laserschutz-
beauftragten sowie Fortbildung von fachkundigen Personen zur Durchführung
der Gefährdungsbeurteilung nach OStrV bei Laseranwendungen werden die
Anforderungen an die Ausbildung von Laserschutzbeauftragten und fachkundigen
Personen unter Berücksichtigung der OStrV und der Technischen Regel Optische
Strahlung (TROS) Laserstrahlung beschrieben.

1.2.3 Fachausschussinformationen

Weitere wichtige Hinweise zum Umgang mit Laserstrahlung findet man in
folgenden Fachausschussinformationen der DGUV:

FA_ET001   Arbeitsmedizinische Regelungen für Schwangere an Arbeitsplätzen
            unter Einwirkung von Laserstrahlung
FA_ET002   Hinweise zur speziellen Gefährdungsanalyse von ZnSe-Linsen
FA_ET004   Kennzeichnung von Laserschutzbrillen, die je nach Ausgabedatum
            der Norm nach dem Laserschutz zertifiziert wurden
FA_ET005   Betrieb von Laser-Einrichtungen für medizinische und kosmetische
            Anwendungen
FA_ET006   Stellungnahme des Fachausschuss Elektrotechnik Sachgebiet Laser-
            strahlung, Thema: Aufgaben und Stellung des Laserschutzbeauf-
            tragten im Gesundheitsdienst
FA_ET007   Verhaltensregeln beim Umgang mit Baulasern

1.3   Produktsicherheit

Produkte, die in Deutschland in Verkehr gebracht werden, müssen sicher sein.
Dieses Ziel wird durch die Umsetzung der entsprechenden europäischen Richtlinien in deutsches Recht – als Produktsicherheitsgesetz (ProdSG) und die
nachgeordneten Verordnungen – unterstützt. Das ProdSG gilt nicht für Spezial-
anwendungen wie Medizinprodukte und Anwendungen im militärischen Bereich.
Die für das Inverkehrbringen von Lasern und Laseranlagen wichtigsten Richtlinien sind die Maschinenrichtlinie 2006/42/EG und die Niederspannungsrichtlinie 2006/95/EG. Die Konformität einer Maschine mit den genannten Richtlinien
wird durch das CE-Kennzeichen angezeigt. Eine gute Zusammenfassung für
die Voraussetzungen für das Inverkehrbringen von Maschinen wird mit der
Informationsschrift der BG ETEM *Voraussetzungen für das Inverkehrbringen von
Maschinen in den Europäischen Wirtschaftsraum* [9] im Internet interessierten
Personen zur Verfügung gestellt. Wichtige Informationen zur CE-Kennzeichnung
bietet der VDI-Artikel (VDI-Z 156, 2014) von Klaus Dickmann (Sachverständiger

für Lasertechnik und Lasersicherheit am Laserzentrum FH Münster LFM) mit dem Titel *CE-Konformität für Lasereinrichtungen* [10].

1.3.1   Produktsicherheitsrichtlinie

Damit die in der EU auf den Markt gebrachten und für den Verbraucher bestimmten Produkte sicher sind, wurde im Jahr 2001 die Produktsicherheitsrichtlinie 2001/95/EG erlassen. Sie beinhaltet allgemeine Sicherheitsvorschriften und weitere Bestimmungen hinsichtlich der Marktüberwachung. Unter sicheren Produkten versteht die Richtlinie

> jedes Produkt, das bei normaler oder vernünftigerweise vorhersehbarer Verwendung, was auch die Gebrauchsdauer sowie gegebenenfalls die Inbetriebnahme, Installation und Wartungsanforderungen einschließt, keine oder nur geringe, mit seiner Verwendung zu vereinbarende und unter Wahrung eines hohen Schutzniveaus für die Gesundheit und Sicherheit von Personen vertretbare Gefahren birgt [11].

Mit dem Produktsicherheitsgesetz (ProdSG) wurde die Produktsicherheitsrichtlinie in nationales Recht umgesetzt.

1.3.2   Niederspannungsrichtlinie 2006/95/EG

> Zweck dieser Richtlinie ist es, sicherzustellen, dass auf dem Markt befindliche elektrische Betriebsmittel den Anforderungen entsprechen, die ein hohes Schutzniveau in Bezug auf die Gesundheit und Sicherheit von Menschen und Haus- und Nutztieren sowie in Bezug auf Güter gewährleisten und gleichzeitig das Funktionieren des Binnenmarkts garantieren. Diese Richtlinie gilt für elektrische Betriebsmittel zur Verwendung bei einer Nennspannung zwischen 50 und 1000 V für Wechselstrom und zwischen 75 und 1500 V für Gleichstrom [12].

Die Umsetzung in nationales Recht erfolgte mit dem Produktsicherheitsgesetz in Verbindung mit der Ersten Verordnung zum Produktsicherheitsgesetz (1. ProdSV-Niederspannungsverordnung).

1.3.3   Maschinenrichtlinie 2006/42/EG

Die Maschinenrichtlinie legt grundlegende Sicherheits- und Gesundheitsschutzanforderungen für die Konstruktion und den Bau von Maschinen, unvollständigen Maschinen und gleichgestellten Erzeugnissen, wie z. B. Sicherheitsbauteilen, fest. Unter einer Maschine versteht die Maschinenrichtlinie

> eine mit einem anderen Antriebssystem als der unmittelbar eingesetzten menschlichen oder tierischen Kraft ausgestattete oder dafür vorgesehene Gesamtheit miteinander verbundener Teile oder Vorrichtungen, von denen mindestens eines bzw. eine beweglich ist und die für eine bestimmte Anwendung zusammengefügt sind.

Bei Verwendung von Lasereinrichtungen ist Folgendes zu beachten:
Lasereinrichtungen an Maschinen müssen so konstruiert und gebaut sein, dass sie keine unbeabsichtigte Strahlung abgeben können.

Lasereinrichtungen an Maschinen müssen so abgeschirmt sein, dass weder durch die Nutzstrahlung noch durch reflektierte oder gestreute Strahlung noch durch Sekundärstrahlung Gesundheitsschäden verursacht werden.

Optische Einrichtungen zur Beobachtung oder Einstellung von Lasereinrichtungen an Maschinen müssen so beschaffen sein, dass durch die Laserstrahlung kein Gesundheitsrisiko verursacht wird [13].

Die Umsetzung in nationales Recht erfolgte durch die neunte Verordnung zum Produktsicherheitsgesetz (Maschinenverordnung) in Verbindung mit dem ProdSG.

1.4 Normen und Regeln der Technik

Allgemeines zu Normen

Zur Konkretisierung der im europäischen und deutschen Regelwerk genannten grundlegenden Sicherheitsanforderungen werden Empfehlungen in Form von Normen auf der Basis gesicherter wissenschaftlicher Erkenntnisse und Erfahrungen veröffentlicht [14].

Im Gegensatz zu Gesetzen, welche eingehalten werden müssen, ist die Einhaltung von Normen freiwillig. Trotzdem geht von ihnen eine gewisse Rechtssicherheit aus. Es gibt auch Fälle, wo der Gesetzgeber die Einhaltung einer Norm vorschreibt. Von besonderer Bedeutung sind harmonisierte europäische Normen (EN). Mit der Anwendung dieser Normen kann der Inverkehrbringer davon ausgehen, dass ein Produkt im Einklang mit den technischen Anforderungen der entsprechenden EU-Richtlinien steht.

Normen konkretisieren die Anforderungen aus den Regelwerken und geben den Stand der Technik wieder. Sie sind vor allem für die Hersteller von Laseranlagen und z. B. Laser-Schutzbrillen oder Laser-Justierbrillen von Bedeutung.

Stand der Technik ist der Entwicklungsstand fortschrittlicher Verfahren, Einrichtungen und Betriebsweisen, der nach herrschender Auffassung führender Fachleute das Erreichen des gesetzlich vorgeschriebenen Zieles gesichert erscheinen lässt. Verfahren, Einrichtungen und Betriebsweisen oder vergleichbare Verfahren, Einrichtungen und Betriebsweisen müssen sich in der Praxis bewährt haben oder sollten – wenn dies noch nicht der Fall ist – möglichst im Betrieb mit Erfolg erprobt worden sein [15].

CE-Kennzeichnung Die CE-Kennzeichnung von technischen Produkten ist ein Hinweis darauf, dass diese vom Hersteller geprüft wurden und die vorgegebenen Sicherheits- und Gesundheitsanforderungen gemäß der EU-Richtlinien erfüllen. Das Inverkehrbringen technischer Produkte in den EU-Mitgliedsstaaten ist nur mit einem Nachweis über die CE-Konformität möglich, der rechtlich vorgeschrieben ist. Hierdurch sollen im europäischen Binnenmarkt Handelshemmnisse vermieden und ein freier Warenverkehr gewährleistet werden, ohne dass in jedem

EU-Mitgliedsstaat eine erneute Sicherheitsüberprüfung stattfinden muss. Für Produkte mit Lasern ist das Verfahren komplex und hängt vom jeweiligen Endprodukt (z. B. medizinische Laser, Linienlaser an einer Säge, Laborlaser, Messlaser) ab [16].

1.4.1   Normen zum Laserschutz

Im Folgenden werden einige der wichtigsten Normen zum Thema Laserschutz aufgeführt.

DIN EN 60825-1	Sicherheit von Lasereinrichtungen, Klassifizierung von Anlagen und Anforderungen
DIN EN 60825-2	Sicherheit von Lasereinrichtungen, Sicherheit von Lichtwellenleiter-Kommunikationseinrichtungen
DIN EN 60825-4	Sicherheit von Lasereinrichtungen, Laserschutzwände
DIN EN 12 254	Abschirmungen an Laserarbeitsplätzen, sicherheitstechnische Anforderungen und Prüfungen
DIN EN 207	Persönlicher Augenschutz, Filter und Augenschutz gegen Laserstrahlung (Laserschutzbrillen)
DIN EN 208	Persönlicher Augenschutz, Brillen für Justierarbeiten an Lasern und Laseraufbauten (Laserjustierbrillen)
DIN EN ISO 11 553-1/2	Sicherheit von Maschinen, Laserbearbeitungsmaschinen
DIN 56 912	Showlaser und Showlaseranlagen – Sicherheitsanforderung und Prüfung
DIN EN 61 040	Empfänger, Messgeräte und Anlagen zur Messung von Leistung und Energie von Laserstrahlen (Diese Norm wurde zurückgezogen, enthält aber einige wichtige Informationen)

1.5   Verantwortung im Arbeitsschutz

Die Verantwortung der Arbeitgeber
Fast alle Pflichten im Arbeitsschutz richten sich an die Arbeitgeber. Nach §3 ArbSchG [1] ist dieser verpflichtet, die erforderlichen Maßnahmen des Arbeitsschutzes unter Berücksichtigung der Umstände zu treffen, die Sicherheit und Gesundheit der Beschäftigten bei der Arbeit beeinflussen. Es besteht jedoch die Möglichkeit, Arbeitgeberpflichten an Vorgesetzte im Unternehmen zu übertragen. Diese Übertragung hat schriftlich zu erfolgen und muss detailliert das Aufgabenfeld beschreiben.

Die Führungskräfte

In der Position als Führungskraft übernimmt ein Beschäftigter einen Teil der Arbeitgeberverantwortung für die Sicherheit und Gesundheit.

Die Beschäftigten

Nach den §§15 und 16 des ArbSchG sind die Beschäftigten dazu verpflichtet, nach ihren Möglichkeiten sowie gemäß der Unterweisung und Weisung des Arbeitgebers für ihre Sicherheit und Gesundheit bei der Arbeit Sorge zu tragen. Die Beschäftigten haben auch für die Sicherheit und Gesundheit der Personen zu sorgen, die von ihren Handlungen oder Unterlassungen bei der Arbeit betroffen sind. Die Beschäftigten müssen die ihnen zur Verfügung gestellte persönliche Schutzausrüstung bestimmungsgemäß verwenden.

Literatur

1. Gesetz über die Durchführung von Maßnahmen des Arbeitsschutzes zur Verbesserung der Sicherheit und des Gesundheitsschutzes der Beschäftigten bei der Arbeit (Arbeitsschutzgesetz - ArbSchG)
2. Gemeinsame Deutsche Arbeitsschutzstrategie, Fachkonzept und Arbeitsschutzziele 2008–2012, 2007. www.gda-portal.de/de/pdf/GDA-Fachkonzept-gesamt.pdf?__blob=publicationFile. Zugegriffen: 31. Aug. 2016
3. Ein unverbindlicher Leitfaden zur Richtlinie 2006/25/EG über künstliche optische Strahlung, 2010, Europäische Kommission, Luxemburg: Amt für Veröffentlichungen der Europäischen Union
4. Verordnung zum Schutz der Beschäftigten vor Gefährdungen durch künstliche optische Strahlung (Arbeitsschutzverordnung zu künstlicher optischer Strahlung – OStrV)
5. Technische Regeln zur Arbeitsschutzverordnung zu künstlicher optischer Strahlung – TROS Laserstrahlung: (2018)
6. Arbeitsschutzverordnung zur arbeitsmedizinischen Vorsorge (ArbMedVV), 2013 53107 Bonn Referat Information, Publikation, Redaktion Bundesministerium für Arbeit und Soziales
7. DGUV Vorschriften- und Regelwerk. https://www.dguv.de/de/praevention/vorschriften_regeln/index.jsp. Zugegriffen: 29. Aug. 2016
8. Transferliste DGUV Regelwerk Stand Juni 2014. https://publikationen.dguv.de/dguv/udt_dguv_main.aspx?DCXPARTID=10005. Zugegriffen: 24. Aug. 2016
9. Voraussetzungen für das Inverkehrbringen von Maschinen in den Europäischen Wirtschaftsraum, BGETEM. https://www.google.de/url?sa=t&rct=j&q=&esrc=s&source=web&cd=1&cad=rja&uact=8&ved=0ahUKEwjQu461tdrOAhWGuRQKHe06BVgQFggcMAA&url=http%3A%2F%2Fdp.bgetem.de%2Fpages%2Fservice%2Fdownload%2Fmedien%2FBG_413_DP.pdf&usg=AFQjCNGihIAe5CR4R7MTbw3dd3wBmvcdfA&bvm=bv.129759880,d.bGg. Zugegriffen: 24. Aug. 2016
10. CE-Konformität für Lasereinrichtungen VDI-Z 156: Nr. 11, S. 60–63, K. Dickmann (Sachverständiger für Lasertechnik und Lasersicherheit), Laserzentrum FH Münster LFM (2014)
11. Produktsicherheitsrichtlinie 2001/95/EG
12. Niederspannungsrichtlinie 2014/35/EU
13. Maschinenrichtlinie 2006/42/EG

14. Europäisches Arbeitsschutzrecht, Erläuterungen zum Regelwerk. https://www.dguv.de/ifa/Fachinfos/Regeln-und-Vorschriften/Erl%C3%A4uterungen-zum-Regelwerk/index.jsp. Zugegriffen: 12. Aug. 2015

15. Bundesanzeiger, Bekanntmachung des Handbuchs der Rechtsförmlichkeit 2008, Berlin, Bundesministerium der Justiz

16. Nichtionisierende Strahlung in Arbeit und Umwelt, 43. Jahrestagung des Fachverbandes für Strahlenschutz e. V. Hans Dieter Reidenbach et al.

Physikalische Grundlagen der Lasertechnik

2

Inhaltsverzeichnis

© Springer-Verlag GmbH Deutschland, ein Teil von Springer Nature 2020
C. Schneeweiss et al., *Leitfaden für Fachkundige im Laserschutz*,
https://doi.org/10.1007/978-3-662-61242-2_2

Die Verordnung zum Schutz vor künstlicher optischer Strahlung (OStrV) gilt für inkohärente Strahlung aus den üblichen Lichtquellen und für kohärente Strahlung aus Lasern [1]. In diesem Buch werden die Fachkenntnisse des Laserstrahlenschutzes beschrieben, die teilweise auch in der TROS Laserstrahlung zu finden sind [2]. Dagegen findet sich der Schutz vor Strahlung aus normalen Quellen in der TROS Inkohärente Strahlung, die nicht Gegenstand dieses Buches ist. Kohärente und inkohärente Strahlung haben trotz wichtiger Unterschiede auch viele gemeinsame Grundlagen.

Für den Laserstrahlenschutz ist die Kenntnis der physikalischen Eigenschaften und der Ausbreitung der Laserstrahlung eine der wichtigen Grundlagen. In diesem Kapitel werden zunächst die Natur und das Verhalten der optischen Strahlung mit Wellenlängen von 100 nm bis 1 mm beschrieben. Es wird auf den Unterschied zwischen der inkohärenten Strahlung aus normalen Lichtquellen und der kohärenten Laserstrahlung eingegangen. Nach der Beschreibung des prinzipiellen Aufbaus der Laser wird ein Überblick über die häufigsten kommerziellen Lasertypen und deren Einsatzgebiete gegeben.

Die wichtigsten Parameter von kontinuierlicher Laserstrahlung sind neben der Wellenlänge die Laserleistung, der Strahlradius und die Bestrahlungsdauer. Aus der Laserleistung und dem Strahlradius bzw. der Strahlfläche errechnet man die Leistungsdichte E (Leistung/Fläche), die man auch Bestrahlungsstärke E nennt. Im Fall eines Unfalls bestimmt diese Größe zusammen mit der Bestrahlungsdauer und der Wellenlänge das Ausmaß der Schädigung.

Die Beschreibung gepulster Strahlung erfordert zusätzliche Angaben wie mittlere Leistung, Impulsenergie, Impulsdauer und Impulsfolgefrequenz. Aus der Impulsenergie und der Strahlfläche errechnet man die Energiedichte H (Energie/Fläche) für einen Einzelimpuls.

Weiterhin wird die Ausbreitung von Laserstrahlung beschrieben, die durch die Strahldivergenz bestimmt wird. Dabei wird auch auf die Moden des Lasers eingegangen. Laserstrahlen werden oft über Lichtleitfasern transportiert und durch optische Elemente wie Linsen geformt. Dazu werden Rechnungen beschrieben und es wird die Streuung von Laserstrahlung an diffusen Flächen wie Wänden behandelt.

Die einzelnen Kapitel dieses Buches bauen auf dem Leitfaden für Laserschutzbeauftragte [4] auf und erweitern die Lehrinhalte für die Ausbildung von Fachkundigen.

2.1 Physikalische Eigenschaften optischer Strahlung

Um den Laser zu entwickeln, waren theoretische und experimentelle Untersuchungen zur Natur des Lichtes eine wichtige Voraussetzung. Bereits im 17. Jahrhundert standen sich die Teilchentheorie von Newton und die Wellentheorie von Huygens gegenüber. Die aktuelle Erklärung, was Licht darstellt, begann im Jahre 1905 mit der Theorie von Einstein, welche die Teilchen- und Wellentheorie des Lichts zusammenführt. Diesen doppelten Charakter von Licht nennt man Dualismus. Licht ist demnach eine Kombination aus Teilchen und Wellen. In manchen Situationen treten die Welleneigenschaften hervor, in anderen der Teilchencharakter. Die Lichtteilchen nennt man Photonen. Für die Lasersicherheit reicht es aus, sich mit den Welleneigenschaften des Lichtes zu beschäftigen. Unter Licht oder optischer Strahlung verstehen wir im Folgenden auch die benachbarten Bereiche im infraroten und ultravioletten Bereich.

2.1.1 Optische Strahlung als Welle und Teilchen

Wellenoptik Licht, beziehungsweise optische Strahlung im Allgemeinen, stellt eine elektromagnetische Welle dar, ähnlich wie eine Radiowelle. Allerdings ist die Wellenlänge von Licht kürzer. Die Wellenlänge wird im Folgenden in Nanometer, abgekürzt nm, angegeben ($1 \, \text{nm} = 10^{-9} \, \text{m} = 0{,}000000001 \, \text{m}$) (Tab. 2.1). Die Verordnung zum Schutz vor künstlicher optischer Strahlung gilt für Wellenlängen von $\lambda = 100 \, \text{nm}$ bis $1 \, \text{mm}$ ($= 10^6 \, \text{nm}$) [1].

Elektromagnetische Wellen breiten sich mit der Lichtgeschwindigkeit von rund $c = 300.000 \, \text{km/s} = 3 \cdot 10^8 \, \text{m/s}$ aus. Eine Welle wird neben der Wellenlänge λ auch durch die Frequenz f beschrieben. Dabei gilt

$$f = c/\lambda. \tag{2.1}$$

Die Lichtgeschwindigkeit $c = 300.000 \, \text{km/s}$ gilt für Vakuum und Luft. In optischen (durchsichtigen) Werkstoffen ist die Geschwindigkeit des Lichtes um eine Materialkonstante n kleiner, wobei n die Brechzahl oder den Brechungsindex darstellt (z. B. Glas $n \approx 1{,}5$).

Lichtteilchen (Photonen) Die Beschreibung von Licht und optischer Strahlung als Welle beschreibt die meisten Phänomene des Laserschutzes. Aber viele andere Erscheinungen werden erst verständlich, wenn zusätzlich auch der Teilchencharakter

Tab. 2.1 Umrechnung von mm, μm und nm

1 mm	10^{-3} m	0,001 m
1 μm	10^{-6} m	0,000001
1 nm	10^{-9} m	0,000000001

des Lichtes berücksichtigt wird. Beispiele dafür sind die Funktion von Foto-
detektoren oder die Wirkung fotochemischer Schäden.

Licht ist Welle und Teilchen zugleich. Manche Effekte können durch den
Wellencharakter und manche durch den Teilchencharakter erklärt werden. Die
Lichtteilchen nennt man Photonen und die Energie E eines Photons ist gegeben
durch

$$E = hf = hc/\lambda. \tag{2.2}$$

Dabei sind $h = 6{,}6 \cdot 10^{-34}$Js das Planck'sche Wirkungsquantum und f die
Frequenz des Lichtes. Im Buch wird Licht als Welle angesehen und beschrieben,
bis auf wenige Ausnahmen.

2.1.2 Wellenlängen optischer Strahlung

Sichtbares Licht VIS Im Laserschutz wird die sichtbare Laserstrahlung in einem
Wellenlängenbereich von 400 bis 700 nm definiert. Diesen Bereich kürzt man mit
VIS (*visible* = sichtbar) ab. Er erstreckt sich von violett über blau, grün, gelb bis
rot (Abb. 2.1) [2]. Die spektrale Empfindlichkeit des Auges ist in Abb. 2.2 dargestellt. Die Grenzen des sichtbaren Bereiches sind nicht abrupt und man sieht
auch Strahlung außerhalb dieser Grenzen, allerdings mit sehr geringer Empfindlichkeit. In den DIN-Normen wird die Grenze von VIS daher anders definiert,
nämlich von 380 bis 780 nm [3].

Ultraviolette Strahlung UV Unterhalb von 400 nm schließt sich der ultraviolette
Bereich UV mit den Teilbereichen A, B und C an. Ultraviolette Strahlung UV-A
umfasst 315–400 nm, UV-B 280–315 nm und UV-C 100–280 nm [2, 4]. UV-A
Strahlung dringt etwas tiefer in die Haut ein und verursacht neben einer vorüber-
gehenden Bräunung auch eine Alterung der Haut (A wie Alterung). Dagegen
wird UV-B in den oberen Hautschichten absorbiert und erzeugt eine dauerhafte
Bräunung. Als besondere Gefährdung gibt es ein erhöhtes Risiko für Hautkrebs
(B wie bösartig). Die UV-C-Strahlung der Sonne wird in der Lufthülle absorbiert,

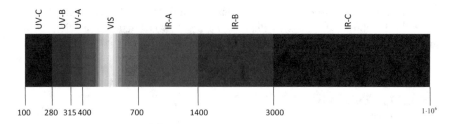

Abb. 2.1 Wellenlängen von ultravioletter, sichtbarer und infraroter Strahlung. Alle Angaben in
nm. Der Laserschutz umfasst die Wellenlängen von 100 nm bis 1 mm [2, 4]

Abb. 2.2 Relative spektrale Empfindlichkeit des Auges im Bereich VIS in Abhängigkeit von der Wellenlänge für Tagsehen V und Nachtsehen V' [5]

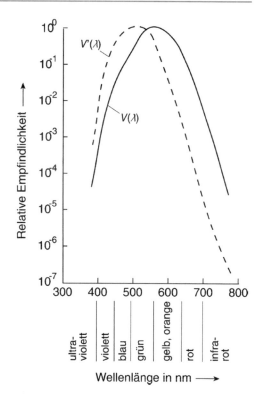

sodass sie nicht bis zur Erdoberfläche vordringt. Sie entsteht jedoch in Lasern und anderen künstlichen Quellen und stellt dabei eine Gefährdung dar.

Infrarote Strahlung IR Oberhalb von 700 nm beginnt der infrarote Bereich IR mit den Teilbereichen A, B und C. Die IR-A-Strahlung reicht von 700 bis 1400 nm. Diese Strahlung dringt zumindest teilweise bis zur Netzhaut vor und die Durchlässigkeit endet bei 1400 nm. Das Auge kann IR-A-Strahlung bis über 1000 nm registrieren. Bei 1000 nm liegt die Sehschwelle um 10^{-3} W ($=1$ mW), während bei sichtbarem Licht VIS noch etwa 10^{-15} W erkannt werden können (Abb. 2.3). Der IR-B-Bereich umfasst Wellenlängen von 1400 bis 3000 nm, darüber liegt die IR-C-Strahlung bis 1 mm.

2.1.3   Inkohärente und kohärente Strahlung

In den Texten zum Schutz vor optischer Strahlung wird zwischen *inkohärenter* und *kohärenter* Strahlung unterschieden [2, 7]. Normale künstliche Lichtquellen und die Sonne erzeugen inkohärente Strahlung, die Laserstrahlung ist dagegen kohärent.

Licht wird in Atomen oder Molekülen erzeugt. Voraussetzung dafür ist, dass diese Teilchen vorher Energie aufnehmen. Bei der Energieaufnahme werden Elektronen

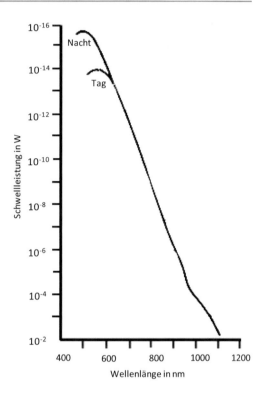

Abb. 2.3 Minimale Leistung optischer Strahlung in Watt, die gerade noch vom Auge erkannt werden kann (Schwellleistung) [6]

aus einem niedrigeren in einen höheren Energiezustand gebracht. Man sagt auch, die Elektronen bewegen sich auf einer höheren Umlaufbahn um den jeweiligen Atomkern. Diese Bahn ist instabil und die Elektronen gehen wieder auf eine tiefere Bahn bzw. in einen niedrigeren Energiezustand zurück. Bei diesem Prozess wird die aufgenommene Energie wieder frei und kann als Strahlung oder Lichtwelle abgegeben werden. Dabei strahlt jedes einzelne Atom eine Lichtwelle ab. Diese Lichtwelle von einem Atom wird auch als Lichtteilchen oder Photon bezeichnet.

Inkohärente Strahlung Bei inkohärenter Strahlung strahlen die einzelnen Atome ihre Lichtwellen spontan und chaotisch in den Raum, zu verschiedenen Zeiten, in alle Richtungen und mit unterschiedlichen Wellenlängen ab. Diesen Vorgang nennt man *spontane Emission*. Es entsteht ein nicht zusammenhängender (= inkohärenter) Wellenzug (Abb. 2.4). Normales Licht stellt somit eine unregelmäßige Wellenbewegung dar.

Kohärente Strahlung Wie bei der inkohärenten Strahlung müssen die Atome bei der kohärenten Strahlung zunächst Energie aufnehmen. Die kohärente Strahlung wird hierbei durch *stimulierte Emission* erzeugt. Bei der stimulierten Emission sind die Atome synchronisiert, d. h., sie strahlen im gleichen Takt, in die gleiche Richtung und mit gleicher Wellenlänge. Durch die Überlagerung dieser einzelnen

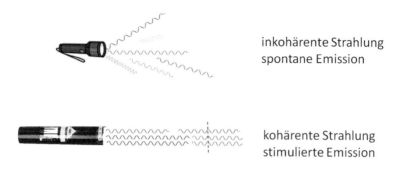

Abb. 2.4 Unterschied zwischen der inkohärenten Strahlung von normalen Lichtquellen und kohärenter Strahlung aus einem Laser [4]

gleichartigen Wellen entsteht ein sehr gleichmäßiger Wellenzug, der sich nahezu parallel ausbreiten kann (Abb. 2.4). Diese zusammenhängende Welle bezeichnet man als kohärent (= zusammenhängend). Während normale Lichtquellen inkohärente Strahlung abgeben, ist Laserstrahlung kohärent.

2.2   Aufbau und Funktion eines Lasers

2.2.1   Lichtverstärkung durch stimulierte Emission

Das Wort Laser ist ein Kunstwort aus den ersten Buchstaben des amerikanischen Begriffs *Light Amplification by Stimulated Emission of Radiation.* Übersetzt bedeutet dies: Lichtverstärkung durch stimulierte Emission von Strahlung. Der Laser mit seiner kohärenten Strahlung beruht also auf der stimulierten Emission. Im Gegensatz zur spontanen Emission strahlt das Atom nicht von allein, sondern durch eine Einwirkung von außen. Trifft eine Lichtwelle auf ein Atom, welches sich in einem energiereichen Zustand befindet, so kann die Welle das Atom synchronisieren. Infolgedessen strahlt das Atom seine Energie im gleichen Takt und in gleicher Richtung wie die einfallende Welle ab (Abb. 2.5). Die Wellenzüge der einzelnen Atome überlagern sich zu einer gleichmäßigen Wellenbewegung. Voraussetzung dafür ist, dass die Wellenlänge des eingestrahlten Lichtes genau auf den Energiezustand des Atoms abgestimmt ist. Durch die stimulierte Emission findet also eine Verstärkung von „Licht" (Strahlung) statt. Es entsteht kohärente Strahlung. Im Teilchenbild kann man auch sagen: Aus einem Photon werden zwei, die exakt gleich sind.

Laser Die stimulierte Emission erklärt die Verstärkung von Licht, wie sie im Wort Laser angedeutet wird. Sie stellt also den grundlegenden Effekt dar, der zum Laser führt. Auf dieser Basis können im Folgenden der Aufbau und die Funktion eines Lasers erklärt werden [8, 12].

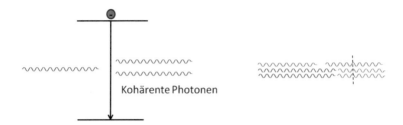

Abb. 2.5 Prinzip der stimulierten Emission. Eine einfallende Lichtwelle (Photon) synchronisiert ein energiereiches Atom und regt es zur Abgabe seiner Energie durch eine gleichartige Lichtwelle an. Beide Lichtwellen (Photonen) haben gleiche Wellenlänge, gleichen Takt (Phase) und gleiche Richtung [4]

2.2.2 Lasermedium

Ein Laser besteht im Prinzip aus dem sogenannten Lasermedium (oder aktivem Medium), dem Resonator und der Energiezufuhr. Die Strahlung entsteht im Lasermedium. Dieses besteht aus Atomen oder Molekülen im Zustand eines Gases, eines Festkörpers, eines Halbleiters oder einer Flüssigkeit. Das Lasermedium hat in der Regel eine längliche Form (Abb. 2.6). Die Atome oder Moleküle werden in diesem Material durch Zufuhr von Energie angeregt, d. h., sie nehmen Energie auf.

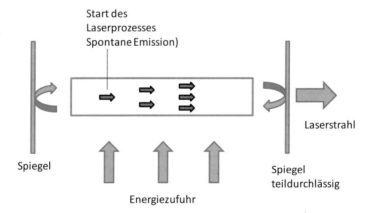

Abb. 2.6 Aufbau eines Lasers. Der Laser besteht aus einem Lasermedium, einer Energiezufuhr sowie zwei Spiegeln (Resonator). Der eine Spiegel reflektiert vollständig und der andere Spiegel ist teildurchlässig. Die vom Lasermedium aufgenommene Energie wird bevorzugt durch stimulierte Emission abgestrahlt. Durch den Resonator wird die Strahlung hin und her gespiegelt, wodurch die Verstärkung des Laserstrahls erhöht wird. Der externe Laserstrahl tritt aus dem teildurchlässigen Spiegel aus [5]

Dieser energiereiche Zustand ist instabil und die Atome können die Energie in Form von Strahlung wieder abgeben. Dies kann durch spontane oder stimulierte Emission geschehen.

Inversion Beim Laser erfolgt eine sehr intensive Anregung, sodass sich mehr Atome im energiereichen als im normalen, energiearmen Zustand befinden. Diese sogenannte Inversion hat zur Folge, dass die stimulierte Emission stark wird und die Absorption gering. Damit ist das Lasermedium in der Lage, Licht durch die stimulierte Emission zu verstärken. Das Lasermedium stellt also einen Lichtverstärker dar. Hierbei bleibt zunächst die Frage offen, wie der Laser startet.

Start des Lasers Im Lasermedium tritt natürlich auch spontane Emission auf, die nicht zur Laserstrahlung beiträgt und somit zu Energieverlusten führt. Das Lasermedium ist daher so gewählt, dass die spontane Emission klein bleibt – aber sie bleibt stets vorhanden, wenn auch nur schwach.

Diese schwache spontane Emission gibt das Startsignal für den Laser. Per Zufall strahlt ein Atom spontan genau in axialer Richtung des Lasermediums (Abb. 2.6). Diese Startwelle wird nun durch stimulierte Emission verstärkt und läuft durch das Material, wobei sie längs des Weges laufend stärker wird.

2.2.3 Resonator

Laserspiegel Um den Weg und damit die Verstärkung weiter zu vergrößern, stellt man einen Spiegel auf, der den Strahl wieder in das Lasermedium zurück reflektiert (Abb. 2.6). Ein zweiter Spiegel auf der anderen Seite des Mediums hat die gleiche Aufgabe. Der Laserstrahl läuft also zwischen den beiden Spiegeln hin und her und wird dabei verstärkt, bis sich ein Gleichgewichtszustand eingestellt hat. Der Start des Lasers durch die spontane Emission läuft unmessbar schnell ab, also praktisch sofort.

Die beiden Laserspiegel bilden den sogenannten Resonator, der die geometrischen Daten des Laserstrahls bestimmt. Zur Vereinfachung der Justierung und zur Strahlformung benutzt man Hohlspiegel mit großem Krümmungsradius. Der eine Spiegel hat einen Reflexionsgrad von 100 % und der andere, an dem der Laserstrahl austritt, einen Reflexionsgrad unterhalb von 100 %. Beträgt der Reflexionsgrad beispielsweise 99 %, tritt die Differenz zu 100 %, also 1 %, aus dem Resonator aus.

Schwingungsformen (Moden) Durch das Hin- und Herlaufen der Lichtwelle zwischen den Laserspiegeln bilden sich stehende Wellen aus mit ortsfesten Wellenbäuchen und Knoten. Man kennt dieses Phänomen von der schwingenden Saite eines Musikinstruments oder eines schwingenden Balkens. Diese Schwingungsformen nennt man Moden. Für viele Laseranwendungen spielt das Strahlprofil eine wichtige Rolle. Je nach Aufbau des Resonators können quer zum Strahl Intensitätsminima auftreten. In diesem Fall spricht man von transversalen

Moden. Man klassifiziert die Moden durch die Symbole TEM_{mn}, wobei m und n jeweils die Zahl der Nullstellen in x- und y-Richtung quer zum Laserstrahl angeben [5].

Bei den meisten Lasern wünscht man keine Nullstellen im Strahlprofil (m = 0 und n = 0) und man erhält die sogenannte Grundmode TEM_{00}. Das Strahlprofil ist in diesem häufigen Fall glockenförmig (Abb. 2.7) Dieser Fall wird oft bei den Berechnungen zu Lasersicherheit angenommen. Er zeichnet sich dadurch aus, dass die Strahldurchmesser bei Fokussierung durch eine Linse besonders klein sind. Auch die Strahldivergenz im „parallelen" Laserstrahl wird kleiner als bei anderen Moden.

Bei Festkörper-, Excimer- und anderen Lasern lässt man zur Steigerung der Leistung häufig viele Mode zu. Ein Beispiel für diesen Multi-Mode-Betrieb ist in Abb. 2.7 dargestellt. Bei manchen Lasern, z. B. Excimerlasern ist die Zahl der Moden sehr groß, sodass durch die Überlagerung ein Strahlprofil ohne Nullstellen entstehen kann. Allerdings sind in diesem Fall die Strahldivergenz und der Durchmesser bei der Fokussierung größer als im Fall der Grundmode.

Neben den transversalen Moden, die das Strahlprofil beschreiben, gibt es in Lasern auch longitudinale Moden. Bei diesen kann die Zahl der Schwingungsknoten im Resonator leicht unterschiedlich sein. Dies führt zu sehr geringen Unterschieden in der Wellenlänge, die in der Lasersicherheit meist keine Rolle spielen.

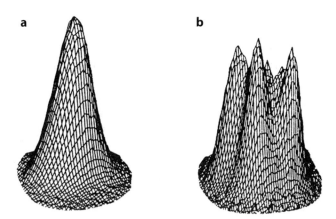

Abb. 2.7 Strahlprofil von Laserstrahlung mit verschiedenen Schwingungsformen (Moden). **a** Grundmode TEM_{00} mit glockenförmigem Profil und **b** Strahlprofil mit mehreren Moden (multimode). Es treten Minima und Maxima im Strahlprofil auf [5]

2.2.4   Energiezufuhr

Zur Anregung der Atome oder Moleküle im Lasermedium (Gas, Festkörper, Halbleiter, Flüssigkeit) muss Energie zugeführt werden. Diesen Vorgang nennt man
Pumpen. Bei Gaslasern fließt ein elektrischer Strom durch das Gas, wodurch eine
elektrische Entladung entsteht und Energie auf die Atome oder Moleküle übertragen wird. Festkörperlaser sind Isolatoren und die Energiezufuhr wird optisch
durch Einstrahlung von Licht erreicht. Bei Halbleiterlasern erfolgt eine Anregung,
ähnlich wie bei Leuchtdioden, direkt durch elektrischen Strom.

2.3   Beschreibung von Lasertypen

Auf dem Lasermarkt wird eine Fülle unterschiedlicher Laser angeboten [5]. Die
Wellenlängen reichen vom ultravioletten bis in den fernen infraroten Bereich,
wobei die Regeln des Laserschutzes bei Wellenlängen von 10 nm bis 1 mm gelten.
Entsprechend dem jeweiligen Lasermedium unterscheidet man [8–12]:

- Gaslaser,
- Festkörperlaser,
- Halbleiter oder Diodenlaser,
- Flüssigkeitslaser.

Die verschiedenen Lasersysteme werden im Folgenden beschrieben. Eine
Zusammenfassung findet sich in Tab. 2.2, wobei nur die häufigsten kommerziell
erhältlichen Laser aufgeführt sind [5]. Es gibt Laser, die kontinuierliche (cw) und
gepulste Strahlung abgeben können. Andere erzeugen nur gepulste Strahlung. Ist
die Pulsfolgefrequenz so groß, dass sie für den Anwender kontinuierlich wirken,
nennt man diesen Laserbetrieb oft quasikontinuierlich.

2.3.1   Gaslaser

Übersicht Gaslaser bestehen im Prinzip aus einem Glas- oder Keramikrohr,
welches das Lasermedium als Gas enthält und dessen Enden abgeschlossen sind.
In das Gas werden zwei metallische Elektroden eingeführt, welche an eine Strom-
quelle angeschlossen sind. Durch das Gas fließt ein elektrischer Strom, sodass sich
eine Gasentladung ausbildet. In dieser Entladung nehmen die laseraktiven Atome
oder Moleküle Energie auf, die sie dann durch stimulierte Emission als Laserstrahlung abgeben können. Die Entladung kann durch Gleich- oder Wechselstrom
oder auch mit Hochfrequenz betrieben werden. Das Rohr befindet sich zwischen
zwei Spiegeln, die den Resonator bilden. Die Spiegel können auch direkt an den
Enden des Laserrohres angebracht sein. Der Laserstrahl tritt an dem Spiegel
mit dem Reflexionsgrad <100 % aus. Im Folgenden werden die wichtigsten
kommerziellen Gaslaser kurz beschrieben.

Tab. 2.2 Vereinfachte Übersicht über die Eigenschaften von wichtigen kommerziellen Lasern. P (mittlere) Leistung, Q Pulsenergie, τ Pulsdauer [5]

Lasertyp	Material	λ (nm)	P (W)	Q (J)	τ
Gaslaser					
Excimerlaser	ArF	190		1	20 ns
	KrF	250		1	10 ns
	XeCl	308	–	1	20 ns
Stickstofflaser	N_2	340	–	0,1	1 ns
He-Cd-Laser	Cd	320 … 440	0,05	–	–
Edelgas-Ionenlaser	Kr^+	330 … 1090	10	–	–
	Ar^+	350 … 530	20	–	–
He-Ne-Laser	Ne	630; 1150; 3390	0,05	–	–
CO-Laser	CO	5000 … 7000	20	0,04	1 µs
CO_2-Laser	CO_2	9000 … 11.000	15.000	10.000	10 ns
Optisch gepumpte Molekül- Laser	H_2O	28.000; 78.000; 118.000	0,01	10^{-5}	30 µs
	CH_3OH	40.000 … 1.200.000	0,1	0,001	100 µs
	HCN	331.000; 337.000	1	0,001	30 µs
Festkörperlaser					
Rubinlaser	$Cr{:}Al_2O_3$	690		400	10 ps
Alexandrit-Laser	$Cr{:}BeAl_2O_4$	700 … 800		1	10 µs
Titan-Saphir-Laser	$Ti{:}Al_2O_3$	700 … 1000	50	–	6 fs
Vibronische Festkörper-laser		800 … 2500			
Glaslaser	Nd:Glass	1060	1000		1 ps
		210; 270; 360; 530 (Frequenzverviel-fachung)			
Nd-Laser	Nd:YAG	1064	1000	400	10 ps
		1050 … 1320 (7 Linien) (+ Frequenzvervielf. 532, 515, 660+andere)			
Ho-Laser	Ho:YLF	2060	5	0,1	100 µs
Er-Laser	Er:YAG	2940	1	1	100 µs
Farbzentren-Laser	z. B. KCl	1000 … 3300	0,1	–	–
Farbstofflaser		400 … 800	1	25	6 fs
Halbleiterlaser					
Gallium-Nitrid-Laser	GaN	380… 530	10		
ZnSe-Laser	ZnSe	420 … 500			
	GaAlAs	650 … 880	10		5 ps

(Fortsetzung)

Tab. 2.2 (Fortsetzung)

Lasertyp	Material	λ (nm)		P (W)	Q (J)	τ
GaAs-Laser	GaAs	904				
	InGaAsP	630 … 2000				
Bleisalz-Diodenlaser	PbCdS	2800 … 4200		0,001		
	PbSSe	4000 … 8000				
	PbSnTe	6500 … 32000				
Quantenkaskaden-Laser		3000 … 300000				

Excimerlaser Der Begriff Excimer leitet sich aus der Kurzform „excited dimer" (excited = angeregt, dimer = zweiatomiges Molekül) her. Das Lasergas ist eine Mischung aus einem Edelgas und einem Halogen, z. B. Argon und Fluor (ArF). Die Strahlung liegt im Ultravioletten, beispielsweise bei 193 nm für den ArF-Laser, mit Impulsdauern von einigen Nanosekunden (1 ns = 10^{-9} s) (Tab. 2.2). Die mittlere Leistung liegt im Wattbereich bei Impulsenergien in der Größenordnung von Millijoule bis Joule. Es handelt sich um die wichtigsten UV-Laser, die aber zunehmend durch Festkörperlaser mit Frequenzvervielfachung ersetzt werden. Anwendungen findet man in der refraktiven Hornhautchirurgie zum Ersetzen einer Brille oder Mikromaterialbearbeitung von Gläsern oder Keramiken. Der Laser arbeitet nur um Impulsbetrieb mit unterschiedlichen Wiederholfrequenzen.

CO_2-Laser Die Wellenlänge dieses Lasers liegt im Infraroten IR-C bei 10.600 nm (Tab. 2.2). Es handelt sich um einen der wichtigsten industriellen und medizinischen Laser. Die typische Leistung kontinuierlicher Laser reicht von einigen Watt in der Medizin bis zu mehreren Kilowatt in der industriellen Fertigung. Die Strahlung wird von vielen Materialien sehr stark absorbiert. Dies ist gut für viele Anwendungen der Materialbearbeitung von beispielsweise Gläsern und Keramiken. Die starke Absorption der Strahlung in biologischem Gewebe ist so hoch, dass die Strahlung nur etwa 10 μm in das Gewebe eindringt. Daher kann mit dem fokussierten Laserstrahl sehr präzise geschnitten und operiert werden. In der Dermatologie ist eine Behandlung von oberflächlichen Strukturen möglich.

Leider gibt nur wenige spezielle Werkstoffe für die optischen Komponenten des Lasers. Linsen sind meist aus Zinkselenid (ZnS), das beim Verdampfen extrem toxisch wirkt (siehe Abschnitt Gefährdungsbeurteilung). Robuste optische Fasern zur Führung des Laserstrahls sind nicht auf dem Markt. Es werden daher Hohlkernfaser aus Silizium (Hollow Silica Waveguide) verwendet, die für Wellenlängen zwischen 2100 und 20.000 nm geeignet sind.

Die Laser können gepulst und kontinuierlich betrieben werden, wobei im Pulsbetrieb in der Regel die Wärmeleitung in das bestrahlte Objekt geringer ist. Wie bei Gaslasern üblich wird die Anregungsenergie durch eine elektrische Entladung erzeugt. Dabei gibt es eine Fülle von Bauformen: Entladung in Längs- oder

Querrichtung und Anregung durch Gleich- und Wechselstrom oder Hochfrequenz-strahlung.

Stickstofflaser Dieser Laser strahlt im Ultravioletten bei 337 nm und wird vor allem in der Spektroskopie und mikroskopischen Diagnostik eingesetzt (Tab. 2.2). Seine kommerzielle Bedeutung ist nicht sehr groß.

Argonlaser Dieser Laser strahlt im Blauen (488 nm) und Grünen (514 nm) im Milliwatt- bis Wattbereich (Tab. 2.2). Da er einen schlechten Wirkungsgrad hat und kompliziert aufgebaut ist, wird er zunehmend durch Festkörperlaser mit Frequenzvervielfachung ersetzt.

He-Ne-Laser Dieser Laser strahlt im roten Bereich (633 nm) und wird gelegent-lich noch mit Leistungen von wenigen Milliwatt als Justierlaser und in der Mess-technik eingesetzt (Tab. 2.2). Er zeichnet sich durch eine sehr gute Strahlqualität aus, wird aber trotzdem oft durch die billigeren Halbleiterlaser im roten Bereich ersetzt.

2.3.2 Festkörperlaser

Laser mit Seltenen Erden (Nd, Yb, Ho, Er) Die Dichte der Atome in Festkörpern ist größer als in Gasen. Daher ist das Lasermedium bei Festkörperlasern wesent-lich kleiner als bei Gaslasern. Das Material dieses Lasertyps besteht aus einem durchsichtigen Kristall, der mit laseraktiven Atomen dotiert ist. Der häufigste Fest-körperlaser besteht aus dem Kristall YAG (Yttrium-Aluminium-Granat, $Y_3Al_5O_{12}$), dem bei der Herstellung einige Prozent Neodym (Nd) beigegeben werden. Die Zugabe von Nd (als Oxyd) erfolgt in der Schmelze, aus welcher der Kristall gezogen wird. Man nennt diesen speziellen Festkörperlaser Nd:YAG-Laser, wobei vor dem Doppelpunkt das laseraktive Atom steht und dahinter der Kristall, in dem sich das Atom befindet. Neodym ist ein undurchsichtiges Metall, das für sich allein keine Laserstrahlung erzeugen kann, erst nach Dotierung in einem durch-sichtigen Kristall.

Es gibt eine Fülle von Laseratomen, die in unterschiedliche Kristalle ein-gebaut werden können. Die wichtigsten Atome sind die seltenen Metalle, die auch Seltene Erden genannt werden. Jedes Laseratom kann Laserstrahlung mit ver-schiedenen Wellenlänge erzeugen, die meist im Infraroten liegen: Neodym (Nd) mit 1064 nm und beispielsweise 946, 1050 und 1350 nm (Tab. 2.2), Holmium (Ho) mit 2060 nm, Erbium (Er) mit 2940 und 1540 nm, Ytterbium (Yb) mit 1030 und 1050 nm und andere.

Die wichtigsten Laserkristalle für diese Atome sind neben YAG: YVO_4 (Yterbiumvanadat), $GdVO_4$ (Gadoliniumvanadat), LiYF4 (YLF) und andere.

Laser mit Übergangselementen (Cr, Ti) Der erste Laser war der Rubinlaser. Das Laseratom ist Chrom (Cr), das mit einer Ionenbindung in einen Saphir (Al_2O_3) eingebaut ist ($Cr:Al_2O_3$) (Tab. 2.2). Eine ähnliche Struktur hat der Titan-Saphir-Laser mit dem Laseratom Titan (Ti) und der Formel $Ti:Al_2O_3$. Der Alexandrit-Laser arbeitet auch mit dem Laseratom Chrom, ist aber in einen anderen Kristall eingebaut ($Cr:BeAl_2O_4$).

Optische Anregung Ein typischer Laserkristall hat einen Durchmesser von wenigen Millimetern und eine Länge im Zentimeterbereich, bei einer mittleren Leistung um 0,1 W bis zu mehreren Kilowatt. Der Kristall befindet sich innerhalb eines Resonators (Abb. 2.8). Die Energiezufuhr erfolgt durch Einstrahlung von Licht. Bei kontinuierlichen Lasern werden Bogenlampen und bei gepulsten Lasern Blitzlampen eingesetzt, deren Licht seitlich in den Kristall gestrahlt wird.

Anregung mit Laserdioden Bei sogenannten DPSS-Lasern *(diode pumped solid state)* wird die Strahlung aus Halbleiterlasern (Laserdioden) zur Anregung der Laseratome eingesetzt. Dabei kann die Strahlung aus mehreren Halbleiterlasern seitlich, wie in Abb. 2.8 dargestellt, eingestrahlt werden. Bei anderen Konstruktionen erfolgt die Einstrahlung in axialer Richtung. DPSS-Laser zeichnen sich durch einen hohen Wirkungsgrad und eine kompakte Bauweise aus. Das Spektrum des Halbleiterlasers muss so gut wie möglich der Absorption des Laserkristalls angepasst werden. Man erreicht dadurch Wirkungsgrade im 10-%-Bereich.

Im Folgenden werden die wichtigsten Festkörperlaser mit ihren Eigenschaften zusammengefasst (Tab. 2.2).

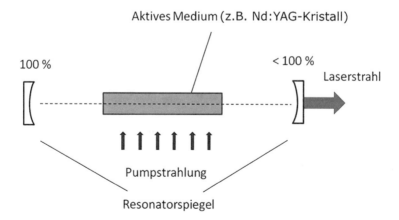

Abb. 2.8 Das aktive Medium eines Festkörperlasers ist ein kleiner Kristallstab, der beispielsweise mit Neodym (Nd) dotiert wurde. Die Anregung erfolgt mit dem Licht aus Bogenlampen (kontinuierliche Laser) oder Blitzlampen (gepulste Laser). Besonders effektiv ist die Anregung durch Halbleiterlaser. Die Wellenlänge des Lasers kann durch spezielle Kristalle, die in den Resonator eingesetzt werden, verändert werden, z. B. halbiert [4, 5]

Nd-Laser Der häufigste Festkörperlaser ist der Nd:YAG-Laser mit der Wellen-länge von 1064 nm. Daneben kann der Laser durch den Einsatz unterschied-licher Laserspiegel und Laserkristalle noch mit zahlreichen anderen Wellenlängen betrieben werden, von denen 1050 und 1320 nm hervorzuheben sind (Tab. 2.2). Der Laser kann kontinuierlich und gepulst betrieben werden.

Ho-Laser Die Wellenlänge des Holmiumlasers liegt bei 2060 nm. Diese Wellen-länge liegt in der Nähe eines Absorptionsmaximums des Wassers. Er wird daher insbesondere in der Urologie und in der Materialbearbeitung eingesetzt.

Er-Laser Der Erbiumlaser strahlt mit 2940 nm Wellenlänge und er ähnelt im Aufbau dem Nd- und dem Ho-Laser. Er wird in der Medizin, in der Materialbe-arbeitung und im Bereich der Telekommunikation als Er-Laserverstärker um 1540 nm eingesetzt.

Ti-Saphir-Laser Dieser Laser kann in einem breiten Wellenlängenbereich von 700 bis 1100 nm strahlen. Er ist geeignet, ultrakurze Impulse im Pico- und Femto-sekundenbereich ($1\,ps = 10^{-12}$ s, $1\,fs = 10^{-15}$ s) zu erzeugen, die für Wissenschaft, Medizin und Technik von Bedeutung sind. Das Verfahren zur Erzeugung dieser Impulse nennt man Modenkopplung. Aus diesem Grund wird der Buchstabe M auf Laserschutzbrillen zur Kennzeichnung kurzer Impulse unterhalb von 1 ns benutzt. Dieser Laser mit seinem breiten Emissionsspektrum gehört zu den sogenannten virbronischen Lasern.

Alexandrit-Laser Dieser gepulst betriebene Festkörperlaser strahlt im Roten bei 755 nm. Er wird in der Kosmetik zur Haarentfernung und manchmal zur Steinzer-trümmerung in der Urologie eingesetzt.

Rubinlaser Es handelt sich um den ersten Laser überhaupt. Die Wellenlänge liegt im Roten bei 655 nm. Er wird heute manchmal noch zur Entfernung von Tattoos eingesetzt.

Frequenzvervielfachung Durch spezielle Kristalle kann die Wellenlänge der Laserstrahlung halbiert, gedrittelt, geviertelt usw. werden. Damit wird die infra-rote Strahlung der Festkörperlaser ins Sichtbare und Ultraviolette umgesetzt. Oft wird von verschiedenen Wellenlängen des Nd-Lasers bei 946, 1062 und 1320 nm ausgegangen. Man kann damit durch Halbierung der Wellenlängen Strahlung im Blauen, Grünen und Roten erzeugen. Besonders bekannt ist der grün strahlende Laser bei 532 nm. Durch Drittelung und Viertelung erhält man ultraviolette Strahlung. Der Einbau eines Kristalls zu Frequenzumsetzung ist in Abb. 2.8 gezeigt.

Kurze Impulse (ns) Manche Festkörperlaser können kontinuierlich und gepulst betrieben werden. Bei gepulster Strahlung kann die Wärmeleitung in das bestrahlte Objekt reduziert werden und es können durch spezielle (nichtlineare)

Wechselwirkungen spezielle Effekte erzielt werden. Weiterhin können durch kurze Laserpulse schnelle Vorgänge untersucht werden. Normale Impulse entstehen dadurch, dass man die Energiezufuhr pulst. Man erhält dabei Impulsdauern im Milli- und Mikrosekundenbereich. Durch sogenannte Güteschalter (Q-Switch) im Resonator können Impulsdauern von einigen Nanosekunden erreicht werden.

Ultrakurze Impulse (<1 ps, <1000 fs) Impulse mit einer Dauer unterhalb von 1 ns, sogenannte ultrakurze Impulse im Pico- und Femtosekundenbereich (<1 ps $= 10^{-12}$ s, fs $= 10^{-15}$ s), können durch die sogenannte Technik der Modenkopplung erzeugt werden. Hierfür sind Laser mit großer Bandbreite geeignet. In diesem Fall schwingen im Resonator viele Eigenfrequenzen (Moden) an, welche synchronisiert werden und durch die Überlagerung zu einem extrem kurzen Impuls führen.

Scheibenlaser Im Lasermedium entsteht neben der Laserstrahlung auch Wärme, die zu einer thermischen Ausdehnung der optischen Systeme führen kann. Dadurch wird die Stabilität der Wellenlänge und der Abstrahlrichtung etwas reduziert, was insbesondere bei Lasern im Kilowattbereich auftreten kann. Daher hat man für derartige Laser Systeme entwickelt, bei denen das Lasermedium eine Scheibe ist, die direkt auf einen Kühlkörper geklebt wird. Dieser sogenannte Scheibenlaser wird dadurch auf einer konstanten Temperatur gehalten, sodass die Strahleigenschaften sehr stabil bleiben.

Faserlaser Bei den oben beschriebenen Festkörperlasern befinden sich die laseraktiven Atome in Kristallen oder Glasstäben. Alternativ dazu werden sie einer Glasschmelze zugegeben, aus der eine optische Faser gezogen wird. Diese dient dann als Lichtleiter, in welchem Laserstrahlung durch stimulierte Emission erzeugt werden kann. An den Enden der Faser befinden sich die beiden Laserspiegel (Abb. 2.9). Die Energiezufuhr erfolgt longitudinal durch Halbleiterlaser, wobei die Strahlung in die optische Faser gebündelt wird. Dabei durchläuft die Pumpstrahlung den Resonatorspiegel, der für die Anregungsstrahlung durchlässig ist.

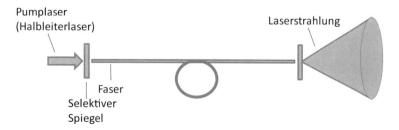

Abb. 2.9 Faserlaser. Das aktive Medium ist eine Lichtleitfaser, die mit Laseratomen, beispielsweise Neodym (Nd, 1064 nm), dotiert ist. Die Anregung erfolgt durch die axiale Einstrahlung mit einem Halbleiterlaser. Die divergente Strahlung aus dem Faserlaser wird durch eine nicht gezeigte Linse nahezu parallel geformt [5]

Da die Faser als Lichtleiter wirkt, kann der Faserlaser zu einer kleinen Spule gewickelt werden, sodass die Bauweise sehr kompakt ist. Die Laserstrahlung aus Lichtleitfasern tritt divergent aus der Stirnfläche aus. Der Abstrahlwinkel beträgt etwa 10–20°. Diese Eigenschaft ist beim Faserlaser kein Nachteil, da die Laserstrahlung durch eine Linse gebündelt werden kann und dadurch ein nahezu paralleler Laserstrahl, wie bei anderen Lasern, entsteht. Urologen verwenden häufig den Thulium-Faserlaser bei 2000 nm. In der Telekommunikation wird der Erbium-Faserlaser bei 1550 nm eingesetzt. Im Sichtbaren gibt es Faserlaser mit verschiedenen Wellenlängen.

Leuchtdioden LED Bei einer Leuchtdiode wird die Strahlung durch spontane Emission erzeugt. Die Diode besteht aus einem kleinen Kristall, dessen beide Hälften bei der Herstellung unterschiedlich mit Fremdatomen versehen wurden (Dotierung). Die eine Seite wird beispielsweise mit einem fünfwertigen Element (5 äußere Elektronen) dotiert, sodass ein Überschuss an (negativen) Leitungselektronen entsteht. Man nennt das n-Dotierung (n steht für negativ). Die andere Seite wird dann mit einem dreiwertigen Element dotiert, man nennt das p-Dotierung (p steht für positiv), da durch den Mangel an Elektronen eine positive Wirkung auftritt). Durch Anlegen einer Spannung strömen die überschüssigen Elektronen aus dem n-Bereich in den p-Bereich. Dabei verlieren sie Energie, die an der Grenzschicht beider Hälften als inkohärente Strahlung abgegeben wird.

Diodenlaser Die Diodenlaser oder Halbleiterlaser sind eine Weiterentwicklung der Leuchtdioden (Abb. 2.10). Ein Laser zeichnet sich dadurch aus, dass überwiegend stimulierte Emission auftritt und dass ein Resonator vorhanden ist. Stimulierte Emission tritt bei sehr intensiver Anregung auf, sodass eine Inversion entstehen kann. Dies wird beim Halbleiterlaser dadurch erreicht, dass die Dotierung stärker gemacht wird als bei LEDs. Auf der n-Seite tritt dann eine hohe Elektronendichte auf. Zusätzlich wird auch die Stromdichte gesteigert. Der

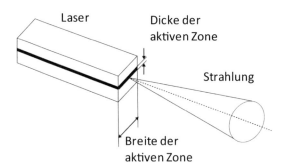

Abb. 2.10 Der Diodenlaser oder Halbleiterlaser strahlt an der Grenzschicht zwischen dem n- und p-Bereich einer Diode (n = Überschuss an Leitungselektronen, p = Mangel an Elektronen). Bei Anlegen einer Spannung fließen die Elektronen aus dem n-Bereich in den p-Bereich und geben dabei ihre Energie in Form von Laserstrahlung ab. Die divergente Strahlung aus dem Laser wird durch ein nicht gezeigtes Linsensystem parallel geformt [5]

Resonator wird dadurch gebildet, dass die Kanten der p-n-Grenzschicht parallel ausgebildet und verspiegelt werden.

Zu Beginn der Entwicklung der Diodenlaser strahlten diese hauptsächlich im infraroten Bereich zwischen 700 nm und 1500 nm. Inzwischen gibt es sie auch im sichtbaren Bereich in vielen Farben zwischen blau und rot. Die Bandbreite normaler Halbleiterlaser erstreckt sich über einige nm, wobei die Wellenlänge von der Temperatur abhängt. Die Strahlqualität ist in der Regel nicht besonders gut.

Da die Laserstrahlung in einer dünnen Schicht entsteht, verlässt sie den Resonator stark divergent mit einem Öffnungswinkel zwischen 10° und 20°. Oft merkt der Anwender davon nichts, da die Strahlung durch ein optisches Linsensystem nahezu parallel geformt wird. Die Leistungen der Diodenlaser liegen im Milliwatt- bis Wattbereich. Durch Zusammenfassung verschiedener Diodenlaser auf einem Kristall zu einem Stack, werden Leistungen bis in den Kilowattbereich erreicht. Diodenlaser können kontinuierlich oder gepulst betrieben werden.

Am Beginn der Entwicklung standen hauptsächlich Gallium-Arsenid-Laser (GaAs), die hauptsächlich im infraroten Spektrum mit Wellenlängen um 900 nm strahlen (Tab. 2.2). Verwandte Typen sind GaAlAs-Laser im Bereich von 650 nm bis 850 nm und InGaAsP-Laser mit 630 nm bis 2000 nm. Für den sichtbaren und ultravioletten Bereich wurden ZnSe-Laser (420 nm bis 500 nm) und GaN-Laser (380 nm bis 530 nm) entwickelt.

2.3.3 Flüssigkeits- oder Farbstofflaser

Spezielle organische Moleküle in Lösungen, die man Farbstoffe nennt, können auch als Lasermedium dienen. Flüssigkeits- oder Farbstofflaser werden nur noch selten eingesetzt, da die Flüssigkeit bisweilen ausgetauscht werden muss. Ein Anwendungsbereich liegt noch in der Spektroskopie. Die Anregung erfolgt oft durch eine Blitzlampe, ähnlich wie bei manchen Festkörperlasern. Das Licht der Anregung wird in einer relativ dünnen Schicht absorbiert, die dann das Lasermedium darstellt.

2.4 Bestrahlungsstärke und Bestrahlung

Laserstrahlung kann für den Anwender eine Gefährdung darstellen. Eine wichtige Größe zur Beurteilung der Gefährdung durch kontinuierlich strahlende Laser ist die Leistung der Strahlung. Bei gepulsten Lasern müssen darüber hinaus weitere Angaben bekannt sein, wie die mittlere Leistung, die Pulsenergie, die Pulsdauer und die Pulsfrequenz. Diese Angaben reichen jedoch noch nicht für eine Gefährdungsbeurteilung aus. Man benötigt zusätzlich noch den Durchmesser des Laserstrahls, um daraus die Leistungs- oder Energiedichte zu berechnen, die man in der Lasersicherheit Bestrahlungsstärke oder Bestrahlung nennt [2].

2.4.1 Dauerstrichlaser: Leistung *P* und Bestrahlungsstärke *E*

Laserleistung P Bei kontinuierlich strahlenden Lasern (cw = continous wave) wird die Laserleistung *P* (in W = Watt) angegeben. Anders als bei normalen Lichtquellen wird bei Lasern nicht die elektrische Leistung, sondern die optische Leistung angegeben:

$$\text{Leistung } P \text{ in W} = \frac{J}{s} \tag{2.3}$$

Bestrahlungsstärke E Die schädigende Wirkung von Laserstrahlung wird durch die Leistung *P* und die Strahlfläche *A* des Strahls bestimmt. Aus beiden Größen bildet man die Leistungsdichte oder Bestrahlungsstärke *E*. Diese ergibt sich aus dem Quotienten der Leistung *P* und der Strahlfläche *A:*

$$\text{Bestrahlungsstärke } E = \frac{P}{A} \text{ in } \frac{W}{m^2} \tag{2.4}$$

Häufig ist die Fläche *A* von Lasern eine Kreisfläche mit dem Radius *r* bzw. dem Durchmesser *d*. Dann gilt

$$\text{Kreisfläche } A = r^2 \pi = \frac{d^2}{4} \pi \text{ in } m^2 \tag{2.5}$$

In Abschn. 2.5 wird dargelegt, wie der Strahlradius *r* und damit die Strahlfläche nach den speziellen Vorschriften des Laserschutzes ermittelt werden. Es sei vorweggenommen, dass der Strahlradius und die Strahlfläche durch den Blendendurchmesser definiert sind, durch den 63 % der Strahlleistung fallen. Daher müsste streng genommen an die Größen *r* und *A* jeweils ein Index 63 angefügt werden ($r = r_{63}$ und $A = A_{63}$).

Gl. 2.4 gilt für den Fall, dass die Bestrahlungsstärke *E* einen konstanten Wert hat. Falls das nicht der Fall ist, gibt die Gleichung den Mittelwert der Bestrahlungsstärke an. Für die genaue Definition der Bestrahlungsstärke wird die Leistung d*P* definiert, die auf das Flächenelement d*A* fällt:

$$E = \frac{dP}{dA}. \tag{2.6}$$

2.4.2 Impulslaser: Energie *Q* und Bestrahlung *H*

Die Charakterisierung von gepulster Laserstrahlung ist etwas komplizierter als bei Dauerstrichlasern. Die wichtigsten Parameter sind die Impulsenergie *Q* und die Impulsdauer t_H. Daraus kann die Impulsspitzenleistung P_P berechnet werden (Gl. 2.10). Aus der Impulsfolgefrequenz *f*, d. h. der Zahl der Impulse pro Sekunde, können der Impulsabstand t_P und die mittlere Leistung P_m berechnet werden (Gl. 2.14). Die Bedeutung dieser Größen ist aus Abb. 2.11 ersichtlich.

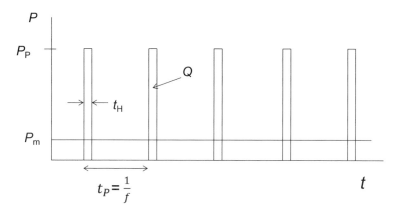

Abb. 2.11 Verlauf der Leistung P bei gepulster Laserstrahlung in Abhängigkeit von der Zeit t. Die mittlere Leistung P_m ergibt sich aus der Impulsspitzenleistung P_P durch folgende Bedingung: Die Flächen unter dem Kurvenverlauf von P_P und P_m sind gleich. Die Impulsenergie Q ist die Fläche unter dem Kurvenverlauf von P_P. Weitere Parameter sind: die Impulsdauer t_H, der Impulsabstand t_P und die Impulsfolgefrequenz $f = \frac{1}{t_P}$

Impulsenergie Q und Impulsdauer t_H Gepulste Laser werden durch die Impulsenergie Q charakterisiert, die in Joule (1 J = 1 Ws) angegeben wird:

$$\text{Energie } Q \text{ in J} = \text{Ws} \tag{2.7}$$

Diese Information wird durch die Angabe der Impulsdauer t_H in s ergänzt. Der Index H steht für Halbwertsbreite.

Energie Q und Leistung P Der allgemeine Zusammenhang zwischen der Leistung P und der Energie Q wird durch die Zeit t bestimmt, in welcher die Energie abgegeben wird. Wenn die Leistung zeitlich nicht konstant ist, gilt die zweite Gleichung in Gl. 2.8:

$$P = \frac{Q}{t} \text{ oder genauer} \quad P = \frac{\mathrm{d}Q}{\mathrm{d}t}. \tag{2.8}$$

Löst man die Gleichung nach der Energie auf, erhält man

$$Q = Pt \text{ oder genauer} \quad Q = \int P \mathrm{d}t. \tag{2.9}$$

Impulsspitzenleistung P_P Die maximale Leistung oder die Impulsspitzenleistung P_P bei gepulster Strahlung errechnet sich aus der Impulsenergie Q und der Impulsdauer t_H nach der Regel „Leistung P ist gleich Energie Q durch Zeit t" (Gl. 2.8):

$$\text{Impulsspitzenleistung } P_P = \frac{Q}{t_H} \quad \text{in W} \quad \text{oder} \tag{2.10}$$

$$\text{Impulsenergie } Q = P_\text{P} t_\text{H} \quad \text{in Ws} = \text{J} \tag{2.11}$$

Nach der Regel „Energie Q ist gleich Leistung P mal Zeit t" wird die Energie in Ws=Joule=J angegeben. Aus der letzten Gleichung erkennt man, dass die Energie die Fläche unter einem Impuls in Abb. 2.11 darstellt.

Impulsfolgefrequenz f und Impulsabstand t_P Die Anzahl N der Impulse pro Zeit t stellt die Impulsfolgefrequenz f dar:

$$\text{Impulsfolgefrequenz} f = \frac{N}{t} \quad \text{in} \frac{1}{\text{s}} = \text{Hz} \tag{2.12}$$

Der Impulsabstand t_P hängt mit der Impulsfolgefrequenz f wie folgt zusammen:

$$\text{Impulsabstand } t_\text{P} = \frac{1}{f} \quad \text{in s} \tag{2.13}$$

Mittlere Leistung P_m Bei gepulsten Lasern ist die Impulsspitzenleistung P_P oft sehr hoch, die mittlere Leistung P_m jedoch viel kleiner. Die mittlere Leistung errechnet man aus der Impulsenergie Q und der Impulsfolgefrequenz f:

$$\text{Mittlere Leistung } P_\text{m} = Q \cdot f \quad \text{in W.} \tag{2.14}$$

In Abb. 2.11 ist die Fläche unter der mittleren Leistung gleich der Summe der Flächen unter den Impulsen.

2.4.3 Exposition: Bestrahlungsstärke *E* und Bestrahlung *H*

Die Expositionsgrenzwerte, d. h. die Grenzen für einen Augen- oder Hautschaden durch Laserstrahlung, werden durch die physikalischen Größen Bestrahlungsstärke E (in W/m²) und Bestrahlung H (in J/m²) beschrieben [2]. Kennt man die Bestrahlungsdauer t, können beide Größen ineinander umgerechnet werden.

Bestrahlungsstärke E Die Leistungsdichte oder Bestrahlungsstärke E ergibt sich aus der Leistung P und der Strahlfläche A:

$$\text{Bestrahlungst ä rke } E = \frac{P}{A} \quad \text{in} \frac{\text{W}}{\text{m}^2} \tag{2.15}$$

Den Grenzwert für einen Augen- oder Hautschaden nennt man Expositionsgrenzwert:

$$\text{Expositionsgrenzwert } E_\text{EGW} \quad \text{in} \frac{\text{W}}{\text{m}^2} \tag{2.16}$$

Bestrahlung H Die Energiedichte oder Bestrahlung H ergibt sich aus der Energie Q und der Strahlfläche A:

$$\text{Bestrahlung } H = \frac{Q}{A} \quad \text{in } \frac{\text{J}}{\text{m}^2} \tag{2.17}$$

Der Grenzwert für einen Augen- oder Hautschaden wird dann als Bestrahlungsstärke E_{EGW} oder Bestrahlung H_{EGW} angegeben. Für die Bestrahlung benutzt man folgende Bezeichnung:

$$\text{Expositionsgrenzwert } H_{\text{EGW}} \quad \text{in } \frac{\text{J}}{\text{m}^2} \tag{2.18}$$

In Abschn. 2.5 wird dargelegt, wie der Strahlradius r und damit die Strahlfläche A nach den speziellen Vorschriften des Laserschutzes ermittelt werden. Es sei vorweggenommen, dass der Strahlradius und die Strahlfläche durch den Blendendurchmesser definiert sind, durch den 63 % der Strahlleistung fallen. Daher müsste streng genommen an die Größe A ein Index 63 angefügt werden ($A = A_{63}$).

Umrechnung E und H Kennt man die Bestrahlungsdauer t, kann die Bestrahlung H aus der Bestrahlungsstärke E errechnet werden und umgekehrt. Dabei wird die Beziehung „Energie E ist gleich Leistung P mal Zeit t angewendet":

$$\text{Bestrahlung } H \text{ und Bestrahlungsstärke } E \quad H = E \cdot t. \tag{2.19}$$

2.4.4 Strahldichte L

e Strahldichte L dient zur Beschreibung einer flächenhaften Lichtquelle. Obwohl diese Messgröße hauptsächlich beim Arbeitsschutz bei inkohärenter Strahlung benutzt wird, soll sie hier kurz erwähnt werden [7].

Zur Definition der Strahldichte L wird eine homogen strahlende Fläche A angenommen. Die Fläche strahlt völlig diffus (Lambert-Strahler). Zur Bestimmung der Strahldichte wird mit einem Detektor, der den Raumwinkel Ω erfasst, die abgestrahlte Leistung P senkrecht zur Fläche gemessen (Abb. 2.12). Daraus wird die Strahldichte L berechnet:

$$\text{Strahldichte} \quad L = \frac{P}{\Omega A} \tag{2.20}$$

Die Strahldichte L gibt nicht die gesamte Leistung einer Lichtquelle an. Diese hängt von der Fläche A der Quelle ab und dem Raumwinkel, in den die Quelle

Abb. 2.12 Zur Ermittlung der Strahldichte L einer strahlenden Fläche A wird die Leistung P in einem Detektor gemessen, der den Raumwinkel Ω erfasst. In der Abbildung steht der Detektor senkrecht zu Fläche A und es gilt $L = P/\Omega A$. In der Praxis wird die Strahldichte vom Hersteller der Lichtquelle angegeben [7]

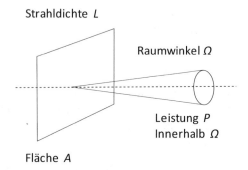

strahlt. Zwei Lichtquellen können also bei gleicher Strahldichte völlig verschiedene Leistungen haben. Bei höherer Leistung ist dann die strahlende Fläche größer.

Die Bedeutung der Strahldichte L liegt darin, dass sie bei der Abbildung durch Linsen erhalten bleibt (der Beweis dafür soll hier nicht erbracht werden). Das hat zur Folge, dass die Strahldichte L einer Lichtquelle genauso groß wie die Strahldichte des Bildes auf der Netzhaut ist. Durch eine Lichtquelle mit der Strahldicht L erhält man auf der Netzhaut eine Bestrahlungsstärke (ohne Beweis)

$$E_\mathrm{n} = \frac{LA_\mathrm{p}}{l},\tag{2.21}$$

wobei A_p die Pupillenfläche und l die optische Länge des Augapfels (ungefähr Brennweite des Auges) darstellen. Dies ist eine erstaunliche Erkenntnis. Die Bestrahlungsstärke E_n auf der Netzhaut durch eine ausgedehnte Quelle hängt nicht von der Entfernung ab. Allerdings nimmt die bestrahlte Fläche auf der Netzhaut mit der Entfernung ab. Das Bild der Lichtquelle wird kleiner.

Die Grenzwerte für ausgedehnte Quellen werden für inkohärente Strahlung daher in Bereichen, in den das Auge durchlässig ist, durch den Begriff Strahldichte angegeben [7]. Dabei ist es gleichgültig, wie weit das Auge von der Lichtquelle entfernt ist. In den DIN-Normen können die Expositionsgrenzwerte für Laserstrahlung bei ausgedehnten Quellen alternativ auch durch die Strahldichte erfolgen [13]. Leider ist dieses Vorgehen für die Praxis zu kompliziert, obwohl der Begriff Strahldichte ein tieferes Verständnis bei der Abbildung von Lichtquellen durch das Auge ermöglicht.

Mit Hilfe der Strahldichte L kann die Bestrahlungsstärke E in einer bestimmten Entfernung r von der Lichtquelle mit der strahlenden Fläche A berechnet werden (Abb. 2.13). Diese ergibt sich zu:

$$E = L\Omega = \frac{LA}{r}\tag{2.22}$$

Dabei ist $\Omega = A/r^2$ der Raumwinkel, unter dem die Lichtquelle an der Stelle r gesehen wird.

Abb. 2.13 Eine Lichtquelle mit der Strahldichte L und der Fläche A erzeugt in der Entfernung r eine Bestrahlungsstärke von $E = L\Omega' = LA/r^2$, wobei Ω' der Raumwinkel ist, unter dem die Lichtquelle von der bestrahlten Fläche gesehen wird [7]

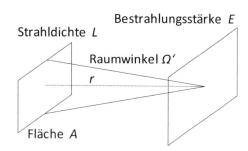

Bei den Berechnungen und den Abb. 2.12 und 2.13 wurden die Verhältnisse entlang der Mittelachse der strahlenden Fläche beschrieben. Bei schräger Abstrahlung gilt statt (Gl. 2.22):

$$L = \frac{P}{\Omega A} cos\varepsilon,$$

wobei ε der Winkel gegen die Flächennormale ist. Diese Korrektur muss auch bei (Gl. 2.22) berücksichtigt werden. In der Praxis sind diese Korrekturen meist ohne Bedeutung ($cos\varepsilon = 1$).

Raumwinkel Ω In der Beschreibung der Strahldichte L taucht der Begriff Raumwinkel Ω auf. Eine Fläche A befinde sich in der Entfernung x von einem Beobachter. Dieser sieht dann diese Fläche unter dem Raumwinkel

$$\Omega = \frac{A}{x^2} \tag{2.23}$$

Der Raumwinkel hat keine Einheit, aber man gibt ihm den Namen steradiant $=$ sr. Beispiel: Eine Fläche von $A = 0{,}01$ m^2 wird in $x = 1$ m Entfernung unter dem Raumwinkel $\Omega = 0{,}01 = 0{,}01$ sr gesehen.

2.5 Strahlparameter und Ausbreitung von Laserstrahlung

2.5.1 Allgemeine Eigenschaften von Laserstrahlung

Laserstrahlung stellt eine gleichmäßige kohärente Lichtwelle dar, die sich durch verschiedene Eigenschaften von normalem Licht unterscheidet. Diese Eigenschaften sollen im Folgenden unter dem Aspekt des Laserstrahlenschutzes aufgezählt werden.

Wellenlänge der Strahlung Laserstrahlung kann sich durch eine genau definierte Lichtwellenlänge auszeichnen, sie kann also einfarbig sein (monochromatisch). Manche Laser strahlen jedoch in einen mehr oder weniger großen Wellenlängenbereich.

Auf jeden Fall muss die Wellenlänge oder der Wellenlängenbereich bekannt sein, da die Expositionsgrenzwerte und die Auswahl der Laserschutzbrille davon abhängen. Weiterhin hängt es von der Wellenlänge ab, welche Stelle des Auges bei einem Unfall geschädigt wird.

Geringe Divergenz Laserstrahlung kann sich nahezu parallel ausbreiten, so dass sich der Strahldurchmesser mit der Entfernung vom Laser nur sehr wenig vergrößert. Ein typischer Wert für die Divergenz ist $\varphi = 1:1000 = 0{,}001$ (1 mrad) (Abb. 2.15). Dies bedeutet, dass sich der Strahldurchmesser um ein Tausendstel der Entfernung aufweitet. Beispielsweise vergrößert sich der Strahldurchmesser bei einer Entfernung von 1 m (=1000 mm) um 1 mm. Diese Eigenschaft der Laserstrahlung hat zur Folge, dass Laserstrahlung auch noch in sehr großer Entfernung vom Laserausgang einen Schaden hervorrufen kann. Natürlich kann die Strahldivergenz auch größer sein, z. B. hinter dem Fokus einer Linse oder nach dem Austritt aus einer optischen Faser.

Gute Fokussierbarkeit Laserstrahlung kann durch Linsen auf sehr kleine Durchmesser fokussiert werden. Die theoretische Grenze des Fokusdurchmessers liegt im Bereich der Lichtwellenlänge, also bei einigen 100 nm (=0,1 μm). Für wissenschaftliche, medizinische und technische Anwendung ist die gute Fokussierbarkeit ein wesentlicher Vorteil, für den Laserschutz stellt sie eine hohe Gefährdung dar. Die Strahlung im sichtbaren und im infraroten Bereich IR-A kann durch das System aus Augenlinse und Hornhaut auf einen minimalen Durchmesser von nur ca. 25 μm auf der Netzhaut fokussiert werden. Durch diese starke Bündelung kann schon bei sehr kleinen Leistungen ein Augenschaden entstehen.

Hohe Leistungsdichte Die Frage, ob das Auge oder die Haut durch Laserstrahlung geschädigt werden, hängt von der Leistung des Lasers und dem Strahldurchmesser ab. Aus beiden Größen ergibt sich die Bestrahlungsstärke oder Leistungsdichte $E = $ Leistung $P/$Fläche A. Da Laserstrahlung oft kleine Strahldurchmesser und damit kleine Strahlflächen aufweist, kann die Leistungsdichte in einem Laserstrahl sehr hoch sein. Ein Laser mit 1 W und einer Strahlfläche von 1 mm^2 = 0,000001 m^2 = 10^{-6} m^2 hat beispielsweise eine Leistungsdichte von $E = 10^6$ W/m^2. Laserstrahlung im sichtbareren und infraroten Bereich IR-A fokussiert das Auge bis auf einen Durchmesser von ca. 25 μm auf die Netzhaut. Dadurch steigt die Leistungsdichte um ungefähr den Faktor 100.000 an und die Gefährdung erhöht sich enorm. Daher können schon Laserleistungen von 1 mW und darunter zu einer Überschreitung der Expositionsgrenzwerte führen und einen Augenschaden verursachen.

Kurze Impulse und ultrakurze Impulse Laser können sehr kurze Impulse aussenden, die spezielle Anwendungen ermöglichen. Seit mehreren Jahrzehnten gibt es insbesondere bei Festkörperlasern durch die sogenannte Güteschaltung Impulsbreiten im Nanosekundenbereich (1 ns = 10^{-9} s = 0,000000001 s). Noch kürzere Impulse werden durch das Verfahren der Modenkopplung erzielt, wobei

Picosekunden (1 ps $= 10^{-12}$ s) oder sogar Femtosekunden (1 fs $= 10^{-15}$ s) erreicht werden. Zur Charakterisierung von Impulslasern gibt man die Impulsenergie Q an. Die Impulsspitzenleistung errechnet sich aus Leistung $P =$ Energie Q/Impulsdauer t_H. Beispielsweise erhält man während eines kurzen Impulses mit der Energie von $Q = 1$ J und der Dauer $t_H = 10^{-12}$ s ($= 1$ ps) eine kaum vorstellbare Impulsspitzenleistung von $P_P = 10^{12}$ W, allerdings nur während einer sehr kurzen Zeit. Bei kurzen Laserimpulsen kann also die Impulsleistung und damit auch die Leistungsdichte sehr hoch sein. Daher können Impulsenergien von unterhalb von 0,2 μJ bereits zu einer Überschreitung der Expositionsgrenzwerte führen.

2.5.2 Strahlradius

Laserstrahlung kann in verschiedenen Schwingungsformen auftreten, die Moden genannt werden (Abschn. 2.5.9; Abb. 2.7). Allgemein werden die Moden durch Nullstellen in x- und y-Richtung quer zum Strahl charakterisiert und als TEM$_{mn}$ symbolisiert. Beispielsweise hat eine Mode TEM$_{21}$ zwei Nullstellen quer zum Strahl in x-Richtung und eine in y-Richtung. Die meisten Laser werden in der sogenannten Grundmode TEM$_{00}$ angeboten. Diese Mode hat die Form einer Glockenkurve, genauer Gaußkurve, und hat weder Nullstellen in x- noch in y-Richtung (m $= 0$ und n $= 0$) (Abb. 2.14). Der Grund für die Bevorzugung der Grundmode liegt darin, dass diese Mode die beste Strahlqualität hat. Die Divergenz und der Strahlradius bei Fokussierung durch eine Linse sind kleiner als bei den höheren Moden.

Strahlprofil TEM$_{00}$ Die meisten kommerziellen Laser strahlen im sogenannten Monomode- oder Grundmoden-Betrieb. Daher wird im Laserschutz in der Regel von der Grundmode TEM$_{00}$ ausgegangen. In diesem Fall hat der Laserstrahl die

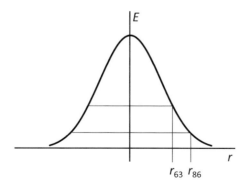

Abb. 2.14 Profil eines Laserstrahls in der Grundmode TEM$_{00}$. Im Laserstrahlenschutz wird der Strahldurchmesser r_{63} benutzt. Durch eine Blende mit diesem Radius fallen 63 % der Laserleistung. Im Buch wird der Index 63 nicht ausdrücklich hingeschrieben, ist aber immer so gemeint. Dagegen wird in der Lasertechnik der größere Strahlradius r_{87} verwendet. (Aus [7])

Intensitätsverteilung in Form einer sogenannten Gaußkurve. Die radiale Verteilung der Bestrahlungsstärke E ist gegeben durch:

$$\text{Bestrahlungsstärke im Strahl } E = E_0 \mathrm{e}^{-\left(\frac{r}{r_{63}}\right)^2} \qquad (2.24)$$

wobei E_0 die maximale Bestrahlungsstärke im Zentrum des Laserstrahls und r die radiale Koordinate quer zur Strahlrichtung darstellen. Der Strahlradius r_{63} gibt die Stelle im Strahl an, bei welcher die Bestrahlungsstärke auf $E_0/\mathrm{e} = 0{,}37 \cdot E_0$ gefallen ist. Durch eine Blende mit dem Strahlradius r_{63} fällt 63 % der gesamten Laserleistung P.

Im Laserschutz wird bei der Ermittlung der Exposition die mittlere Bestrahlungsstärke mit Hilfe einer Messblende mit dem Radius r_{63} gemessen, durch die 63 % der gesamten Laserleistung P fallen, ermittelt:

$$\text{Mittlere Bestrahlungsstärke } E_\mathrm{m} = \frac{0{,}63\,P}{\pi\, r_{63}^2} \qquad (2.25)$$

Die maximale Bestrahlungsstärke E_0 im Strahlprofil, die sich aus 100 % der Laserleistung und dem Strahlradius r_{63} berechnet, ist größer:

$$\text{Maximale Bestrahlungsst ä rke } E_0 = \frac{P}{\pi\, r_{63}^2} \qquad (2.26)$$

Strahlradius r Im Laserstrahlenschutz wird der Strahlradius r_{63} an der Stelle gemessen, bei der die Bestrahlungsstärke auf $1/\mathrm{e} = 37\,\%$ des Maximalwertes E_0 gefallen ist. In der Fläche mit diesem Strahlradius sind 63 % der Laserleistung enthalten. In der Laserphysik wird ein größerer Strahlradius angegeben, bei dem die Bestrahlungsstärke auf $1/\mathrm{e}^2 = 13{,}5\,\%$ des Maximalwertes gefallen ist. Dieser Wert wird mit r_{86} bezeichnet, da in der Fläche mit diesem Strahlradius 86,5 % der Laserleistung enthalten sind.

Beide Definitionen unterscheiden sich um den Faktor $\sqrt{2} = 1{,}41$.

$$r_{63} = \frac{r_{86}}{\sqrt{2}} \qquad (2.27)$$

Der Grund für die Verwendung von r_{63} im Laserstrahlenschutz liegt darin, dass sich bei Benutzung von r_{63} zur Berechnung der mittleren Bestrahlungsstärke E_m ein höherer und damit sicherer Wert als bei Verwendung von r_{86} ergibt (Beispiel: für r_{63}: $E_\mathrm{m} = 0{,}63 E_0$ und für r_{87}: $E'_\mathrm{m} = 0{,}43 E_0$).

Anmerkung: Bei der Bestimmung von z. B. notwendigen Dicken von Laserschutz-Einhausungen muss gemäß DIN EN ISO 11553-1 und DIN EN 60825-4 oft mit r_{86} gearbeitet und gerechnet werden.

2.5.3 Strahldivergenz

Ein Laserstrahl breitet kann sich nahezu parallel mit einem nur kleinen Divergenzwinkel φ ausbreiten (Abb. 2.15). Da im Laserschutz der Strahlradius r_{63} verwendet wird, bezieht sich der Divergenzwinkel auch auf die Vergrößerung von r_{63}. Man benutzt daher das Formelzeichen φ_{63} für den Divergenzwinkel. Im Laserschutz wird der Divergenzwinkel φ als voller Winkel angegeben, während in der physikalisch-technischen Literatur oft der halbe Winkel gemeint ist.

Bogenmaß
Der Divergenzwinkel φ wird meist im Bogenmaß angegeben. Der Zusammenhang zwischen dem Bogenmaß und dem Gradmaß ist gegeben durch:

$$360^0 = 2\pi\,\text{rad} \qquad 1^0 = 0{,}0175\,\text{rad} \qquad 1\,\text{rad} = 57{,}3^0. \qquad (2.28)$$

Der Winkel im Bogenmaß entspricht dem Kreisbogen im Einheitskreis. Er hat keine Einheit, aber man gibt ihm den Namen radiant = rad = 1000 mrad.

Sehwinkel
Eine Strecke y wird in der Entfernung x näherungsweise unter folgendem Winkel φ im Bogenmaß gesehen:

$$\varphi = \frac{y}{x}. \qquad (2.29)$$

Strahldivergenz φ
Am Ausgang des Lasers hat der Strahl einen Radius r_0. Dieser vergrößert sich mit dem Divergenzwinkel φ mit zunehmender Entfernung x um den Wert $\varphi \cdot x$. Dieser Wert addiert sich zu dem Anfangsradius r_0, sodass der Strahlradius r_0 in der Entfernung x gegeben ist durch:

$$r_x = \varphi x + r_0 \qquad (2.30)$$

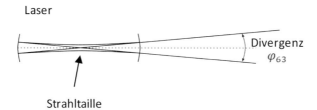

Abb. 2.15 Ein Laserstrahl hat eine Strahltaille im Resonator und breitet sich mit dem Divergenzwinkel φ_{63}. Im Buch wird der Index 63 nicht ausdrücklich hingeschrieben, aber so gemeint. (Aus [5])

Dabei kann man nach den Regeln des Strahlenschutzes (Index 63) oder der Physikalischen Technik (Index 86) vorgehen.

Beispiel: Eine Divergenz von beispielsweise $\varphi = 1$ mrad $= 0{,}001 = 1/1000$ bedeutet, dass sich der Strahldurchmesser nach $x = 1000$ mm um $\varphi x = 1$ mm vergrößert. Dazu wird der Anfangsdurchmesser r_0 addiert.

Index 63

Es wurde bereits erwähnt, dass es unterschiedliche Definitionen des Strahlradius r im Laserstrahlenschutz (Index 63) und in der Laserphysik (Index 86) gibt. Das hat zur Folge, dass auch andere charakteristischen Größen, wie die Strahldivergenz φ, die Strahlfläche A oder die numerische Apertur N_A, unterschiedlich definiert sein können. In diesem Buch werden immer die Definitionen des Laserstrahlenschutzes benutzt, ohne dass der Index 63 ausdrücklich hingeschrieben wird.

Messung der Strahldivergenz

Die Strahldivergenz φ kann wie folgt experimentell ermittelt werden. Es wird der Strahlradius an zwei Entfernungen vom Laser r und r_x im Strahl gemessen, die einen Abstand x voneinander haben (Abb. 2.15). Dabei kann man nach den Regeln des Strahlenschutzes (Index 63) oder der Physikalischen Technik (Index 86) vorgehen. Man erhält für die Strahldivergenz:

$$\varphi = 2\,\frac{r_x - r}{x} \text{ oder genauer } \varphi = 2\arctan\frac{r_x - r}{x} \tag{2.31}$$

Es muss darauf geachtet werden, dass die Messung nicht zu nah am Laser durchgeführt wird, da die Einhüllende des Laserstrahls dort eine leichte Krümmung aufweisen kann. Die Messung muss in einer Entfernung stattfinden, die größer als die sogenannte Rayleigh Länge z_r ist.

2.5.4 Strahltaille

Laserstrahlung ist kohärent und kann bei vielen Erscheinungen als Welle mit der Wellenlänge λ verstanden werden. Zwischen den beiden Spiegeln des Lasers bildet sich eine stehende Welle aus. Dabei bildet sich im Resonator eine sogenannte Stahltaille aus, die eine kleine Einschnürung des Strahlradius darstellt (Abb. 2.15). In der Nähe der Strahltaille verläuft die Einhüllende der Welle leicht gekrümmt. In größerer Entfernung, d. h. außerhalb des Resonators, findet dann eine geradlinige Ausbreitung statt. Der Laserstrahl breitet sich dort mit dem Divergenzwinkel φ aus.

Strahldivergenz φ_{63}

Im Fall der Grundmode TEM$_{00}$ (Abschn. 2.5.9) wird die Form und Ausbreitung des gesamten Laserstrahls durch die Angabe des Radius der Strahltaille r eindeutig bestimmt. Der volle Divergenzwinkel φ ist durch die Wellenlänge λ und den Radius r gegeben. Im Folgenden werden die Gleichungen mit den Definitionen des Laserschutzes (Index 63) und der physikalisch-technischen Literatur (Index 86) gegeben:

$$\varphi_{63} = \frac{\lambda}{\pi\, r_{63}} \qquad \varphi_{87} = 2\frac{\lambda}{\pi\, r_{86}}. \tag{2.32}$$

Interessant ist, dass der Divergenzwinkel φ für optische Strahlung mit langer Wellenlänge λ größer ist als der für kurze Wellenlängen. Weiterhin zeigen Laser mit kleiner Strahltaille r eine große Divergenz.

Man beachte, dass in der physikalisch-technischen Literatur mit φ der halbe Divergenzwinkel gemeint ist.

Bei vielen Lasern ist die Einschnürung in der Strahltaille nicht sehr groß, sodass mit ausreichender Genauigkeit für r der Strahlradius am Ausgang des Lasers benutzt werden kann.

Rayleigh-Länge

Die Strahltaille kann durch eine Tiefenschärfe, die man Rayleigh-Länge nennt, beschrieben werden. Innerhalb der Rayleigh-Länge vergrößert sich der Strahlradius um den Faktor $\sqrt{2} = 1{,}41$. Die Rayleigh-Länge $z_r$ist gegeben durch:

$$z_{r63} = 2\frac{\pi\, r_{63}^2}{\lambda} \qquad z_{r87} = \frac{\pi\, r_{86}^2}{\lambda} \tag{2.33}$$

Eine geradlinige Ausbreitung des Laserstrahls findet erst außerhalb der Rayleigh-Länge z_r statt.

Festkörperlaser haben einen typischen Strahlradius von $r_{63} = 0{,}3$ mm. Man erhält nach Gl. 2.32 für blaues Licht mit $\lambda = 500$ nm eine Divergenz von $\varphi_{63} = 0{,}0005 = 0{,}5$ mrad. Für die Rayleigh-Länge ergibt sich nach Gl. 2.32: $z_{r63} = 1{,}1$ m. Der Strahl breitet sich mit einer sehr geringen Divergenz aus.

Völlig andere Verhältnisse treten bei einem Halbleiterlaser oder einem Faserlaser mit $r_{63} = 1\,\mu$m auf. Man erhält eine wesentlich größere Divergenz von $\varphi_{63} = 0{,}16$ rad $= 9{,}1°$ und eine Rayleigh-Länge von $z_{r63} = 12\,\mu$m. Der Strahl von Halbleiter- und Faserlasern breitet sich mit einem hohen Divergenzwinkel von $10°$ und mehr aus.

2.5.5 Fokussierung durch eine Linse

Bei vielen Anwendungen wird die Laserstrahlung durch eine Linse fokussiert. Für Laserstrahlung in der Grundmode wird der Strahlradius r' im Fokus einer Linse durch die Brennweite f, die Wellenlänge λ und den Strahlradius r an der Linse bestimmt (Abb. 2.16) [5]:

$$r'_{63} = \frac{\lambda f}{2\pi\, r_{63}} \quad \text{oder} \quad r'_{86} = \frac{\lambda f}{\pi\, r_{86}} \tag{2.34}$$

Abb. 2.16 Fokussierung
eines Laserstrahls durch eine
Linse. Der Fokusdurchmesser
2r′ hängt von der Brennweite
der Linse f und dem
Strahldurchmesser des
Laserstrahls 2r vor der Linse
ab. (Aus [5])

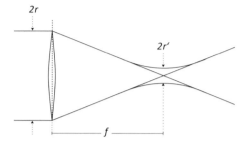

Mit Gl. 2.32 ergibt sich damit der Strahlradius im Fokus einer Linse durch den
Divergenzwinkel φ des Laserstrahls vor der Linse und die Brennweite f (für den
Index 63 und 86):

$$r' = \frac{\varphi f}{2} \tag{2.35}$$

Der Divergenzwinkel φ' nach der Fokussierung durch die Linse ist näherungsweise durch den Strahlradius an der Linse r und die Brennweite f gegeben, wobei
die Gleichung für die Indizes 63 und 86 gilt

$$\varphi' \approx \frac{2r}{f} \quad \text{genauer} \quad \tan\frac{\varphi'}{2} = \frac{r}{f} \tag{2.36}$$

Die Rayleigh Länge gibt die Tiefenschärfe des Fokus an und kann mit Gl. 2.33
berechnet werden.

2.5.6 Leistung durch eine Blende

In der Messtechnik zur Lasersicherheit werden verschiedene Messblenden eingesetzt. Für einen TEM$_{00}$-Strahl mit der Leistung P und dem Durchmesser d_{63}
kann die Leistung P_B berechnet werden, die bei zentraler Einstrahlung durch eine
kreisförmige Blende mit dem Durchmesser d_B hindurchtritt:

$$P_B = P\left(1 - e^{-(d_B/d_{63})^2}\right) \tag{2.37}$$

2.5.7 Austritt aus einer optischen Faser

Bisweilen wird der Laserstrahl in einer optischen Faser geführt und tritt dann
direkt aus der Endfläche aus. Der volle Abstrahl- oder Divergenzwinkel φ liegt
typischerweise im Bereich von einigen 10°. Oft wird statt des Abstrahlwinkels die
numerische Apertur N_A angegeben [2, 14]. In der Literatur ist meist der Wert φ
gemeint, bei dem die Leistungsdichte bis auf 5 % abgefallen ist.

$$\text{Numerische Apertur } N_A = \sin(\varphi/2) \tag{2.38}$$

In Tab. 2.3 sind numerische Aperturen für einige optische Fasern aufgeführt, die unter anderem auch in Telekommunikationssystemen eingesetzt werden. Zusätzlich wird der Strahldurchmesser in 100 mm Entfernung angegeben und wie viele Prozent der gesamten Leistung in dieser Entfernung ins Auge fallen. Diese Angaben sind interessant, da im Laserschutz von einem minimalen Abstand von 100 mm ausgegangen wird. Bei kleineren Entfernungen steigt die Gefährdung nicht mehr, da das Auge nicht mehr scharf sehen kann und die bestrahlte Fläche auf der Netzhaut größer wird. Diese Angabe ist nur bei Wellenlängen richtig, die bis zur Netzhaut dringen.

Die mittlere Bestrahlungsstärke E im Abstand a von der Austrittsfläche eines Einmoden-Lichtwellenleiters mit der numerischen Apertur N_A beträgt [2]:

$$E = 0{,}92 \frac{P}{a^2 N_A^2},$$

(2.39)

wobei P die gesamte Strahlleistung und a den Kerndurchmesser darstellen.

Tab. 2.3 Numerische Apertur N_A (für φ_{95}) und andere Daten verschiedener Lichtleitfasern, Strahldurchmesser in 100 mm Entfernung und Anteil der Strahlung, der in dieser Entfernung ins Auge gelangt [14]. Der Winkel φ und N_A geben den Wert an, bei dem die Leistungsdichte auf 5 % gefallen ist (φ_{95}). Der entsprechende Strahldurchmesse d_{95} ist etwa um den Faktor 1,7 größer als der d_{63}-Wert, der in der Tabelle angegeben ist ($d_{95} = 1{,}7 \cdot d_{63}$)

Fasertyp	Kerndurch-messer in µm	Typ. φ in Grad	N_A	Strahldurch-messer in 100 mm Ent-fernung in mm	Anteil, der ins Auge gelangt in %
Single Mode Faser	8	0,1	11,5	11/13	33/25
Multi Mode Gradienten-index	50	0,2	23,1	24	8,2
Multi Mode Gradienten-index	62,5	0,28	32,5	34	4,2
Multi Mode Gradienten-index	100	0,3	34,9	37	3,5
PSC Polymer-mantel-Quarz	200	0,35	41	44	2,5
PMMA-POV Plastikfaser	1000	0,47	56,1	63	1,2

2.5.8 Diffuse Streuung

Auch diffus gestreute Laserstrahlung verursacht eine Gefährdung. Man kann die Bestrahlungsstärke E nach diffuser Streuung im Idealfall (Lambert-Strahler) im Abstand x abschätzen [2]:

$$E = \rho \frac{P \cos \varepsilon}{\pi x^2}, \qquad (2.40)$$

wobei ρ der Reflexionskoeffizient, P die Leistung des Laserstrahls und ε der Beobachtungswinkel, gemessen zur Normalen darstellen. Die höchste Bestrahlungsstärke tritt für $\varepsilon = 0$ und $\rho = 1$ auf.

Reale Flächen zeigen Abweichungen vom idealen Streuverhalten nach Gl. 2.40. Insbesondere tritt neben der diffusen Streuung auch ein reflektierter Anteil mit erhöhter Bestrahlungsstärke auf.

2.5.9 Höhere Moden und M²

Laser können in verschiedenen Schwingungsformen oder Moden strahlen [5]. Die meisten bisher beschriebenen Gleichungen gelten für die Grundmode TEM_{00}. Diese zeichnet sich durch eine besonders kleine Divergenz aus, was zur Folge hat, dass minimale Durchmesser bei der Fokussierung entstehen. Daher haben Laser hoher Qualität meist die Eigenschaften der Grundmode.

Der Einfluss höherer Moden macht sich in einer Verschlechterung der Strahlqualität bemerkbar. Die Strahlqualität kann durch zwei miteinander verwandte Größen beschrieben werden: das Strahlparameterprodukt SPP oder die Größe M^2 [5].

Das Strahlparameterprodukt SPP entsteht durch Multiplikation des halben Divergenzwinkels $\varphi/2$ mit dem Radius der Strahltaille r. Für die Grundmode gilt (unabhängig vom Index 63 und 86):

$$\text{Grundmode } TEM_{00} \quad SPP = r\,\varphi/2 = \lambda/\pi. \qquad (2.41)$$

Für höhere Moden vergrößern sich r und $\varphi/2$ jeweils um den Faktor M.

$$\text{Höhere Moden} \quad SPP = M^2 \lambda/\pi \qquad (2.42)$$

Die Hersteller geben für ihre Laser den Wert von M^2 an. Ein idealer Wert für einen Laser ist $M^2 = 1{,}0$, der in dieser Form nur schwer zu erreichen ist. Ein Wert für einen guten Laser ist beispielsweise $M^2 = 1{,}1$. Die Gleichungen zur Berechnung des Durchmessers bei Fokussierung durch eine Linse müssen mit dem Wert M^2 multipliziert werden. Dagegen verringert sich die Tiefenschärfe (Rayleigh-Länge) um den Faktor $1/M^2$.

2.5.10 Sicherheitsabstand *NOHD*

In günstigen Fällen weitet sich der Laserstrahl mit zunehmender Entfernung so stark auf, dass in einem bestimmten Abstand vom Laser der Expositionsgrenzwert für das Auge oder die Haut unterschritten wird. Der Sicherheitsabstand gibt die Entfernung vom Laser an, ab welcher der Laser keinen Augenschaden mehr verursachen kann. In der englischsprachigen Literatur wird der Sicherheitsabstand als *NOHD (nominal ocular hazard distance)* bezeichnet [2, 6, 11, 12]. Der Sicherheitsabstand *NOHD* hängt von der Laserleistung P, dem Expositionsgrenzwert für einen Augen- oder Hautschaden E_{EGW} (Abschn. 2.4.3) und der Strahldivergenz φ ab:

$$\text{Sicherheitsabstand } NOHD = \frac{\sqrt{\frac{4P}{\pi E_{EGW}}} - d}{\tan\varphi} \approx \frac{\sqrt{\frac{4P}{\pi E_{EGW}}}}{\varphi} \quad (2.43)$$

Dabei sind $d = 2r$ der Strahldurchmesser am Laserausgang und φ die Divergenz des Laserstrahls jeweils mit dem Index 63 zu versehen. In der Näherung wurden kleine Winkel (z. B. $\varphi \approx 0{,}01$) und ein kleiner Strahldurchmesser (z. B. d im Millimeterbereich) angenommen. Bei gepulster Strahlung sind die Laserleistung P durch die Impulsenergie Q und der Expositionsgrenzwert E_{EGW} durch H_{EGW} zu ersetzen.

2.5.11 Erwärmung und Verdampfen

Die im Gewebe absorbierte Laserenergie Q führt zu einer Temperaturerhöhung ΔT, die im Fall eines Unfalls zu Schädigungen, insbesondere am Auge, führen kann. Bei Vernachlässigung der Wärmeleitung kann die Temperaturerhöhung ΔT wie folgt abgeschätzt werden [15]:

$$\Delta T = \frac{Q}{c\rho V} \quad (2.44)$$

Für die spezifische Wärmekapazität kann für Gewebe näherungsweise der Wert von Wasser benutzt werden, $c = 4190$ J/kg K. Ähnliches gilt für die Dichte $\rho = 1000$ kg/m³. Das bestrahlte Volumen ist durch V gegeben.

Steigt die Temperatur über den Siedepunkt von Wasser, kann Gewebe verdampft werden. Das verdampfte Volumen V kann abgeschätzt werden, indem man annimmt, dass die gesamte Energie Q des Laserstrahls zur Verdampfung führt [15]:

$$V = \frac{Q}{L\rho} \quad (2.45)$$

Für die Verdampfungswärme von Gewebe kann näherungsweise wieder der Wert von Wasser angenommen werden, $L=2260$ kJ/kg. Die Energie Q kann in beiden Gleichungen durch die Laserleistung P und die Bestrahlungsdauer t ersetzt werden.

2.6   Übungen

2.6.1   Aufgaben

1. Erläutern Sie kurz den Unterschied zwischen a) inkohärenter und b) kohärenter Strahlung.
2. Wie ist der Ursprung des Wortes Laser zu erklären?
3. a) Wie ist der sichtbare Spektralbereich im Laserschutz definiert?
   b) Sind die realen Grenzen zum Sichtbaren genau festgelegt? Gibt es auch andere Definitionen des Sichtbaren (VIS)?
4. a) Vergleichen Sie die Strahlung von einem Halbleiterlaser und einer LED?
   b) Was ist das Gemeinsame und was das Unterschiedliche im technischen Aufbau?
5. Welche Bestrahlungsstärke E (Leistungsdichte) erzeugt ein kontinuierlicher Laserstrahl mit einer Leistung von $P=1$ mW und einem Strahlradius von $r=0,4$ mm.
6. Ein Laser mit $P=1$ kW strahlt $t=1$ s lang. Wie groß ist die Impulsenergie Q?
7. Ein gepulster Augenlaser (dermatologischer Laser) hat eine Impulsenergie von $Q=10$ mJ (1 J) und eine Pulsdauer von $t_H=8$ ns. Wie groß ist die Impulsspitzenleistung P_P in beiden Fällen?
8. Ein Laser strahlt mit einer Impulsfolgefrequenz von $f=1$ kHz, einer Impulsdauer von $t_H=10$ ns und einer Impulsenergie von $Q=0,5$ J. Wie groß sind die mittlere Leistung P_m, der Impulsabstand t_P und die Pulsspitzenleistung P_P? Wie groß ist die gesamte Energie, die in 10 s abgeben wird?
9. Berechnen Sie aus dem Grenzwert für die Bestrahlungsstärke $E_{EGW}=10$ W/m^2 den entsprechenden Grenzwert H_{EGW}.
10. Ein Laser hat eine Pulsfolgefrequenz von $f=50$ kHz.
    a) Wie viele Pulse N treten innerhalb von 20 s auf?
    b) Wie groß ist der Pulsabstand t_P? c) Die mittlere Leistung beträgt 1 W. Wie groß ist die Pulsenergie?
11. Ein Laserstrahl erzeugt an einer Wand ein Fleck mit 30 cm Durchmesser. Unter welchem Winkel wird dieser in 4 m Entfernung gesehen?
12. Ein Laserstrahl TEM$_{00}$ mit $\lambda=532$ nm hat einen Strahlradius von $r=0,3$ mm.
    a) Wie groß ist die Strahldivergenz?
    b) Wie groß ist der Strahlradius in $x=50$ m Entfernung? c) Wie groß ist die Bestrahlungsstärke bei einer Leistung von $P=200$ mW?
13. Wie groß ist der Sicherheitsabstand *(NOHD)* von einem „illegalen Laserpointer" mit einer Leistung von $P=500$ mW und einer Strahldivergenz von 1 mrad ($\varphi_{63}=0,001$) bei einem Expositionsgrenzwert von $E_{EGW}=10$ W/m^2?

14. Für einen Laser wurde der Sicherheitsabstand *NOHD* mit dem falschen Wert φ_{86} statt φ_{63} zu NOHD = 3 m berechnet. Das ist nicht richtig. Wie groß ist der richtige Wert für den *NOHD?*

15. a) Berechnen Sie den Strahlradius bei Fokussierung eines TEM_{00}-Laserstrahls (1064 nm) mit einem Strahlradius von 3 mm und einer Linse mit $f = 20$ cm Brennweite?
    b) Wie groß ist die Tiefenschärfe (Rayleigh-Länge) im Fokus?
    c) Wie groß wäre der fokussierte Strahlradius bei einem Laser mit $M^2 = 4$?

16. Ein Laserstrahl mit einem Radius von 1 mm wird durch eine Linse mit $f = 4$ cm fokussiert.
    a) Wie groß ist die Divergenz nach der Fokussierung?
    b) Wie kann man im Prinzip den Strahldurchmesser im Fokus berechnen?

17. Ein Laserstrahl mit einer Leistung von $P = 10$ W wird ideal diffus gestreut. Wie hoch ist die höchste Bestrahlungsstärke in 0,9 m Entfernung?

2.6.2 Lösungen

1. a) Normale Lichtquellen strahlen inkohärente Strahlung ab. Dies sind ungleichmäßige Lichtwellen, die durch spontane Emission entstehen. Die Strahlung kann nur unvollkommen parallel gebündelt werden, wobei Verluste entstehen. Bei Fokussierung durch eine Linse entstehen größere Brennflecke.
   b) Laserstrahlung ist kohärent. Es entsteht durch stimulierte Emission eine zusammenhängende Lichtwelle. Diese kann sich mit einem kleinen Divergenzwinkel nahezu parallel ausbreiten. Im Fokus einer Linse entsteht ein sehr kleiner Brennfleck.

2. Laser ist die Abkürzung für Light Amplification by Stimulated Emission of Radiation – Verstärkung von Licht durch stimulierte Emission von Strahlung.

3. a) Sichtbare Laserstrahlung VIS ist im Laserschutz bei Wellenlängen zwischen 400 nm und 700 nm definiert.
   b) Die realen Sehgrenzen gehen weit über diesen Bereich hinaus. Die DIN-Normen gehen von einer anderen Definition des Sichtbaren aus: 380 bis 780 nm. Aber auch hier endet das Sehvermögen noch nicht. Näheres Kap. 4 Biologische Wirkung.

4. a) Der Diodenlaser emittiert kohärente Strahlung. Diese tritt divergent aus dem Resonator aus, wird aber durch eine Linse parallel geformt. Die inkohärente Strahlung aus einer LED tritt auch divergent aus dem Bauelement heraus. Aber sie kann nur sehr begrenzt gebündelt werden.
   b) In beiden Bauelementen entsteht die Strahlung in der Grenzschicht einer Diode. Im Unterschied zu einer LED hat der Diodenlaser einen Resonator und eine stärkere Dotierung, sodass durch stimulierte Emission Laserstrahlung entsteht.

5. Bestrahlungsstärke ist Leistung P durch Fläche A. Man erhält:

$$A = r^2\pi = \left(0{,}4 \cdot 10^{-3}\right)^2 \pi \text{ m}^2 = 0{,}5 \cdot 10^{-6}\text{ m}^2$$

Bestrahlungsstärke $E = \frac{P}{A} = \frac{1 \cdot 10^{-3}\text{ W}}{0{,}5 \cdot 10^{-6}\text{m}^2} = 2000\frac{\text{W}}{\text{m}^2}$.

6. Energie Q ist Leistung P mal Zeit t:

$$Q = P\,t = 1000 \cdot 1\,\text{Ws} = 1000\,\text{J}$$

7. Die Pulsspitzenleistung P_P beträgt für beide Fälle:

$$P_\text{P} = \frac{Q}{t_\text{P}} = \frac{0{,}01\,\text{J}}{8 \cdot 10^{-9}\,\text{s}} = 1{,}25\,\text{MW} \text{ und } P_\text{P} = \frac{Q}{t_\text{P}} = \frac{1\,\text{J}}{8 \cdot 10^{-9}\,\text{s}} = 125\,\text{MW})$$

8. a) Die mittlere Leistung P_m und der Impulsabstand t_P betragen:

$$P_\text{m} = Q \cdot f = 0{,}5 \cdot 1000\,\text{W} = 500\,\text{W} \text{ und } t_\text{P} = \frac{1}{f} = \frac{1}{1000}\text{s} = 1\,\text{ms}$$

b) Die Impulsspitzenleistung P_P beträgt:

$$P_\text{P} = \frac{Q}{t_\text{H}} = \frac{0{,}5}{10^{-8}}\text{W} = 0{,}5 \cdot 10^8\text{ W} = 0{,}5\,\text{GW}$$

c) Die in 10 s abgestrahlte Energie Q' ist:

$$Q' = Qf\,t = 0{,}5 \cdot 1000 \cdot 10\,\text{J} = 5\,\text{kJ}$$

9. Aus $H_\text{EGW} = E_\text{EGW}t$ folgt, dass die Aufgabe nur gelöst werden kann, wenn die Bestrahlungsdauer t angegeben wird. Es werden daher als Beispiel die Zeiten 1 s und 10 s gewählt.

$$H_\text{EGW} = 10\tfrac{\text{J}}{\text{m}^2} \text{ für 1 s und } H_\text{EGW} = 100\tfrac{\text{J}}{\text{m}^2} \text{ für 10 s.}$$

10. a) Die Zahl der Puls N in 20 s beträgt

$$N = ft = 10^6$$

b) Der Impulsabstand t_P beträgt:

$$t_\text{P} = \frac{1}{f} = \frac{1}{50 \cdot 10^3} = 0{,}02\,\text{ms}$$

c) Die Pulsenergie beträgt:

$$Q = \frac{P_\text{m}}{f} = \frac{1}{50 \cdot 10^3}\text{Ws} = 0{,}02\,\text{Ws}$$

11. Der Winkel im Bogenmaß beträgt:

$$\varphi = \frac{x}{y} = \frac{0{,}3}{4} = 0{,}075 = 0{,}075\,\text{rad} = 75\,\text{mrad}$$

12. a) Die Strahldivergenz berechnet sich zu:

$$\varphi = \frac{\lambda}{\pi \cdot r'} = 0{,}56\,\text{mrad}$$

b) Strahlradius in $x = 50$ m Entfernung (63 % Werte) mit $r_0 = r'_{63} = 0{,}3$ mm:
$$r_x = \varphi x + r_0 = 2{,}8 \text{ cm}$$
c) Bestrahlungsstärke mit $A = r_x^2 \cdot \pi = 2{,}5 \cdot 10^{-3} \text{m}^2$:

$$E = \frac{P}{A} = 80 \frac{\text{W}}{\text{m}^2}$$

Dieser Wert liegt über dem Expositionsgrenzwert von 10 W/m^2!

13. Man rechnet: $NOHD \approx \dfrac{\sqrt{\frac{4P}{\pi E_{\text{EGW}}}}}{\varphi_{63}} = \dfrac{\sqrt{\frac{2}{\pi 10}}}{0{,}001} \text{ m} = 252 \text{ m}$

14. In der Gleichung

$$NOHD \approx \frac{\sqrt{\dfrac{4P}{\pi E_{\text{EGW}}}}}{\varphi_{63}}$$

wurde eine ein zu großer Wert für φ eingesetzt. Mit dem kleineren Wert ergibt sich korrekterweise ein um den Faktor $\sqrt{2} = 1{,}41$ größerer Wert: $NOHD = 3 \cdot 1{,}41 \text{ m} = 4{,}23 \text{ m}$. Der richtige Laserbereich ist also größer.

15. a) Für den Strahlradius gilt:

$$r'_{63} = \frac{\lambda f}{2\pi r_{63}} = 11{,}3 \, \mu\text{m}$$

b) Für die Rayleigh-Länge erhält man:

$$z_{\text{r}63} = 2\frac{\pi r'^2_{63}}{\lambda} = 377 \, \mu\text{m}$$

c) Bei $M^2 = 4$ muss der Strahlradius nach a) mit dem Faktor 4 multipliziert werden.

16. a) Die Divergenz nach der Fokussierung beträgt:

$$\varphi' = \frac{r}{f} = \frac{1}{40}\text{rad} = 25 \text{ mrad}$$

b) Zur Ermittlung des Strahlradius im Fokus der Linse benötigt man die Divergenz des Strahls vor der Fokussierung oder man benutzt Gleichungen für TEM$_{00}$.

17. Die maximale Bestrahlungsstärke berechnet sich nach:

$$E = \frac{P}{\pi a^2} = 0{,}39 \, \text{Wm}^{-2}$$

Literatur

1. Verordnung zum Schutz der Beschäftigten vor Gefahren durch künstliche optische Strahlung (Arbeitsschutzverordnung – OStrV) BG Bl. I. S. 960 (2010) zuletzt geändert 10. 2017
2. Technische Regeln Laserstrahlung (TROS Laserstrahlung): Bundesministerium für Arbeit und Soziales, Bonn (Ausgabe Juli 2018)
3. CIE 018.2-1983: The basis of physical photometry, 2. Aufl. (Nachdruck 1996)
4. Schneeweiss, C., Eichler, J., Brose, M.: Leitfaden für Laserschutzbeauftragte. Springer, Berlin (2017)
5. Eichler, H.J., Eichler, J.: Laser: Bauformen. Strahlführung, Anwendungen, Springer, Berlin (2015)
6. Sliney, D., Wolbarsht, M.: Safety with lasers and other optical sources. Plenum, New York (1980)
7. Technische Regeln Inkohärente optische Strahlung (TROS IOS): Bundesministerium für Arbeit und Soziales, Bonn (2014)
8. Kneubühl, F.-K., Sigrist, M.W.: Laser. Teubner Studienbücher. Springer, Wiesbaden (2008)
9. Meschede, D.: Optik, Licht und Laser. Vieweg Teubner, Wiesbaden (2008)
10. Bäuerle, D.: Laser: Grundlagen in Fotonik, Technik, Medizin und Kunst. Wiley VCH, Weinheim (2009)
11. Sutter, E: Schutz vor optischer Strahlung. VDI Schriftenreihe **104** (2002)
12. Henderson, R., K., Schulmeister K.: Laser safety. Institute of Physics Publishing, New York (2004)
13. DIN EN 60825-1: Sicherheit von Lasereinrichtungen (2015)
14. DGUV Information 203–039: Umgang mit Lichtwellenleiter-Kommunikations-Systemen (2007); (neue Ausgabe voraussichtlich 2020)
15. Eichler, J., Seiler, T.: Lasertechnik in der Medizin. Springer (1991)

Messungen von Laserstrahlung und Geräte

3

Inhaltsverzeichnis

Die Arbeitsschutzverordnung zu künstlicher optischer Strahlung (OStrV) schreibt im Rahmen der Gefährdungsbeurteilung vor, dass der Arbeitgeber die auftretenden Expositionen durch Laserstrahlung an Arbeitsplätzen zu ermitteln und zu bewerten hat [1]. Er kann sich die entsprechenden Daten beim Hersteller oder Händler beschaffen oder auch andere Quellen benutzen. Dazu dienen die Bedienungsanleitungen und verschiedene technische Unterlagen. Bei kommerziellen

© Springer-Verlag GmbH Deutschland, ein Teil von Springer Nature 2020
C. Schneeweiss et al., *Leitfaden für Fachkundige im Laserschutz,*
https://doi.org/10.1007/978-3-662-61242-2_3

Laser-Einrichtungen reichen diese Informationen in der Regel aus, um die Gefährdungsbeurteilung zu erstellen [2, 6].

Lässt sich jedoch mit den vorhandenen Unterlagen nicht sicher feststellen, ob die Expositionsgrenzwerte beim Einsatz der Laser-Anlage im Arbeitsbereich überschritten werden können, ist der Umfang der Exposition zu ermitteln.

3.1   Detektoren für optische Strahlung

Die Arbeitsschutzverordnung zu künstlicher optischer Strahlung (OStrV) gilt vom ultravioletten über den sichtbaren bis in den infraroten Spektralbereich. Dabei werden Wellenlängen von 100 nm bis 1 mm berücksichtigt. Im Folgenden werden die physikalischen Prinzipien der wichtigsten Detektoren zur Messung der Leistung von Laserstrahlung beschrieben [3, 7].

Bei kontinuierlicher Laserstrahlung werden in vielen Wellenlängenbereichen Halbleiterdetektoren verwendet, die aufgrund des inneren Fotoeffekts einen elektrischen Strom erzeugen, der proportional zu Laserleistung ist. Nachteilig ist hierbei die starke Abhängigkeit des Stromes von der Wellenlänge. Im Gegensatz dazu ist die Anzeige bei thermischen Detektoren weitgehend unabhängig von der Wellenlänge.

Bei gepulster Strahlung erfolgt die Messung des zeitlichen Verlaufs der Laserleistung oft mit schnellen Fotodioden und Oszilloskopen oder bei sehr schnellen Impulsen, mit einer Streak-Kamera. Die Impulsenergie misst man mit Messgeräten, welche die Leistung über einen Impuls aufsummieren, d. h. integrieren. Zum Nachweis schwacher Lichtleistung werden Fotomultiplier oder Kanalplatten verwendet.

3.1.1   Thermische Detektoren

Die Arbeitsweise thermischer Detektoren beruht darauf, dass der Detektor durch die einfallende Strahlung erwärmt und die Erhöhung der Temperatur gemessen wird. Bei kontinuierlicher Strahlung kann sich ein Temperaturgleichgewicht einstellen. Es liegt dann eine konstante Temperatur vor, die proportional zur Leistung ist. Die Erwärmung kann auch durch einen Laserimpuls erfolgen, wobei die maximale Temperaturerhöhung dabei proportional zur Impulsenergie ist (ballistischer Betrieb, Laserkalorimeter) [3].

Thermoelemente zur Messung der Leistung
Thermoelemente bestehen im Prinzip aus zwei unterschiedlichen Metalldrähten, beispielsweise aus Eisen-Konstantan oder Manganin-Konstantan, welche an einer Seite miteinander verbunden sind. An der Verbindungsstelle entsteht eine elektrische Spannung, die von der Temperatur abhängt (Thermospannung). Zur Erhöhung der Empfindlichkeit werden mehrere Thermoelemente in Reihe geschaltet und es wird ein Absorber mit geringer Wärmekapazität verwendet.

Abb. 3.1 Aufbau einer
Thermosäule zur Bestimmung
der Laserleistung. U_0
Thermospannung eines
Thermoelementes, n Zahl der
Elemente. (Aus [3])

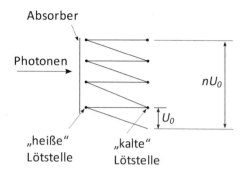

Abb. 3.1 zeigt den prinzipiellen Aufbau eines thermischen Detektors zur Messung der Laserleistung. Bei Lasern im kW-Bereich findet man bei Detektoren eine Wasserkühlung, wobei die Wassertemperatur ein Maß für die Laserleistung ist. Bei schwacher Laserleistung werden Systeme mit einer Dünnschicht-Technologie angeboten, die kurze Messzeiten erlauben.

Thermoelemente zur Messung der Energie
Der Aufbau eines Detektors zur Messung der Energie eines Laserimpulses ist in Abb. 3.2 dargestellt. Die Laserstrahlung fällt auf die Messstelle (Messkonus), wo sie möglichst vollständig absorbiert und in Wärmeenergie umgewandelt wird. Die Referenzstelle (Referenzkonus) dient dazu, die Strahlung des Hintergrundes zu erfassen. Die maximale Temperaturerhöhung ist proportional zur Energie des Laserpulses.

Pyroelektrische Detektoren
Diese Detektoren bestehen aus speziellen Keramiken, wie z. B. Bariumtitanat, die bei Änderung der Temperatur eine elektrische Spannung erzeugen. Sie werden hauptsächlich zur Messung der Pulsenergie eingesetzt. Im Detektor wird die entstehende Spannung integriert, woraus sich die Pulsenergie ergibt. Sie können auch

Abb. 3.2 Aufbau eines
thermischen Detektors
zur Messung der Energie
von Laserimpulsen
(Laserkalorimeter). Die
Temperaturerhöhung ΔT
führt zur Spannung ΔU, die
proportional zur Pulsenergie
ist. Der Referenzkonus dient
zur Berücksichtigung der
Umgebungsstrahlung auf den
Messwert. (Aus [3])

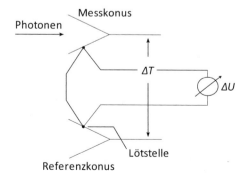

Abb. 3.3 Typischer
Leistungsmesser für
Laserstrahlung zur Messung
mittelgroßer Leistungen
(pyroelektrischer Messkopf)

als Leistungsmesser für gepulste Laser eingesetzt werden, wobei die einzelnen
Pulse aufsummiert werden.

Kommerzielle Systeme
Thermische Detektoren arbeiten in einem großen Wellenlängenbereich von
200 nm bis 12.000 nm. Die Anzeige ist weitgehend unabhängig von der Wellenlänge. Allerdings gibt es nur wenige Geräte, die den angegebenen Bereich vollständig abdecken. Unterschiedliche Systeme bieten Messbereiche der Leistung ab
10 nW bis in den kW-Bereich an. Besonders kleine Pulsenergien ab 100 nJ können
mit pyroelektrischen Detektoren gemessen werden. Für hohe Pulsenergien bis
300 J werden Detektoren auf der Basis von Thermoelementen angeboten. Nachteilig ist deren relativ geringe Sensibilität und zeitliche Auflösung. Pyroelektrische
Detektoren sind empfindlicher und haben eine bessere Zeitauflösung, während
Thermoelemente und Thermosäulen robuster aufgebaut sind. Die Zeitauflösung
bei pyroelektrischen Detektoren beträgt etwa 10^{-9} s, während Thermoelemente
und Thermosäulen mit 10^{-5} s langsamer sind.

In Abb. 3.3 wird ein typisches Messgerät zur Messung mittelgroßer Laserleistungen dargestellt. Man sieht es dem Gerät nicht unbedingt an, nach welchem
Prinzip es arbeitet.

3.1.2   Halbleiterdetektoren

Bei Halbleiterdetektoren wird der innere Photoeffekt zu Messung von optischer
Strahlung ausgenutzt. Darunter versteht man die Erzeugung von beweglichen
Ladungsträgern durch die einfallende Strahlung. Durch ein einfallendes Photon
wird ein Elektron in das Leitungsband gehoben, wodurch ein bewegliches
Elektron (oder positives Loch) als Strom nachgewiesen werden kann

Photodioden

Für den sichtbaren und infraroten Wellenlängenbereich werden Si- und Ge-Photodioden eingesetzt, die in Sperrrichtung betrieben werden. Durch Einstrahlung von Licht können in der Diode Elektronen oder positive Löcher frei werden, die als elektrischer Strom nachgewiesen werden. Der Prozess findet in der Sperrschicht zwischen dem n- und dem p-Bereich der Diode statt. Wenn die Dicke der Sperrschicht kleiner ist als die Eindringtiefe der Strahlung, wird zwischen n- und p-Bereich ein sogenannter intrinsischer Bereich, der undotiert ist, eingefügt (PIN-Photodiode, Abb. 3.4). Beispielsweise wird in Si-PIN-Photodioden eine intrinsische Schichtdicke von 0,7 mm verwendet, womit noch infrarotes Licht mit 1100 nm nachgewiesen werden kann. Die obere Grenzwellenlänge wird durch den Bandabstand von Si oder Ge bestimmt, der bei Ge kleiner ist.

Abb. 3.5 zeigt die spektrale Empfindlichkeit von Si- und Ge-Dioden. Der Einsatz ist auf den sichtbaren und infraroten Bereich bis etwa 1100 nm (Si) bzw. 1900 nm (Ge) beschränkt. Die zeitliche Auflösung liegt bis unterhalb 100 ps.

Photowiderstände

Photowiderstände haben den Vorteil, dass sie auch im IR-B- und IR-C-Wellenlängenbereich empfindlich sind. Im Gegensatz zu Photodioden handelt es sich bei Photowiderständen um gleichmäßig dotierte Halbleitermaterialien. Durch Einstrahlung von Licht werden bewegliche Ladungsträger erzeugt, wodurch der

Abb. 3.4 Aufbau und Schaltung einer PIN-Photodiode. *p* p-Bereich, *n* n-Bereich, *i* intrinsischer Bereich. (Aus [3])

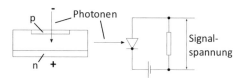

Abb. 3.5 Relative spektrale Empfindlichkeit von Si- und Ge-Photodioden. (Mit Einzeichnung des Quantenwirkungsgrades von $w = 100\,\%$ und $w = 10\,\%$). (Aus [3])

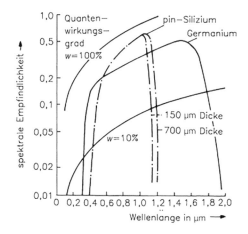

Widerstand herabgesetzt wird. Nachteilig ist, dass der Widerstand ohne Licht endlich bleibt, sodass der Dunkelstrom nicht null wird. Die Zeitauflösung ist schlechter als bei Photodioden, kann aber in Sonderfällen bis zu 100 ps betragen. Photowiderstände gibt es vom Wellenlängenbereich 500 nm bis 20.000 nm. Beispiele sind CdS (500 nm), PbS (2500 nm), InSb (6000 nm) und Ge:Cu (20.000 nm). Oft ist eine Kühlung notwendig, da die freien Ladungsträger auch thermisch erzeugt werden können.

Kommerzielle Systeme

Halbleiterdetektoren, hauptsächlich Photodioden, werden für verschiedene Leistungsbereiche und mit unterschiedlicher Zeitauflösung angeboten. Das Gemeinsame dieser Systeme ist, dass der Anwender die Laserwellenlänge am Netzgerät einstellen muss. Beispiele zeigen Abb. 3.6 und 3.7.

Weiterhin werden auf dem Markt kompakte Laserleistungsmessgeräte zur Messung kleiner Laserleistungen (cw) angeboten.

Abb. 3.6 Kommerzielles Messgerät mit einem Halbleitersensor zur Messung kleiner Leistungen

Abb. 3.7 Kompaktes Laserleistungsmessgerät zur Messung kleiner Leistungen

3.1.3   Vakuumphotodetektoren

Zu den Vakuumphotodetektoren zählen Vakuumdioden, Photomultiplier, Bildwandler und Streak-Kameras [3]. Sie beruhen auf dem äußeren Photoeffekt, bei
dem im Vakuum aus einer Kathode durch die Photonen Elektronen ausgelöst
werden, die als Strom nachgewiesen werden. Der Vorteil dieser Systeme ist die
hohe Empfindlichkeit und die gute Zeitauflösung.

Vakuumdiode
Vakuumdioden bestehen aus einer beheizbaren Kathode, aus der Elektronen austreten können, und einer Anode. Bei diesem System werden die von den Photonen
ausgelösten Elektronen von der Kathode zur gegenüberliegenden Anode gesaugt.
Die Zeitauflösung liegt unterhalb von 100 ps.

Photomultiplier
Eine wesentliche höhere Empfindlichkeit wird mit Photomultipliern erzielt. Die
Elektronen aus der Photokathode werden intern vervielfacht. Das erste Elektron
trifft auf die erste Elektrode, eine sogenannte Dynode, und löst dort zahlreiche
Sekundärelektronen aus. Diese treffen auf weitere Dynoden zur weiteren Verstärkung. An den Dynoden liegt eine ansteigende positive Spannung, so dass Netz-
geräte mit etwa 100 V erforderlich sind. Die Kombination von hoher Verstärkung,
großer Bandbreite von 100 nm bis 1000 nm und geringem Rauschen wird von
keinem anderen Detektorsystem erreicht.

Kanalplatte
Zur Vervielfachung von Sekundärelektronen werden statt Dynoden auch Kanalröhrchen verwendet, welche mit einem schwach leitenden metallischen Material
beschichtet sind. An die Enden des leitenden Metalls wird eine Spannung
angelegt, wodurch einfallende Elektronen beschleunigt werden und Sekundärelektronen auslösen [3]. Die Größe der Röhrchen beträgt beispielsweise 2 mm
Innendurchmesser und 50 mm Länge. Andere Ausführungen bestehen aus Mikro-
kanalröhrchen mit etwa 20 μm Innendurchmesser. Diese werden zu einer Kanalplatte gebündelt, sodass die örtliche Verteilung der Strahlung wiedergegeben
werden kann. Photomultiplier und Kanalplatten erlauben den Nachweis einzelner
Photonen mit einer Energie von etwa 10^{-19} J.

Bildwandler
Bildwandler dienen dazu, Bilder im infraroten Spektralbereich sichtbar zu
machen. Die entsprechenden Röhren bestehen aus einer Photokathode, auf der die
umzuwandelnde Intensitätsverteilung abgebildet wird (Abb. 3.8). Dort werden im
Vakuum Elektronen ausgelöst. Diese werden durch eine
   Elektronenoptik auf einen Leuchtschirm fokussiert. Der Leuchtschirm emittiert
sichtbares Licht, sodass die Intensitätsverteilung im Infraroten sichtbar gemacht
wird.

Abb. 3.8 Prinzip einer
Bildwandlerröhre. Eine
Intensitätsverteilung (Bild)
im Infraroten löst in der
Photokathode Elektronen
aus. Diese werden durch eine
Elektronenoptik auf einen
Leuchtschirm fokussiert, wo
das Bild sichtbar wird. (Aus
[3])

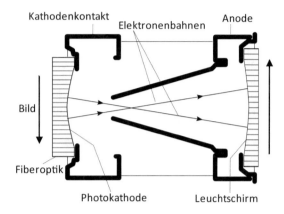

Streak-Kamera

Dies sind oszilloskopähnliche Geräte, mit denen der zeitliche Verlauf von kurzen
Pulsen unterhalb von 500 fs ($=0{,}5$ ps $= 5 \cdot 10^{-13}$ s) vermessen werden kann.

3.1.4 Strahlanalysekameras

Zur Messung des Strahlprofils und der Strahlqualität werden oft Kamerasysteme
eingesetzt. Im Bereich von 200 nm bis 1000 nm werden häufig CCD Kameras
verwendet. Dagegen kommen im infraroten Wellenlängenbereich bis 2000 nm
CMOS-Bildsensoren zum Einsatz (Abb. 3.9). Die CMOS-Technologie führt zu
einfacheren Systemen mit geringerem Leistungsbedarf.

Abb. 3.9 Einsatzbereiche
einer CCD-Kamera
(Si-NMOS) und zwei
verschiedene CMOS-
Bildsensoren im Infraroten.
CCD Charge-coupled device,
CMOS Complementary metal
oxyxde semiconductor. (Aus
[3])

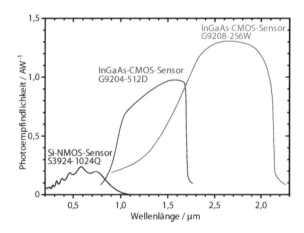

3.2   Vorbereitung der Messung

In der Gefährdungsbeurteilung muss der Arbeitgeber die Expositionen durch Laserstrahlung an Arbeitsplätzen ermitteln und bewerten. Er kann sich die notwendigen Informationen beispielsweise beim Hersteller, Händler oder aus anderen Quellen beschaffen. Dazu gehören die Bedienungsanleitungen und technischen Unterlagen.

Lässt sich jedoch nicht sicher feststellen, ob die Expositionsgrenzwerte unterschritten werden, sind Messungen oder Berechnungen der Exposition notwendig. Die Messungen und Berechnungen müssen fachkundig nach dem Stand der Technik geplant und durchgeführt werden [2]. Die Messverfahren und Messgeräte sowie die Berechnungen müssen den Bedingungen des Arbeitsplatzes und der Exposition angepasst sein, um die betreffenden physikalischen Größen zu bestimmen. Die Ergebnisse der Untersuchungen müssen nachweisen, ob die Expositionsgrenzwerte eingehalten werden oder nicht.

Das Messen der Expositionen erfordert entsprechende Fachkenntnisse und Erfahrungen. Der Arbeitgeber kann damit eine fachkundige Person beauftragen.

3.2.1   Vorprüfung

Zunächst ist festzustellen, ob Messungen oder Berechnungen überhaupt notwendig sind oder ob genügend Informationen, beispielsweise aus den technischen Unterlagen, vorhanden sind, um die Exposition zu bestimmen.

Es ist zu beachten, dass eingehauste Lasersysteme beim Öffnen der Einhausung oder der Überbrückung der Sicherheitsschaltung zu einer Überschreitung der Expositionsgrenzwerte führen können. Dies kann bei der Wartung oder bei Justieraufgaben der Fall sein.

In der Regel werden die wichtigsten Parameter des Lasersystems wie Laserklasse, Wellenlänge, Laserleistung, Impulsenergie, Impulsdauer, Impulsfolgefrequenz und Sicherheitsabstand (NOHD und ENOHD) in den technischen Unterlagen zu finden sein.

Messungen sind nicht notwendig, wenn die Expositionsgrenzwerte offensichtlich unterschritten werden oder wenn eine Berechnung der Exposition möglich ist.

3.2.2   Analyse der Arbeitsaufgaben

Vor der Messung müssen die Arbeitsaufgaben, der Arbeitsablauf und eine mögliche Exposition genau analysiert werden. Dabei muss der ungünstigste Fall (worst case) berücksichtigt und die gefährlichste Stelle mit der höchsten Exposition festgestellt werden. Diese wird sicherlich an der Stelle des kleinsten relevanten Strahldurchmessers liegen, der die Beschäftigten ausgesetzt werden können.

Die Analyse umfasst insbesondere

- die Position und Arten der Laserquellen,
- die örtliche und zeitliche Verteilung sowie die Intensität der Laserstrahlung,
- die gestreute und reflektierte Strahlung.

Wichtig ist auch, an welcher Stelle und wie lange die Beschäftigen der Laserstrahlung ausgesetzt werden können. Auch die gesundheitlichen Auswirkungen auf die Beschäftigten muss berücksichtigt werden, wobei besonders gefährdete Gruppen mit einbezogen werden müssen. Es muss festgestellt werden, ob schädliche Substanzen wie Stäube, Gase, explosive Gemische, chemische oder biologische Stoffe am Arbeitsplatz auftreten können. Es müssen die Expositionsgrenzwerte ermittelt und Schutzeinrichtungen und Schutzausrüstungen analysiert werden. Bei allem müssen der Normalbetrieb sowie besondere Betriebsarten, wie Wartung, Service und Justierung berücksichtigt werden.

3.3 Anforderungen an die Messungen

3.3.1 Anforderungen an die Messgeräte

Die Einzelheiten der Messungen und die Auswahl der Geräte ergeben sich aus den physikalischen Parametern der Laserstrahlung und Strahlführung. Genaueres darüber wird in Abschn. 3.4 beschrieben.

Messunsicherheit der Geräte
Es dürfen nur Messgeräte eingesetzt werden, deren Messunsicherheit bestimmt wurde [4, 5]. Die Kalibrierung der Detektoren soll durch Institutionen erfolgen, die von der Deutschen Akkreditierungsstelle (DAkkS) akkreditiert wurden und eine Rückführung auf international anerkannte Normale garantieren können. Auch die Physikalisch-Technische Bundesanstalt (PTB), als technische Oberbehörde für das Messwesen, bietet Kalibrierungen an.

Beim Einsatz der Detektoren ist zu berücksichtigen, dass die Empfindlichkeit durch verschiedene Einflüsse verändert werden kann, wie Alterung, Inhomogenitäten über die Detektorfläche, Temperatur, Winkelabhängigkeit, Nichtlinearitäten, Polarisation, Wellenlänge, Drift des Nullpunktes und Mittelwertbildung bei gepulster Strahlung. Die Messunsicherheit ist besonders dann wichtig, wenn die Messergebnisse in der Nähe der Expositionsgrenzwerte liegen.

3.3.2 Messblenden und Abstände

Bei der Messung von Bestrahlungsstärke (in W/m^2) und Bestrahlung (in J/m^2) müssen vor den Detektor Messblenden nach Tab. 3.1 angebracht werden. Damit wird bei inhomogener Strahlung eine definierte Mittelwertbildung festgelegt. Die Angaben über die Blenden finden sich auch in den Tabellen der Expositionsgrenzwerte in Kap. 5.

Tab. 3.1 Anforderungen an die Blendendurchmesser

Wellenlängenbereich in nm	Blendendurchmesser D in mm		
	Auge		Haut
$100 \leq \lambda < 400$	1	für $t \leq 0,35$ s	3,5
	$1,5 \cdot t^{3/8}$	für $0,35$ s $< t < 10$ s	
	3,5	für $t \geq 10$ s	
$400 \leq \lambda < 1400$	7		3,5
$1400 \leq \lambda < 10^5$	1	für $t \leq 0,35$ s	3,5
	$1,5 \cdot t^{3/8}$	für $0,35$ s $< t < 10$ s	
	3,5	für $t \geq 10$ s	
$10^5 \leq \lambda \leq 10^6$	11		3,5

3.3.3 Grenzempfangswinkel

In den Tabellen der Expositionsgrenzwerte zwischen 400 nm und 600 nm tritt bei Bestrahlung über 10 s ein Grenzempfangswinkel γ auf. In der Praxis kommt dies nur bei diffuser Streuung (ausgedehnte Quelle) bei Bestrahlungszeiten über 10 s im Wellenlängenbereich zwischen 400 nm und 600 nm vor, ist also ein seltener Fall.

Wenn ein direkter Laserstrahl ($\alpha \leq 1,5$ mrad) vermessen wird, braucht der Empfangswinkel bei der Messung nicht beachtet zu werden. Handelt es sich jedoch beispielsweise um diffuse Streuung von einer größeren beleuchteten Fläche, so muss der Empfangswinkel durch eine sogenannte Feldblende auf den Wert γ beschränkt werden. Die praktische Ausführung ist in Abb. 3.10 und Abb. 3.11 beschrieben. Die Größe von γ hängt von der Bestrahlungsdauer t ab (Tab. 3.2).

Die Berücksichtigung von γ reduziert die Gefährdung, da bei Zeiten über 10 s das Bild der Quelle durch die Augenbewegung verwischt wird.

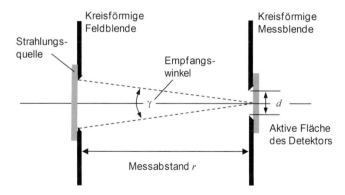

Abb. 3.10 Begrenzung des Empfangswinkels durch eine Blende vor der Strahlungsquelle auf den Wert γ. Man beachte auch die Messblende vor dem Detektor. (Aus [2])

Abb. 3.11 Bei Abbildung der Strahlungsquelle durch eine Linse auf den Detektor wird der Empfangswinkel durch eine Feldblende vor dem Detektor auf den Wert γ begrenzt. Dies ist nur notwendig, wenn α > γ ist. Man beachte, dass in diesem Fall die Messblende an der Linse angebracht ist. (Aus [2])

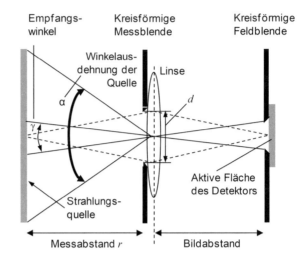

Tab. 3.2 Grenzempfangswinkel γ bei verschiedenen Bestrahlungsdauern t

Bestrahlungsdauer t	Grenzempfangswinkel γ
10 s bis ≤ 100 s	11 mrad
100 s bis ≤ 10.000 s	$1{,}1 \cdot t^{0{,}5}$ mrad
Über 10.000 s	110 mrad

3.3.4 Hinweise zu den Messungen

Bei den Messungen dürfen keine Personen gefährdet werden. Daher sind entsprechende Schutzmaßnahmen unter Berücksichtigung aller Parameter des Strahlungsfeldes sowie indirekter Gefährdungen durchzuführen.

Die Messorte und Richtungen der Empfänger sind so festzulegen, dass die Messungen den gefährlichsten Fall (worst-case) erfassen. Meist sind Messungen an verschiedenen Orten und in verschiedenen Richtungen notwendig. Die Messungen müssen den zeitlichen Verlauf der Exposition wiederspiegeln und repräsentativ sein.

Es muss damit gerechnet werden, dass die Umweltbedingungen, wie Temperatur (insbesondere bei Halbleiterlasern), Luftfeuchte oder elektromagnetische Felder die Laserstrahlung beeinflussen.

3.3.5 Messbericht

Auswertung

Das Messprotokoll muss ausgewertet und die Ergebnisse, wie Bestrahlungsstärke, Bestrahlung, Pulsdauer, Pulsfrequenz, Wellenlänge und andere, müssen verständlich mit Angabe der Einheiten beschrieben werden. Hierzu gehört auch die Angabe der Messunsicherheiten, wobei immer zur sicheren Seite hin abgeschätzt werden muss.

Beurteilung

Die gemessenen Bestrahlungsstärken und Bestrahlungen sind mit den Expositionsgrenzwerten zu vergleichen. Werden die Expositionsgrenzwerte überschritten, sind entsprechende Schutzmaßnahmen zu ergreifen, ansonsten nicht. Dabei ist die Messunsicherheit mit zu berücksichtigen. Liegen die Messungen in der Nähe der Grenzwerte, so dass eine eindeutige Aussage fraglich ist, sind Maßnahmen zur Verringerung der Exposition zu ergreifen. Die Messungen sind dann zu wiederholen.

Zusätzlich sind alle Faktoren zu berücksichtigen und festzuhalten, die zu einer Exposition der Beschäftigten führen. Dabei ist bei besonders gefährdeten Gruppen, z. B. das Vorliegen einer erhöhten Photosensibilität, zu bedenken, dass in diesen Fällen die Einhaltung der Expositionsgrenzwerte nicht ausreicht. Die Exposition ist gegebenenfalls weiter zu reduzieren, wobei eine arbeitsmedizinische Beratung notwendig sein kann.

Messbericht

Die Ergebnisse der Vorprüfung, der Analyse der Arbeitsaufgaben, der Messung mit Auswertung und Beurteilung sowie andere wichtige Faktoren sind in einem Bericht zu dokumentieren. Sollte bereits in der Vorprüfung festgestellt werden, ob die Expositionsgrenzwerte überschritten werden oder nicht, kann in der Regel auf Messungen verzichtet werden und es reicht ein Kurzbericht aus. Ist dies nicht der Fall und werden Messungen durchgeführt, ist ein ausführlicher Messbericht zu erstellen.

Der Messbericht enthält insbesondere folgende Angaben [2]:

- Anlass und Ziel der Messungen
- Einzelheiten des Arbeitsplatzes eventuell mit Fotos oder Zeichnungen
- Namen der Beschäftigten
- Parameter der Laserquelle
- Vorhandene Schutzausrüstungen
- Expositionssituation und Messorte
- Messeinrichtungen und Messverfahren
- Expositionsgrenzwerte für die Strahlung
- Ergebnisse der Messungen und Beurteilung
- Messunsicherheiten
- Vorschläge zur Verringerung der Exposition und Verbesserung der Sicherheit
- Weitere Erkenntnisse, Vorschläge und evtl. ärztliche Maßnahmen

Die Expositionssituation muss nachvollziehbar dargestellt und es müssen eventuell Maßnahmen zur Verringerung der Exposition vorgeschlagen werden. Der Messbericht muss in einer solchen Form aufbewahrt werden, dass eine spätere Einsichtnahme möglich ist. Für ultraviolette Strahlung müssen die Ergebnisse mindestens 30 Jahre aufbewahrt werden, um auch mögliche Spätfolgen bewerten zu können.

3.4   Messung der Exposition und Messgeräte

Die Parameter der verschiedenen Lasersysteme sind äußerst unterschiedlich. Die Wellenlängen können um den Faktor 100 unterschiedlich sein von 100 nm bis 10 000 nm und mehr. Die Leistung kontinuierlich strahlender Laser reicht vom µW- bis in den 10 kW-Bereich. Bei gepulsten Lasern reicht die Pulsenergie von nJ bis 100 J, bei den Impulsdauern von fs bis s, bei Impulswiederholfrequenzen von Hz bis hin zu vielen GHz.

In diesem Abschnitt wird die Anwendung verschiedener Messgeräte zur Strahlungsmessung beschrieben. Für den oben erwähnten großen Einsatzbereich gibt es eine Fülle von Messgeräten und Verfahren. Damit können im Folgenden nur einige wichtige Beispiele zur Messung der Exposition und der Messgeräte ausgewählt werden.

3.4.1   Messung von Leistung und Energie

Zur Messung von Leistung und Energie steht je nach Anwendungsbereich eine Vielzahl von unterschiedlichen Geräten zur Verfügung. Bei allen ist zu beachten, dass eine Messblende mit einem Durchmesser nach Tab. 3.1 angebracht werden muss. Der Durchmesser des Detektors muss größer als der der Messblende sein.

Leistung
Die Messung der Laserleistung bei kontinuierlicher Strahlung ist in der Durchführung relativ einfach. Die Wahl des Detektors hängt von der Wellenlänge und der Leistung ab (Abb. 3.3). Im Bereich von etwa 200 nm bis 20000 nm können thermische Detektoren auf der Basis von Thermosäulen eingesetzt werden. Für kleine Leistungen im µW-Bereich und darüber wird eine Technologie auf der Basis dünner Schichten benutzt. Bei hohen Leistungen bis zu einigen 100 W und mehr werden die Detektorköpfe größer und bei noch größeren Leistungen muss der Messkopf mit Wasser gekühlt werden. Bei gepulsten Lasern wird die mittlere Leistung angezeigt. Thermische Detektoren haben den Vorteil, dass die Leistungsangabe weitgehend unabhängig von der Wellenlänge ist.

Höhere Empfindlichkeiten bei der Leistungsmessung zeigen Si- oder Ge-Photodioden, die nur im Bereich zwischen 300 nm und 2000 nm arbeiten (Abb. 3.5 bis 3.7). Nachteilig ist, dass am Messgerät die Laserwellenlänge eingestellt werden muss.

Im infraroten Bereich über 2000 nm werden zur Messung der Leistung Photowiderstände eingesetzt, die allerdings weniger empfindlich als Photodioden sind. Auch hier muss die Wellenlänge am Gerät eingestellt werden.

Energie

Thermische Detektoren gibt es auch in speziellen Versionen zur Energie-messung im Bereich von 200 nm bis 11.000 nm. Auch hier ist die Anzeige relativ unabhängig von der Wellenlänge.

Vom Prinzip her besser geeignet zur Energiemessung sind pyroelektrische Detektoren, die etwa den gleichen Bereich abdecken.

Kennt man die mittlere Leistung und die Impulsfolgefrequenz, kann daraus die Energie nach der Formel „Energie = mittlere Leistung/Pulsfolgefrequenz" berechnet werden.

3.4.2 Messung von Impulsdauer und Impulsfolgefrequenz

Die Messung der Impulsdauer und der Impulsfolgefrequenz wird im Wellen-längenbereich zwischen 200 nm und 2000 nm in der Regel mit schnellen Foto-dioden und einem Oszilloskop erfolgen. Abb. 3.12a zeigt den Aufbau zur Messung der Pulsdauer. Diese wird aus dem Kurvenzug am Oszilloskop als Halbwertsbreite ermittelt. Die Messung der Impulsfolgefrequenz kann mit dem gleichen Aufbau erfolgen, wobei das Bild am Oszilloskop mehrere Impulse enthält. Die Zahl der Impulse pro Sekunde ist die Impulsfolgefrequenz (Abb. 3.12b).

Bei der Bestimmung der Expositionsgrenzwerte bei Impulsfolgen in Kap. 5 werden Impulse mit Abständen kleiner als T_{min} zu einem Impuls zusammen-gefasst. Dieses Vorgehen kann auch bei der Messung der Impulsfolgefrequenz angewendet werden.

Bisweilen ist die Impulsfolgefrequenz durch die elektrische oder optische Anregungsfrequenz gegeben.

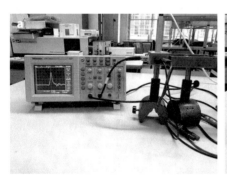

Abb. 3.12 Messung **a** der Pulsdauer und **b** der Pulsfrequenz mit einem schnellen Fotodetektor und einem Oszilloskop

Abb. 3.13   Foto eines kleinen Gitterspektrometers mit Verbindung zum Laptop

3.4.3   Spektrale Messungen

Die Messung der Wellenlänge von optischer Strahlung kann durch Prismen- oder Gitterspektrometer erfolgen. Geräte mit sehr hoher Auflösung können groß und aufwendig sein und werden daher im Laserschutz nur in speziellen Fällen eingesetzt. Gut geeignet sind kompakte kleine Gitterspektrometer, bei denen die zu untersuchende Strahlung auf das Ende einer Lichtleifaser gestrahlt wird. Das Gerät kann mit einem Laptop verbunden werden, von dem es auch seine Stromversorgung erhält. Eine Software unterstürzt die Messung und erlaubt die Auswertung und die Darstellung des Spektrums mit den gemessenen Wellenlängen (Abb. 3.13). Die meisten Laser emittieren eine oder mehrere Linien mit genau definierter Wellenlänge. Manche Laser, wie z. B. Titan-Saphir-Laser, strahlen jedoch ein breiteres Spektrum aus. Die Bewertung wird dann schwieriger.

Diese kleinen Geräte sind vom UV-A, VIS und IR-A einsetzbar. Außerhalb dieser Bereiche sind Spektrometer hauptsächlich für spezielle Anwendungen erhältlich und damit größer und aufwendiger.

3.4.4   Messung des Strahlprofils

Zur Charakterisierung des Strahlprofils werden heute im Wellenlängenbereich von etwa 200 nm bis 2000 nm meist moderne Strahlprofilkameras eingesetzt. Es sind verschiedene kommerzielle Geräte auf dem Markt, die über USB an einen Laptop gekoppelt werden (Abb. 3.14). Auf dem Bildschirm kann die örtliche Verteilung der Laserleistung in verschiedener Form dargestellt werden. Durch eine Software findet eine Kurvenanpassung statt und der Strahldurchmesser d kann direkt abgelesen werden, wobei sowohl d_{87} als auch d_{63} angezeigt werden kann.

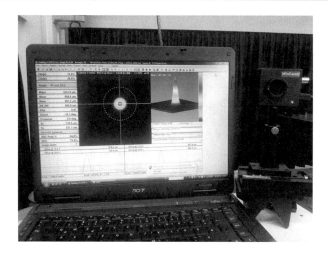

Abb. 3.14 Messung des Strahlprofils mit Hilfe einer Bildkamera und einem PC

Misst man den Strahlradius an zwei Stellen (außerhalb der Rayleigh-Länge) kann daraus die Strahldivergenz φ_{87} oder φ_{63} berechnet werden. Außerdem kann die Strahlqualität M^2 bestimmt werden.

Ältere Systeme und Geräte für Spektralbereiche, in denen keine Bildkameras zur Verfügung stehen, arbeiten mit einer Blende oder einem Spalt. Nach DIN ISO 11146-1 und -2 werden folgende Prüfverfahren zur Bestimmung der Strahlparameter angegeben: Einsatz einer variablen kreisförmigen Blende, Messung mit einer bewegten Messerschneide und eines bewegten Schlitzes. Näheres über diese in der Lasersicherheit selten eingesetzten Verfahren findet man in der TROS-Laserstrahlung [2].

3.5 Übungen

3.5.1 Aufgaben

1. In welchen Wellenlängenbereichen können Si- und Ge-Photodioden eingesetzt werden?
2. Nennen Sie einen Vorteil und einen Nachteil von Photodioden.
3. Wie misst man bei der Exposition die Bestrahlungsstärke?
4. Wie misst man die Bestrahlung bei gepulster Laserstrahlung?
5. Mit welchen Geräten kann man die Strahlung des CO_2-Lasers vermessen? Welches würden Sie im Prinzip wählen?
6. Sie finden im Arbeitsbereich ein Leistungsmessgerät vor. Worauf müssen Sie vor dem Einsatz für Messungen zur Lasersicherheit achten?
7. Wie ermittelt man die Impulsdauer eines Laserstrahls im Sichtbaren?

8. Wie ermittelt man den Durchmesser und die Strahldivergenz eines Laserstrahls?

9. In welchen Bereichen stehen thermische Photodetektoren zur Verfügung?

10. Kann aus der mittleren Leistung P_m und der Impulsfolgefrequenz f die Impulsenergie Q berechnet werden?

11. Wie erhält man die Impulsspitzenleistung P_P aus der Impulsenergie Q und der Impulsdauer t_H?

12. Sie haben einen Kurs als Laserschutzbeauftragter besucht. Sind Sie damit befugt, Messungen zur Lasersicherheit durchzuführen?

13. Müssen zur Durchführung der Gefährdungsbeurteilung in jedem Fall Messungen und Rechnungen zur Exposition durchgeführt werden?

14. Sie haben durch Messungen oder aus den technischen Unterlagen festgestellt, dass im Arbeitsbereich die Expositionsgrenzwerte überschritten werden. Was machen Sie?

15. Welche Messgrößen müssen bei kontinuierlicher Laserstrahlung erfasst werden?

16. Warum ist in manchen Fällen die Ermittlung der Strahldivergenz interessant?

17. Was muss in dem Messprotokoll stehen?

18. Was ist bei der Messung bezüglich der Sicherheit zu beachten?

19. Welche Personen sind befugt, Messungen zur Lasersicherheit durchzuführen?

20. Wie erwirbt man die Fachkunde für Messungen und Rechnungen?

3.5.2 Lösungen

1. Si-Photodioden funktionieren zwischen 400 nm und 1200 nm, Ge-Photodioden im Bereich von 300 nm bis 2000 nm.

2. Photodioden sind empfindlich und schnell. Ein Nachteil ist, dass die Empfindlichkeit von der Wellenlänge abhängt, welche vor der Messung am Netzgerät eingestellt werden muss.

3. Man wählt einen geeigneten Detektor zu Messung der Laserleistung. Vor den Detektor wird eine entsprechende Messblende angebracht. Der Durchmesser des Detektors muss größer sein als der der Messblende. Die Bestrahlungsstärke ist gemessene Laserleistung geteilt durch die Fläche der Messblende.

4. Man wählt einen geeigneten Detektor zu Messung der Impulsenergie. Vor den Detektor wird eine entsprechende Messblende angebracht. Der Durchmesser des Detektors muss größer sein als der der Messblende. Die Bestrahlung durch einen Einzelimpuls ist gemessene Impulsenergie geteilt durch die Fläche der Messblende.

5. Der CO_2-Laser hat eine Wellenlänge von 10 600 nm. In diesem Bereich stehen thermische Detektoren und Photowiderstände zur Verfügung. Günstig sind thermische Detektoren, da die Anzeige weitgehend unabhängig von der Wellenlänge ist.

6. Sie müssen sich vergewissern, dass es sich um ein aktuell kalibriertes Gerät handelt. Andernfalls können Sie der gemessenen Leistung nicht vertrauen.
7. Zunächst schaut man in den technischen Unterlagen des Lasers nach. Findet man keine Angaben, wird die Impulsdauer mit einer schnellen Photodiode auf einem Oszilloskop dargestellt.
8. Das verwendete Gerät besteht aus einer Bildkamera und einem PC mit entsprechender Software. Es wird die Intensitätsverteilung im Laserstrahl gemessen und dargestellt. Durch Kurvenanpassung wird der Strahldurchmesser d_{63} ermittelt. Aus Messungen an zwei Stellen außerhalb der Stahltaille kann die Strahldivergenz berechnet werden.
9. Thermische Detektoren sind von etwa 200 nm bis 20 000 nm verfügbar.
10. Die Impulsenergie Q berechnet sich wie folgt:

$$Q = \frac{P_\mathrm{m}}{f}.$$

11. Die Impulsspitzenleistung P_P berechnet sich wie folgt:

$$P_\mathrm{P} = \frac{Q}{t_\mathrm{H}}$$

12. Nein. Messungen müssen von Personen durchgeführt, welche die Fachkunde für Messungen erworben haben. Dies bedeutet, dass sich ein Laserschutzbeauftragter weitergebildet hat, entweder durch praktische und theoretische Erfahrung oder durch Besuch eines entsprechenden Kurses.
13. Nein. Man kann die Exposition auch anhand der technischen Unterlagen ermitteln.
14. Zunächst wird versucht, die Exposition beispielsweise durch Abschirmungen unter den Expositionswert zu bringen. Wenn dies nicht möglich ist, wird der Laserbereich festgelegt. Durch Abschirmungen wird er möglichst klein gehalten. Dann legen Sie die notwendigen Schutzmaßnahmen fest, wie Abgrenzen oder das Tragen von Laserschutzbrille. Sie veranlassen die Erstellung einer Gefährdungsbeurteilung.
15. Die Wellenlänge und Laserleistung sind aus den technischen Unterlagen meist bekannt. Die wichtigsten Messgrößen sind: Bestrahlungsstärke, Bestrahlungsdauer, kleinster relevanter Strahldurchmesser und Strahldivergenz zur Ermittlung des NOHD.
16. Aus der Strahldivergenz und der Laserleistung kann der NOHD berechnet werden.
17. In dem Protokoll müssen alle relevanten Fakten dargestellt werden: relevante Parameter der Strahlung aus den technischen Unterlagen zitieren, Arbeitsbereich darstellen, Messstellen auswählen, Messgrößen festlegen, kalibrierte Messgeräte aussuchen, Messdaten nachvollziehbar notieren, Fehler der Messungen bestimmen, Messdaten mit den Expositionsgrenzwerten vergleichen, Ergebnisse der Messung bewerten, eventuell Vorschläge zu Verringerung der Exposition machen, Hinweise auf Schutzmaßnahmen geben, Messprotokoll in die Gefährdungsbeurteilung einarbeiten und anderes.

18. Bei der Messung muss ausgeschlossen werden, dass Personen gefährdet werden.
19. Die Messungen müssen von fachkundigen Personen durchgeführt werden.
20. Es können spezielle Kurse zum Erwerb der Fachkunde zur Messung und Berechnung besucht werden. Es gibt jedoch keine genauen Vorschriften für den Erwerb der erforderlichen Fachkenntnisse. Langjährige entsprechende Berufserfahrung auf dem Gebiet der Lasersicherheit reicht in vielen Fällen aus.

Literatur

1. Verordnung zum Schutz der Beschäftigten vor Gefahren durch künstliche optische Strahlung (Arbeitsschutzverordnung – OStrV) BG Bl. I. S. 960 (2010)
2. Technische Regel zur Arbeitsschutzverordnung zu künstlicher optischer Strahlung – TROS Laserstrahlung, Ausgabe: Juli 2018
3. Eichler, H.J., Eichler, J.: Laser: Bauformen, Strahlführung, Anwendungen. Springer, Berlin (2015)
4. DIN EN 61040:1993-08: Empfänger, Messgeräte und Anlagen zur Messung von Leistung und Energie von Laserstrahlen, Beuth-Verlag, Berlin (1993)
5. DIN EN ISO 11554:2008-11: Optik und Photonik – Laser und Laseranlagen – Prüfverfahren für Leistung, Energie und Kenngrößen des Zeitverhaltens von Laserstrahlen, Beuth-Verlag, Berlin (2008)
6. Schneeweiss, C., Eichler, J., Brose, M.: Leitfaden für Laserschutzbeauftragte. Springer, Berlin (2017)
7. Sutter, E.: Schutz vor optischer Strahlung. VDI Schriftenreihe **104** (2002)

Biologische Wirkung von Laserstrahlung

4

Inhaltsverzeichnis

Laser können wesentlich höhere Bestrahlungsstärken erzeugen als normale Lichtquellen. Daher ist das Arbeiten mit Lasern mit besonderen Gefährdungen verbunden, die zu ernsten Unfällen und Gesundheitsschädigungen führen können. In diesem Kapitel geht es um die Frage, wie optische Strahlung, insbesondere von

© Springer-Verlag GmbH Deutschland, ein Teil von Springer Nature 2020
C. Schneeweiss et al., *Leitfaden für Fachkundige im Laserschutz*,
https://doi.org/10.1007/978-3-662-61242-2_4

Lasern, auf Gewebe wirkt und schädigen kann. Im Mittelpunkt des Laserschutzes stehen die Unfallgefahr und die Verletzung des Auges. Die biophysikalischen Grundlagen machen verständlich, warum schon sehr kleine Laserleistungen und -energien schwere Augenschäden verursachen können.

Im Folgenden werden die Wirkungsmechanismen von Laserstrahlung auf Gewebe beschrieben. Diese bilden die Grundlage, um Schäden bei Unfällen zu beschreiben, zu verstehen und zu vermeiden. Die häufigsten Unfälle werden durch die *thermische Wirkung* verursacht, die durch Absorption der Strahlung zu einer Temperaturerhöhung im Gewebe führt. Im Ultravioletten und im Bereich 400–600 nm tritt zusätzlich eine *fotochemische Wirkung* auf, die besonders kleine Expositionsgrenzwerte zeigt. Bei kurzen Pulsen im Nano-, Pico- und Femtosekundenbereich treten schon bei kleinen Pulsenergien sehr hohe Pulsleistungen auf. Diese verursachen nichtlineare optische Effekte, die zu Verletzungen durch *Fotoablation (Fotoabtragung)* und *Fotodisruption (Fotodurchbruch)* führen können.

Die meisten Unfälle durch Laserstrahlung betreffen das Auge. Diese Schädigungen sind meist irreversibel und haben ernsthafte Gesundheitsfolgen. Im sichtbaren (VIS) und im nahen infraroten Bereich (IR-A) wird bei einem Unfall je nach Laserleistung hauptsächlich die Netzhaut geschädigt. In den ultravioletten (UV-A, UV-B, UV-C) und infraroten Bereichen (IR-B und IR-C) können die vorderen Abschnitte des Auges, wie Augenlinse und Hornhaut, verletzt werden. Daneben treten auch Unfälle bei ungewollter Bestrahlung der Haut auf. Die Gefährdung von Auge und Haut kann sowohl durch den direkten als auch durch den reflektierten und diffus gestreuten Laserstrahl auftreten.

4.1   Ausbreitung von optischer Strahlung in Gewebe

Trifft optische Strahlung auf Gewebe, kann diese sich dort ausbreiten (Abb. 4.1). Die Schädigung des Gewebes erfolgt durch die *Absorption* der Strahlung, wobei dafür oft Proteine, Pigmente des Gewebes sowie Zell- und Gewebswasser verantwortlich sind. Meist entsteht bei der Absorption Wärme, aber es können auch andere Mechanismen auftreten, die im nächsten Abschnitt beschrieben werden. Die Absorption hängt stark von der Wellenlänge der Strahlung und der Art des Gewebes ab.

Daneben tritt auch *Streuung* auf, bei der das Licht aus seiner Richtung abgelenkt wird. Die Streuung erfolgt aufgrund von Inhomogenitäten der Brechzahl im Gewebe an sogenannten Streuzentren, da sowohl Stütz- bzw. Bindegewebe, aber auch funktionelles Gewebe von Organen eine stark differente Zusammensetzung aufweisen können.

Ein Teil der auf das Gewebe fallenden Strahlung wird an der Oberfläche reflektiert. Dabei handelt es sich neben der direkten Reflexion auch um Strahlung, die durch die Streuung aus dem Gewebe heraustritt. Die *Reflexion* ist also oft eine Rückstreuung.

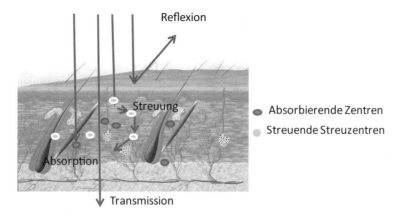

Abb. 4.1 Ausbreitung von Laserstrahlung im Gewebe mit Absorption, Streuung, Reflexion und Transmission. Als Beispiel ist die Haut dargestellt. (© Sagittaria/Fotolia)

Bei dünnen Gewebsschichten tritt auch eine *Transmission* auf, d. h., die Strahlung durchdringt die Schicht. Dabei wird die durchtretende Strahlung durch die Streuung diffus aufgeweitet. Eine Ausnahme bilden durchsichtige Strukturen des Auges, die normalerweise frei von der Streuung sind.

In Abb. 4.1 sind folgende Prozesse dargestellt [1]:

- Absorption,
- Streuung,
- Reflexion,
- Transmission.

In der Abbildung ist als Beispiel die Haut gezeigt. Ähnliches gilt auch für die Netzhaut des Auges, aber nicht für die durchsichtigen Strukturen des Augapfels.

Die folgende Beschreibung berücksichtigt nicht die Veränderung des Gewebes durch die Laserstrahlung. Bei Erhöhung der Temperatur koaguliert oder verkohlt das Gewebe. In diesen Fällen ist das optische Verhalten völlig anders. Insbesondere im Sichtbaren und IR-A erhöht sich durch die Koagulation die Streuung. Durch die Verkohlung des Gewebes findet eine sehr starke Absorption statt, die nicht sehr stark von der Wellenlänge abhängt.

4.1.1 Absorption

Die Absorption von Laserstrahlung hängt stark von der Art des Gewebes und der Wellenlänge der Strahlung ab. Sie wird zum großen Teil durch Wasser, den Blutfarbstoff Hämoglobin und im UV-Bereich durch Proteine verursacht. Beschrieben wird sie durch den sogenannten Absorptionskoeffizienten, der in Abb. 4.2 in Abhängigkeit von der Wellenlänge gezeigt ist [2]. Er gibt die Schwächung der

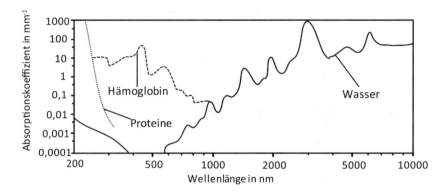

Abb. 4.2 Absorptionskoeffizient von Laserstrahlung in Wasser, im Blutfarbstoff Hämoglobin (hier 2,7 g/dl) in H_2O desoxygeniert) und in Proteinen als Modellsubstanzen für Gewebe. (Aus [2])

Strahlung durch Absorption pro mm an. Da es sehr unterschiedliche Arten von Gewebe gibt, wurde die Absorption repräsentativ für diese Bestandteile dargestellt. Die Absorption von Laserstrahlung im Auge wird in Abschn. 2.3 erläutert.

Der Absorptionskoeffizient α beschreibt die Verringerung der Intensität durch Absorption vom eingestrahlten Wert I_0 auf den Wert I in der Tiefe x im Gewebe nachfolgender Gleichung:

$$\frac{I}{I_0} = \exp{-(\alpha x)}. \tag{4.1}$$

Eindringtiefe Die Ausbreitung der Strahlung in Gewebe wird neben der Absorption auch durch die Streuung bestimmt. Man beschreibt daher die Verteilung der Laserstrahlung im Gewebe anschaulicher durch die Eindringtiefe. Diese gibt an, wie tief die Strahlung in das Gewebe reicht. Man erkennt aus Abb. 4.3, Tab. 4.6 und 4.7, dass die Strahlung im sichtbaren und im nahen infra-

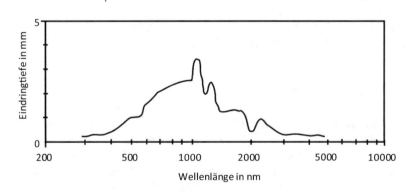

Abb. 4.3 Eindringtiefe von Laserstrahlung in Gewebe. (Aus [2])

roten Bereich von etwa 400 nm bis 2.500 nm (VIS und IR-A und darüber hinaus) mehrere mm tief in das Gewebe eindringen kann [2]. Die Eindringtiefe gibt normalerweise die Tiefe an, in der die Intensität vom Anfangswert an der Gewebsoberfläche auf $1/e = 37\%$ gefallen ist. Die Strahlung dringt natürlich mit geringerer Intensität auch weiter ins Gewebe ein. Die Eindringtiefe zeigt für verschiedene Gewebearten erhebliche Unterschiede.

Bei sehr starker Absorption kann die Eindringtiefe aus dem reziproken Absorptionskoeffizienten α berechnet werden:

$$\text{Eindringtiefe} = 1/\text{Absorptionskoeffizient } \alpha. \qquad (4.2)$$

Die angegebene Formel gilt insbesondere in den ultravioletten und infraroten Bereichen (IR-B und IR-C). Beispielsweise erhält man für den CO_2-Laser mit einer Wellenlänge von etwa 10.600 nm aus Abb. 4.2 einen Absorptionskoeffizienten von etwa $\alpha = 100$ mm^{-1}. Damit errechnet man eine Eindringtiefe $1/100$ mm $= 10$ μm $(= 1/\alpha)$. Für den Erbiumlaser mit einer Wellenlänge von etwa 3000 nm ergibt sich $\alpha = 1000$ mm^{-1} und eine Eindringtiefe von $1/1000$ mm $= 1$ μm.

Ultravioletter Bereich UV Im ultravioletten Bereich (UV) findet eine sehr starke Absorption durch organische Moleküle wie z. B. Proteine statt und die Eindringtiefe ist klein (Abb. 4.3). Sie liegt im UV-C bei etwa 1 μ m und vergrößert sich im UV-A auf einige 0,1 mm [2]. Das Absorptionsmaximum der Nukleinsäuren liegt bei einer Wellenlänge von ca. 260 nm (Abb. 4.9). Bei Bestrahlung mit diesen Wellenlängen kommt es verstärkt zu Strangbrüchen der DNA und potenziell daraus resultierenden Erbgutschäden (Abb. 4.8).

Sichtbarer Bereich VIS und IR-A Im Sichtbaren sind verschiedene Pigmente für die Absorption verantwortlich, die in Tab. 4.1 aufgeführt sind. Die Strahlung dringt im blau-grünen Bereich einige 0,1 mm in Gewebe ein. Im roten Bereich und im infraroten Bereich IR-A geht die Strahlung tiefer in das Gewebe und die Eindringtiefe kann einige Millimeter betragen (Abb. 4.3, Tab. 4.6 und 4.7).

Infraroter Bereich IR In den infraroten Strahlungsbereichen IR-B über 2000 nm und IR-C wird das Gewebe sehr gut durch das Verhalten von Wasser bestimmt. Beispielsweise beträgt die Eindringtiefe von Laserstrahlung bei einer Wellenlänge von 10.600 nm (CO_2-Laser) etwa 10 μm $(=0,001$ cm $= 0,01$ mm). Beachtenswert sind die Maxima des Absorptionskoeffizienten α bei etwa 2000 und 3000 nm,

Tab. 4.1 Absorbierende Bestandteile von Gewebe im ultravioletten (UV), sichtbaren (VIS) und infraroten (IR) Spektralbereich

Spektralbereich	Absorbierende Bestandteile
UV	Absorption hauptsächlich durch Proteine und andere organische Moleküle
VIS	Absorption durch Pigmente wie Hämoglobin, Melanin
IR	Absorption hauptsächlich durch Wasser (ab etwa 2000 nm)

wobei die Werte von $\alpha = 10$ bzw. 1000 pro mm auftreten (Abb. 4.2). Daraus berechnet man die Eindringtiefen ($= 1/\alpha$) von etwa 0,1 mm und 1 μm. Diese Werte gelten ungefähr für den Holmiumlaser (um 2000 nm) und den Erbiumlaser (um 3000 nm). Diese Angaben hängen stark von der Gewebsart ab und daher ist es verständlich, dass die aus α berechneten Eindringtiefen nur ungefähr mit den Werten von Tab. 4.6 und 4.7 übereinstimmen. Bei hohen Leistungsdichten verkohlt das Gewebe und ursprüngliche Eindringtiefe spielt bei der Ausbreitung der Laserstrahlung und dem daraus entstehenden Schaden keine entscheidende Rolle mehr.

4.1.2 Streuung

Im Gewebe finden sich zahlreiche Streuzentren, welche die Strahlung in verschiedene Richtungen ablenken. Dabei tritt in der Regel keine Änderung der Wellenlänge auf. (Fluoreszenz und nichtlineare Streuprozesse spielen ein einem Laserunfall keine wichtige Rolle.) Die Strahlung wird somit mehr oder weniger diffus in alle Richtungen durch das Gewebe transportiert. Für Moleküle und sehr kleine Strukturen, deren Abmessungen unterhalb eines Zehntels der Lichtwellenlänge liegen, ist die Streuung schwach und etwa kugelsymmetrisch. Diese sogenannte Rayleigh-Streuung wird stärker und ist mehr vorwärtsgerichtet, wenn die Streuzentren etwa die Größe der Lichtwellenlänge annehmen. Übertrifft die Größe der Streuzentren die der Lichtwellenlänge, spricht man von Mie-Streuung, die ebenfalls stark nach vorn gerichtet ist. Im Gewebe treten beide Streuprozesse auf, wobei die Streuung an größeren Strukturen überwiegt [3, 4].

Ultravioletter Bereich UV Im ultravioletten Bereich ist die Absorption so stark, dass die Strahlung nur wenig ins Gewebe eindringt (Abb. 4.3). Daher ist die Streuung klein und kann in der Regel vernachlässigt werden (Tab. 4.2).

Sichtbarer Bereich VIS Im Sichtbaren dringt die Strahlung etwas tiefer ins Gewebe ein, sodass die Streuprozesse häufiger werden und etwa so zahlreich sind wie die Absorption (Tab. 4.2). Diese Aussage gilt hauptsächlich für den blau-grünen Spektralbereich.

Tab. 4.2 Vergleich der Intensität von Absorption und Streuung in Gewebe für verschiedene Spektralbereiche

Spektraler Bereich	Vergleich von Absorption und Streuung
Ultravioletter Bereich UV	Absorption >> Streuung (Streuung vernachlässigbar)
Sichtbarer Bereich VIS	Absorption und Streuung
Roter und infraroter Bereich IR-A	Absorption << Streuung
Infraroter Bereich ab etwa 2000 nm	Absorption >> Streuung (Streuung vernachlässigbar)

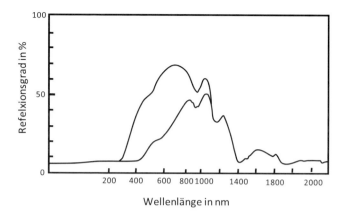

Abb. 4.4 Reflexionsvermögen von Haut für verschiedene Wellenlängen (schematisch). (Nach [5])

Rot und Infrarot IR-A Die Eindringtiefe steigt im Roten und im Infrarot IR-A bis in den Millimeterbereich, sodass sich die Streuprozesse stark ausbilden können und die Streuung intensiver als die Absorption wird (Tab. 4.2). In diesem Fall wird die Strahlung auch in Bezirke seitlich vom direkten Laserstrahl transportiert. Die reflektierte Strahlung, genauer die rückgestreute Strahlung, kann bis zu 50 % der eingestrahlten Strahlung betragen [5]. Damit kann die Bestrahlungsstärke an der Gewebsoberfläche größer werden als der eingestrahlte Wert.

Infrarot IR ab 2000 nm In diesem Bereich ist die Absorption so stark, dass die Intensität der Streuprozesse vernachlässigbar scheint (Tab. 4.2).

4.1.3 Reflexion

In Bereichen, in denen die Absorption überwiegt (Tab. 4.2), beträgt der an der Gewebsoberfläche diffus reflektierte Anteil etwa 5 %. Dies ist in UV und IR über 2000 nm der Fall (Abb. 4.4). Dort, wo die Streuung stärker als die Absorption ist, d. h. im roten und infraroten Bereich IR-A, tritt eine starke Rückwärtsstreuung auf, sodass die diffuse Reflexion bis zu über 50 % betragen kann (Abb. 4.4).

4.2 Wirkungen von Laserstrahlung auf Gewebe

Die absorbierte Laserstrahlung kann unterschiedlich auf Gewebe wirken. Um Unfälle zu vermeiden, ist es wichtig, die Ursachen und das Ausmaß der möglichen Schäden zu verstehen. Je nach Wellenlänge, Bestrahlungsstärke und Dauer der Bestrahlung kommt es zu verschiedenen Wechselwirkungen zwischen Laserstrahlung und Gewebe, die man wie folgt einteilen kann [1–9]:

- thermische Wirkung,
- fotochemische Wirkung,
- Fotoablation,
- Fotodisruption.

Die verschiedenen Wechselwirkungen hängen von der Bestrahlungsdauer und der Bestrahlungsstärke ab. Abb. 4.5 stellt die Bereiche dieser Laserwirkungen in einem Diagramm dar, welches als Koordinaten die Bestrahlungsdauer und die Bestrahlungsstärke zeigt. Fotoablation und Fotodisruption sind nichtlineare Prozesse, die nur bei hohen Bestrahlungsstärken und kurzen Laserpulsen auftreten. Eine weitere Bedingung für die Fotoablation ist eine geringe Eindringtiefe der Strahlung im Mikrometerbereich. Tab. 4.3 zeigt die Bereiche, in denen die verschiedenen Wirkungen entstehen.

4.2.1 Thermische Wirkung

Durch die Absorption von Laserstrahlung im Gewebe entsteht Wärmeenergie und die Temperatur erhöht sich. Der Temperaturanstieg hängt von einer Reihe von Faktoren ab:

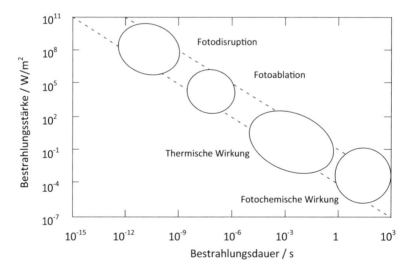

Abb. 4.5 Thermische und fotochemische Wirkung sowie die nichtlinearen Prozesse der Fotoablation und Fotodisruption in Abhängigkeit von der Bestrahlungsdauer und Bestrahlungsstärke. Für das Auftreten der Fotoablation ist eine Eindringtiefe der Strahlung im Mikrometerbereich Voraussetzung. (Nach [2])

Tab. 4.3 Arten der Wechselwirkung zwischen Laserstrahlung und Gewebe. Bereiche für die Bestrahlungsstärke und Bestrahlungsdauer für die einzelnen Wirkungen. (Fotoablation tritt nur bei einer geringen Eindringtiefe der Strahlung im Mikrometerbereich auf.)

Bestrahlungsstärke	Bestrahlungsdauer	Wirkung
10^{11}–10^{15} W/cm^2	1 ps – 10 ns	Fotodisruption
10^7–10^{10} W/cm^2	1 ns – 1 µs	Fotoablation
10–10^8 W/cm^2	0,1 ms – 10 s	Thermische Wirkung
<10 W/cm^2	10 s – 1000 s	Fotochemische Wirkung

- Eigenschaften der Laserstrahlung (Bestrahlungsdauer, Wellenlänge, Bestrahlungsstärke bei kontinuierlicher Strahlung und bei Pulslasern die Parameter der Laserpulse wie Pulsenergie, Pulsdauer und Pulsfolgefrequenz),
- optische Eigenschaften des Gewebes (Absorption und Streuung),
- thermische Eigenschaften von Gewebe (spezifische Wärmekapazität, Wärmeleitfähigkeit, Verdampfungsenergie).

Ausführliche Berechnungen der Verteilung der Temperatur im Gewebe und den daraus entstehenden Schäden sind in [8] dargestellt.

Thermische Schäden Die meisten Schäden durch Laserstrahlung werden durch die thermische Wirkung verursacht. Dabei laufen Mechanismen ab, die in Tab. 4.4 zusammengefasst sind. Bei einer Erhöhung der Temperatur um wenige Grad tritt eine reversible Schädigung auf. Abb. 4.6 zeigt, dass die kritische Temperatur für irreversible Gewebeschäden von der Bestrahlungsdauer abhängt. Beispielsweise führt eine 10 s lange Temperaturerhöhung bei etwa 60 °C zu einer dauer-

Tab. 4.4 Thermische Wirkung von Laserstrahlung auf Gewebe. (Nach [4, 5])

Temperatur	Schädigung
37 °C	Keine irreversiblen Schädigungen
40 °C – 45 °C	Enzymreduktionen, Schrumpfen der Kollagene, Ausbildung von Ödemen, Membranauflockerung, je nach Behandlungszeit auch Zelltod
50 °C	Reduktion des Hauptteils an enzymatischer Aktivität
60 °C	Proteindenaturierung, Beginn der Koagulation und Ausbildung von Nekrosen
80 °C	Beginn der Denaturierung von Proteinen, Koagulation der Kollagene, Membrandefekte
100 °C	Trocknung
>150 °C	Karbonisation und Vaporisation (>300 °C)

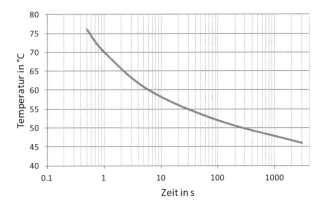

Abb. 4.6 Die kritische Temperatur für einen dauerhaften Gewebeschaden hängt von der Einwirkungsdauer ab. Oberhalb der Kurve tritt ein Gewebstod (Nekrose) auf. (Nach [4, 5])

haften Schädigung, beispielsweise zu einer Koagulation. Darunter versteht man die Gerinnung der Eiweißmoleküle, die oft mit einer weißlichen Verfärbung verbunden ist. Man kennt diesen Effekt von der Verfärbung des vorher durchsichtigen Eiweißes beim Erhitzen von Eiern.

Im Bereich von 40–45 °C entstehen reversible Veränderungen im Gewebe. Beispielsweise das Schrumpfen von Kollagenen. Im diesem Temperaturbereich werden kosmetische Laserbehandlungen zur „Verjüngung" der Haut oder Reduzierung von Falten eingesetzt [14].

Bei Temperaturen über 100 °C verdampft das Gewebswasser, das Gewebe trocknet aus und verkohlt danach (Karbonisation). Bei weiterer Steigerung der Temperatur verdampft das Gewebe. Abb. 4.7 zeigt schematisch den verdampften Bereich sowie Zonen der Karbonisation und Koagulation. Daneben erkennt man einen Bereich der reversiblen Schäden, der wieder ausheilt. Bleibt die erreichte Temperatur unter 100 °C, tritt nur eine Koagulationszone mit einer angrenzenden Zone mit reversibler Schädigung auf.

Die thermische Wirkung reicht von einer leichten Erwärmung des Gewebes über die Koagulation, das Verkochen des Gewebswassers, Verdampfen des Gewebes bis zur Verkohlung und Schwarzfärbung des Gewebes (Tab. 4.4). Aufgrund der Wärmeleitung und Streuung der Laserstrahlung wird auch Gewebe außerhalb des eigentlichen Zielvolumens der Strahlung mehr oder weniger schnell erwärmt und dadurch möglicherweise geschädigt.

Durch die Erhöhung der Temperatur verändern sich die optischen Eigenschaften des Gewebes stark. Bei Koagulation erhöht sich die Streuung und bei Verkohlung steigt die Absorption.

Abb. 4.7 Darstellung einer thermischen Schädigung von Gewebe durch Laserstrahlung mit dem verdampften Bereich sowie den Zonen der Karbonisation, Koagulation und der reversiblen Schädigung. (Nach [4])

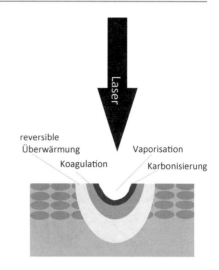

4.2.2 Fotochemische Wirkung

In Kap. 1 wurde Licht als elektromagnetische Welle dargestellt. Manche Wirkungen können besser verstanden werden, wenn man Licht als Teilchen oder Photonen beschreibt. Die Energie eines Photons steigt mit abnehmender Wellenlänge, sodass die Photonen im blauen- und ultravioletten Bereich eine höhere Energie als im roten Bereich haben. Bei der fotochemischen Wirkung wird durch die Absorption von Photonen biologischen Molekülen Energie zugeführt, sodass die DNA aufbrechen kann. Dies findet hauptsächlich im ultravioletten Bereich und weniger ausgeprägt im sichtbaren Bereich von 400–600 nm statt [10, 11, 12].

Schädigungen durch UV Ultraviolette Strahlung wird in Hautzellen absorbiert, in denen es zu Einzel- und Doppelstrangbrüchen der DNA kommen kann (Abb. 4.8). Es gibt jedoch zelluläre Reparaturmechanismen, die einzelne Schäden wieder korrigieren können. Sind die Beschädigungen zu stark, können sie nicht mehr repariert werden. Die betroffenen Hautzellen sterben ab und werden durch die nachschiebenden Schichten des Gewebes ersetzt. Treten bei den Reparaturen der Zellen Fehler auf, so entarten diese und es kann Hautkrebs entstehen. Neben diesen langfristigen Wirkungen gibt es auch kurzfristige Effekte wie Sonnenbrand, fotoallergische- und fotochemische Reaktionen, die durch Medikamente oder Kosmetika (Fotosensibilisierung) verstärkt werden können. Die Schäden durch ultraviolette Strahlung am Auge werden in Abschn. 4.3 beschrieben. Als typische Schäden gelten dort beispielsweise die Horn- und Bindehautentzündung oder die Eintrübung der Augenlinse, Katarakt oder grauer Star genannt. Weiterhin treten im Wellenlängenbereich von 300–600 nm sogenannte Blaulichtschäden

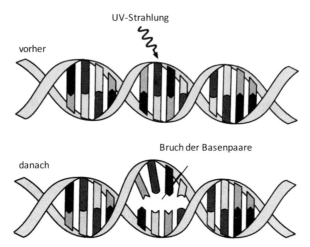

Abb. 4.8 Durch UV-Strahlung kann es zu Strangbrüchen in der DNA der Zellen kommen. Dadurch wird die genetische Information bei der Zellteilung verfälscht, so dass Krebs entstehen kann. (Nach [68])

auf [10, 11]. Dabei handelt es sich um fotochemische Schäden der Netzhaut, die bei Bestrahlungszeiten über 100 s kleinere Grenzwerte aufweisen können als bei thermischen Schäden [12].

Expositionsgrenzwerte Die Expositionsgrenzwerte für fotochemische Schäden am Auge und an der Haut sind bei Wellenlängen von 100–400 nm gleich und weisen sehr niedrige Werte auf [12]. Sie liegen für kontinuierliche Strahlung mit Wellenlängen unterhalb von 302 nm bei einer Bestrahlungszeit von einem Arbeitstag bei einer Bestrahlungsstärke von 0,001 W/m², worauf in Kap. 6 genauer eingegangen wird. Dieser Grenzwert ist etwa 10.000-mal kleiner als der thermische Grenzwert im Sichtbaren. Die Wirkungsfunktion von ultravioletter Strahlung, welche den relativen spektralen Verlauf des Expositionsgrenzwertes angibt, ist in Abb. 4.9 dargestellt. Die Strahlung zeigt ein Maximum der Gefährdung im ultravioletten Bereich UV-C um 270 nm.

Der kleine Expositionsgrenzwert für ultraviolette Strahlung liegt daran, dass sich die Wirkung einzelner Bestrahlungen summiert. Dadurch führen schon geringe Expositionen bei wiederholter Bestrahlung zu einer Erhöhung des Risikos für Hautkrebs. Das Gewebe addiert jede Strahlungseinwirkung aus natürlichen und künstlichen ultravioletten Strahlungsquellen, sowohl aus dem beruflichen Bereich als auch bei jedem Sonnenbad oder jedem Besuch im Solarium. Die Schädigung tritt auch auf, wenn noch keine Rötung der Haut sichtbar ist. Wer sich häufig ultravioletter Strahlung aussetzt, hat ein erhöhtes Risiko für Schädigungen des Erbgutes der Zellen. Wegen der Langzeitwirkung von ultravioletter Strahlung müssen Gefährdungsbeurteilungen für diese Strahlungsart 30 Jahre lang aufbewahrt werden.

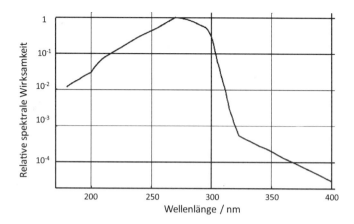

Abb. 4.9 Die Kurve beschreibt die Wirkungsfunktion von UV-Strahlung, d. h. den relativen Verlauf des Expositionsgrenzwertes in Abhängigkeit von der Wellenlänge. Bei 270 nm liegt das Maximum der Gefährdung, wobei hier die kanzerogene Wirkung besonders hoch ist. (Aus [29])

4.2.3 Fotoablation

Bestrahlt man Gewebe mit kurzen Laserimpulsen im Bereich von Nanosekunden bis Mikrosekunden und hohen Bestrahlungsstärken im Bereich von 10^8 W/cm^2, verdampft das Gewebe schlagartig (Abb. 4.10).

Bei sehr starker Absorption dringt die Strahlung nur wenige Mikrometer in das Gewebe ein und es wird nur eine sehr dünne Gewebsschicht erhitzt. Diese verdampft sofort innerhalb der Pulsdauer. Der Vorgang ist so schnell, dass keine Zeit für die Wärmeleitung bleibt und das umliegende Gewebe somit kaum erwärmt wird. Diesen Vorgang, bei dem eine dünne Schicht abgetragen wird, ohne dass angrenzendes Material erwärmt wird, nennt man Fotoabtragung oder Fotoablation [4]. Die physikalischen Bedingungen wie Pulsdauer und Bestrahlungsstärke für die Fotoablation sind in Abb. 4.5 und Tab. 4.3 zusammengefasst. Eine weitere Bedingung für Fotoablation ist die starke Absorption, wie sie beispielsweise im UV und im IR-C bei 3.000 nm und 10.000 nm auftritt [5].

Für ultraviolette Strahlung beruht die Fotoablation hauptsächlich auf einem fotochemischen Effekt [4]. Die Energie der Photonen ist so groß, dass Moleküle zerbrochen werden können und gasförmig aus dem Material entweichen [4]. Ein Anwendungsbeispiel ist die refraktive Hornhautchirurgie mit ultraviolett strahlenden Lasern, um das Tragen einer Brille zu ersetzen.

Abb. 4.10 Bei der
Fotoablation verdampft das
Gewebe schlagartig fast ohne
Wärmeleitung

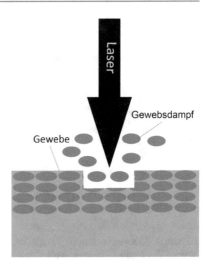

4.2.4 Fotodisruption

Bei Bestrahlungsstärken, die über dem Bereich der Fotoablation liegen, und
kürzeren Pulsdauern im Nanosekundenbereich und darunter (Abb. 4.5 und
Tab. 4.3) entsteht ein Plasma, das aus freien Elektronen und Ionen besteht
(Abb. 4.11). Die elektrische Feldstärke in der Lichtwelle ist bei diesem Vorgang
so hoch, dass ein „Laserfunken" generiert wird. Um den Funken bildet sich eine
Druck- oder Schockwelle, welche das Gewebe mechanisch zerstört. Man nennt
diesen Vorgang Fotodisruption oder Fotodurchbruch. Augenärzte wenden diesen

Abb. 4.11 Bei der
Fotodisruption entsteht
durch die Fokussierung von
Laserstrahlung ein Plasma,
welches sich schlagartig
ausbreitet und Gewebe
„verdampft"

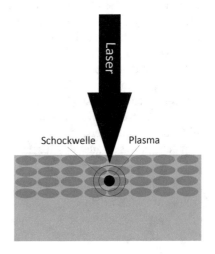

Prozess im Augeninneren an, um trübe Strukturen der Nachstarmembran zu zerstören. Unfälle, die nach dem Prinzip der Fotodisruption Augenschäden verursacht haben, sind nicht bekannt. Die Fotoablation und Fotodisruption gehören zu den nichtlinearen Prozessen, die nur bei sehr hohen Bestrahlungsstärken und kurzen Laserpulsen auftreten.

4.2.5   Selektive Fotothermolyse

Gelegentlich wird als Wechselwirkung auch der Begriff der selektiven Fotothermolyse benutzt. Diese Bezeichnung wird hauptsächlich beim kosmetischen Einsatz von gepulster Laserstrahlung zur Entfernung von Haaren (Mikrosekundenpulse) oder Tätowierungen (Nanosekundenpulse) verwendet [13]. Es handelt sich um eine Anwendung, bei der Laserstrahlung selektiv durch Pigmente absorbiert wird, die dann thermisch zerstört werden, möglichst ohne dass eine Schädigung des umgebenden Gewebes erfolgt.

4.3   Gefährdungen des Auges

Mit der sich ausweitenden Anwendung von Laserstrahlung finden sich auch zusehends vermehrt Verletzungen durch Laserlicht. Ob versehentlich, oder gezielt vorsätzlich – in der Literatur häufen sich die Fallberichte über Augenverletzungen [14–17]. Der Text zur Gefährdung des Auges wurde in Zusammenarbeit mit Frau Dr. med. Dipl.-Mol. Med. Univ. Bettina Hohberger, Augenklinik des Universitätsklinikums Erlangen, erstellt.

Das menschliche Auge (Autorin: Bettina Hohberger) Das menschliche Auge wird in einen vorderen und hinteren Augenabschnitt untergliedert (Abb. 4.12). Der vordere Anteil wird zur Außenwelt hin durch die Hornhaut (Cornea) und Bindehaut (Konjunktiva) abgegrenzt. Unter der Konjunktiva befindet sich – zum Augeninneren hin – die Lederhaut (Sklera). Durch diese Schutzhülle erhält das Auge seine 3-dimensionale Struktur. Die Regenbogenhaut (Iris) unterteilt das Auge in den vorderen und hinteren Augenabschnitt. Die Vorderkammer – der Abstand zwischen Cornea und Iris – wird durch das Kammerwasser, eine Flüssigkeit, die durch das Auge zirkuliert, ausgefüllt. Direkt hinter der Regenbogenhaut befindet sich im hinteren Augenabschnitt die Linse, durch welche die Nah- und Lesefähigkeit (Akkommodation) gewährleistet wird. Den Randbereich des hinteren Abschnittes kleiden die Netzhaut (Retina) sowie die darunter liegende Aderhaut (Choroidea) aus. Diese grenzt wieder an die äußere Schutzhülle der Sklera an. Der Bereich, welcher direkt hinter der Linse anfängt und sich bis zur Netzhaut erstreckt, wird durch den Glaskörper (Vitreous) sowie durch, um den Vitreous zirkulierendes Kammerwasser ausgefüllt.

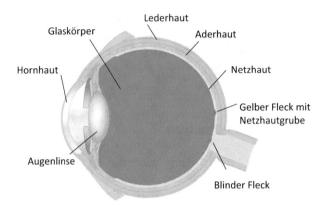

Abb. 4.12 Aufbau des Auges. Die Bindehaut (Konjunktiva) befindet sich über der Lederhaut (Sklera). Die Regenbogenhaut (Iris) lässt den Bereich der Pupille frei. Die Netzhaut (Retina) enthält die Sehzellen mit der Netzhautgrube (Fovea) im Zentrum. (Bild: © Peter Hermes Furian/ Fotolia)

Um eine gute Sehleistung zu haben, benötigt das menschliche Auge klare optische Medien, d. h., dass alle Augenstrukturen, durch welche das Licht in das Auge hindurch verläuft, „klar" sein müssen. Es dürfen keine Verletzungen, Entzündungen oder andere Erkrankungen vorliegen. Die Hornhaut muss transparent und mit einer intakten Außenschicht, dem Hornhautepithel, begrenzt sein. Die Vorderkammer darf keine zellulären Bestandteile, im Sinne einer Entzündung oder Blutung, aufweisen. Zusätzlich muss die Linse ihre Fähigkeit zur Akkommodation (Einstellung des Auges auf unterschiedliche Entfernungen) frei entfalten können. Trifft das Licht durch den klaren Glaskörper auf die Netzhaut auf, so wird durch gezielte chemische Signalwege eine komplexe Kette an Abläufen in Gang gesetzt, durch welches eine Leitung dieses Signal weiter durch den Sehnerv an das Gehirn erfolgt. Dieser Ablauf ist wiederum nur dann möglich, wenn die Netzhaut in ihrem gesunden Aufbau eine 1:1-Verschaltung der Nervenzellen (im Bereich des scharfen Sehens, i. e. Makula) aufweist. Ist die äußerst feine Vernetzung gestört, sei es z. B. durch Schwellungen oder Blutungen, ist eine Sehstörung die Folge.

Die Aufnahme des Augenhintergrundes (Fundusaufnahme) (Abb. 4.13) gibt einen Überblick über die Strukturen am hinteren Pol des Auges. Von dem Sehnervenkopf (blinder Fleck, Papille) ziehen die großen venösen und arteriellen Blutgefäße in die Peripherie des Auges. Diese Blutgefäße umrahmen den gelben Fleck, die Makula. Der Durchmesser beträgt 2–3 mm und wird als „Stelle des schärfsten Sehens" bezeichnet. Im Zentrum der Makula befindet sich die Sehgrube oder Fovea centralis mit nochmals erhöhter Sehschärfe.

Durch die hochauflösenden Untersuchungstechniken ist es heute möglich, die Netzhautstrukturen im Bereich der Makula im Detail aufzulösen. Die optische

Abb. 4.13 Fundusaufnahme (Aufnahme des Augenhintergrundes) eines rechten Auges: Von der Papille (blinder Fleck) **(1)** ausgehend ziehen die großen venösen und arteriellen Blutgefäße **(2)** in die Peripherie der Netzhaut. Diese Blutgefäße umrahmen die Makula (gelber Fleck) **(3)** mit der Foveola (Sehgrube, Stelle des schärfsten Sehens). (Bildrechte Bettina Hohberger)

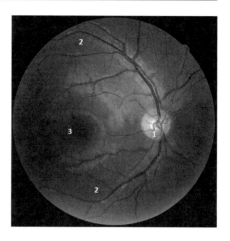

Kohärenztomografie (OCT, Heidelberg Engineering, Heidelberg, Deutschland) stellt die fein gegliederte neuronale Struktur der Makula dar (Abb. 4.14). In der Autofluoreszenzaufnahme (Abb. 4.14b) werden die okulären Strukturen des Augenhintergrundes erkennbar und dies dient u. a. als Orientierungshilfe für die Querschnittsdarstellung der Retina durch OCT (Abb. 4.14b). Eine gesunde Makula weist eine „muldenförmige" Konfiguration im Bereich der Fovea auf. Der obere „schwarze" Teil der Darstellung reicht in den Glaskörperraum. Hier angrenzend reihen sich die Nervenfaserschicht, Ganglienzellschicht, innere plexiforme und innere Körnerschicht sowie äußere plexiforme und äußere Körnerschicht an. Weiterhin schließen sich die äußere Grenzmembran sowie die Fotorezeptoren (Innen-/Außensegmente) mit ihren Außengliedern an. Durch das retinale Pigmentepithel sowie die Bruchmembran wird die Retina von der Aderhaut getrennt.

Augenverletzungen durch Laserlicht (Autorin: Bettina Hohberger) Laserlicht kann leichte und schwerwiegende Verletzungen am menschlichen Auge verursachen. Der Schweregrad der Verletzung ist von drei Eigenschaften des Laserstrahles abhängig: die verwendete Energie oder Leistung, die Pulsdauer sowie die Wellenlänge des Lasers. Höhere Energien oder Leistungen des Laserlichtes erzeugen größere Schäden. Das bedeutet jedoch nicht, dass niedrig energetische Laserstrahlung keine Verletzungen mit sich bringt. Niedrige Laserenergie in Kombination mit einer kurzen Pulsdauer kann schwere Gewebsschäden induzieren. Je nach Wellenlänge stellt sich der Augenschaden an den vorderen Augenabschnitten oder der Netzhaut ein (Abschn. 4.3.1),

Nicht jede Wellenlänge der Strahlung bewirkt dieselben Veränderungen an dem auftreffenden Gewebe. Neben fotochemischen Veränderungen, können vor

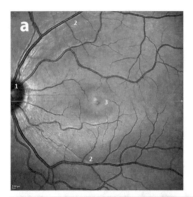

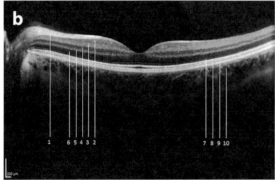

1 Nervenfaserschicht
2 Ganglienzellschicht
3 innere plexiforme Schicht
4 innere Körnerschicht
5 äußere plexiforme Schicht
6 äußere Körnerschicht
7 äußere Grenzmembran
8 Fotorezeptoren
9 retinales Pigmentepithel und
  Bruchmembran
10 Aderhaut

Abb. 4.14 **a** Autofluoreszenzaufnahme der Netzhaut: Blinder Fleck (Papille) (1), venöse und arterielle Blutgefäße (2), Makula und Netzhautgrube (Fovea) (3). Die grüne Linie zeigt den Verlauf der optischen Kohärenztomographie in der nächsten Abbildung. **b** Optische Kohärenztomografie mit blindem Fleck (Papille) und Netzhautgrube (Fovea). Die Netzhaut wird durch das stark absorbierende Pigmentepithel von der Aderhaut abgegrenzt. (Bildrechte Bettina Hohberger)

allem thermische Schäden die Folge sein. Die chemischen Schäden durch Laserlicht betreffen vor allem die kornealen Strukturen. Die feinsten Kollagenfasern der Hornhaut werden, ähnlich einer Brandverletzung, sowohl in ihrer Gestalt als auch in ihren chemischen Eigenschaften verändert. Dies kann bis hin zur Koagulation der Hornhaut (Kornea) führen. Resultieren hieraus Narben an der Hornhaut, können diese den Patienten durch Blendung oder Verminderung der Sehstärke einschränken.

Thermische Schäden finden sich jedoch auch in tieferen Augenstrukturen (siehe Übersichtsarbeiten [18–20]). So können durch die Energie der Laserstrahlung thermische Veränderungen an dem Glaskörper, der Netz- und Aderhaut die Folge sein. Die Proteine denaturieren und verändern hierdurch nicht nur ihre Gestalt, sondern auch ihre Funktion. Umgebende Entzündungsreaktionen sind die Folge, die sich in den darauffolgenden Tagen einstellen. Man geht aktuell davon aus, dass vor allem das retinale Pigmentepithel die größten Anteile an der Laserenergie aufnimmt und diese in Form von Hitze an seine Umgebung abgibt. Auf diese Weise „kocht" es regelrecht die darüber liegende Retina.

Zumeist ist die Netzhaut, und hier oft die Makula (gelber Fleck), von dem Laserschaden betroffen. Am hinteren Pol des Auges zeigen sich hierbei Blutungen und Schwellungen der Netzhaut (Abb. 4.15a und 4.15b). Ein Teil der Patienten erleidet entweder direkt nach dem Laserunfall oder im Verlauf die Bildung eines Makulaforamens (Loch in der Maukula) (Abb. 4.16a) [21–24]. Als Spätfolgen können Narben (Abb. 4.15c), Hypopigmentierungen (Abb. 4.15d) sowie Pigment-verklumpungen (Abb. 4.15e) verbleiben [23, 25, 26]. Laserverletzungen können zusätzlich auch chronisch verlaufen. Laserlicht hat die Eigenschaft eine sekundäre Neubildung von Blutgefäßen in der Aderhaut (choroidale Neovaskularisation, CNV) anzuregen. Diese neuen Blutgefäße neigen dazu, Wassereinlagerungen im

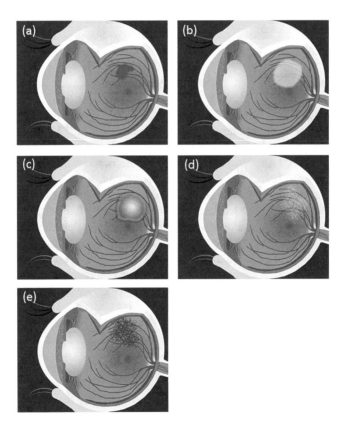

Abb. 4.15 Laserbedingte Verletzung des Augenhintergrundes: **a** Blutung, **b** Schwellung, **c** Narbe, **d** Hypopigmentierung und **e** Pigmentverklumpungen. (Bildrechte Bettina Hohberger)

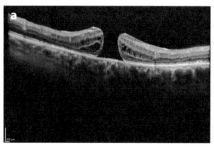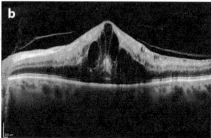

Abb. 4.16 OCT-Darstellungen von Netzhautschäden. **a** Makulaforamen (Loch in der Makula):
Die Strukturen der Netzhaut sind durch das Foramen (Loch) unterbrochen. **b** Zystoides
Makulaödem: Die Netzhaut erscheint durch die Flüssigkeitsansammlung aufgequollen. (Bild-
rechte Bettina Hohberger)

Bereich der Makula (zystoide Makulaödeme) zu verursachen (Abb. 4.16b) [27].
Diese Makulaödeme können rezidivierend auftreten und bedingen oft eine lang-
dauernde Behandlung.

Netzhautschäden Das Auge ist beim Arbeiten mit Lasern stark gefährdet.
Besonders kritisch ist ein Laserschaden im gelben Fleck (Makula) (Abb. 4.12).
Der gelbe Fleck hat einen Durchmesser von etwa 3 mm und zeichnet sich durch
eine hohe Dichte an Sehzellen aus [28]. Er enthält etwa 4 Mio. der insgesamt
ca. 7 Mio. Zäpfchen, die für das Farbsehen verantwortlich sind. Daneben hat das
Auge noch etwa 100 Mio. Stäbchen, die für das Schwarz-Weiß-Sehen verantwortlich sind. Sie liegen verstärkt um den gelben Fleck herum. Im Zentrum der Makula
liegt die Netzhautgrube (Fovea centralis) mit einem Durchmesser von 1,5 mm,
welche die Stelle mit der höchsten Sehschärfe darstellt. Trifft ein Laserstrahl im
sichtbaren oder infraroten Bereich IR-A direkt auf der Sehachse ins Auge, so
wird dieser durch das optische System des Auges, das aus der Augenlinse und der
Hornhaut besteht, auf die Netzhaut fokussiert. Der Fokus liegt dann im Zentrum
des gelben Flecks auf der Fovea und die fokussierte Strahlung kann dort Bestandteile der Netzhaut koagulieren und zerstören. Dieser ernsthafte Schaden wird sich
durch eine schwarze Stelle im Sehfeld bemerkbar machen. Dieser Unfall kann
in dem Wellenlängenbereich auftreten, in dem das Auge durchlässig ist. Nach
Abb. 4.17 ist dies der Fall zwischen 400 und 1400 nm, d. h. im Sichtbaren VIS
und Infraroten IR-A.

Sehr gefährlich ist auch eine Fokussierung auf den blinden Fleck (Papilla) mit
einem Durchmesser von etwa 4 mm, durch den die Sehnerven vom Auge in das
Gehirn geleitet werden und die Blutversorgung ins Auge führt. Der Laserstrahl
kann hier die Nervenbahnen zerstören, was zu erheblichen Sehausfällen führen
kann.

Abb. 4.17 Durchlässigkeit des Auges in Abhängigkeit von der Wellenlänge. Vereinfacht kann festgestellt werden, dass das Auge zwischen 400 und 1400 nm weitgehend durchlässig ist. Laserstrahlung wird daher im sichtbaren (VIS) und infraroten Bereich IR-A auf die Netzhaut fokussiert. (Aus [69])

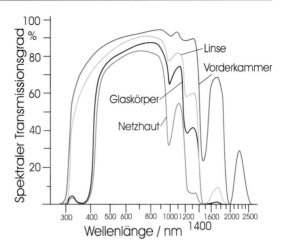

Bei anderen Einfallsrichtungen, unter denen der Laserstrahl ins Auge tritt, findet eine Fokussierung in den peripheren Bereich der Netzhaut statt. Beim Überschreiten der Expositionsgrenzwerte kann dort die Netzhaut koaguliert werden. Bei „kleinen" Leistungen bis zu einer Größenordnung von 10 mW ist es möglich, dass dieser Schaden nicht bemerkt wird. Bei höheren Werten kann jedoch auch außerhalb des gelben und blinden Flecks eine starke Zerstörung der Netzhaut mit massiven Sehstörungen auftreten.

Schäden im vorderen Augenabschnitt Außerhalb des sichtbaren und des nahen infraroten Bereiches treten die Schäden an den vorderen Augenabschnitten wie Hornhaut und Augenlinse auf. Abb. 4.18 zeigt das Eindringen von UV-Strahlung in die vorderen Abschnitte des Auges. Die Eindringtiefe von infraroter Strahlung IR-B und -C ist in Abb. 4.19 dargestellt.

Abb. 4.18 Eindringen von UV-Strahlung in die vorderen Abschnitte des Auges. Die Zahlen geben für verschiedene Wellenlängen an, wie viel % der Strahlung in verschiedenen Bereichen des vorderen Augenabschnittes absorbiert wird. (Nach [3])

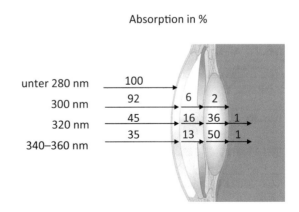

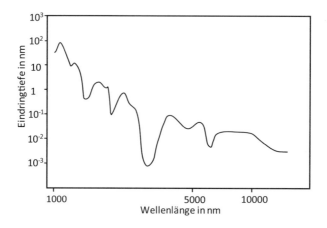

Abb. 4.19 Eindringtiefe von Infrarot-Strahlung in den vorderen Bereichen des Auges. Die Werte beziehen sich auf den Abfall der Intensität bis auf 5 %. (Nach [5])

4.3.1 Eindringtiefen optischer Strahlung ins Auge

Das Auge ist für Laserstrahlung hauptsächlich im sichtbaren Bereich von 400–700 nm durchlässig. Nahezu die gesamte eingestrahlte Laserleistung gelangt bis zur Netzhaut. Die hohe Durchlässigkeit setzt sich im angrenzenden infraroten Bereich bis 900 nm fort. Anschließend fällt die Durchlässigkeit wellenförmig ab, bis sie bei 1400 nm praktisch gleich null wird. Dieser Wert ist die Grenze des infraroten Bereichs IR-A (Abb. 4.17).

Sichtbarer (VIS) und infraroter Bereich IR-A Vereinfacht kann man sagen, dass das Auge im sichtbaren Bereich (VIS) und im infraroten Bereich IR-A von 400–1400 nm (Abb. 4.17 und Tab. 4.5) durchlässig ist. Die Laserstrahlung wird in diesen Bereichen des Spektrums auf die Netzhaut fokussiert. Bei einem Unfall

Tab. 4.5 Wellenlängenbereiche und Durchlässigkeit des Auges

Wellenlänge	Spektralbereich	Durchlässigkeit des Auges
<280 nm	Ultravioletter Bereich UV-C	Die Strahlung wird in der Hornhaut absorbiert
280–400 nm	Ultravioletter Bereich UV-B und UV-A	Die Strahlung gelangt teilweise bis zur Linse
400–1400 nm	Sichtbarer Bereich VIS und Infrarot IR-A	Die Strahlung gelangt bis zur Netzhaut
1400–2500 nm	Infraroter Bereich IR-B	Die Strahlung gelangt bis zur Linse
>2500 nm	Infraroter Bereich IR-B und IR-C	Die Strahlung wird in der Hornhaut absorbiert

treten hauptsächlich Netzhautschäden auf. Im infraroten Bereich IR-A kann zusätzlich noch eine Trübung der Augenlinse entstehen.

Ultravioletter Bereich UV Unterhalb von 400 nm, in den ultravioletten Bereichen UV-A und UV-B, wird die Strahlung im vorderen Teil des Auges absorbiert und gelangt teilweise bis zur Augenlinse (Tab. 4.5). Bei einem Unfall können die vorderen Bereiche des Auges, die Hornhaut und die Augenlinse, geschädigt werden. Dagegen findet im ultravioletten UV-C-Bereich bereits eine fast vollständige Absorption in der Hornhaut statt, sodass Hornhautschäden entstehen können. Das genauere optische Verhalten des Auges im Ultravioletten zeigt Abb. 4.18.

Infraroter Bereich IR-B und IR-C Infrarote Strahlung IR-B gelangt von 1400–2500 nm bis zur Augenlinse. Im Fall eines Unfalls werden die vorderen Bereiche des Auges, Hornhaut und Linse, geschädigt. Bei höheren Wellenlängen findet eine vollständige Absorption in der Hornhaut statt. Im Gegensatz zum ultravioletten Bereich entstehen nicht fotochemische, sondern thermische Schäden, für die die Expositionsgrenzwerte höher liegen.

4.3.2 Bündelung von Laserstrahlung auf der Netzhaut

Eine besondere Gefährdung des Auges entsteht dadurch, dass es durch das optische System Hornhaut–Linse zu einer starken Bündelung der Laserstrahlung im sichtbaren und infraroten Bereich IR-A (400–1400 nm) auf der Netzhaut kommt. Laserstrahlung breitet sich oft nahezu parallel aus und wird deshalb auf einen sehr kleinen Fleckdurchmesser auf der Netzhaut fokussiert, viel kleiner als bei normalen Lichtquellen (Abb. 4.20). Der Fokusdurchmesser beträgt beim direkten Blick in einen Laserstrahl etwa 20–25 µm.

In den Berechnungen zur Lasersicherheit geht man von einem durchschnittlichen Pupillendurchmesser von 7 mm aus. Nimmt man einen Laserstrahl gleichen Durchmessers an, kommt es durch die Fokussierung auf eine Verkleinerung der bestrahlten Fläche um den Faktor von etwa 100.000 (vgl. Aufgabe 2.7). Bestrahlungsstärke E und Bestrahlung H der Netzhaut werden damit um den gleichen Faktor erhöht. Damit erklärt sich, dass schon sehr kleine Laserleistungen unterhalb von 1 mW die Expositionsgrenzwerte überschreiten und einen Netzhautschaden verursachen können.

Beim Hineinschauen in das Licht einer normalen Lichtquelle entsteht auf der Netzhaut ein relativ großes Bild der strahlenden Quelle. Die ins Auge tretende Strahlung wird somit auf eine relativ große Fläche auf der Netzhaut verteilt. Hinzu kommt, dass die Lichtquelle in alle Richtungen strahlt und nur ein kleiner Teil der Strahlung ins Auge fällt. Beim Laser ist das prinzipiell anders. Die Strahlung kann sich nahezu parallel ausbreiten und es kann vorkommen, dass der gesamte Strahl durch die Pupille fällt. Der Strahl wird dann auf einen kleinen Fleck gebündelt. Dieser Vorgang wird im Folgenden am Vergleich der Bestrahlungsstärke auf der Netzhaut beim Blick in die Sonne bzw. einen Laserpointer näher beschrieben.

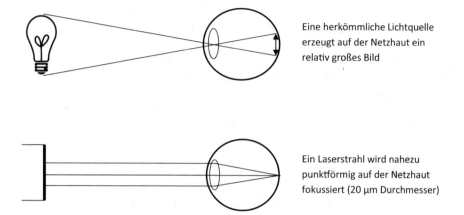

Abb. 4.20 Abbildung einer normalen Lichtquelle und eines Laserstrahls auf der Netzhaut. **a** Eine herkömmliche Lichtquelle erzeugt auf der Netzhaut ein relativ großes Bild. **b** Ein Laserstrahl wird nahezu punktförmig (20 µm Durchmesser) auf der Netzhaut fokussiert

Das Auge soll in einem Gedankenexperiment mit einem Laserpointer der Leistung von 1 mW bestrahlt werden. Auf der Netzhaut entsteht ein Brennfleck mit einem Durchmesser von 20 µm. Aus den beiden Angaben berechnet man eine Bestrahlungsstärke oder Leistungsdichte von ungefähr 300 W/cm^2 (Abb. 4.21, siehe Aufgabe 2.4). Dieser Wert soll nun mit der entsprechenden Bestrahlungsstärke bei einem Blick in die Sonne verglichen werden. Beim Blick in die Sonne entsteht auf der Netzhaut ein relativ großes Bild der Sonne mit einem Durchmesser von 250 µm. Man kennt die Leistungsdichte der Sonne auf der Erde (sogenannte Solarkonstante von etwa 1000 W/m^2) und kann mit dem angegebenen Bilddurchmesser eine Bestrahlungsstärke auf der Netzhaut von knapp 30 W/cm^2 errechnen (vgl. Aufgabe 2.5). Ein Blick in einen Laserstrahl mit 1 mW erzeugt also auf der Netzhaut eine 10-mal höhere Bestrahlungsstärke als ein Blick in die Sonne. Wenn man bedenkt, dass ein längerer Blick in die Sonne zu schweren Augenschäden führt, erkennt man die Gefährdung selbst durch schwache Laserstrahlung von 1 mW.

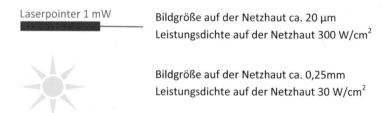

Abb. 4.21 Blick in einen Laserpointer mit 1 mW (**a**) und in die Sonne (**b**). Der Laserpointer erzeugt auf der Netzhaut eine 10-mal höhere Bestrahlungsstärke als die Sonne

Abb. 4.22 Foto einer Netzhauterkrankung nach einer sogenannten Argonlaserbehandlung (Laserleistung <100 mW, Bestrahlungsdauer 0,1 s). Die gelblichen Punkte sind die bereits vernarbten Laserherde. Als heller Fleck ist der Sehnervenkopf mit den abgehenden Gefäßen zu sehen. (Abdruck mit freundlicher Genehmigung von Frau Dr. Herfurth, Universität Greifswald)

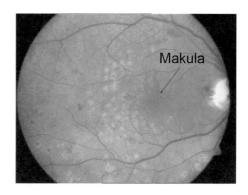

4.3.3   Thermische Schäden an der Netzhaut

Die hohe Gefährdung der Netzhaut durch Laserstrahlung zeigt Abb. 4.22, welche ein Foto der Netzhaut nach einer klinischen Behandlung mit einer Laserleistung von weniger als 100 mW darstellt. Es entstehen innerhalb einer zehntel Sekunde kleine Koagulationsbereiche auf der Netzhaut. Da diese sich im peripheren Umfeld des gelben und des blinden Flecks befinden, werden sie vom Patienten meist nicht als störend empfunden. Abb. 4.23 zeigt einen laserbedingten Schaden an der Sehgrube (Fovea).

4.3.4   Thermische Schäden an der Hornhaut

Abb. 4.23 zeigt die Wirkung von sichtbarer Laserstrahlung auf der Netzhaut. Bei Bestrahlung mit Lasern im IR-A-Bereich sehen die Schäden ähnlich aus. Dagegen manifestiert sich der Augenschaden von infraroter Strahlung IR-B und -C im Bereich der Hornhaut. Die Expositionsgrenzwerte für Hornhautschäden sind etwas höher, da die Fokussierung durch die Optik des Auges entfällt.

4.3.5   Fotochemische Schäden

Ultraviolette Strahlung dringt nicht bis zur Netzhaut vor, sodass fotochemische Schäden durch diese Strahlungsart hauptsächlich an der Horn- und Bindehaut (UV-B und UV-C) sowie der Augenlinse (UV-A) entstehen können (Tab. 4.5).

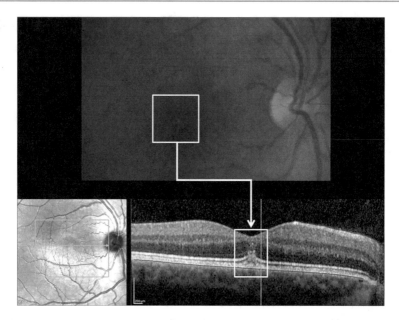

Abb. 4.23 Laserbedingter Netzhautschaden im Bereich der Foveola (Netzhautgrube). **a** Fundus-fotografie mit Irregularität im Bereich der Foveola, **b** entsprechende Darstellung in der OCT Untersuchung (weiß umrandet). (Bildrechte Bettina Hohberger)

Vordere Abschnitte des Auges Unter *Keratitis* und *Konjunktivitis* versteht man Entzündungen der Hornhaut und der Bindehaut durch erhöhte UV-Exposition. Diese Schädigungen können schmerzhaft sein. Normalerweise regeneriert sich die Hornhaut innerhalb von 2 Tagen. Bei starker Schädigung kommt es zur Entstehung von Narben und zu bleibenden Sehschäden. Für die Keratitis ist hauptsächlich ultraviolette Strahlung UV-B, für die Konjunktivitis hauptsächlich UV-C verantwortlich. Ein typischer Wert für die Keratitis beträgt 100 J/m^2 und für die Konjunktivitis 50 J/m^2 [29].

Eine Eintrübung der Augenlinse, Katarakt oder grauer Star genannt, kann durch ultraviolette Strahlung im UV-A- und UV-B-Bereich entstehen. Dabei werden Eiweiße durch die Strahlung denaturiert.

Netzhaut Die Schäden am Auge durch Strahlung im sichtbaren Bereich treten meist an der Netzhaut auf und sind in der Regel thermischen Ursprungs. Bei längeren Bestrahlungszeiten über 10 s können jedoch im Wellenlängenbereich von 400–600 nm auch fotochemische Schäden auftreten, die man Blaulichtgefährdung nennt.

Diagnostik und Therapie von laserbedingten Augenverletzungen (Autorin: Bettina Hohberger) Als Erstsymptome bemerkt der Verunfallte direkt nach dem Kontakt mit Laserlicht Schmerzen, wenn die Hornhaut betroffen ist. Tiefer liegende Verletzungen sind schmerzfrei und wirken sich über eine akute Sehminderung oder Gesichtsfeldausfall (Skotom) aus. Unmittelbar nach dem Kontakt mit dem Laserlicht muss ein Augenarzt aufgesucht werden. Dieser wird durch die Anamnese den genauen Unfallhergang dokumentieren und eine umfassende Diagnostik veranlassen. In dieser wird die Sehschärfe bestimmt sowie das Gesichtsfeld anhand einer Gesichtsfelduntersuchung (Perimetrie) auf Skotome hin untersucht. Die Spaltlampenmikroskopie des vorderen und hinteren Augenabschnittes ermöglicht eine exakte Darstellung der potenziellen Augenverletzungen. Additiv kann die Makula anhand der OCT-Technik hochauflösend analysiert werden (Abb. 4.23).

Eine Therapie der laserbedingten Augenverletzungen ist zum aktuellen Zeitpunkt in nur sehr begrenztem Umfang möglich, vor allem wenn Augengewebe im hinteren Augenabschnitt betroffen ist. Verletzungen des vorderen Augenabschnittes (z. B. Hornhaut) heilen unter lokal pflegender und antibiotischer Therapie. Inwieweit der Heilungsprozess mit einer Narbenbildung einhergeht, ist individuell verschieden. Verletzungen des hinteren Augenabschnittes werden mit einer lokalen und/oder systemischen Glukokortikoid-Therapie behandelt. Da für diese Therapie in der Literatur keine evidenzbasierten Studienergebnisse vorliegen, bleibt deren Einsatz in der Fachliteratur umstritten [19, 30]. In Einzelfallberichten wird über die Gabe von Vitaminen, die über ihre antioxidative Wirkung einen Effekt vermitteln sollen, berichtet. Selten finden gefäßerweiternde Medikamente ihren Einsatz [31–33].

Operative Maßnahmen werden bei ausgedehnten Blutungen im hinteren Augenabschnitt, die keine oder eine nur sehr geringe Selbstresorbierungstendenz aufweisen, durchgeführt. Jedoch gilt hier, wie auch bei der konservativen Therapie, dass für diese chirurgischen Interventionen zum aktuellen Zeitpunkt keine ausreichend evidenzbasierten Daten vorliegen. So sollte im Einzelfall individuell, gemeinsam mit dem Patienten entschieden werden, ob und welche Therapieform in der Akutphase die geeignetste ist [19]. Chronische Veränderungen durch Laserlicht, wie das Makulaforamen, können im weiteren Verlauf chirurgisch versorgt werden. Liegt ein Makulaödem, bedingt durch eine choroidale Neovaskularisation vor, kann man versuchen, durch eine medikamentöse Behandlung mittels monoklonalen anti-vascular endothelial growth factor (VEGF) Antikörpern, die im Rahmen einer Operation direkt in den Glaskörper appliziert werden, einen Rückgang der Schwellung zu bewirken.

Prognose von laserbedingten Augenverletzungen (Autorin: Bettina Hohberger) Die Prognose der laserbedingten Augenverletzungen ist zumeist schlecht, wenn diese durch hohe Energien in tieferen Augenstrukturen ihren Schaden hinterlassen haben. Man erreicht zwar oft, dass sich die Sehstärke auf dem Bereich nach der Verletzung stabilisiert, aber es wird sich immer um eine „Defekt-heilung" handeln. Ist erst das Gewebe irreversibel durch die primären (laser-bedingten) sowie sekundären (durch Entzündungen, CNV etc.) Veränderungen in seiner normalen, gesunden Struktur verändert, bringt jede aktuell vorhandene Therapieoption keine Verbesserung. Ist speziell die Fovea von dem Laserlicht betroffen, kann das ein Berufsverbot für Lkw-Fahrer oder Piloten mit sich bringen. Inwieweit Skotome, die nicht das zentrale Sehfeld betreffen, von den einzelnen Personen wahrgenommen werden, ist individuell verschieden. In manchen Fällen schafft es das Gehirn durch komplexe Verschaltungen dieses „fehlende Areal" aus-zublenden.

Zusammenfassend kann über laserbedingte Augenschäden Folgendes ausgesagt werden:

- Laserbedingte Augenverletzungen können schwerwiegende, zum Teil irreparable Schäden zurücklassen.
- Die lokale und systemische Glukokortikoid-Therapie sowie chirurgische Sanierung stellen Therapieoptionen dar.
- Es muss im Einzelfall individuell entschieden werden, welche Therapieform gewählt werden soll.

4.4   Gefährdungen der Haut

Neben dem Auge kann auch die Haut durch Laserstrahlung gefährdet werden. Allerdings sind schwere Laserunfälle auf der Haut seltener und leichte Unfälle haben keine ernsthaften Langzeitwirkungen. Dennoch müssen auch der Schutz der Haut vor Laserstrahlung ernst genommen und die entsprechenden Expositions-grenzwerte eingehalten werden.

4.4.1   Eindringtiefe optischer Strahlung in Haut

Im ultravioletten Bereich UV-B und UV-C wird die Strahlung vollständig in der Oberhaut oder Epidermis absorbiert (Abb. 4.24). Die UV-A-Strahlung gelangt etwas tiefer bis in die Lederhaut oder Dermis. Im Sichtbaren VIS dringt die Strahlung noch tiefer in die Lederhaut, insbesondere im Roten teilweise bis in die Unterhaut oder Subcutis ein. Die höchste Eindringtiefe wird durch IR-A-Strahlung bedingt. Allerdings ist der Lichtweg nicht so geradlinig, wie in Abb. 4.24 gezeigt, sondern es liegt durch die Streuung eine diffuse Lichtverteilung im Gewebe vor. Im IR-B-Bereich geht die Strahlung nur bis in die Oberhaut und im IR-C-Bereich wird sie an der Oberfläche der Oberhaut absorbiert.

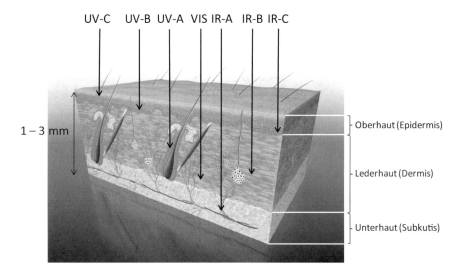

Abb. 4.24 Aufbau der Haut und Eindringtiefe von optischer Strahlung für verschiedene Wellenlängenbereiche im Ultravioletten (UV), Sichtbaren (VIS) und Infraroten (IR). Nicht gezeichnet ist die Hornschicht (Stratum corneum) von etwa 1 μm Dicke. Die Dicke der Epidermis beträgt etwa 20–700 μm. Die gesamte Dicke von Stratum corneum, Epidermis und Dermis liegt zwischen 460 und 1840 μm. (Bildrechte: © Sagittaria/Fotolia. Daten nach [12, 70])

Tab. 4.6 und 4.7 zeigen die Eindringtiefe von Laserstrahlung in Gewebe für verschiedene ausgewählte Wellenlängen. Die Daten in beiden Tabellen stammen von verschiedenen Autoren und gelten für unterschiedliche Hautbezirke. Es handelt sich um typische Mittelwerte, genauere Angaben hängen stark von der Art des Gewebes ab. Bei kurzen oder bei langen Wellenlängen im UV-C- und

Tab. 4.6 Typische Eindringtiefen von Strahlung in hellhäutiger menschlicher Haut bei verschiedenen Wellenlängen. Werte mit ([a]) markieren das 1/e-Level gemessen am Arm [38] und ([b]) am Bauch [39]

Wellenlänge in nm	Spektralbereich	Eindringtiefe in μm
290	UV-B	20 ± 5[a]
315	UV-A/UV-B	$(40–50) \pm 7$[a]
400	VIS	ca. 300[b]
500	VIS	ca. 800[b]
600	VIS	1700[b]
900	IR-A	2500[b]
1090	IR-B	3500[b]
2000	IR-B	ca. 1200[b]

Tab. 4.7 Typische Eindringtiefen von Strahlung in menschlicher Haut bei verschiedenen Wellenlängen von anderen Autoren. (Nach [12, 70])

Wellenlänge	Spektralbereich	Eindringtiefe in Haut
193 nm	UV-C	ca. 1 μm
308 nm	UV-B	ca. 50 μm
450–590 nm	VIS	ca. 0,5–2 mm
590–1.500 nm	VIS, IR-A, IR-B	ca. 2–8 mm
2127 nm	IR-B	ca. 0,2 mm
2940 nm	IR-B	ca. 3 μm
10.600 nm	IR-C	ca. 20 μm

IR-C-Bereich liegen die Eindringtiefen im Bereich von Mikrometern. Die maximale Eindringtiefe von knapp 1 cm liegt im Bereich des Roten um 600 nm bis zum Infraroten um 1500 nm.

4.4.2 Thermische Schäden in der Haut

Laser mit höherer Leistung können schwere thermische Schäden an der Haut hervorrufen (Abb. 4.25). Es entstehen Verbrennungen, die sehr schlecht heilen. Durch die Wärmeleitungen können auch tiefere Gewebeschichten geschädigt werden, was zu schweren Verletzungen und Entzündungen führen kann. Ist hier mit dem Stratum germinativum (Keimschicht) das Neubildungszentrum betroffen, wird die Regeneration massiv erschwert. Im Fall eines Unfalls durch Laserstrahlung sollte man den Arzt unbedingt auf diese Problematik hinweisen.

Die Expositionsgrenzwerte sind für die Haut im Sichtbaren VIS und Infrarot IR-A wesentlich höher als für das Auge, welches die Strahlung auf die Netzhaut fokussiert. In den anderen Bereichen sind die Expositionsgrenzwerte für Haut und Auge häufig gleich, da die Hornhaut und die normale Haut ähnlich auf diese Strahlung reagieren. Allerdings haben Augenschäden viel stärkere Auswirkungen als Hautschäden.

Abb. 4.25 Schwere Verbrennungen der Hand nach einem Unfall mit einem 5-kW-CO_2-Laser. (Abdruck mit freundlicher Genehmigung der Firma TRUMPF GmbH + Co. KG)

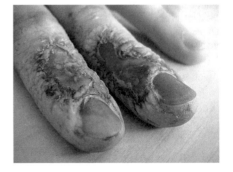

4.4.3 Photochemische Wirkung von Laserstrahlung in der Haut

Stephanie Albrecht[1,2] *und Martina C. Meinke*[3]

Laserstrahlung kann je nach Wellenlänge, Leistung und Betriebsart (CW oder Impulsbetrieb) in der Haut Gewebeabtrag und Verbrennungen (Evaporation, Fotoablation und Koagulationen) verursachen. Diese Effekte werden in der Medizin kontrolliert – u. a. zum Schneiden von Gewebe und partieller Abtragung von Haut – ausgenutzt, was zu einer Vielzahl von Laseranwendungen in der Medizin führt. Jedoch können diese Effekte auch unkontrolliert bei der technischen Laseranwendung auftreten.

Dieser Abschnitt befasst sich mit den Fotochemischen Effekten von Laserstrahlung im Bereich von UVC bis IR-A (100–1400 nm) in der Haut, welche bei der Anwendung von Lasern auftritt. Genauer werden die Fotochemischen Effekte betrachtet, die bei geringeren (physiologischen) Bestrahlungsstärken und Dosen auftreten, bei denen es nicht zu thermischen Gewebeschäden wie Verbrennungen oder Koagulation kommt (Abb. 4.5).

Aufbau und Funktion der Haut

Die Haut dient als Barriere das Körperinneren gegen äußere Umwelteinflüsse. Sie schützt den Organismus gegen Strahlung, Wärme/Kälte, Austrocknung, mechanische Reize sowie vor dem Eindringen von chemischen Substanzen. Weiterhin wehrt die Haut aktiv Krankheitserreger ab, resorbiert Wirkstoffe, produziert Schweiß und Talk, thermoreguliert, nimmt Sinneswahrnehmungen auf und dient als Signalgeber für den zwischenmenschlichen Kontakt [34].

Die Haut kann grob in drei Schichten unterteilt werden, der *Epidermis* (Oberhaut), der *Dermis* (Lederhaut) und der Subkutis (Unterhaut), die fest miteinander verbunden sind (Abb. 4.24). Sie gehört mit einer Oberfläche von ca. 2 m^2 und einem Gewicht von ca. 3 kg (ohne Fettgewebe) zu den größten Organen des menschlichen Körpers [34]. Ihre Dicke variiert je nach Körperregion, Geschlecht, Alter und Gewicht. Am Arm beträgt die Dicke der *Epidermis* ca. 20–70 µm während sie an den Handflächen und Fußsohlen wegen der dickeren Hornschicht ca. 380–540 µm aufweist. Die gesamte Dicke der Haut (ohne Fettgewebe) beträgt am Arm ca. 460–1840 µm und an den Fingern ca. 890–1330 µm [35].

Die Subkutis ist die unterste Hautschicht. Sie enthält läppchenweise angeordnetes Fettgewebe, welches der Energiespeicherung, der Wärmeisolierung und der mechanischen Polsterung dient. Weiterhin enthält die Unterhaut Blutgefäße und

[1]Klinik für Dermatologie, Venerologie und Allergologie der Medizinischen Fakultät Charité – Universitätsmedizin Berlin, Charitéplatz 1, 10117 Berlin, Deutschland.

[2]Beuth Hochschule für Technik Berlin, Luxemburger Straße 10, 13353 Berlin, Deutschland.

[3]Klinik für Dermatologie, Venerologie und Allergologie der Medizinischen Fakultät Charité – Universitätsmedizin Berlin, Charitéplatz 1, 10117 Berlin, Deutschland.

Nervenfasern. Die Dicke der *Subkutis* kann je nach Körperregion und Gewicht stark variieren [34].

Die Dermis ist die mittlere Hautschicht. Sie enthält ein stabilisierendes Bindegewebe aus Kollagen- und Elastinfasern eingebettet in eine Grundsubstanz. Diese Struktur gibt der Haut Festigkeit und Elastizität. Zudem befinden sich in der mittleren Hautschicht auch die Haarfollikel, Talk- und Schweißdrüsen sowie eine Vielzahl von Druck-, Temperatur- und Vibrationssensoren. Eine weitere Aufgabe der *Dermis* ist die Ernährung der obersten Hautschicht *(Epidermis)*, hierfür enthält sie Blut- und Lymphgefäße [34].

Die Epidermis ist die oberste Hautschicht, die wellenartig auf der *Dermis* aufsitzt (Abb. 4.24). Sie ist schichtweise aufgebaut und besteht zu über 90 % aus *Keratinozyten* und zu knapp 10 % aus „symbiotischen Zellen", u. a. Melanozyten und Immunzellen. Die unterste Schicht der *Epidermis* ist die Basalzellschicht, sie reguliert den Nährstofftransport, beherbergt Immunzellen und Melanozyten. Melanozyten geben das Pigment Melanin (Eu- und Pheomelanin) an die umliegenden *Keratinozyten* ab. Es wirkt als natürlicher UV-Filter und schützt die Haut bei Bestrahlung, zudem ist es hauptsächlich für die Hautfärbung verantwortlich. Die Bildung von Melanin wird hierbei durch UV-Bestrahlung angeregt [34].

In der Basalzellschicht sitzen Stammzellen, sie bildet ständig neue Zellen (Keratinozyten), die aktiv die *Epidermis* nach oben durchwandern. Dabei wandeln sich die Keratinozyten um, sie verhornen, ihre Zellkerne werden abgebaut und ihre Form flacht ab. Am Ende der Umwandlung entstehen aus den *Keratinozyten* tote *Korneozyten* (Hornzellen). Diese stapeln sich in der obersten Epidermisschicht, dem *Stratum corneum* (Hornschicht). Ein gesundes *Stratum corneum* ist im Gleichgewicht: Während von unten immer neue Hornzellen nachgeliefert werden, werden die alten Hornzellen an der Hautoberfläche abgeschuppt. Aus diesem Grund verlieren wir im Laufe des Tages überall, wo wir uns befinden, Hautschuppen. Von der Entstehung bis zur Abschuppung eines *Keratinozyten* vergeht ca. 1 Monat, in dieser Zeit erneuert sich die obere Hautschicht. Dieser Effekt kann nach dem Ausbleiben von Sonnenexposition durch das Verblassen der Sommerhautbräune beobachten werden [34].

Das *Stratum corneum* (Dicke ca. 10 µm, an Hand und Fußsohlen ca. 150 µm) stellt als äußerste Schicht die Hautbarriere dar. Mikroskopisch kann man die Struktur des *Stratum corneums* im Querschnitt mit einer Ziegelwand und von oben mit einem Pflasterweg vergleichen. Dementsprechend sind auch seine Schutzwirkungen. Es stellt eine wasserabweisende Schutzbarriere dar, die die Haut gegen Austrocknung, mechanische Reize sowie gegen das Eindringen von chemischen Stoffen und Krankheitserregern schützt [34].

Eindringtiefe von optischer Strahlung in Haut

Trifft Strahlung auf Haut, kann diese in das Gewebe eindringen. Im Gewebe wird die Strahlung abhängig von ihrer Wellenlänge an den einzelnen Gewebebestandteilen unterschiedlich stark reflektiert, gestreut und absorbiert. Das schwächt die

Intensität der einfallenden Strahlung und begrenzt ihre Eindringtiefe in Haut. Der Zusammenhang zwischen Eindringfähigkeit und Wellenlänge ist dabei nicht linear (Abb. 4.24).

Im UV-Bereich hat die UVC-Strahlung die geringste Eindringfähigkeit in Haut. Sie wird in den obersten Zellschichten des *Stratum corneums* absorbiert, da Proteine in diesem Bereich eine sehr hohe Absorption aufweisen [36]. Neueste Ergebnisse haben gezeigt, dass unter 230 nm keine Schäden in den lebenden Zellen auftreten [37]. Mit steigenden Wellenlängen nimmt die Eindringfähigkeit der Strahlung vom UV- über den VIS- bis hin zum IR-Bereich zu. Die maximale Penetrationstiefe ist bei 1090 nm erreicht. Aufgrund der einsetzenden IR-Absorption durch das Gewebewasser nimmt die Eindringtiefe mit steigenden Wellenlängen wieder ab (Tab. 4.1) [38, 39]. Bei der Einordnung der Eindringtiefen in Haut ist zu beachten, dass diese je nach Körperstelle oder Hauttyp (unterschiedliche Melaningehalte und -zusammensetzungen) stark variieren können.

Bei der Absorption von Laserstrahlung kann es in der Haut durch Fotochemische Wechselwirkungen zu Hautschäden kommen. Diese könnten sich u. a. als oxidativen Stress (erhöhte Radikalproduktion), Entzündungen (Sonnenbrand), vorzeitige Hautalterung und im schlimmsten Fall durch Hautkrebs äußern. Je nach Wellenlängenbereich der Bestrahlung unterscheiden sich die Fotochemischen Effekte in der Haut. In den folgenden Abschnitten werden die Auswirkungen der einzelnen Spektralbereiche UV (C, B, A), VIS und IR-A in der Haut näher beschrieben.

Effekte durch den Ultravioletten Bereich (UV)
UV-Strahlung wird in der Haut durch organische Moleküle (zum Beispiel Proteine und Melanin) stark absorbiert. Daher besitzt UV-Strahlung eine geringe Eindringfähigkeit in Haut. Gleichzeitig reflektiert die Hautoberfläche nur ca. 5 % der einfallenden UV-Strahlung. Dies führt dazu, dass die eingestrahlte UV-Leistung in einem kleinen Hautbereich absorbiert und entsprechend konzentriertere Gewebeschäden verursachen kann, was sich in verschiedenen Kurz- und Langzeiteffekten äußert.

Kurzzeiteffekte bei UV-Bestrahlung
Eine einzelne UV-Bestrahlung kann in der Haut zu folgenden Kurzzeiteffekten führen:

1. Das Auftreten von **DNA-Schäden,** hierzu zählen Doppel- und Einzelstrangbrüche, sowie die Entstehung von mutationsauslösenden Cyclobutan-Pyrimidin-Dimeren (CPD)-Schäden [40]. Die DNA absorbiert maximal im Bereich von 245–290 nm [41]. Mit einem Absorptionsmaximum der Nukleinsäure bei 260 nm [7]. Zu den häufigsten UV-induzierten DNA-Mutationen gehören die sogenannten CPD-Schäden.
   In der DNA sind die Erbinformationen über die Reihenfolgen der vier Basen Adenin, Thymin, Guanin und Cytosin kodiert. Wird UV-Strahlung von benachbarten DNA-Bausteinen (meist das Thymin) absorbiert, können sich diese

Thymine miteinander verbinden, es kommt zu CPD-Schäden [42]. Dadurch ist die betroffene DNA-Struktur gestört und kann nur fehlerhaft abgelesen werden, was zum Zelltod oder der Entstehung von Hautkrebs führen kann. CPD-Schäden werden als Hauptfaktor für Mutationen in Säugetieren angesehen [41].

Bei einer Bestrahlung im UVC-Bereich kann es zur Ionisation von Gewebestrukturen kommen. Dabei zeigt UVC die stärkste zellschädigende Wirkung im Bereich von 250–280 nm. Mit kürzeren Wellenlängen nimmt diese Wirkung ab, hier sind bei 230–200 nm kaum noch Zellschäden zu erwarten [37].

2. Das Auftreten einer **verstärkten Hautbräunung,** diese findet zweiphasig statt. Zuerst findet eine unmittelbare Hautpigmentverdunkelung statt, die ihr Maximum innerhalb weniger Sekunden nach der UV-Exposition erreicht. Hierbei werden schon bestehende Melanineinheiten in der Haut verändert und neu angeordnet [40]. In der zweiten Phase findet eine verzögerte Hautbräunung durch eine angeregte Melaninproduktion statt [34].

3. Die Entstehung von **Lichtschwielen,** hierbei handelt es sich um eine Schutzmaßnahme der Haut, bei der sich die Hornschicht *(Stratum corneum)* partiell verdickt. Auch kann eine Anschwellung der *Epidermis* und *Dermis* eintreten. Finden keine weiteren UV-Expositionen statt, schwillt die Haut innerhalb von 1–2 Wochen wieder ab [40].

4. Das Auftreten von **Hautrötungen und Entzündungen,** wie den **Sonnenbrand** *(Erythem).* Die erythemigduzierende Wirkung ist bei Bestrahlung im UV-B-Bereich 1000-fach höher als im UV-A-Bereich. Die benötigte minimale UV-B-Dosis liegt bei ca. 310 J/m^2, um in heller Haut ein Erythem auszulösen [43]. Mit dunkler werdender Haut steigt die benötigte minimale UV-B-Dosis. Untersuchungen ergaben, dass Menschen mit dunklerer Haut (mediterraner Typ) erst bei zweifach höheren UV-B-Dosen ein Erythem entwickelten als sehr helle Hauttypen (keltischer Typ) [44].

5. Das Auftreten von „**Sonnenallergien**" **und fototoxische Reaktionen.** Einige Medikamente (z. B. Antibiotika), Kosmetika oder Nahrungsmittel können fototoxische Substanzen enthalten. Diese Substanzen sind unbestrahlt meist unschädlich; werden ihre chemischen Verbindungen durch UV-Strahlung gespalten, so entstehen neue toxischere Moleküle und Radikale, die Entzündungen in der Haut verursachen können.

6. Eine **Schwächung des Immunsystems.** Dies kann unter anderem durch UV induzierte DNA-Schäden oder durch UV gestörte Kommunikationswege zwischen den einzelnen Komponenten des Immunsystems hervorgerufen werden. Eine Abschwächung des Immunsystems kann zu einem erhöhten Hautkrebsrisiko führen [40].

7. Eine **erhöhte freie Radikalproduktion.** Bei freien Radikalen handelt es sich um Ionen und Moleküle, die mindestens ein ungepaartes Elektron enthalten und daher hoch reaktiv sind. Radikale können mit umliegenden Gewebestrukturen wechselwirken und diese durch Oxidation schädigen. Die Haut enthält ein antioxidatives Verteidigungssystem, bestehend aus Melanin und verschiedenen Antioxidanzien, wie Enzyme, Karotinoide und Vitamine, die freie

Radikale neutralisieren und so das Gewebe schützen [45–47]. Steigt jedoch die Radikalproduktion weiterhin an, kommt es zum oxidativen Stress in der Haut. Eine erhöhte Radikalproduktion kann zu Hautschädigungen, wie Entzündungen [48], vorzeitiger Hautalterung [49] und erhöhtem Tumorwachstum [50, 51] führen.

Untersuchungen haben gezeigt, dass alle Spektralbereiche, von UV-B bis IR-A in heller und dunkler Haut freie Radikale induzieren [52–54]. Dabei hängt die bestrahlungsinduzierte Radikalmenge von der Wellenlänge ab. Im UV-Bereich gibt es ein Hauptmaximum der Radikalproduktion bei 355 nm und ein Nebenmaximum bei 303 nm [52].

Wenn Haut mit einem Sonnenspektrum (UV-B bis IR-A) bestrahlt wird, werden in heller Haut 60 % und in dunkler Haut jeweils 30 % der gesamten Radikallast allein durch den UV-Bereich induziert. Beim Vergleich beider Hauttypen untereinander zeigt helle Haut eine dreifach höhere Radikalproduktion unter UV-Bestrahlung verglichen zu dunkler Haut. Dunkle Haut besitzt mehr Melanin (Eumelanin) als helle Haut, welches die UV-Strahlung absorbiert und so der Entstehung von freien Radikalen entgegenwirkt [55, 56]. [54] zeigt, dass helle Haut auf eine Laserbestrahlung im UV-Bereich empfindlicher (durch höheren oxidativen Stress) reagieren könnte als dunklere Haut. Jedoch sollte auch dunkle Haut gegen UV-Bestrahlung geschützt werden, um Gewebeschäden durch Radikalentstehung zu vermeiden.

Innerhalb des gleichen Hauttyps (Hautfärbung) und des gleichen Wellenlängenbereiches ist die Radikalproduktion in bestrahlter Haut von der Dosis abhängig, nicht von der Bestrahlungsstärke [57, 58]. Das heißt, dass eine vermeintlich „harmlose" Laser-Bestrahlung mit einer geringeren Bestrahlungsstärke in Haut zu einem vergleichbaren oxidativen Stress führen kann wie eine kurze Bestrahlung mit hoher Stärke. Die einzeln applizierten Bestrahlungsdosen summieren sich dabei auf.

Langzeiteffekte bei UV-Bestrahlung

Wird die Haut wiederholt über einen längeren Zeitraum UV-Strahlung ausgesetzt, tritt eine allgemeine Verschlechterung der Hautstruktur und Funktion auf. Diese kann durch DNA- und Hautstruktur-Schäden verursacht werden, die sich während der einzelnen UV-Expositionen in der Haut aufsummieren [40]. Langzeiteffekte wie Hautalterung und Hautkrebs können die Folge sein:

1. Eine **Hautalterung** kann sich durch trockene und raue Haut, ungleichmäßige und fleckige Hautpigmentierung (auch Hyperpigmentierung), Hautverdickung und Faltenbildung sowie durch *Teleangiektasie* (eine Erweiterung der Blutgefäße, die zu sichtbaren roten Flecken auf der Hautoberfläche führt) äußern [40]. UVA dringt in die *Dermis* ein und führt dadurch im Wesentlichen zur Degeneration der elastischen Fasern und damit zur *Elastose,* dem Verlust der Elastizität der Haut.

2. UV-Strahlung wird als Hauptfaktor für die Entstehung von **Hautkrebs** angesehen [59, 60]. Hautkrebs kann in zwei Arten unterteilt werden, den weißen (Nicht-Melanom) Hautkrebs und den schwarzen (malignes Melanom) Hautkrebs. Für beide Hautkrebsarten steigen die Neuerkrankungsraten weltweit um 3–7 % pro Jahr an [61].

Weißer Hautkrebs entsteht am häufigsten bei Hautstellen, die UV-Bestrahlung ausgesetzt wurden, hierbei entarten *Keratinozyten,* die sich unkontrolliert in der *Epidermis* vermehren. Je nach Entstehungsort in der *Epidermis* werden unterschiedliche weiße Hautkrebsarten unterschieden, hierzu gehören die Frühform *(aktinische Keratosen)* sowie die Tumorformen *Basalzellkarzinom* und *Plattenepithelkarzinom.* Weißer Hautkrebs kann sich als schlecht abheilende Hautveränderung zeigen, die in ihren Erscheinungsformen und Ausbreitungsverhalten stark variiert. Bei einer frühzeitigen Erkennung und Entfernung bestehen gute Heilungschancen [34].

Die gefährlichste Hautkrebsform ist der schwarze Hautkrebs, er tritt auch an nicht typisch UV-exponierten Hautstellen auf. Er zeigt sich meist in Form von dunklen, braun-schwarzen Flecken mit unregelmäßigem Rand, die erhaben, flach oder knotig sein können (auch andere Erscheinungsformen sind möglich). Schwarzer Hautkrebs entsteht durch entartete *Melanozyten,* die in der Haut unkontrolliert wachsen. Beim schwarzen Hautkrebs sind eine frühzeitige Erkennung und Entfernung besonders wichtig, da der Krebs Metastasen zu bilden vermag, die Lymphknoten und Organe befallen, was zum Tode führen kann [34].

Effekte durch den Sichtbaren (VIS) und Nahinfraroten (IR-A) Bereich

VIS-Strahlung wird in der Haut durch Pigmente, wie Hämoglobin und Melanin, absorbiert. Mit steigender Wellenlänge nimmt die Eindringfähigkeit von VIS-Strahlung zu. Während blaues Licht (400 nm) nur in die oberen Bereiche der *Dermis* gelangt, wird diese von rotem Licht (700 nm) durchdrungen. Im IR-A-Bereich steigt die Eindringfähigkeit von Strahlung bis 1090 nm weiter an, dadurch kann IR-A bis in die tiefste Hautschicht (die *Subkutis*) vordringen und Zellprozesse aktivieren. Mit zunehmenden Wellenlängen nimmt die Eindringfähigkeit aufgrund der Absorption durch das Gewebewasser wieder ab.

Während bei UV-Bestrahlung in der Haut Absorptionsprozesse überwiegen, kommt es im VIS-Bereich zu mehr Streuung im Gewebe. Im blau-grünen Bereich ist die Anzahl der Absorptions- und Streuereignisse ausgeglichen. Im roten und IR-A-Bereich kommt es zu mehr Streuprozessen, was dazu führen kann, dass die Energie des Laserstrahls in die benachbarten Hautareale gelangt. Aufgrund der hohen Rückstreuung (bis zu 50 % der eingestrahlten Energie [7]) kann sich die örtliche IR-A-Strahlendosis in den oberen Hautschichten überhöhen. Im Bereich von 300 bis ca. 1100 nm weist dunkle Haut einen geringeren Reflexionsgrad auf als helle Haut [62]. Das bedeutet, dass bei gleicher Bestrahlungsstärke in dunkler Haut mehr Laserleistung absorbiert werden könnte als in heller Haut.

Kurzzeiteffekte bei VIS- und IR-A-Bestrahlung
Als Kurzzeitfolge einer VIS- und IR-A-Bestrahlung kann ein erhöhtes Radikalaufkommen in der Haut festgestellt werden.

1. Untersuchungen zur Auswirkung von simulierter Sonnenbestrahlung auf Probanden haben gezeigt, dass sichtbare und nahinfrarote Strahlung zur **Bildung von freien Radikalen** in der Haut führt, die wiederum zu oxidativem Stress und Hautschäden führen können (siehe Punkt 7 in diesem Kapitel unter Kurzzeiteffekte bei UV Bestrahlung).
Während die Energie von kurzwelligem blauem Licht noch ausreicht, um freie Radikale durch Aufbrechen von chemischen Verbindungen in der Haut direkt zu erzeugen, reicht bei höheren Wellenlängen die Energie dafür nicht mehr aus [63]. Jedoch können Biomoleküle durch Absorption in Schwingung und Rotation gebracht werden, was ihre Energie anhebt und indirekt Prozesse aktiviert, die zur Bildung von freien Radikalen führen.
Indirekt können freie Radikale durch bestrahlungsaktivierte Mitochondrien und Wärmeeinwirkung entstehen. Bei einer Bestrahlung von Mitochondrien (Kraftwerke der Zellen) mit VIS- und IR-A-Strahlung kommt es zu einer Stimulation der Atmungskette (Elektronentransport innerhalb des Energiestoffwechsels) und damit zu einer erhöhten Produktion von freien Radikalen. Dies wiederum führt zu einer dosisabhängigen Signalkaskade und Aktivierung verschiedener Gene. Bei einer geringen solaren IR-A-Dosis ($1-10$ J/cm^2) werden in der Haut Reparaturprozesse angeregt. Mit steigender solarer Dosis (>120 J/cm^2) werden Enzyme angeregt, die die *Kollagen-* und *Elasten*-Struktur in der Haut abbauen, wodurch es zur frühzeitiger Hautalterung kommen kann. Weiterhin können Zelltod und ein erhöhtes Risiko für Krebswachstum die Folge sein [64].
In sonnenbestrahlter Haut konnte festgestellt werden, dass in heller Haut 40 % und in dunkler Haut 70 % der gesamten Radikallast allein durch den VIS- und IR-A-Bereich des Sonnenspektrums verursacht werden. Dunkle und helle Hauttypen zeigten dabei eine vergleichbare Radikalmenge unter VIS-Bestrahlung, wohingegen bei einer IR-A-Bestrahlung dunklere Haut eine 2,6-fach höhere Radikalproduktion als helle Haut aufweist. Die steigende Radikalproduktion in dunkler Haut kann dadurch erklärt werden, dass die Absorption (und damit der Hautschutz) von Melanin mit steigender Wellenlänge exponentiell abnimmt [65]. Zudem kann der geringere Reflexionsgrad von dunkler Haut zu einer stärkeren Gewebeerwärmung bei Bestrahlung im VIS- und IR-A-Bereich führen. Untersuchungen zeigten, dass die Radikalproduktion in IR-bestrahlter Haut mit steigender Hauttemperatur (von 37–43 °C) ansteigt [52]. Die Radikal-induzierenden Wirkungen durch IR-A-Strahlung und Wärmeeinwirkung summieren sich dabei unabhängig voneinander auf [62]. Es kann daher davon ausgegangen werden, dass dunklere Haut einen höheren oxidativen Stress bei einer IR-A-Laserbestrahlung zeigt als helle Haut [54].

2. Das Auftreten von **Hautrötungen** [66] und **Pigmentverdunkelung** mit einer anschließend **verzögerten Hautbräunung** durch VIS-Bestrahlung erscheint vorzugsweise in dunklen Hauttypen. Die verstärkte Pigmentierung hält für ca. 2 Wochen nach der VIS-Bestrahlung an. Durch die Einwirkung von VIS-Strahlung wird eine Neuanordnung des Melanins veranlasst, bei der es von der Basalzellschicht in höher gelegene Epidermisschichten wandert (Pigmentverdunkelung). Zusätzlich ist nach der VIS-Bestrahlung ein Anstieg des Melaningehaltes in der Haut feststellbar [67]. Dunkle Hauttypen können empfindlicher auf VIS-Laserbestrahlung mit Pigmentstörungen reagieren als helle Hauttypen.

Langzeiteffekte bei VIS- und IR-A-Bestrahlung

Langzeitbestrahlungen mit IR-A und Wärmeeinwirkung können ähnliche Effekte wie chronische UV-Bestrahlung in Haut verursachen. Hierzu zählen:

1. **Entzündliche Hautreaktionen.** Menschen, die längere Zeit der Wärme und IR-A-Bestrahlung einer VIS- und IR-A-Strahlenquelle ausgesetzt waren können entzündliche Reaktionen der Haut entwickeln. Diese zeigt sich an den exponierten Hautstellen durch Hautrötungen, als netzartige Hyperpigmentierung (dunklere Hautfärbung) und Gefäßerweiterungen. In der Haut kann es zu einem Gewebeschwund in der *Dermis* kommen. Wirkt die VIS-/IR-A- und Wärmestrahlung weiter auf die Haut ein, können sich nach Jahren aus den Gewebeschäden *Hyperkeratosen* und die Vorstufe des weißen Hautkrebses *(Aktinische Keratosen)* entwickeln [63].
2. **Hyperkeratose** [63], beschreibt eine übermäßige Verhornung der Haut, dabei verdickt die oberste Hautschicht (*Stratum* corneum), siehe Punkt 3 in diesem Kapitel unter Kurzzeiteffekte bei UV-Bestrahlung.
3. **Vorzeitige Hautalterung** [63], siehe Punkt 1 (Langzeiteffekte bei UV-Bestrahlung) und 1 (Kurzzeitefekte bei VIS- und IR-A-Bestrahlung) in diesem Kapitel.
4. Und ein erhöhtes Risiko für die Entstehung von **Plattenepithelkarzinomen** [63], eine Form des weißen Hautkrebses, siehe Punkt 2 in diesem Kapitel unter Langzeiteffekte bei UV-Bestrahlung.

Zusammenfassung der Effekte durch UV-B- und IR-A-Bestrahlung

Eine Zusammenfassung der Fotochemischen Effekte in Haut bei Bestrahlung mit den Spektralbereichen UV-C- und IR-A bei physiologischen Bestrahlungsstärken (z. B. durch gestreute Lasterstrahlung) zeigt Tab. 4.8 ohne thermische Gewebeschäden, wie Verbrennung und Koagulation.

Tab. 4.8 Zusammenfassung: Fotochemische Effekte in Haut bei Bestrahlung mit UV und IR-A

Bestrahlungsbereich	Fotochemische Effekte in Haut
UV UV-C 100–280 nm UV-B 280–315 nm UV-A 315–400 nm	Kurzzeitfolgen DNA-Schäden (Strangbrüche, CPD-Schäden) Hautrötungen, Entzündungen (Sonnenbrand: UV-B-Wirkung $\gg$ UVA) Fototoxische Reaktionen Produktion freier Radikale, oxidativer Stress (UV-A-Wirkung $>$ UV-B) Vorzeitige Hautalterung (UV-A $>$ UV-B) Lichtschwielen Verstärkte Pigmentierung Abschwächung des Immunsystems Langzeitfolgen Vorzeitige Hautalterung Erhöhung des Hautkrebsrisikos
VIS- und IR-A VIS 400–700 nm IR-A 700–1400 nm	Kurzzeitfolgen Erhöhte Produktion von freien Radikalen (oxidativer Stress) Hautrötung und Pigmentverdunkelung bei VIS Bestrahlung vorwiegend in dunkler Haut Pigmentstörungen bei VIS-Bestrahlung, vorwiegend in dunkler Haut Langzeitfolgen Entzündungen, Hyperpigmentierungen, Lichtschwielen Vorzeitige Hautalterung Erhöhtes Hautkrebsrisiko

Fazit

Da es bei physiologischen Bestrahlungsstärken nicht unmittelbar zu schweren Hautschäden wie Verbrennung, Koagulation und Fotoablation kommt, ist die Gefahr, dass diese Bestrahlungsstärken als „harmlos" eingestuft werden. Hierbei ist zu beachten, dass sich bei einer Strahlenexposition über einen längeren Zeitraum Hautschäden aufsummieren können, was zu Langzeitschädigungen wie vorzeitiger Hautalterung führen und im schlimmsten Fall die Entstehung von Hautkrebs begünstigen könnte. Daher ist es wichtig, jegliche unnötige Laser-Strahlenexposition der Haut zu vermeiden und geeignete Schutzmaßnahmen zu ergreifen.

4.5 Übersicht: Schäden durch Laserstrahlen

In Tab. 4.9 ist die Wirkung von Laserstrahlung im Ultravioletten (UV), Sichtbaren (VIS) und Infraroten (IR) auf das Auge und die Haut zusammengefasst. Die Schädigung ist durch die unterschiedlichen Eindringtiefen der Strahlung und hauptsächlich durch die thermischen und fotochemischen Prozesse erklärbar.

Tab. 4.9 Zusammenfassung: Schädigung von Auge und Haut durch Strahlung verschiedener Wellenlängenbereiche. (Nach [12])

Wellenlängen	Spektralbereich, Wirkung	Schädigung der Augen	Schädigung der Haut
100–280 nm	Ultraviolett UV-C Fotochemische Wirkung	Horn- und Bindehautentzündung	Hautrötungen, Gewebsveränderungen, Hautkrebs
280–315 nm	Ultraviolett UV-B Fotochemische Wirkung	Horn- und Bindehautentzündung, Linsentrübung (Katarakt)	Verstärkte Pigmentierung, Sonnenbrand, Hautalterung, Gewebsveränderungen, Hautkrebs
315–400 nm	Ultraviolett UV-A Fotochemische Wirkung	Linsentrübung (Katarakt)	Verstärkte Bräunung, Hautalterung, Hautkrebs, Verbrennung
400–700 nm	Sichtbar VIS Thermische Wirkung	Schädigung der Netzhaut (bei längerer Bestrahlung: fotochemische Schädigung)	Verbrennungen, Fotosensible Reaktionen
700–1400 nm	Infrarot IR-A Thermische Wirkung	Schädigung der Netzhaut, Linsentrübung (Katarakt)	Verbrennungen
1400–3000 nm	Infrarot IR-B Thermische Wirkung	Schädigung der Hornhaut Linsentrübung (Katarakt)	Verbrennungen
>3000 nm	Infrarot IR-C Thermische Wirkung	Schädigung der Hornhaut	Verbrennungen

4.6   Übungen

4.6.1   Aufgaben

1. a) Welche Grenzen hat der Wellenlängenbereich im Sichtbaren nach der Definition des Laserschutzes?
   b) In welchem Wellenlängenbereich ist das Auge bis zur Netzhaut weitgehend durchsichtig?
2. a) Bei welchen Wellenlängen tritt ein Schaden an der Netzhaut auf?
   b) Wie groß ist der Fleckdurchmesser auf der Netzhaut, wenn ein Laserstrahl ins Auge trifft?
3. Was unterscheidet das Blicken in einen Laserstrahl von einem Blick in normales Licht?

4. a) Berechnen Sie die Bestrahlungsstärke, die ein 1-mW-Laserpointer mit einem Strahldurchmesser von 7 mm auf der Netzhaut des Auges erzeugt.
   b) Berechnen Sie die Bestrahlungsstärke, die die Sonne auf der Netzhaut erzeugt (Sonnenstrahlung $E_S = 1000\,\mathrm{W/m^2}$, Bildgröße auf der Netzhaut $d_S = 0{,}25\,\mathrm{mm}$, Pupillendurchmesser $d = 1{,}4\,\mathrm{mm}$).

5. Welche Stelle im Auge ist gegenüber Laserstrahlung besonders gefährdet?

6. Berechnen Sie die Leistungsdichte bei einem Bügeleisen mit $P = 1\,\mathrm{kW}$ und $A = 100\,\mathrm{cm^2}$ Grundfläche und vergleichen Sie den Wert mit der Bestrahlungsstärke durch einen 1-mW-Laserpointer auf der Netzhaut ($300\,\mathrm{W/cm^2}$).

7. Ein Laserstrahl mit einem Durchmesser von $d_1 = 7\,\mathrm{mm}$ tritt voll durch die Pupille und erzeugt auf der Netzhaut einen Brennfleck von $d_2 = 25\,\mu\mathrm{m}$. Berechnen Sie, um welchen Faktor die Bestrahlungsstärke dabei erhöht wird.

8. a) Bei welchen Wellenlängen tritt ein Schaden nur an der Hornhaut auf?
   b) Bei welchen Wellenlängen tritt ein Schaden an der Augenlinse (Katarakt) auf?

9. a) Welche Arten der Wechselwirkung zwischen Laserstrahlung und Gewebe treten auf?
   b) Welche Arten verursachen bei fast allen Unfällen den Augenschaden.

10. a) Was passiert bei einem thermischen Laserschaden?
    b) Ab welcher Temperatur verdampft das Gewebe?

11. Ab welcher Temperatur tritt ein thermischer Schaden am Gewebe auf?

12. a) Was ist das Besondere bei einem fotochemischen Schaden?
    b) Bei welcher Wellenlänge liegt das Maximum der Gefährdung und warum?

13. Die Strahlung des CO_2-Lasers hat in Gewebe einen Absorptionskoeffizienten von $100\,\mathrm{mm^{-1}}$. Wie groß ist die Eindringtiefe? UV-C hat einen Wert 1000^{-1} mm. Wie groß ist die Eindringtiefe?

14. a) Sind Augenschäden durch Laserstrahlung heilbar?
    b) Kann der Arzt nach einem Augenschaden etwas tun?

15. Kann es sein, dass man einen Netzhautschaden durch Laserstrahlung hat und es nicht merkt?

16. Was kann man zum blinden Fleck aussagen?

17. Welche Bedeutung haben Hautschäden im Laserschutz?

4.6.2 Lösungen

1. a) Der sichtbare Bereich liegt bei Wellenlängen zwischen 400 und 700 nm.
   b) Das Auge ist durchsichtig für VIS und IR-A, also von 400–1400 nm.

2. a) Im VIS und IR-A, also von 400–1400 nm, kann ein Netzhautschaden auftreten.
   b) Der Fleckdurchmesser ist etwa 20–25 µm groß.

3. Bei direktem Blick in einen Laserstrahl entsteht auf der Netzhaut ein kleiner Brennfleck von 20–25 µm Durchmesser. Bei normalem Licht entsteht auf der Netzhaut ein Bild der Lichtquelle, das wesentlich größer ist. Weiterhin kann

beim Laser die gesamte Laserleistung durch die Pupille geleitet werden. Bei einer normalen Lichtquelle trifft nur ein kleiner Teil der Strahlung ins Auge.

4. a) Die Bestrahlungsstärke auf der Netzhaut beträgt:

$$E = \frac{P}{A} = \frac{P}{r^2\pi} = \frac{0{,}001}{\pi \cdot 10^{-10}}\,\frac{\text{W}}{\text{m}^2} = 3{,}2 \cdot 10^6\,\frac{\text{W}}{\text{m}^2} = 320\,\frac{\text{W}}{\text{cm}^2}.$$

b) Die Bestrahlungsstärke auf der Netzhaut beträgt:

$$E = 1000 \cdot \frac{d^2}{d_s^2} = 1.000\,\frac{1{,}4^2}{0{,}25^2}\,\frac{\text{W}}{\text{m}^2} = 3{,}1 \cdot 10^4\,\frac{\text{W}}{\text{m}^2} \approx 30\,\frac{\text{W}}{\text{cm}^2}.$$

5. Der gelbe Fleck (Makula) mit einem Durchmesser von 2–3 mm ist die Stelle des scharfen Sehens und ist daher stark gefährdet. In der Mitte befindet sich die Netzhautgrube (Fovea) mit einem Durchmesser von etwa 0,3 mm, die ein noch schärferes Sehvermögen aufweist. Laserschäden an dieser Stelle führen daher zu besonders starken Sehschäden.

6. Die Leistungsdichte $E = P/A$ beträgt $P = 1000/100$ W/cm$^2 = 10$ W/cm^2. Dieser Wert ist 30-mal größer als die Bestrahlungsstärke auf der Netzhaut durch einen Laserpointer mit 1 mW. Dies zeigt die hohe Gefährdung durch Laserstrahlung.

7. Das Verhältnis der Querschnittsflächen des Laserstrahls vor und nach der Fokussierung beträgt: $d_1^2/d_2^2 = 7^2/(25 \cdot 10^{-3})^2 = 78.400$. Um den gleichen Faktor wird die Bestrahlungsstärke bei Fokussierung auf der Netzhaut erhöht.

8. a) Im UV-C und UV-B (100–315 nm) und IR-C (3000–10.000 nm) wird die Strahlung fast vollständig in der Hornhaut absorbiert, wo dann der Schaden auftreten kann.

b) Im UV-A (315–400 nm), IR-B (1400–3000 nm) und langwelligen Bereich von IR-A wird ein erheblicher Teil der Strahlung in der Augenlinse absorbiert, so dass eine Linsentrübung auftreten kann.

9. a) Es gibt folgende Wechselwirkungen: thermische und fotochemische Wirkung, Fotoablation und Fotodisruption.

b) Bei den meisten Unfällen ist die thermische Wirkung für den Augenschaden verantwortlich, wobei die erhöhte Temperatur das Gewebe zerstört. Im UV tritt überwiegend eine fotochemische Schädigung auf. Bei längerer Bestrahlungsdauer kann auch mit schwachen Lasern unterhalb von 600 nm ein fotochemischer Schaden auftreten (Blaulichtgefährdung).

10. a) Die Temperatur erhöht sich, wodurch das Gewebe zerstört werden kann.

b) Bei 100 °C verdampft das Gewebswasser und die Temperatur steigt bei weiterer Bestrahlung schnell an. In diesem Bereich kann das Gewebe verdampfen und verkohlen.

11. Die kritische Temperatur hängt von der Einwirkungsdauer ab. Beispielsweise liegt sie bei 1 s bei etwa 65 °C.

12. a) Bei fotochemischen Schäden wurden wichtige Moleküle der Zelle durch die Strahlung zerbrochen. Die Zelle degeneriert und es kann Hautkrebs

entstehen. Die Strahlung wirkt kumulativ, d. h., die Dosen der einzelnen Bestrahlungen addieren sich mit der Zeit.

b) Das Maximum der Gefährdung liegt bei etwa 270 nm (UV-B), da auch das Maximum der Absorption der DNA hier liegt.

13. a) Die Eindringtiefe ist der reziproke Wert des Absorptionskoeffizienten. Die Eindringtiefe beträgt $1/100$ mm $= 0,01$ mm $= 10$ μm.

b) Für UV-C-Laser ergibt sich ein Wert von 1 μm.

14. a) Nein, es gibt keine Heilung.

b) Ja, er kann die Nebenerscheinungen, wie Entzündungen, behandeln. Die Erfolge von Glucocortikoid-Therapien sind aber limitiert, hilfreiche Ansätze könnte der Gebrauch von VEGF-Antagonisten (neutralisierenden Antikörpern) liefern.

15. Ja, wenn der Laserschaden von der Makula entfernt liegt und nicht so stark ist. Man kann den Schaden manchmal erst merken, wenn man auf eine weiße Wand blickt.

16. Im blinden Fleck bündeln sich die Nervenleitungen von den Sehzellen und die Blutgefäße.

17. Hautschäden sind auch gefährlich und müssen im Laserstrahlenschutz ernst genommen werden. Allerdings sind die Auswirkungen für den Betroffenen weniger verhängnisvoll als Augenschäden.

Literatur

1. Sutter, E.: Schutz vor optischer Strahlung. VDE, Berlin (2002)
2. Eichler, H.J., Eichler, J.: Laser. Springer, Berlin (2016)
3. Sliney, D., Wolbarsht, M.: Safety with Lasers and Other Optical Sources. Plenum Press, New York (1980)
4. Niemz, M.: Laser-tissue Interaction. Springer, Berlin (2013)
5. Eichler, J., Seiler, T.: Lasertechnik in der Medizin. Springer, Berlin (1991)
6. Vo-Dinh, T.: Biomedical Photonics Handbook. CRC Press, Boca Raton (2003)
7. Schneeweiss, C., Eichler, J., Brose, M.: Leitfaden für Laserschutz-beauftragte Ausbildung und Praxis. Springer Spektrum, Berlin (2017)
8. Welch, A., van Germert, M: Optical-Thermal Response of Laser-Irradiated Tissue. Springer, New York (2011)
9. Tuchin, V.: Tissue Optics. SPIE Press, New York (2007)
10. Verordnung zum Schutz vor schädlicher Wirkung künstlicher ultravioletter Strahlen. www.gesetze-im-internet.de/bundesrecht/uvsv/gesamt.pdf (2011). Zugegriffen: 4. Okt. 2016
11. Studie zur UV-Belastung beim Arbeiten im Freien, AUVA Report Nr. 49. www.auva.at/portal27/portal/auvaportal/content/contentWindow?contentid=10007.672633&action=2&viewmode=content (2007). Zugegriffen: 4. Okt. 2016
12. Berke, A.: Blaues Licht -- gut oder schlecht. www.doz-verlag.de/archivdownload/?artikelid=1002285 (2014). Zugegriffen: 4. Okt. 2016
13. Technische Regeln Laserstrahlung (TROS Laserstrahlung), Bundesministerium für Arbeit und Soziales. Bonn (2018)
14. Gurpreet, S.A. (Hrsg.): Cosmetic Applications of Laser & Light-Based Systems. Elsevier (2009)

15. Linton, E.: Retinal Burns from Laser Pointers: A Risk in Children with Behavioural Problems. https://doi.org/10.1038/s41433-018-0276-z
16. Hohberger, B., Bergua, A.: Laser-induced Maculopathy Caused by Strangers. Klinische Blätter für Augenheilkunde **233**, 1163–1165 (2016)
17. Hohberger, B., Bergua, A.: Self-inflicted Laser-induced Maculopathy in Adolescence. Der Opththalmologe: Zeitschrift der Deutschen Ophthalmologischen Gesellschaft **114**, 259–261 (2017)
18. Rabiolo, A.: Self-inflicetd Laser Handheld Laser-induced Maculopathy: A Novel Ocular Manifestation of Factitious Disorder. Retin Cases Brief Rep. **12**(1), 46–50 (2018) (2017)
19. Hohberger, B.: Laser and Its Hazard Potential. J. Nucl. Med. Rad. Ther. **7**, 303 (2016)
20. Barkana, Y., Belkin, M.: Laser Eye Injuries. Surv. Ophthalmol. **44**, 459–478 (2000)
21. Birtel, J.: Retinal injury following laser pointer exposure. Deutsches Ärztebaltt **114**, 831–837 (2017)
22. Boosten, K.: Laser-induced retinal injury following recreational laser show: Two case report and a Ckinicopathological study. Bulletin de la Societe Belge d´Ophthalmology 11–16 (2011)
23. Mainster, M.A., Stuck, B.E., Brown, J.: Assessment of allegated retinal laser injuries. Arch. Ophthalmol. **122**, 1210–1217 (2004)
24. Wrych, S., Baenninger, P.B., Schmid, M.K.: Retinal Injuries from Handheld Laser Pointer. N. Engl. J. Med. **363**, 1089–1091 (2010)
25. Qi, Y., You, Q., Tsai, F., Liu, W.: Surgical treatment and optical coherence Tomography evaluation for accidental laser-induced full-thickness macular holes. Eye **31**, 1078–1084 (2017)
26. Ueda, T., Kurihara, I., Koide, A.: A case of retinal light damage by green laser pointer (Class 3B). Jpn. J. Ophthalmol. **55**, 428–430 (2011)
27. Sethe, C.S., Grey, R.H., Hart, C.D.: Laser pointers revisited: A survey of 14 patients attending casualty at the bristol eye hospital. Br. J. Ophthalmol. **55**, 428–430 (1999)
28. Kuhn, D., Souied, E.: Choroidal Nevascular membrane secondary to accidental laser burn (Abstract). Invest. Ophthalmol. Vis. Sci. **39**, 1006 (1998)
29. Burk, A., Burk, R.: Augenheilkunde. Thieme, New York (2005)
30. Technische Regeln Inkohärente Optische Strahlung (TROS IOS), Bundesministerium für Arbeit und Soziales. Bonn (2013)
31. Hirsch, D.R., Booth, D.G., Schocket, S., Sliney, D.H.: Recovery from pulsed-dye-laser retinal injury. Arch. Ophthalmol. **110**, 1688–1689 (1992)
32. Liu, H.F: Ocular injuries from accidental laser exposure. Health Phys. **56**, 711-716 (1989)
33. Lam, T., T., Tso, M.O.: Retinal injury by Neodymium: YAG Laser. Retina **16**, 42–46 (1996)
34. Cai, Y.S., Xu, D., Mo, X.: Clinical pathological and photochemical studieso of laser injuriy of the retina. Health Phys. **56**, 643–646 (1989)
35. P. Fritsch, Dermatologie & Venerologie für das Studium, Springer Medizin Verlag, Heidelberg (2009).
36. Alkiewicz, J., Andrade, R., Braun-Falco, O. Gans, O., Hauser, W., Lennert, K., Macher, E., Nödl, F., Pinkus, H., Starck, D., Steigleder, G.K.: Normale und pathologische Anatomie der Haut II. Springer (1964)
37. Chadwick, A., Potten, C.S., Nikaido, O., Matsunaga, T., Proby, C., Young, A.R.: The detection of cyclobutane thymine dimers, (6-4) photolesions and the Dewar photoisomers in sections of UV-irradiated human skin using specific antibodies, and the demonstration of depth penetration effects. J. Photochem. Photobiol. B. **28**, 163–170 (1995)
38. Narita, K., Asano, K., Morimoto, Y., Igarashi, T., Nakane, A.: Chronic irradiation with 222-nm UVC light induces neither DNA damage nor epidermal lesions in mouse skin, even at high doses, PLoS One. doi:0.1371/journal.pone.0201259. eCollection (2018).
39. Meinhardt, M., Krebs, R., Anders, A., Heinrich, U., Tronnier, H.: Wavelength-dependent penetration depths of ultraviolet radiation in human skin. J. Biomed. Opt. (2008).

40. Bashkatov, A.N., Genina, E.A., Kochubey, V.I., Tuchin, V.V.: Optical properties of human skin, subcutaneous and mucous tissues in the wavelength range from 400 to 2000nm; J. Phys. D: Appl. Phys. **38** (2005)

41. Matsumura, Y., Ananthaswamy, H.N.: Toxic effects of ultraviolet radiation on the skin. Toxicol. Appl. Pharmacol. 298–308 (2004)

42. Tornaletti, S., Pfeifer, G.P.: UV damage and repair mechanisms in mammalian cell. BioEssays **18**, 221–228 (1996)

43. Schreier, W.J., Schrader, T.E., Koller, F.O., Gilch, P., Crespo-Hernández, C.E., Swaminathan, V., Carell, T., Zinth, W., Kohler, B.: Thymine dimerization in DNA is an ultrafast photoreaction. Science 6–10 (2007)

44. Anders, A., Altheide, H.-J., Knälmann, M., Tronnier, H.: Action spectrum for erythema in humans investigated with dye Lasers. Photochem. Photobiol. **61**(2), 200–205 (1995)

45. Harrison, G.I., Young, A.R.: Ultraviolet radiation-induced erythema in human skin. Methods **28**(1), 14–19 (2002)

46. Darvin, M., Zastrow, L., Sterry, W., Lademann, J.: Effect of supplemented and topically applied antioxidant substances on human tissue. Skin Pharmacol. Physiol. **19**, 238–247 (2006)

47. Thiele, J.J., Schroeter, C., Hsieh, S.N., Podda, M., Packer, L.: The antioxidant network of the stratum corneum. Curr. Probl. Dermatol. 26–42 (2001)

48. Meinke, M.C., Müller, R., Bechtel, A., Haag, S.F., Darvin, M.E., Lohan, S.B., Ismaeel, F., Lademann, J.: Evaluation of carotenoids and reactive oxygen species in human skin after UV irradiation: A critical comparison between in vivo and ex vivo investigations. Exp. Dermatol. 194–197 (2015)

49. Trenam, C.W., Dabbagh, A.J., Morris, C.J., Blake, D.R.: Skin inflammation induced by reactive oxygen species (ROS): an in-vivo model. Br. J. Dermatol. 325–329 (1991)

50. Dalle Carbonate, M., Pathak, M.A.: Skin photosensitizing agents and the role of reactive oxygen species in photoaging. J. Photochem. Photobiol. B. 105–124 (1992)

51. O'Connell, J.F., Klein-Szanto, A.J.P., DiGiovanni, D.M., Fries, J.W., Slaga, T.J.: Enhanced malignant progression of mouse skin tumors by the Free@Radical generator benzoyl per-oxide'. CANCER Res. 2863–2865 (1986)

52. Slaga, T.J., Klein-Szanto, A.J., Triplett, L.L., Yotti, L.P., Trosko, K.E.: Skin tumor-promoting activity of benzoyl peroxide, a widely used free radical-generating compound. Science 1023–1025 (1981)

53. Zastrow, L., Groth, N., Klein, F., Kockott, D., Lademann, J., Renneberg, R., Ferrero, L.: The missing link – light-induced (280–1,600 nm) Free radical formation in human skin. Skin Pharmacol Physiol. 31–44 (2009)

54. Lohan, S.B., Müller, R., Albrecht, S., Mink, K., Tscherch, K., Ismaeel, F., Lademann, J., Rohn, S., Meinke, M.C.: Free radicals induced by sunlight in different spectral regions - In vivo vs. ex vivo study, Exp. Germatology (2016)

55. Albrecht, S., Jung, S., Müller, R., Lademann, J., Zuberbier, T., Zastrow, L., Reble, C., Beckers, I., Meinke, M.C.: Skin type differences in sun radiation-induced oxidative stress, Br. J. Dermatol. (2018)

56. Alaluf, S., Atkins, D., Barrett, K., Blount, M., Carter, N., Heath, A.: Ethnic variation in melanin content and composition in photoexposed and photoprotected human skin. Pigment Cell Res. **15**, 112–118 (2002)

57. Herrling, T., Jung, K., Fuchs, J.: The important role of melanin as protector against free radicals in skin. SOFW J. 26–32 (2007)

58. Zastrow, L., Ferrero, L., Herrling, T., Groth, N.: Integrated sun protection factor: A new sun protection factor based on free radicals generated by UV Irradiation. Skin Pharmacol. Physiol. 219–231 (2004)

59. Albrecht, S., Ahlberg, S., Beckers, I., Kockott, D., Lademann, J., Paul, V., Zastrow, L., Meinke, M.C.: Effects on detection of radical formation in skin due to solar irradiation measured by EPR spectroscopy. Methods (2016)

60. Madronich, S., de Gruijl, F.R.: Skin cancer and UV radiation. Nat. Int. J. Sci. **23** (1993)
61. Brash, D.E., Ziegler, A., Jonason, A.S., Simon, J.A., Kunala, S., Leffell, D.J.: Sunlight and sunburn in human skin cancer: p53, apoptosis, and tumor promotion. J. Investig Dermatol. Symp. Proc. 136–42 (1996)
62. Diepgen, T.L., Mahle, V.: The epidemiology of skin cancer. Br. J. Dermatol.**146,** 1–6 (2002)
63. Anderson, R.R., Parrish, J.A.: The optics of human skin. J. Invest. Dermatol. 13–19 (1981)
64. Schieke, S.M., Schroeder, P., Krutmann, J.: Cutaneous effects of infrared radiation: From clinical observations to molecular response mechanisms, Photodermatol. Photoimmunol. Photomed. 228–234 (2003)
65. Akhalaya, M.Y., Maksimov, G.V., Rubin, A.B., Lademann, J., Darvin, M.E.: Molecular action mechanisms of solar infrared radiation and heat on human skin. Ageing Res. Rev. 1–11 (2014)
66. Zonios, G., Dimou, A., Bassukas, I., Galaris, D., Tsolakidis, A., Kaxiras, E.: Melanin absorption spectroscopy: New method for noninvasive skin investigation and melanoma detection. J. Biomed. Opt. 014017-1–8 (2008)
67. Maddodi, N., Jayanthy, A., Setaluri, V.: Shining light on skin pigmentation: The darker and the brighter side of effects of UV radiation, photochem. Photobiol. 1075–1082 (2012)
68. Mahmoud, B.H., Ruvolo, E., Hexsel, C.L., Liu, Y., Owen, M.R., Kollias, N., Lim, H.W., Hamzavi, I. H.: Impact of long-wavelength UVA and visible light on melanocompetent skin. J. Invest. Dermatol. 2092–2097 (2010)
69. Eichler, H., Eichler, J., Lux, O.: Lasers -Basics, Advances, Applications. Springer Nature, Switzerland (2018)
70. Leitfaden „Inkohärente sichtbare und infrarote Strahlung von künstlichen Quellen", Fachverband für Strahlenschutz e.V., 2005-03-AKNIR
71. Raulin, C., Karsai, S. (Hrsg.): Laser-Therapie der Haut. Springer, Berlin

Teil II
Grenzwerte

Expositionsgrenzwerte (EGW)

5

Inhaltsverzeichnis

© Springer-Verlag GmbH Deutschland, ein Teil von Springer Nature 2020
C. Schneeweiss et al., *Leitfaden für Fachkundige im Laserschutz,*
https://doi.org/10.1007/978-3-662-61242-2_5

Die Bewertung der direkten Gefährdung durch Laserstrahlung erfolgt mithilfe des Vergleichs der Exposition durch die Laserstrahlung von Auge oder Haut mit den jeweiligen Expositionsgrenzwerten, welche eine Grenze für einen Augen- oder Hautschaden darstellen.

5.1 Allgemeines

Man unterscheidet zwischen den Expositionsgrenzwerten für das Auge und für die Haut. Diese Unterscheidung ist dem Umstand geschuldet, dass Laserstrahlung im Wellenlängenbereich von 400–1400 nm durch die Hornhaut und die Augenlinse auf die Netzhaut fokussiert wird (Kap. 4) und es dadurch zu einer Erhöhung der Bestrahlungsstärke E (bzw. Bestrahlung H) auf der Netzhaut kommt. Außerhalb dieses Bereiches sind die Expositionsgrenzwerte für Auge und Haut gleich. Im Wellenlängenbereich von 400–600 nm gibt es für lange Expositionsdauern >10 s für das Auge sowohl einen Expositionsgrenzwert für die *fotochemische* als auch für die *thermische* Gefährdung. Beide Werte sind zu ermitteln und der kleinere Grenzwert ist zu verwenden (Abb. 5.1).

Die Expositionsgrenzwerte basieren auf experimentellen und theoretischen Studien und wurden zur sicheren Seite hin europaweit festgelegt. Sie wurden hauptsächlich aus Tierversuchen und einer begrenzten Anzahl von Expositionen von menschlichen Freiwilligen abgeleitet. Bei diesen Schwellwertexperimenten wurden das Auge oder die Haut Expositionen einer bestimmten Laserwellenlänge, Impulsdauer und Spotgröße am Zielort (z. B. der Netzhaut) ausgesetzt, wobei die Energie pro Impuls oder die Dauerstrich-Laserleistung variiert wurden. Die Expositionsdosis, bei der 50 % der Expositionen zu einem Schaden führen, wird als ED-50 bezeichnet. Die daraufhin festgelegten Expositionsgrenzwerte wurden mit einem Sicherheitsfaktor beaufschlagt und liegen somit weit unter dem ED-50-Wert [2].

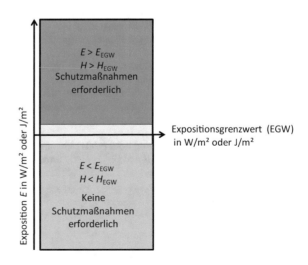

Abb. 5.1 Konzept der Expositionsgrenzwerte. Im roten Bereich werden die EGW überschritten, im grünen Bereich werden die EGW unterschritten. Der gelbe Bereich stellt die Fehlertoleranz dar und wird dem roten Bereich zugerechnet

Die Expositionsgrenzwerte (EWG) hängen von der Wellenlänge und der Expositionsdauer ab. Sie stellen in der Regel keine scharfe Abgrenzung zwischen sicherer und akuter Schädigung dar. In der Praxis sollte die Exposition möglichst niedrig sein und der EGW sicher eingehalten werden. In seltenen Fällen, z. B. wenn eine durch Medikamenteneinnahme erhöhte Fotosensibilität von Auge oder Haut vorliegt, können Schädigungen auch unterhalb des Expositionsgrenzwertes auftreten [2]. In mancher Literatur (z. B. der Norm EN 60825-1) wird der Expositionsgrenzwert als *Maximal Zulässige Bestrahlung* (MZB) bezeichnet [5].

5.1.1 Expositionsdauer

Im Vorfeld der Berechnung der Expositionsgrenzwerte wird die maximale Dauer einer zufälligen Bestrahlung von Auge oder Haut ermittelt. Lässt diese sich nicht genau festlegen, so können je nach Anwendung die in Tab. 5.1 aufgeführten Zeiten verwendet werden.

5.1.2 Blendendurchmesser

Zur Bestimmung der Bestrahlungsstärke E oder der Bestrahlung H muss die Exposition (Leistung oder Energie) über einen in den Tab. 5.2 oder Tab. 5.3, 5.4 und 5.5 festgelegten Blendendurchmesser gemittelt werden. Bei der Messung wird eine Messblende vor den Fotodetektor angebracht, wobei die Leistungs- bzw. Energieverteilung innerhalb der Blende keine Berücksichtigung findet. Bei Rechnungen zur Exposition muss der Mittelwert über den Blendendurchmesser gebildet werden. Der Durchmesser der Messblende hängt von der Wellenlänge und der Bestrahlungszeit ab (Tab. 5.2).

Die Blendendurchmesser sind bei der Bestrahlung von Auge oder Haut verschieden. Für die Haut wird ein Durchmesser von 3,5 mm vorgeschrieben. Bei der Exposition des Auges hängt der Durchmesser von der Wellenlänge und

Tab. 5.1 Typische Expositionsdauer für verschiedene Anwendungsfälle nach TROS Laserstrahlung Teil 2 [1]

Expositionsdauer	Anwendungen
0,25 s	Für den kurzzeitigen, *zufälligen* Blick in den sichtbaren Laserstrahl eines handgehaltenen oder -geführten Laserpointers oder eines anderen Lasers
2 s	Typisch für den *bewussten* Blick eines unterwiesenen Beschäftigten in den Laserstrahl eines Klasse-2-Lasers beim Justieren (feststehender Laser)
100 s	Typisch für Laserstrahlung mit Wellenlängen über 400 nm bei nicht beabsichtigtem zufälligem Blick
30.000 s	Typisch für Laserstrahlung mit beabsichtigtem Blick in Richtung Laserstrahlungsquelle über längere Zeiträume, d. h. >100 s

Tab. 5.2 Zu verwendende Messblenden für verschiedene Bestrahlungsdauern t. (Aus TROS Laserstrahlung Teil 2 [1])

Wellenlängenbereich in nm	Durchmesser der Messblende D in mm		
	Auge		Haut
$100 \leq \lambda \leq 400$	1 $1{,}5 \cdot t^{0{,}375}$ 3,5	für $t \leq 0{,}35$ s für $0{,}35$ s $< t < 10$ s für $t \geq 10$ s	3,5
$400 \leq \lambda < 1400$	7		3,5
$1400 \leq \lambda < 10^5$	1 $1{,}5 \cdot t^{0{,}375}$ 3,5	für $t \leq 0{,}35$ s für $0{,}35$ s $< t < 10$ s für $t \geq 10$ s	3,5
$10^5 \leq \lambda \leq 10^6$	11		3,5

Bestrahlungsdauer ab. Im Bereich 400–1400 nm findet man den Blendendurchmesser von $D = 7$ mm. Dieser Wert entspricht der durchschnittlichen Pupillenweite nach Dunkeladaption. Da in hellerer Umgebung die Pupillenweite abnimmt, entspricht die Verwendung des 7-mm-Durchmessers dem Worst-Case Szenario. Auch bei Strahldurchmessern kleiner als 7 mm ist dieser Wert zu verwenden. Diese Vorgehensweise ist zunächst nicht nachvollziehbar, da die Berechnung der Bestrahlungsstärke unter Verwendung eines kleineren Strahldurchmessers einen größeren Wert ergeben würde. Da jedoch aufgrund der Bildfehler des Auges der Spot auf der Netzhaut nicht kleiner als ca. 25 µm groß wird [2], verteilt sich die einfallende Leistung immer auf die gleiche Fläche, egal, ob der Strahldurchmesser 1 mm oder 7 mm beträgt, was zu einer gleichbleibenden Bestrahlungsstärke auf der Netzhaut führt. Ist der Durchmesser des Laserstrahls jedoch größer als 7 mm, so kann die Exposition über diesen größeren Durchmesser gemittelt werden, da ein Teil der Leistung durch die Pupille abgeschnitten wird.

Die Anwendung der oben genannten Blenden findet dort eine Grenze, wo mit extrem kleinen Strahldurchmessern (< 100 µm) und hohen Bestrahlungsstärken gearbeitet wird. Die Expositionsgrenzwerte müssen dann unter Berücksichtigung der realen Strahldurchmesser berechnet werden, da ansonsten Gefährdungen (z. B. Hornhautgefährdung) nicht sicher ausgeschlossen werden können [4].

5.1.3   Scheinbare Quelle

Unter der scheinbaren Quelle versteht man die Strahlungsquelle, die den kleinsten Spot auf der Netzhaut erzeugt. Der folgende Abschnitt gilt nur für den Wellenlängenbereich zwischen 400 nm und 1400 nm. Beim direkten Blick in die Laserstrahlung entsteht dabei in der Regel ein Spot von minimal etwa 25 µm Durchmesser. Dies entspricht einem Sehwinkel von $\alpha = 1{,}5$ mrad. Man sagt dann auch: die Winkelausdehnung der scheinbaren Quelle beträgt dann $\alpha = 1{,}5$ mrad.

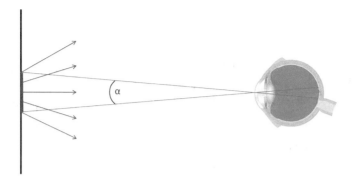

Abb. 5.2 Beschreibung des Sehwinkels oder der Winkelausdehnung α einer scheinbaren Quelle. (Auge: © Peter Hermes Furian / Fotolia)

Blickt man dagegen auf diffus gestreute Strahlung, beispielsweise auf einen Laserfleck an einer Wand, so wird die bestrahlte Fläche auf der Netzhaut abgebildet. Dabei kann das Bild auf der Netzhaut größer als der oben angegebene Wert werden. Diese Betrachtung gilt auch, wenn die Laserquelle auf andere Art vergrößert wird. Die Netzhautgefährdung ist umgekehrt proportional zur Größe des Bildes auf der Netzhaut. Die Bildgröße hängt vom Sehwinkel α auf die betrachtete Laserquelle ab, die beispielsweise eine bestrahlte Fläche auf einer Wand sein kann (Abb. 5.2). Damit erhöht sich der Expositionsgrenzwert mit dem Sehwinkel α der sogenannten scheinbaren Quelle. Dies wird durch einen Korrekturfaktor C_E beschrieben, der von α abhängt (Tab. 5.10, Abschn. 5.2.5).

Die Größe der scheinbaren Quelle wird also durch den Sehwinkel α beschrieben. Für den direkten Blick in den Laserstahl gilt, wie oben erwähnt, $α = 1{,}5$ mrad. Für diffuse Streuung an der Wand kann α aus dem Fleckdurchmesser und dem Abstand von der Wand bestimmt werden (Abb. 5.2). In anderen Fällen, z. B. bei Multimode-Lasern, kann α eigentlich nur experimentell bestimmt werden. Man bildet den Laserstrahl durch eine beliebige Linse ab und sucht den kleinsten Fokusdurchmesser. Aus diesem Durchmesser und dem Abstand zur Linse wird der Winkel α ermittelt. Der Sehwinkel α darf nicht mit der Divergenz φ des Laserstrahls verwechselt werden.

5.2   Ermittlung der Expositionsgrenzwerte (EGW)

Die Ermittlung der Expositionsgrenzwerte (EGW) erfolgt auf Basis der Wellenlänge und der maximalen Dauer einer Bestrahlung. Liegen vom Hersteller des Lasergeräts keine Angaben zu den Expositionsgrenzwerten vor, so lassen sich diese anhand von Tabellen ermitteln, welche im Anhang der TROS Laserstrahlung Teil 2 [1] und in diesem Buch zu finden sind. Es gibt Tabellen für die EGW der Augen für kurze Expositionsdauern (<10 s, Tab. 5.3) und lange Expositionsdauern (≥10 s, Tab. 5.4) und eine Tabelle für die EGW der Haut (Tab. 5.5). Weiterhin gibt es Tabellen mit Korrekturfaktoren und Parametern, welche in den

Tab. 5.3 Expositionsgrenzwerte für die Einwirkung von Laserstrahlung auf das Auge, kurze Expositionsdauer (t < 10 s, aus TROS Laserstrahlung Tabelle A4.3) [1]

Wellenlänge λ in nm (siehe a)	Durchmesser der Messblende D	Expositionsdauer t in s						
		10^{-13}–10^{-11}	10^{-11}–10^{-9}	10^{-9}–10^{-7}	10^{-7}–$1{,}8\cdot10^{-5}$	$1{,}8\cdot10^{-5}$–$5\cdot10^{-5}$	$5\cdot10^{-5}$–10^{-3}	10^{-3}–10
UV-C $100^{1)}$–280	1 mm für t ≤ 0,35 s$^{2)}$; $1{,}5\cdot t^{0{,}375}$ mm für 0,35 s < t < 10 s	$E = 3\cdot10^{10}\ \mathrm{W\cdot m^{-2}}$		$H = 30\ \mathrm{J\cdot m^{-2}}$				
280–302								
UV-B 303				$H = 40\ \mathrm{J\cdot m^{-2}}$;	für t < $2{,}6\cdot10^{-9}$ s			
304				$H = 60\ \mathrm{J\cdot m^{-2}}$;	für t < $1{,}3\cdot10^{-8}$ s			
305				$H = 100\ \mathrm{J\cdot m^{-2}}$;	für t < $1{,}0\cdot10^{-7}$ s			
306				$H = 160\ \mathrm{J\cdot m^{-2}}$;	für t < $6{,}7\cdot10^{-7}$ s			
307				$H = 250\ \mathrm{J\cdot m^{-2}}$;	für t < $4{,}0\cdot10^{-6}$ s			
308				$H = 400\ \mathrm{J\cdot m^{-2}}$;	für t < $2{,}6\cdot10^{-5}$ s	gilt $H = 5{,}6\cdot10^{3}\cdot t^{0{,}25}\ \mathrm{J\cdot m^{-2}}$ (siehe **b**)		
309				$H = 630\ \mathrm{J\cdot m^{-2}}$;	für t < $1{,}6\cdot10^{-4}$ s			
310				$H = 1000\ \mathrm{J\cdot m^{-2}}$;	für t < $1{,}0\cdot10^{-3}$ s			
311				$H = 1{,}6\cdot10^{3}\ \mathrm{J\cdot m^{-2}}$;	für t < $6{,}7\cdot10^{-3}$ s			
312				$H = 2{,}5\cdot10^{3}\ \mathrm{J\cdot m^{-2}}$;	für t < $4{,}0\cdot10^{-2}$ s			
313				$H = 4{,}0\cdot10^{3}\ \mathrm{J\cdot m^{-2}}$;	für t < $2{,}6\cdot10^{-1}$ s			
314				$H = 6{,}3\cdot10^{3}\ \mathrm{J\cdot m^{-2}}$;	für t < $1{,}6$ s			
UV-A 315–400				$H = 5{,}6\cdot10^{3}\cdot t^{0{,}25}\ \mathrm{J\cdot m^{-2}}$				

Tab. 5.3 (Fortsetzung)

Wellenlänge λ in nm (siehe a)	Durchmesser der Messblende D	Expositionsdauer t in s						
		10^{-13}–10^{-11}	10^{-11}–10^{-9}	10^{-9}–10^{-7}	10^{-7}–$1{,}8 \cdot 10^{-5}$	$1{,}8 \cdot 10^{-5}$–$5 \cdot 10^{-5}$	$5 \cdot 10^{-5}$–10^{-3}	10^{-3}–10
Sichtbar und IR-A 400–700	7 mm	$H = 1{,}5 \cdot 10^{-4} \cdot CE$ J·m^{-2}	$H = 2{,}7 \cdot 10^{4} \cdot t^{0{,}75} \cdot CE$ J·m^{-2}	$H = 5 \cdot 10^{-3} \cdot CE$ J·m^{-2}		$H = 18 \cdot t^{0{,}75} \cdot CE$ J·m^{-2}		
700–1050	7 mm	$H = 1{,}5 \cdot 10^{-4} \cdot CA \cdot CE$ J·m^{-2}	$H = 2{,}7 \cdot 10^{4} \cdot t^{0{,}75} \cdot CA$ J·m^{-2}	$H = 5 \cdot 10^{-3} \cdot CA \cdot CE$ J·m^{-2}		$H = 18 \cdot t^{0{,}75} \cdot CA \cdot CE$ J·m^{-2}		
1050–1400	7 mm	$H = 1{,}5 \cdot 10^{-3} \cdot CC \cdot CE$ J·m^{-2}	$H = 2{,}7 \cdot 10^{5} \cdot t^{0{,}75} \cdot CC \cdot CE$ J·m^{-2}	$H = 5 \cdot 10^{-2} \cdot CC \cdot CE$ J·m^{-2}		$H = 90 \cdot t^{0{,}75} \cdot CC \cdot CE$ J·m^{-2}		
IR-B und IR-C 1400–1500	siehe c	$E = 10^{12}$ W·m^{-2}		$H = 10^{3}$ J·m^{-2}			$H = 5{,}6 \cdot 10^{3} \cdot t^{0{,}25}$ J·m^{-2}	
1500–1800	siehe c	$E = 10^{13}$ W·m^{-2}				$H = 10^{4}$ J·m^{-2}	$H = 5{,}6 \cdot 10^{3} \cdot t^{0{,}25}$ J·m^{-2}	
1800–2600	siehe c	$E = 10^{12}$ W·m^{-2}			$H = 10^{3}$ J·m^{-2}		$H = 5{,}6 \cdot 10^{3} \cdot t^{0{,}25}$ J·m^{-2}	
2600–10^{6}	siehe c	$E = 10^{11}$ W·m^{-2}		$H = 100$ J·m^{-2}		$H = 5{,}6 \cdot 10^{3} \cdot t^{0{,}25}$ J·m^{-2}		

a Sind für eine Wellenlänge zwei Expositionsgrenzwerte aufgeführt, so ist unter Einbeziehung der zugeordneten Messverfahren das Ergebnis anzuwenden, welches den strengeren Wert darstellt. Expositionsgrenzwerte für Zeiten unterhalb 10^{-13} s werden dem jeweiligen Expositionsgrenzwert bei 10^{-13} s, ausgedrückt in Einheiten der Bestrahlungsstärke, gleichgesetzt.

b Die in der Tabelle angegebenen Werte gelten für einzelne Laserimpulse. Bei mehrfachen Laserimpulsen müssen die Laserimpulsdauern, die innerhalb der Expositionsdauer t liegen, addiert werden. Die daraus resultierende Expositionsdauer muss in die Formel $H = 5{,}6 \cdot 10^{3} \cdot t^{0{,}25}$ für t eingesetzt werden.

c Wenn 1400 nm ≤ λ < 10^{5} nm, dann gilt:
   - für t ≤ 0,35 s[3], D = 1 mm
   - für 0,35 s < t < 10 s, D = $1{,}5 \cdot t^{0{,}375}$ mm.
   Wenn 10^{5} nm ≤ λ < 10^{6} nm, dann ist D = 11 mm.

1) Nach § 2 „Begriffsbestimmungen" der OStrV ist der Wellenlängenbereich der optischen Strahlung auf 100 nm bis 1 mm festgelegt.

2) Der Anfangspunkt der Funktion wurde – zur sicheren Seite hin – von 0,3 s auf 0,35 s verschoben, um eine bessere Anpassung zwischen variabler und fester Messblende zu erreichen. Zur Vereinfachung kann ein Durchmesser der Messblende von 1 mm verwendet werden.

3) Der Anfangspunkt der Funktion wurde – zur sicheren Seite hin – von 0,3 s auf 0,35 s verschoben, um eine bessere Anpassung zwischen variabler und fester Grenzblende zu erreichen.

Berechnungsformeln vorkommen (Tab. 5.7, 5.8, 5.9, 5.10 5.11 und 5.12). Um bei den Expositionsgrenzwerten immer auf der sichereren Seite zu sein, werden die Ergebnisse der Berechnungen grundsätzlich abgerundet.

Die Ergebnisse der Berechnung der Exposition werden aufgerundet. Die Genauigkeit der Messung von Leistung und Energie im Laserschutz liegt im Bereich um 10 %. Mit einer ähnlichen Genauigkeit sind die Expositionsgrenzwerte in den Tabellen dargestellt. Daher erscheint eine Rechengenauigkeit um 1 % als ausreichend.

5.2.1 Tabellen zur Berechnung der Expositionsgrenzwerte

Die folgenden Tab. 5.3, 5.4, 5.5, 5.6, 5.7, 5.8, 5.9, 5.10, 5.11 und 5.12 wurden der TROS Laserstrahlung [1] entnommen und dienen der Ermittlung der Expositionsgrenzwerte. In den Tab. 5.3, 5.4 und 5.5 werden Formeln zur Berechnung des EGW angegeben. Diese enthalten eine Reihe von Korrekturfaktoren, die in Tab. 5.7, 5.8, 5.9, 5.10, 5.11 und 5.12 angegeben sind.

Die Korrekturfaktoren sind in Tab. 5.9, 5.10 und 5.11 erklärt.

5.2.2 Expositionsgrenzwerte für Dauerstrichlaser

Ab einer Bestrahlungsdauer von 0,25 s werden Laser als Dauerstrichlaser bezeichnet. Je nach Wellenlänge und Expositionsdauer findet man eine Berechnungsformel, welche den Expositionsgrenzwert liefert. Für das Auge gelten Tab. 5.3 und 5.4. Bei langen Bestrahlungsdauern ≥ 10 s gibt es im Bereich 400–600 nm zwei Expositionsgrenzwerte, einen für die fotochemische und einen für die thermische Schädigung (Tab. 5.4). Beide Grenzwerte sind zu berechnen und der restriktivere der beiden Werte ist zu verwenden.

Tab. 5.4 Expositionsgrenzwerte für die Exposition des Auges durch Laserstrahlung, lange Expositionsdauer (t ≥ 10 s, aus TROS Laserstrahlung Tabelle A4.4) [1]

Wellenlänge λ in nm (siehe a)	Durchmesser der Messblende D in mm	Expositionsdauer in s		
		10–10²	10²–10⁴	10⁴–3·10⁴
UV-C 100¹⁾–280	3,5		30	
280–302			30	
303			40	
304			60	
305			100	
306			160	
307			250	
UV-B 308		H =	400	J · m⁻²
309			630	
310			1000	
311			1600	
312			2500	
313			4000	
314			6300	
UV-A 315–400			10000	

Tab. 5.4 (Fortsetzung)

Wellenlänge λ in nm (siehe a)		Durchmesser der Messblende D in mm	Expositionsdauer in s		
			10–10²	10²–10⁴	10⁴–3·10⁴
Sichtbar	400–600 Fotochemische Netzhautschädigung (siehe b)	7	$H = 100 \cdot C_B \ J \cdot m^{-2}$; γ = 11 mrad (siehe c)	$E = 1 \cdot C_B \ W \cdot m^{-2}$; γ = 1,1 · t^{0.5} mrad (siehe c)	$E = 1 \cdot C_B \ W \cdot m^{-2}$; γ = 110 mrad (siehe c)
Sichtbar	400–700 Thermische Netzhautschädigung (siehe b)	7	$\alpha \leq^{2)} 1{,}5$ mrad α > 1,5 mrad und t ≤ T₂ α > 1,5 mrad und t > T₂	$E = 10 \ W \cdot m^{-2}$ $H = 18 \cdot C_E \cdot t^{0.75} \ J \cdot m^{-2}$ $E = 18 \cdot C_E \cdot T_2^{-0.25} \ W \cdot m^{-2}$	
IR-A	700–1400		$\alpha \leq^{3)} 1{,}5$ mrad α > 1,5 mrad und t ≤ T₂ α > 1,5 mrad und t > T₂	$E = 10 \cdot C_A \cdot C_C \ W \cdot m^{-2}$ $H = 18 \cdot C_A \cdot C_C \cdot C_E \cdot t^{0.75} \ J \cdot m^{-2}$ $E = 18 \cdot C_A \cdot C_C \cdot C_E \cdot T_2^{-0.25} \ W \cdot m^{-2}$ (maximal 1 000 W · m⁻²)	
IR-B und IR-C	1400–10⁵	3,5	$E = 1 000 \ W \cdot m^{-2}$		
IR-B und IR-C	10⁵–10⁶	11			

a Sind für eine Wellenlänge zwei Expositionsgrenzwerte aufgeführt, so ist unter Einbeziehung der zugeordneten Messverfahren das Ergebnis anzuwenden, welches den strengeren Wert darstellt.

b Bei kleinen Quellen mit einer Winkelausdehnung α ≤ 1,5 mrad sind statt der beiden Expositionsgrenzwerte E für Wellenlängen von 400 nm bis 600 nm nur die thermischen Expositionsgrenzwerte für 10 s ≤ t < T₁ und die fotochemischen Expositionsgrenzwerte für längere Zeiten anzuwenden. Zu T₁ und T₂ siehe Tabelle A4.6. Der Expositionsgrenzwert für fotochemische Netzhautschädigung kann auch als Integral der Strahldichte über die Zeit ausgedrückt werden, wobei für 10 s ≤ t ≤ 10 000 s, G = 10⁶ · C_B J · m⁻² · sr⁻¹, und für t > 10 000 s, L = 100 · C_B W · m⁻² · sr⁻¹ gilt. Zur Messung von G und L ist γ_P als Mittelung des Empfangswinkels zu verwenden.

c Für Messungen des Expositionswertes ist γ_P wie folgt zu berücksichtigen:
- Wenn α > γ, dann γ = γ_P. Bei Verwendung eines größeren Empfangswinkels würde die Gefährdung überbewertet.
- Wenn α < γ, dann muss γ die betrachtete Quelle voll erfassen. Er ist ansonsten jedoch nicht beschränkt und kann größer sein als γ_P.

1) Nach § 2 „Begriffsbestimmungen" der OStrV ist der Wellenlängenbereich der optischen Strahlung auf 100 nm bis 1 mm festgelegt.
2) redaktionelle Änderung
3) redaktionelle Änderung

Die Expositionsgrenzwerte für die Haut sind in Tab. 5.5 dargestellt und sie werden in Abschn. 5.6 genauer behandelt.

5.2.3 Expositionsgrenzwerte für gepulste Laserstrahlung

Die für gepulste Laserstrahlung anzuwendende Tabelle für das Auge ist Tab. 5.3. Ausgangspunkt ist immer der EGW für einen einzelnen Puls nach Tab. 5.3. In einem folgenden Schritt wird die Wirkung einer Pulsfolge berücksichtigt. Die Berechnung von Expositionsgrenzwerten wiederholt gepulster Lasersysteme kann umfangreich und kompliziert werden. Als Anleitung für die Berechnung gibt die TROS Laserstrahlung Teil 2 [1] folgende Vorschrift an:

Jede der drei folgenden Regeln oder Kriterien ist bei allen Expositionen anzuwenden, die bei wiederholt gepulster oder modulierter Laserstrahlung auftreten. Der restriktivste Wert aus den Kriterien 1 bis 3 ist auszuwählen.

1. Die Exposition durch jeden einzelnen Impuls einer Impulsfolge darf den Expositionsgrenzwert für einen Einzelimpuls dieser Impulsdauer nicht überschreiten.
2. Die Exposition durch eine Impulsgruppe (oder eine beliebige Untergruppe von Impulsen in einer Impulsfolge) innerhalb eines beliebigen Zeitraums t darf den Expositionsgrenzwert für die Zeitdauer t nicht überschreiten.

Tab. 5.5 Expositionsgrenzwerte für die Exposition der Haut durch Laserstrahlung. (Aus TROS Laserstrahlung Tab. A4.6) [1]

Wellenlänge λ in nm (siehe a)	Durchmesser der Messblende D	< 10^{-9}	Expositionsdauer t in s				
			10^{-9}–10^{-7}	10^{-7}–10^{-3}	10^{-3}–10	10–10^{3}	10^{3}–3·10^{4}
UV (A, B, C) 100*–400		$E = 3 \cdot 10^{10}$ W·m^{-2}	Gleiche Werte wie Expositionsgrenzwerte für das Auge				
sichtbar und IR-A 400–700	3,5 mm	$E = 2 \cdot 10^{11}$ W·m^{-2}	$H = 200 \cdot C_A$ J·m^{-2}	$H = 1,1 \cdot 10^{4} \cdot C_A \cdot t^{0,25}$ J·m^{-2}		$E = 2 \cdot 10^3 \cdot C_A$ W·m^{-2}	
sichtbar und IR-A 700–1400		$E = 2 \cdot 10^{11} \cdot C_A$ W·m^{-2}					
IR-B und IR-C 1400–1500		$E = 10^{12}$ W·m^{-2}	Gleiche Werte wie Expositionsgrenzwerte für das Auge (siehe **b**)				
IR-B und IR-C 1500–1800		$E = 10^{13}$ W·m^{-2}					
IR-B und IR-C 1800–2600		$E = 10^{12}$ W·m^{-2}					
IR-B und IR-C 2600–10^6		$E = 10^{11}$ W·m^{-2}					

a Sind für eine Wellenlänge zwei Expositionsgrenzwerte aufgeführt, so ist unter Einbeziehung der zugeordneten Messverfahren das Ergebnis anzuwenden, welches den strengeren Wert darstellt.

b Für Expositionsdauern t > 10 s gilt:
  – Für bestrahlte Hautflächen $A_H > 0{,}1$ m^2 beträgt der Expositionsgrenzwert E = 100 W · m^{-2}.
  – Für Flächen von 0,01 m^2 bis 0,1 m^2 verändert sich der Expositionsgrenzwert umgekehrt proportional zur bestrahlten Hautfläche: E = 10 W / A_H.

* Nach § 2 „Begriffsbestimmungen" der OStrV ist der Wellenlängenbereich der optischen Strahlung auf 100 nm bis 1 mm festgelegt

Sind für eine Wellenlänge zwei Expositionsgrenzwerte aufgeführt, so ist unter Einbeziehung der zugeordneten Messverfahren das Ergebnis anzuwenden, welches den strengeren Wert darstellt.
Für Expositionsdauern $t > 10$ s gilt:
Für bestrahlte Hautflächen $A_H > 0{,}1$ m^2 beträgt der Expositionsgrenzwert $E = 100$ W · m^{-2}.
Für Flächen von 0,01 m^2 bis 0,1 m^2 verändert sich der Expositionsgrenzwert umgekehrt proportional zur bestrahlten Hautfläche: $E = 10$ W/AH
*Nach § 2 „Begriffsbestimmungen" der OStrV ist der Wellenlängenbereich der optischen Strahlung auf 100 nm bis 1 mm festgelegt

Tab. 5.6 Korrektur bei wiederholter Exposition (Impulsfolgen), T^{min} in Abhängigkeit von der Wellenlänge (aus TROS Laserstrahlung Tab. A4.7) [1]

Gültiger Spektralbereich in nm	T_{min} in s
$315 < \lambda \leq 400$	10^{-9}
$400 < \lambda \leq 1\,050$	$18 \cdot 10^{-6}$
$1050 < \lambda \leq 1\,400$	$50 \cdot 10^{-6}$
$1400 < \lambda \leq 1\,500$	10^{-3}
$1500 < \lambda \leq 1\,800$	10^{1}
$1800 < \lambda \leq 2\,600$	10^{-3}
$2600 < \lambda \leq 10^{6}$	10^{-7}

Tab. 5.7 Maximale Zeit T, über die die Impulszahl N ermittelt werden muss (aus TROS Laserstrahlung Teil 2) [1]

Wellenlänge	Maximale Zeit T, über die gemittelt werden muss
$315\,\text{nm} < \lambda \leq 400\,\text{nm}$	30.000 s oder die anzuwendende Expositionsdauer, falls diese kürzer ist
$400\,\text{nm} < \lambda \leq 1400\,\text{nm}$	T_2 (aus Tab. 5.11) oder die anzuwendende Expositionsdauer, falls diese kürzer ist
$\lambda > 1400\,\text{nm}$	10 s

Tab. 5.8 Beschreibung der Korrekturfaktoren bei der Berechnung der Expositionsgrenzwerte in den Tab. 5.3, 5.4 und 5.5

Korrekturfaktor	Beschreibung
C_C	Korrekturfaktor, welcher die Erhöhung der EGW für das Auge aufgrund der vor der Netzhaut gelegenen Absorption, hauptsächlich im Bereich 1150–1400 nm, beschreibt.
C_B	Korrekturfaktor, der den Expositionsgrenzwert im roten sichtbaren Anteil des Spektrums aufgrund des kleineren Effekts bezüglich der Blaulichtschädigung beschreibt.
C_A	Korrekturfaktor, der den Expositionsgrenzwert im nahen Infrarot (700–1400 nm), insbesondere aufgrund der reduzierten Absorption des Melanin-Pigmentes in der Haut und im Retina-Pigment Epithelium, beschreibt.
C_E	Korrekturfaktor für ausgedehnte Quellen. Er beschreibt die Expositionsgrenzwerte, die bis zum Faktor 66,66 bei ausgedehnten Quellen größer sein können als bei Punktlichtquellen.
C_P	Korrekturfaktor für Expositionsgrenzwerte bei mehrfachen wiederholten Impulsen bzw. Expositionen (gilt für gepulste Laser und gescannte Laser).
T_1	Gibt die Expositionszeit an, bei der die EGW bezüglich der thermischen Netzhautschädigung zur fotochemischen Netzhautschädigung wechseln.
T_2	Gibt die Expositionszeit an, ab der für ausgedehnte Quellen der Expositionsgrenzwert unabhängig von der Expositionszeit t wird und zu einer Konstanten wird.

Tab. 5.9 Abhängigkeit der Korrekturfaktoren C_A, C_B, C_C und T_1 von der Wellenlänge (aus TROS Laserstrahlung Teil 2 Tab. A4.6) [1]

Parameter	Gültiger Spektralbereich λ in nm	Wert in s
C_A	<700	1
	700–1050	$10^{0,002\,(\lambda\,-\,700)}$
	1050–1400	5
C_B	400–450	1
	450–600	$10^{0,02\,(\lambda\,-\,450)}$
C_C	700–1150	1
	1150–1200	$10^{0,018\,(\lambda\,-\,1150)}$
	1200–1400	8
T_1	<450	10
	450–500	$10 \cdot 10^{0,02\,(\lambda\,-\,450)}$
	>500	100

Tab. 5.10 Parameter C_E in Abhängigkeit vom Sehwinkel α (aus TROS Laserstrahlung Teil 2 Tab. A4.6) [1]

Parameter	Winkelausdehnung in mrad	Wert
C_E	$\alpha \leq 1,5$ mrad	1
	1,5 mrad $\leq \alpha \leq 100$ mrad	α / 1,5 mrad
	$\alpha > 100$ mrad	100 mrad/1,5 mrad = 66,66

Tab. 5.11 Abhängigkeit des Parameters T_2 von der Wellenlänge α (aus TROS Laserstrahlung Teil 2 Tab. A4.6) [1]

Parameter	Winkelausdehnung in mrad	Wert
T_2	$\alpha \leq 1,5$	10 s
	$1,5 < \alpha \leq 100$	$10 \cdot 10^{[(\alpha\,-\,1,5)\,/\,98,5]}$ s
	$\alpha > 100$	100 s

Tab. 5.12 Abhängigkeit des Grenzempfangswinkels γ_p von der Bestrahlungsdauer t [1]

Bestrahlungsdauer t	Grenzempfangswinkel γ_p
10 s $< t \leq 100$ s	11 mrad
100 s $< t \leq 10^4$ s	$1,1 \cdot t^{0,5}$ mrad
$t > 10^4$ s	110 mrad

3. Die Exposition durch jeden einzelnen Impuls in einer Impulsgruppe darf den Expositionsgrenzwert für den Einzelimpuls, multipliziert mit einem Korrekturfaktor $C_P = N^{-0,25}$ nicht überschreiten, wobei N die Zahl der Impulse innerhalb des Zeitraums T ist. Diese Regel gilt nur für Expositionsgrenzwerte zum Schutz gegen thermische Schädigung, wobei alle in weniger als T_{min} erzeugten Impulse als einzelner Impuls mit der Dauer T_{min} behandelt werden.
4. Die maximale Zeit T, über die die Impulszahl N ermittelt werden muss, hängt von der Wellenlänge ab (Tab. 5.7).

Um zu prüfen, ob bei einer vorgegebenen Wiederholfrequenz Impulse zusammenzufassen sind, kann der zeitliche Abstand Δt zwischen zwei Impulsen wie folgt aus der Impulswiederholfrequenz f_P des Lasers berechnet werden: $\Delta t = \frac{1}{f_P}$.

Zum Vergleich kann der Wert für T_{min} aus Tab. 5.6 entnommen werden.

Für die thermischen Grenzwerte bezieht sich das 2. Kriterium auf einen Temperaturanstieg, der durch die Bestrahlung mit mehreren Impulsen entsteht und proportional zur mittleren Bestrahlungsstärke ist. Für die fotochemischen Expositionsgrenzwerte wird durch dieses Kriterium die Additivität der einzelnen Impulsexpositionen wiedergegeben [2].

Ein Ablaufschema für die Berechnung der Expositionsgrenzwerte für gepulste Laserstrahlung zeigt Abb. 5.3.

5.2.4 Korrekturfaktoren und sonstige Berechnungsparameter

In den Berechnungsformeln für die Expositionsgrenzwerte in den Tab. 5.3, 5.4 und 5.5 findet man Korrekturfaktoren, die in Tab. 5.6, 5.7, 5.8, 5.9, 5.10 und 5.11 beschrieben sind.

Korrekturfaktoren C_A, C_B, C_C und T_1 Diese Korrekturfaktoren hängen von der Wellenlänge ab, welche in nm in die jeweiligen Berechnungsformeln eingesetzt werden muss (Tab. 5.9). C_A, C_B und C_C sind dimensionslos. T_1 hat die Einheit s.

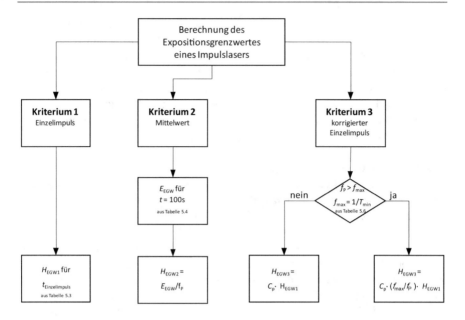

f_p = Impulsfolgefrequenz
$C_P = N^{-0,25}$: Korrekturfaktor bei Mehrfachimpulsen
N: Anzahl der Impulse in der Zeit t
T_{min}: Zeitdauer, unterhalb derer kürzere Einzelimpulse zu addieren sind
f_{max}: Maximal anzusetzende Impulsfolgefrequenz

Abb. 5.3 Ablaufschema zur Bestimmung der Expositionsgrenzwerte bei gepulster Laserstrahlung

Korrekturfaktor C_E Je größer die bestrahlte Fläche auf der Netzhaut ist, desto geringer ist die Gefährdung. Die Größe der bestrahlten Fläche auf der Netzhaut wird durch die Winkelausdehnung oder den Sehwinkel α gegeben, unter der die scheinbare Quelle erscheint (Abschn. 5.1.3). Für den direkten Blick in den Laserstrahl ist der Durchmesser der bestrahlten Fläche 25 µm und die Winkelausdehnung oder der Sehwinkel $\alpha \leq 1,5$ mrad.

Um die Größe der bestrahlten Fläche auf der Netzhaut zu berücksichtigen, wurde für die Berechnung der Expositionsgrenzwerte im Wellenlängenbereich 400–1400 nm ein Korrekturfaktor C_E eingeführt, der von α abhängt. Dieser

Korrekturfaktor wird in Tab. 5.10 in Abhängigkeit von α dargestellt. Dabei sind α_{min} und α_{max} feste Werte von 1,5 mrad bzw. 100 mrad.

Bei Laserstrahlung mit geringer Divergenz liegt die scheinbare Quelle im Unendlichen und der Sehwinkel wird sehr klein ($\alpha < 1,5$ mrad). Auf der Netzhaut wird ein kleines Bild erzeugt (25 μm). In diesem Fall spricht man vom direkten Blick in den Laserstrahl und es gilt $C_E = 1$.

Betrachtet man hingegen die diffuse Reflexion eines Laserstrahls auf der Wand, so ergibt sich ein größerer Sehwinkel und somit ein größeres Bild auf der Netzhaut. Die Gefährdung sinkt und der Korrekturfaktor wird $C_E > 1$. Der maximale Wert, den C_E annehmen kann, ist 66,66. Dies bedeutet, dass bei diffuser Streuung der Expositionsgrenzwert um den Faktor 66,66-mal größer sein kann als beim direkten Laserstrahl.

Die Berechnung bzw. Messung des Sehwinkel α s ist sehr kompliziert und erfordert viel Erfahrung (Abschn. 5.1.3). Für eine Ermittlung des Grenzwerts zur sicheren Seite hin kann $C_E = 1$ gesetzt werden.

Korrekturfaktor T_2 In Tab. 5.3 und 5.4 tritt der Parameter T_2 auf, der ebenfalls von der Winkelausdehnung α abhängt und in Tab. 5.11 angegeben ist.

Grenzempfangswinkel γ_p Bei der Bestimmung der fotochemischen Expositionsgrenzwerte für die Netzhaut kann davon ausgegangen werden, dass sich das Auge bei einer längeren Bestrahlungsdauer bewegt und der Fleck auf der Netzhaut dadurch „verschmiert", also größer wird. Dadurch verteilt sich die Leistung oder Energie auf eine größere Fläche – die Gefährdung der Netzhaut sinkt. Diesem Umstand wird dadurch Rechnung getragen, dass Messblenden den sogenannten Empfangswinkel γ_p und damit die gemessene Leistung oder Energie begrenzen. Die TROS Laserstrahlung Teil Allgemeines [4] beschreibt zwei Möglichkeiten, den Empfangswinkel zu begrenzen:

1. durch eine Blende vor der Strahlungsquelle (Abb. 5.4),
2. durch eine Blende vor dem Detektor, falls die Strahlungsquelle mit einer Linse auf die Detektorfläche abgebildet wird (Abb. 5.5).

Bei Messungen an Quellen, die hinsichtlich der fotochemischen Grenzwerte (400–600 nm) bewertet werden sollen, ist der Grenzempfangswinkel γ_p in Tab. 5.12 dargestellt.

Ist die Winkelausdehnung α der Quelle größer als der angegebene Grenzempfangswinkel γ_p, sollte der Empfangswinkel nicht größer als die Werte sein,

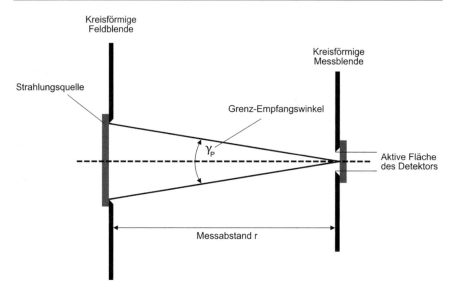

Abb. 5.4 Begrenzung des Empfangswinkels γ_p durch eine Blende vor dem Detektor. (aus TROS Laserstrahlung Teil 2) [1]

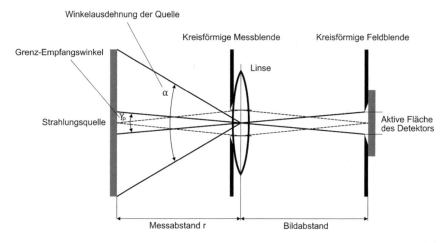

Abb. 5.5 Begrenzung des Empfangswinkels γ_p durch eine Blende vor dem Detektor. (Aus TROS Laserstrahlung Teil 2) [1]

die für γ_p festgelegt sind. Ist die Winkelausdehnung α der Quelle kleiner als der angegebene Grenzempfangswinkel γ_p, muss der Empfangswinkel die betrachtete Quelle voll erfassen, braucht im Übrigen aber nicht genau definiert zu sein, d. h. der Empfangswinkel braucht nicht auf γ_p beschränkt zu sein [3].

5.2.5 Vereinfachte Expositionsgrenzwerte

Für eine schnelle Einschätzung der Expositionsgrenzwerte kann die folgende, zur sicheren Seite hin vereinfachte Tab. 5.13 benutzt werden.

5.2.6 Einfluss der Expositionsdauer auf den Expositionsgrenzwert

Häufig wird angenommen, dass die Expositionsdauer den Expositionsgrenzwert verkleinert. Da die Zeit bei der Berechnung der Grenzwerte in der Regel nicht linear eingeht, ist dies nur eingeschränkt der Fall.

Am Beispiel eines frequenzverdoppelten Nd:YAG-Lasers mit der Wellenlänge $\lambda = 532$ nm soll dies verdeutlicht werden. In Tab. 5.3 findet man für Bestrahlungsdauern von $1,8 \cdot 10^{-5}$ bis 10 s den Grenzwert

$$H = 18 \cdot t^{0,75} C_E \mathrm{Jm}^{-2} \tag{5.1}$$

für $t = 10$ s und $C_E = 1$ erhält man $H = 5,62$ Jm^{-2}

für $t = 10^{-5}$ s und $C_E = 1$ erhält man $H = 0,00320$ Jm^{-2}

Dies zeigt deutlich, dass eine Verringerung der Expositionsdauer um den Faktor 1 Mio. in unserem Fall lediglich eine Erhöhung des Expositionsgrenzwerts um den Faktor 1756 ergibt. Eine Verkürzung der Expositionsdauer kann oft also nicht das einzig geeignete Mittel sein, die Sicherheit zu gewährleisten, und andere Maßnahmen, wie z. B. eine Aufweitung des Laserstrahls oder die Verringerung der Leistung, sind zu treffen. Diese Tatsache ist bei der Beurteilung der Sicherheit einer Lasershow von besonderer Bedeutung.

Tab. 5.13 Vereinfachte maximal zulässige Bestrahlungswerte auf der Hornhaut des Auges α. (Aus TROS Laserstrahlung Teil 2 Tab. A4.8) [1]

Wellenlängen-bereich / nm	Bestrahlungsstärke E				Bestrahlung H			
	D[a]		M[b]		M		I[c],R[d]	
	Impuls-dauer / s	E /W/ m^2	Impuls-dauer / s	E /W/ m^2	Impuls-dauer /s	H /J/m^2	Impuls-dauer /s	H /J/ m^2
$100 \leq \lambda < 315$	30.000	0,001	$<10^{-9}$	$3 \cdot 10^{10}$	–	–	$>10^{-9} -$ $3 \cdot 10^4$	30
$315 \leq \lambda < 1400$	$>5 \cdot 10^{-4} -$ 10	10	–	–	$<10^{-9}$	$1,5 \cdot 10^{-4}$	$>10^{-9} -$ $5 \cdot 10^{-4}$	0,005
$1400 \leq \lambda < 10^6$	$>0,1 - 10$	1.000	$<10^{-9}$	10^{11}	–	–	$>10^{-9} -$ 0,1	100

[a]Dauerstrich (konstante Leistung über mind. 0,25 s)

[b]Modengekoppelt (Emission in Impulsen, die kleiner als 10^{-7} s und länger als 1 ns sind)

[c]Impuls (Emissionen die $<0,25$ s sind und länger als 10^{-7} s)

[d]Riesenimpuls (Emission in Impulsen, die kleiner als 10^{-7} s und länger als 1 ns)

5.2.7   Expositionsgrenzwerte bei mehreren Wellenlängen

Können am Arbeitsplatz gleichzeitig Expositionen unterschiedlicher Wellenlängen vorliegen, so ist zu prüfen, ob jede einzelne Wellenlänge den Expositionsgrenzwert einhält und ob es zu einer Addition der Wirkungen der einzelnen Strahlungen kommen kann. Eine Addition liegt vor, wenn der Laserschaden durch die unterschiedlichen Wellenlängen an der gleichen Stelle, z. B. an der Netzhaut, und durch den gleichen Wirkungsprozess auftritt. Eine Hilfe hierbei gibt Tab. 5.14, die für das Auge und die Haut verschiedene Aussagen macht.

Wurde festgestellt, dass eine Additivität vorliegt, so gilt folgende Bedingung, damit der Grenzwert eingehalten wird:

$$\sum_{\lambda_i} \frac{E_{\lambda i}}{E_{\mathrm{EGW},\lambda_i,}} \leq 1 \qquad (5.2)$$

Dabei sind $E_{\lambda i}$ die Exposition bei der Wellenlänge λ_i und $E_{\mathrm{EGW},\lambda_i}$ der entsprechende Expositionsgrenzwert.

Liegt nach Tab. 5.14 keine additive Wirkung vor, muss der Grenzwert für jede einzelne Wellenläge eingehalten werden.

5.2.8   Beispiele von Expositionsgrenzwerten

Tab. 5.15 zeigt an einigen Beispielen Expositionsgrenzwerte E_{EGW} für unterschiedliche Wellenlängen und Expositionsdauern.

5.2.9   Umgang mit den Expositionsgrenzwerten

Die ermittelten Expositionsgrenzwerte (EGW) dienen der Gefährdungsbeurteilung und werden in dieser festgehalten. Werden die EGW am Arbeitsplatz eingehalten, so ist sichergestellt, dass der Schutz der Arbeitnehmer vor möglichen Schäden von Auge oder Haut gewährleistet ist. Übersteigen die Expositionen den Expositionsgrenzwert, so hat der Unternehmer zu prüfen, ob die Expositionen unter den EGW reduziert werden können. Ist dies nicht möglich, so sind geeignete

Tab. 5.14 Additive Wirkung der Strahlungseinwirkung verschiedener Wellenlängenbereiche für Auge und Haut (aus TROS Laserstrahlung Teil 2) [1]

Wellenlängenbereich	100–315 nm	315–400 nm	400–1400 nm	1400–10^6 nm
100 nm – 315 nm	Auge/Haut			
315 nm – 400 nm		Auge/Haut	Haut	Auge/Haut
400 nm – 1400 nm		Haut	Auge/Haut	Haut
1400 nm – 10^6 nm		Auge/Haut	Haut	Auge/Haut

Tab. 5.15 Expositionsgrenzwerte für das Auge für verschiedene Lasersysteme

Lasertyp	Wellenlänge / nm	Expositionsdauer / s	E_{EGW} / W/m^2
He-Ne-Laser	633	100	10
Nd:YAG-Laser	1064	100	50
Stickstofflaser	337	30.000	0,33
CO$_2$-Laser	10.600	100	1000
Diodenlaser	805	100	50
Argon-Ionen-Laser	488	100	5,7
Ho:YAG-Laser	2100	100	1000
Er:YAG-Laser	2940	100	1000

Schutzmaßnahmen festzulegen und umzusetzen. Dazu gehören beispielsweise Abschirmungen und die Benutzung von Laserschutzbrillen. Die Expositionsgrenzwerte und deren Bedeutung sind den betroffenen Mitarbeitern in der Unterweisung mitzuteilen.

5.3   Beispielhafte Berechnungen der Expositionsgrenzwerte für kontinuierliche Laser

Bei der Berechnung von Expositionsgrenzwerten und Expositionen gilt zu beachten:
Die Ergebnisse der Expositionsgrenzwerte werden abgerundet!
Die Ergebnisse der Expositionen werden aufgerundet!

5.3.1   Diodenlaser

Ein Diodenlaser hat folgende Daten: Wellenlänge $\lambda = 804$ nm. Die Expositionsdauer t wird mit 100 s angenommen. Es handelt sich um einen direkten Strahl mit $\alpha \leq 1,5$ mrad.
Die Expositionsdauer von 100 s führt zu Tab. 5.4. Dort findet man 3 Möglichkeiten für den Grenzwert, welche alle vom Sehwinkel α abhängen.

$\alpha \leq 1,5$ mrad $\quad E = 10 \cdot C_A \cdot C_C \cdot W \cdot m^{-2}$
$\alpha > 1,5$ mrad und $t \leq T_2 \quad H = 18 \cdot C_A \cdot C_C \cdot C_E \cdot t^{0,75} J \cdot m^{-2}$
$\alpha > 1,5$ mrad und $t > T_2 \quad E = 18 \cdot C_A \cdot C_C \cdot C_E \cdot T_2^{-0,25} W \cdot m^{-2}$ (maximal 1000 W $\cdot m^{-2}$)

Da $\alpha \leq 1,5$ mrad, wird der erste Fall verwendet.

$$E_{EGW} = 10 \cdot C_A \cdot C_C \frac{W}{m^2} \tag{5.3}$$

Aus Tab. 5.9 dieses Buches entnimmt man für die Korrekturfaktoren C_A und C_C

$$C_A = 10^{0,002(\lambda - 700)} = 10^{0,002(804-700)} = 1,61 \qquad (5.4)$$

und

$$C_C = 1 \qquad (5.5)$$

Man erhält für den Expositionsgrenzwert:

$$E_{EGW} = 10 \cdot 1,61 \cdot 1 \; \frac{W}{m^2} = 16,1 \frac{W}{m^2}$$

5.3.2 Laserpointer (Wellenlänge im Blauen)

Ein Laserpointer hat folgende Daten: Wellenlänge: $\lambda = 405$ nm, es handelt sich um einen direkten Strahl mit $\alpha \leq 1,5$ mrad. Die Expositionsdauer wird mit 100 s angenommen.

Die Expositionsdauer von 100 s führt zu Tab. 5.4. Dort findet man zwei Expositionsgrenzwerte, einen für die fotochemische und einen für die thermische Schädigung. Beide Grenzwerte müssen berechnet werden.

Expositionsgrenzwert für die fotochemische Gefährdung H_{EGW_F}

$$H_{EGW_F} = 100 \cdot C_B \frac{J}{m^2} \qquad (5.6)$$

Aus Tab. 5.9 entnimmt man $C_B = 1$

$$H_{EGW_F} = 100 \frac{J}{m^2}$$

$$E_{EGW_F} = \frac{H_{EGWF}}{t} = \frac{100 Ws}{100 s m^2} = 1 \frac{W}{m^2} \qquad (5.7)$$

Expositionsgrenzwert für die thermische Gefährdung H_{EGW_T}
Für die Berechnung des thermischen Expositionsgrenzwertes liefert Tab. 5.4 drei Möglichkeiten:

$\alpha \leq 1,5$ mrad $E = 10 \; W \cdot m^{-2}$
$\alpha > 1,5$ mrad und $t \leq T_2$ $H = 18 \cdot C_E \cdot t^{0,75} \; J \cdot m^{-2}$
$\alpha > 1,5$ mrad und $t > T_2$ $E = 18 \cdot C_E \cdot T_2^{-0,25} \; W \cdot m^{-2}$

Da $\alpha \leq 1,5$ mrad, wird der Expositionsgrenzwert mit $E_{EGW_T} = 10 \; \frac{W}{m^2}$ ermittelt.

Zum Vergleich mit der Exposition muss der kleinere der beiden Expositions-grenzwerte, in unserem Fall $E_{\mathrm{EGW_F}} = 1\frac{\mathrm{W}}{\mathrm{m}^2}$, herangezogen werden.

5.3.3   Laserpointer mit 2 Wellenlängen

Ein Laserpointer sendet neben der Wellenlänge $\lambda = 532$ nm auch die Grund-wellenlänge (1. Harmonische) von 1064 nm aus. Es handelt sich um einen direkten Strahl mit $\alpha \leq 1{,}5$ mrad ($C_{\mathrm{E}} = 1$). Die Expositionsdauer soll 0,25 s betragen.

Es müssen für beide Wellenlängen die Expositionsgrenzwerte ermittelt werden. Die Expositionsdauer führt zu Tab. 5.3. Dort findet man:
für $\lambda = 532$ nm:

$$H_{\mathrm{EGW1}} = 18 \cdot t^{0{,}75} \cdot C_{\mathrm{E}} \frac{\mathrm{J}}{\mathrm{m}^2} \tag{5.8}$$

$$H_{\mathrm{EGW1}} = 18 \cdot 0{,}25^{0{,}75} \cdot 1\frac{\mathrm{J}}{\mathrm{m}^2} = 6{,}36\frac{\mathrm{J}}{\mathrm{m}^2}$$

$$E_{\mathrm{EGW1}} = \frac{H_{\mathrm{EGW}}}{t} = \frac{6{,}36\mathrm{Ws}}{0{,}25\mathrm{sm}^2} = 25{,}4\frac{\mathrm{W}}{\mathrm{m}^2} \tag{5.9}$$

und für $\lambda = 1064$ nm:

$$H_{\mathrm{EGW2}} = 90 \cdot t^{0{,}75} \cdot C_C \cdot C_E \frac{\mathrm{J}}{\mathrm{m}^2} \tag{5.10}$$

Aus Tab. 5.9 entnimmt man für C_{C} den Wert 1.

$$H_{\mathrm{EGW2}} = 90 \cdot 0{,}25^{0{,}75} \cdot 1 \cdot 1\frac{\mathrm{J}}{\mathrm{m}^2} = 31{,}8\frac{\mathrm{J}}{\mathrm{m}^2}$$

$$E_{\mathrm{EGW2}} = \frac{H_{\mathrm{EGW2}}}{t} = \frac{31{,}8\mathrm{Ws}}{0{,}25\mathrm{sm}^2} = 127\frac{\mathrm{W}}{\mathrm{m}^2} \tag{5.11}$$

Zum Einhalten des Expositionsgrenzwertes muss folgende Bedingung erfüllt sein:

$$\sum_{\lambda_i} \frac{E_{\lambda\mathrm{i}}}{E_{\mathrm{EGW},\lambda_\mathrm{i},}} \leq 1. \tag{5.12}$$

Dies bedeutet, dass man die Expositionen bei beiden Wellenlängen ermitteln und nach dieser Gleichung prüfen muss, ob die Summe über oder unter 1 liegt. Im letzten Fall tritt kein Augenschaden auf.

5.4   Beispielhafte Berechnungen der Expositionsgrenzwerte für Impulslaser

5.4.1   Nd:YAG-Laser

Ein gepulster Nd:YAG-Laser hat die Wellenlänge $\lambda = 1064$ nm, die Impulsdauer $t = 8$ ns und die Impulsfolgefrequenz $f = 30$ Hz. Die Expositionsdauer wird mit 100 s angenommen. Es handelt sich um einen direkten Strahl mit $\alpha \leq 1,5$ mrad.

Da es sich um gepulste Laserstrahlung handelt, müssen nach TROS Laserstrahlung Teil 2 folgende Kriterien erfüllt werden [1]:

1. Die Exposition durch jeden einzelnen Impuls einer Impulsfolge darf den Expositionsgrenzwert für einen Einzelimpuls dieser Impulsdauer nicht überschreiten.
2. Die Exposition durch eine Impulsgruppe (oder eine beliebige Untergruppe von Impulsen in einer Impulsfolge) innerhalb eines beliebigen Zeitraums t darf den Expositionsgrenzwert für die Zeitdauer t nicht überschreiten.
3. Die Exposition durch jeden einzelnen Impuls in einer Impulsgruppe darf den Expositionsgrenzwert für den Einzelimpuls, multipliziert mit einem Korrekturfaktor $C_\mathrm{p} = N^{-0,25}$ nicht überschreiten, wobei N die Zahl der Impulse innerhalb des Zeitraums t ist. Diese Regel gilt nur für Expositionsgrenzwerte zum Schutz gegen thermische Schädigung, wobei alle in weniger als T_min erzeugten Impulse als einzelner Impuls mit der Dauer T_min behandelt werden.

Zu Kriterium 1 Berechnung des Expositionsgrenzwertes eines Einzelimpulses (direkter Blick in den Strahl, $C_E = 1$):

Aus Tab. 5.3 entnimmt man

$$H_{1\mathrm{EGW}} = 5 \cdot 10^{-2} C_C C_E \mathrm{Jm}^{-2} \tag{5.13}$$

In Tab. 5.9 findet man für $\lambda = 1064$ nm den Wert $C_C = 1$,

$$H_{1\mathrm{EGW}} = 5 \cdot 10^{-2} \cdot 1 \cdot 1 \frac{\mathrm{J}}{\mathrm{m}^2} = 5 \cdot 10^{-2} \frac{\mathrm{J}}{\mathrm{m}^2}$$

Dieser Wert gibt den Expositionsgrenzwert an, falls es sich um einen Einzelimpuls handelt. Er dient als Berechnungsgrundlage für Kriterium 3.

Zu Kriterium 2 Expositionsgrenzwert durch eine Impulsgruppe

Der Expositionsgrenzwert für eine Impulsfolge mit der Expositionsdauer $t = 100$ s beträgt nach Tab. 5.4:

$$E_{\mathrm{EGW}} = 10 C_A C_C \frac{\mathrm{W}}{\mathrm{m}^2} \tag{5.14}$$

Aus Tab. 5.9 entnimmt man $C_A = 5$ und $C_C = 1$ für 1064 nm.

$$E_{\text{EGW}} = 10 \cdot 5 \cdot 1 \frac{\text{W}}{\text{m}^2} = 50 \text{Wm}^{-2}$$

Dieser Wert gibt den Expositionsgrenzwert für den Mittelwert der Bestrahlungsstärke über 100 s an. Daraus berechnet man für den späteren Vergleich mit Kriterium 3 für einen Einzelimpuls, indem man E_{EGW} durch die Impulsfolgefrequenz dividiert.

$$H_{2\text{EGW}} = \frac{E_{\text{EGW}}}{f} = \frac{50}{30} \frac{\text{J}}{\text{m}^2} = 1{,}66 \frac{\text{J}}{\text{m}^2} \tag{5.15}$$

Zu Kriterium 3 Expositionsgrenzwert für Pulsfolge mit Korrekturfaktor:

Zunächst ist zu überprüfen, ob Impulse zusammengefasst werden müssen. Hierzu berechnet man den zeitlichen Abstand Δt zwischen zwei Impulsen und vergleicht diesen mit $T_{\min}$ aus Tab. 5.6.

$$\Delta T = \frac{1}{f} = \frac{1\,\text{s}}{30} = 0{,}0333\,\text{s} \tag{5.16}$$

Da dieser Wert größer als der aus Tab. 5.6 ermittelte Wert von $50 \cdot 10^{-6}$ s ist, müssen die Impulse nicht zusammengefasst werden.

Für eine Impulsfolge ist der Expositionsgrenzwert eines Einzelimpulses mit dem Faktor C_p zu multiplizieren.

Aus Tab. 5.7 entnimmt man für die Wellenlänge $\lambda = 1064$ nm die maximale Zeit T_2, über die die Impulszahl N zu ermitteln ist.

Aus Tab. 5.11 entnimmt man für $\alpha \leq 1{,}5$ mrad für T_2 den Wert 10 s.

$$C_p = N^{-0{,}25} (N = \text{ Gesamtzahl der Impulse in 10 s} = 10\,\text{s} \cdot 30 \frac{1}{\text{s}} = 300)$$

$$C_p = 300^{-0{,}25} = 0{,}240$$

Der Expositionsgrenzwert berechnet sich damit zu

$$H_{3\text{EGW}} = 5 \cdot 10^{-2} \cdot 0{,}240 \frac{\text{J}}{\text{m}^2} = 1{,}20 \cdot 10^{-2} \frac{\text{J}}{\text{m}^2}.$$

Dieser Wert ist kleiner als die Ergebnisse aus Kriterium 1 und 2 und stellt damit den gültigen Expositionsgrenzwert dar, der für einen Einzelimpuls einhalten muss, um keine Schutzmaßnahmen treffen zu müssen.

5.4.2 Medizinischer CO_2-Laser

Ein medizinischer CO_2-Laser hat folgende Daten: Wellenlänge: $\lambda = 10.600$ nm, Strahlradius $r = 25{,}7$ mm, Impulsdauer $t = 265$ μs, Impulsfolgefrequenz $f = 550$ Hz, Impulsenergie $Q = 30$ mJ, mittlere Leistung $P_0 = 16{,}5$ W, Divergenz $\varphi = 9{,}5$ mrad. Es handelt sich um den direkten Strahl mit $\alpha \leq 1{,}5$ mrad.

Da es sich um einen gepulsten Laser handelt, müssen wieder alle drei Kriterien berechnet werden.

Zu Kriterium 1 Berechnung des Expositionsgrenzwertes eines Einzelimpulses (direkter Blick in den Strahl $C_E = 1$):

Aus Tab. 5.3 entnimmt man:

$$H_{1EGW} = 5{,}6 \cdot 10^3 \cdot t^{0{,}25} \frac{J}{m^2} \tag{5.18}$$

$$H_{1EGW} = 5{,}6 \cdot 10^3 \cdot \left(265 \cdot 10^{-6}\right)^{0{,}25} \frac{J}{m^2} = 714 \frac{J}{m^2}$$

Zu Kriterium 2 Expositionsgrenzwert durch eine Impulsgruppe

Der Expositionsgrenzwert für eine Impulsfolge mit der Expositionsdauer $t = 100$ s wird aus Tab. 5.4 entnommen und beträgt:

$$E_{EGW} = 1000 \frac{W}{m^2} \tag{5.19}$$

Dieser Wert gilt für den Mittelwert der Bestrahlungsstärke über 100 s. Daraus kann der Expositionsgrenzwert für die Bestrahlung für einen Einzelimpuls angegeben werden

$$H_{2EGW} = \frac{E_{EGW}}{f} = \frac{1000}{550} \frac{J}{m^2} = 1{,}81 \frac{J}{m^2}. \tag{5.20}$$

Zu Kriterium 3 Expositionsgrenzwert für Pulsfolge mit Korrekturfaktor:

Zunächst ist zu überprüfen, ob Impulse zusammengefasst werden müssen. Hierzu berechnet man den zeitlichen Abstand Δt zwischen zwei Impulsen und vergleicht diesen mit T_{min} aus Tab. 5.7:

$$\Delta t = \frac{1}{f} = \frac{1s}{550} = 1{,}82 \cdot 10^{-3} s \tag{5.21}$$

Da dieser Wert größer als der aus Tab. 5.6 ermittelte Wert von $1 \cdot 10^{-7}$ s ist, müssen die Impulse nicht zusammengefasst werden.

Für eine Impulsfolge ist der Expositionsgrenzwert eines Einzelimpulses mit dem Faktor C_p zu multiplizieren.

Aus der Tab. 5.7 entnimmt man für die Wellenlänge des CO_2-Lasers die maximale Zeit von 10 s, über die die Impulszahl N zu ermitteln ist.

$$C_p = N^{-0,25} (N = \text{Gesamtzahl der Impulse in 10 s} = 10 \text{ s} \cdot 550 \frac{1}{s} = 5500)$$

$$C_p = 5500^{-0,25} = 0,1161$$

$$H_{3EGW} = 14,49 \frac{J}{m^2} \cdot 0,1161 = 1,682 \frac{J}{m^2}.$$

Ergebnis Das dritte Kriterium liefert mit $H_{3EGW} = 1,682 \frac{J}{m^2}$ bezogen auf einen einzelnen Puls den kleinsten Wert und muss daher als Expositionsgrenzwert verwendet werden.

Berechnung der Exposition

$$H = \frac{Q}{A} \qquad (5.23)$$

Die Fläche A wurde mit dem Strahlradius aus dem Aufgabentext berechnet.

Der Strahldurchmesser d des Lasers ist größer als der Durchmesser D der Messblende. Diesen findet man in Tab. 5.3 nach den folgenden Auswahlkriterien:
Wenn $1400 \text{ nm} \leq \lambda < 10^5 \text{ nm}$, dann gilt
für $t \leq 0,35$ s, $D = 1$ mm
für $0,35 \text{ s} < t < 10$ s, $D = 1,5 \cdot t^{0,375}$ mm. Wenn $10^5 \text{ nm} \leq \lambda < 10^6 \text{ nm}$, dann ist $D = 11$ mm.
Da die Wellenlänge des CO_2-Lasers $< 10^5$ nm und die Impulsdauer $t \leq 0,35$ s ist, erhält man den Durchmesser der Messblende von 1 mm. Da der Strahldurchmesser ($d = 51,4$ mm bzw. $r = 25,7$ mm) größer als die Messblende ist, wird dieser für die Berechnung der Fläche herangezogen.

$$A = \pi r^2 = 3,14 \cdot (25,7 \cdot 10^{-3} m)^2 = 2,07 \cdot 10^{-3} m^2 \qquad (5.24)$$

$$H = \frac{Q}{A} = \frac{30 \cdot 10^{-3} J}{2,07 \cdot 10^{-3} m^2} = 14,5 \frac{J}{m^2} \qquad (5.25)$$

Diese Exposition bezogen auf einen einzelnen Puls in der Pulsgruppe überschreitet den Expositionsgrenzwert $H_{3EGW} = 1,68 \frac{J}{m^2}$.

5.4.3 Laser in der Forschung

Im Folgenden werden zwei unterschiedliche Versuchsanordnungen in der Forschung betrachtet. Hierbei handelt es sich 1) um ein gepulstes Diodenlaser-System, das auch in ein Mikroskop eingekoppelt werden kann, und 2) um ein gepulstes Diodenlaser-System in einem Spektroskopie-Aufbau.

1) Diodenlaser-System für die Mikroskopie

Ein Diodenlaser-System, das in der Forschung, z. B. bei Bioimaging-Versuchen, Anwendung findet, kann im Einzelwellenlängen- oder Dualwellenlängenbetrieb genutzt werden. Es hat folgende Daten: Wellenlänge 1: $\lambda_1 = 920$ nm, Wellenlänge 2: $\lambda_2 = 1064$ nm, Impulsdauer $t = 100$ fs, Impulsfolgefrequenz $f = 100$ Hz, Impulsenergie $Q = 0{,}01$ µJ, mittlere Leistung $P_0 = 1$ µW, Strahlradius d = 2 mm. Es handelt sich um einen direkten Strahl mit $\alpha \leq 1{,}5$ mrad.

Da es sich um einen gepulsten Laser handelt, müssen zunächst wieder alle drei Kriterien für beide Wellenlängen berechnet werden. Denn das Lasersystem kann sowohl im Einzelwellenlängenbetrieb als auch im Dualwellenlängenbetrieb genutzt werden.

Zu Kriterium 1 Berechnung des Expositionsgrenzwertes eines Einzelimpulses für λ_1 (direkter Blick in den Strahl): Aus Tab. 5.10 und 5.9 entnimmt man für

$$C_E = 1 \text{ und für } C_A = 10^{0{,}002(\lambda - 700)} = 10^{0{,}002(920 - 700)} = 2{,}75$$

Aus Tab. 5.3 entnimmt man:

$$H_{1\text{EGW}920} = 1{,}5 \cdot 10^{-4} \cdot C_A \cdot C_E \frac{J}{m^2} \tag{5.26}$$

$$H_{1\text{EGW}920} = 1{,}5 \cdot 10^{-4} \cdot 2{,}75 \cdot 1 \frac{J}{m^2} = 4{,}12 \cdot 10^{-4} \frac{J}{m^2}$$

Berechnung des Expositionsgrenzwertes eines Einzelimpulses für λ_2 (direkter Blick in den Strahl $C_E = 1$, $C_C = 1$): Aus Tab. 5.3 entnimmt man:

$$H_{1\text{EGW}1064} = 1{,}5 \cdot 10^{-3} \cdot C_c \cdot C_E \frac{J}{m^2} \tag{5.27}$$

$$H_{1\text{EGW}1064} = 1{,}5 \cdot 10^{-3} \cdot 1 \cdot 1 \frac{J}{m^2} = 1{,}5 \cdot 10^{-3} \frac{J}{m^2}$$

Zu Kriterium 2 Expositionsgrenzwert durch eine Impulsgruppe:

Der Expositionsgrenzwert für eine Impulsfolge mit der Expositionsdauer $t = 100$ s wird aus Tab. 5.4 entnommen und beträgt für λ_1 ($C_C = 1$, $C_A = 2{,}75$):

$$E_{\text{EGW}920} = 10 \cdot C_A \cdot C_C \frac{W}{m^2} \tag{5.28}$$

$$E_{\text{EGW}920} = 10 \cdot 2{,}75 \frac{W}{m^2} = 27{,}5 \frac{W}{m^2}$$

und für λ_2 ($C_C = 1$, $C_A = 5$):

$$E_{\text{EGW}1064} = 10 \cdot C_A \cdot C_C \frac{W}{m^2} \tag{5.29}$$

$$E_{\text{EGW1064}} = 10 \cdot 5 \frac{\text{W}}{\text{m}^2} = 50 \frac{\text{W}}{\text{m}^2}$$

Dieser Wert gilt für den Mittelwert der Bestrahlungsstärke über 100 s. Daraus kann der Expositionsgrenzwert für die Bestrahlung für einen Einzelimpuls angegeben werden.

Für λ_1 ergibt sich ein Mittelwert der Bestrahlungsstärke von

$$H_{\text{2EGW920}} = \frac{E_{\text{EGW}}}{f} = \frac{27,5 \text{ Ws}}{100 \text{ m}^2} = 0,275 \frac{\text{J}}{\text{m}^2}. \tag{5.30}$$

und für λ_2 ergibt sich ein Mittelwert der Bestrahlungsstärke von

$$H_{\text{2EGW1064}} = \frac{E_{\text{EGW}}}{f} = \frac{50 \text{ Ws}}{100 \text{ m}^2} = 0,50 \frac{\text{J}}{\text{m}^2}. \tag{5.31}$$

Zu Kriterium 3 Expositionsgrenzwert für Impulsfolge mit Korrekturfaktor:

Zunächst ist zu überprüfen, ob Impulse zusammengefasst werden müssen. Hierzu berechnet man den zeitlichen Abstand ΔT zwischen zwei Impulsen und vergleicht diesen mit T_{min} aus Tab. 5.6.

$$\Delta T = \frac{1}{f} = \frac{1s}{100} = 0,01\text{s} \tag{5.32}$$

Da dieser Wert größer als der aus Tab. 5.6 ermittelte Wert für λ_1 von $18 \cdot 10^{-6}$ s und für λ_2 von $50 \cdot 10^{-6}$ s ist, müssen die Impulse nicht zusammengefasst werden.

Für eine Impulsfolge ist der Expositionsgrenzwert eines Einzelimpulses mit dem Faktor C_p zu multiplizieren.

Aus Tab. 5.7 entnimmt man für die beiden Wellenlängen des Dioden-Lasers die maximale Zeit $T = 10$ s, über die die Impulszahl N zu ermitteln ist.

$$C_\text{p} = N^{-0,25} (N = \text{ Gesamtzahl der Impulse in 10 s } = 10 \text{ s} \cdot 100 \frac{1}{s} = 1000)$$

$$C_\text{p} = 1000^{-0,25} = 0,177$$

$$H_{\text{3EGW920}} = 4,2 \cdot 10^{-4} \frac{\text{J}}{\text{m}^2} \cdot 0,177 = 0,743 \cdot 10^{-4} \frac{\text{J}}{\text{m}^2}.$$

$$H_{\text{3EGW1064}} = 1,5 \cdot 10^{-3} \frac{\text{J}}{\text{m}^2} \cdot 0,177 = 0,265 \cdot 10^{-3} \frac{\text{J}}{\text{m}^2}.$$

Ergebnis Bei einer Betrachtung des Diodenlasers in Einzelwellenlängenbetrieb liefert das dritte Kriterium mit $H_{\text{3EGW920}} = 0,743 \cdot 10^{-4} \frac{\text{J}}{\text{m}^2}$ und $H_{\text{3EGW1064}} = 0,265 \cdot 10^{-3} \frac{\text{J}}{\text{m}^2}$ den kleinsten Wert und muss daher als Expositionsgrenzwert für die jeweilige Wellenlänge im Einzelwellenlängenbetrieb verwendet werden.

Berechnung der Exposition Der Strahldurchmesser des Lasers, der im Aufgaben-text angegeben ist, ist kleiner als der Durchmesser der Messblende. Diesen findet man in Tab. 5.2 und er beträgt für beide Wellenlängen 7 mm.

Da der Strahldurchmesser kleiner als die Messblende ist, wird der Durchmesser der Messblende von 7 mm zur Berechnung der Fläche herangezogen.

$$H = \frac{Q}{A} = \frac{0,01 \cdot 10^{-6} J}{3,85 \cdot 10^{-5} \text{m}^2} = 2,60 \cdot 10^{-4} \frac{J}{\text{m}^2} \tag{5.34}$$

Die Bestrahlung gilt für beide Wellenlängen, da für die Pulsenergie und die Fläche die gleichen Werte benutzt wurden.

Berücksichtigung der additiven Wirkung beim gleichzeitigen Betrieb der beiden Wellenlängen. Beim gleichzeitigen Betrieb der beiden Wellenlängen ist zu über-prüfen, ob es zu einer Addition der Wirkung der einzelnen Strahlungen kommen kann. In Tab. 5.14 sind die additiven Wirkungen der Strahlungswirkung ver-schiedener Wellenlängenbereiche für Auge und Haut aufgeführt. Bei vorliegendem Beispiel liegt eine additive Wirkung vor. Es gilt:

$$\sum \frac{H_i}{H_{\text{EGW},\lambda_i}} \leq 1 \tag{5.35}$$

$$\frac{H_{920}}{H_{3\text{EGW}920}} + \frac{H_{1064}}{H_{3\text{EGW}1064}} = \frac{2,60 \cdot 10^{-4} \frac{J}{\text{m}^2}}{0,74 \cdot 10^{-4} \frac{J}{\text{m}^2}} + \frac{2,60 \cdot 10^{-4} \frac{J}{\text{m}^2}}{0,26 \cdot 10^{-3} \frac{J}{\text{m}^2}} = 4,51 > 1 \tag{5.36}$$

Die Summe in Gl. 5.36 liegt über 1, sodass die Exposition den Grenzwert über-schreitet. Es muss eine Abschirmung angebracht werden.

2) Diodenlaser-System für die Spektroskopie

Ein Diodenlaser-System, das in der Forschung z. B. in Spektroskopie-Aufbauten Anwendung findet, hat folgende Daten: Wellenlänge 1: $\lambda = 920$ nm, Impulsdauer $t = 500$ fs, Impulsfolgefrequenz $f = 200$ Hz, Impulsenergie $Q = 0,01$ µJ, mittlere Leistung $P_0 = 2$ µW, Strahlradius $r = 2$ mm. Es handelt sich um den direkten Strahl mit $\alpha \leq 1,5$ mrad.

Es wird ein gepulster Laser betrachtet, daher werden wieder alle drei Kriterien herangezogen.

Zu Kriterium 1 Berechnung des Expositionsgrenzwertes eines Einzelimpulses (direkter Blick in den Strahl, $C_E = 1$, $C_A = 2,75$):

Aus Tab. 5.3 entnimmt man

$$H_{1\text{EGW}} = 1,5 \cdot 10^{-4} \cdot C_A \cdot C_E \frac{J}{\text{m}^2} \tag{5.37}$$

$$H_{1\text{EGW}} = 1,5 \cdot 10^{-4} \cdot 2,75 \cdot 1 \frac{J}{\text{m}^2} = 4,12 \cdot 10^{-4} \frac{J}{\text{m}^2}$$

Zu Kriterium 2 Expositionsgrenzwert durch eine Impulsgruppe:

Der Expositionsgrenzwert für eine Impulsfolge mit der Expositionsdauer $t = 100$ s wird aus Tab. 5.4 entnommen und beträgt für $\lambda = 920$ nm ($C_C = 1$, $C_A = 2,75$):

$$E_{EGW} = 10 \cdot C_A \cdot C_C \frac{W}{m^2} \tag{5.38}$$

$$E_{EGW} = 10 \cdot 2,75 \frac{W}{m^2} = 27,5 \frac{W}{m^2}$$

Dieser Wert gilt für den Mittelwert der Bestrahlungsstärke über 100 s. Daraus kann der Expositionsgrenzwert für die Bestrahlung eines Einzelimpulses angegeben werden.

Für $\lambda = 920$ nm ergibt sich ein Mittelwert der Bestrahlungsstärke von

$$H_{2EGW} = \frac{E_{EGW}}{f} = \frac{27,5}{200} \frac{Ws}{m^2} = 0,137 \frac{J}{m^2}. \tag{5.39}$$

Zu Kriterium 3 Expositionsgrenzwert für Pulsfolge mit Korrekturfaktor:

Zunächst ist zu überprüfen, ob Impulse zusammengefasst werden müssen. Hierzu berechnet man den zeitlichen Abstand Δt zwischen zwei Impulsen und vergleicht diesen mit T_{min} aus Tab. 5.6:

$$\Delta T = \frac{1}{f} = \frac{1s}{200} = 0,0050s \tag{5.40}$$

Da dieser Wert größer als der aus Tab. 5.6 ermittelte Wert von $18 \cdot 10^{-6}$ s ist, müssen die Impulse nicht zusammengefasst werden.

Für eine Impulsfolge ist der Expositionsgrenzwert eines Einzelimpulses mit dem Faktor C_p zu multiplizieren.

Aus Tab. 5.7 entnimmt man für die beiden Wellenlängen des Dioden-Lasers die maximale Zeit von 10 s, über die die Impulszahl N zu ermitteln ist.

$$C_p = N^{-0,25} (N = \text{ Gesamtzahl der Impulse in 10 s} = 10 \text{ s} \cdot 200 \frac{1}{s} = 2000) \tag{5.41}$$

$$C_p = 2000^{-0,25} = 0,150$$

Der Expositionsgrenzwert errechnet sich damit zu:

$$H_{3EGW} = 4,2 \cdot 10^{-4} \frac{J}{m^2} \cdot 0,150 = 0,630 \cdot 10^{-4} \frac{J}{m^2}.$$

Bei einer Betrachtung des Diodenlasers in Einzelwellenlängenbetrieb liefert das dritte Kriterium mit $H_{3EGW} = 0,63 \cdot 10^{-4} \frac{J}{m^2}$ den kleinsten Wert und muss daher als Expositionsgrenzwert für den Vergleich mit der Exposition verwendet werden.

Berechnung der Exposition Der Strahldurchmesser des Lasers, der im Aufgabentext angegeben ist, ist kleiner als der Durchmesser der Messblende. Diesen findet man in Tab. 5.3 und beträgt für beide Wellenlängen 7 mm.

Da der Strahldurchmesser kleiner als die Messblende ist, wird der Durchmesser der Messblende aus Tab. 5.2 zur Berechnung der Fläche herangezogen.

$$H = \frac{Q}{A} = \frac{0,01 \cdot 10^{-6}\text{J}}{3,85 \cdot 10^{-5}\text{m}^2} = 2,60 \cdot 10^{-4}\,\frac{\text{J}}{\text{m}^2} \tag{5.42}$$

Die Exposition überschreitet also den Grenzwert von $H_{3\text{EGW}} = 0,630 \cdot 10^{-4}\frac{\text{J}}{\text{m}^2}$. Daher muss eine Abschirmung vorgesehen werden.

5.5　Beispielhafte Berechnung der Expositionsgrenzwerte für diffuse Streuung

5.5.1　Expositionsgrenzwert für ausgedehnte Quelle

Beschreibung des Beispiels
Für die Bestimmung des Expositionsgrenzwertes bei diffuser Streuung soll folgendes Beispiel beschrieben werden. Es handelt sich um einen Laser mit den Daten:

Nd:YAG-Laser mit einer Wellenlänge von 1064 nm, Einzelimpuls mit einer Energie von $Q = 3$ J, Impulsdauer $t = 10$ ns $= 10^{-8}$ s.

Der Laser wird auf eine diffus streuende Wand gerichtet und hat dort einen Strahldurchmesser von $d = 10$ cm. Der Fleck auf der Wand wird in einer Entfernung von $a = 1,5$ m beobachtet.

Für diesen Fall sollen der Expositionsgrenzwert, die Exposition und der *NOHD* berechnet werden.

Expositionsgrenzwert
Der Expositionsgrenzwert hängt nach Tab. 5.3 von der Wellenlänge und der Bestrahlungsdauer ab. Im Bereich von 10^{-9} s bis $5 \cdot 10^{-5}$ s gilt für den Expositionsgrenzwert

$$H_{\text{EGW}} = 5 \cdot 10^{-2}C_{\text{C}} \cdot C_{\text{E}}\text{J m}^{-2}.$$

Aus Tab. 5.9 entnimmt man den Wert für $C_{\text{C}} = 1$. Zusätzlich ist C_{E} zu bestimmen. Der Sehwinkel α, unter dem der bestrahlte Fleck erscheint, hängt vom Durchmesser d und der Entfernung a ab. Er beträgt

$$\alpha = \frac{d}{a} = \frac{0,1}{1,5} = 0,0666 = 66,6\text{mrad}. \tag{5.43}$$

Damit erhält man aus Tab. 5.10

$$C_{\text{E}} = \frac{\alpha}{\alpha_{\text{min}}} = \frac{66,6}{1,5} = 44,4. \tag{5.44}$$

Der Expositionsgrenzwert für diffuse Reflexion für den gegebenen Laser unter den erwähnten Bedingungen lautet damit:

$$H_{\text{EGW}} = 44, 4 \cdot 5 \cdot 10^{-2} \text{J m}^{-2} = 2, 22 \text{J m}^{-2}.$$

5.5.2   Exposition bei diffuser Streuung

Exposition

In Kap. 2 wird die diffuse Streuung von Laserstrahlung beschrieben. Für eine völlig gleichmäßige Streuung kann die Exposition E und H durch folgende Gleichungen beschrieben werden:

$$E = \rho \frac{P \cos \varepsilon}{\pi a^2} \tag{5.45}$$

und

$$H = \rho \frac{Q \cos \varepsilon}{\pi a^2} \tag{5.46}$$

Dabei ist ρ der Reflexionsgrad, der hier den Maximalwert von $\rho = 1$ annehmen soll. P und Q sind die Laserleistung und die Pulsenergie und a der Abstand des Beobachters von der streuenden Fläche. Der Winkel ε zwischen der Senkrechten und der Beobachtungsrichtung soll für den ungünstigsten Fall zu 0° angenommen werden, sodass $\cos \varepsilon = 1$ ist. Mit $Q = 0{,}3$ J erhält man für die Exposition in der Entfernung von $a = 1{,}5$ m:

$$H = \frac{3}{3, 14 \cdot 1, 5^2} \text{ Jm}^{-2} = 0, 43 \text{ Jm}^{-2}.$$

Die Exposition H in der Entfernung $a = 1{,}5$ m liegt also unter dem Expositions-grenzwert

$H_{\text{EGW}} = 2, 2 \text{J m}^{-2}$ aus Abschn. 5.5.1. Es tritt also kein Augenschaden auf.

Sicherheitsabstand *NOHD*

Der Sicherheitsabstand *NOHD* gibt an, in welcher Entfernung der Expositions-grenzwert H_{EGW} erreicht wird:

$$H_{\text{EGW}} = \rho \frac{Q \cos \varepsilon}{\pi \, NOHD^2} \text{ oder} \tag{5.47}$$

$$NOHD = \sqrt{\rho \frac{Q \cos \varepsilon}{\pi H_{\text{EGW}}}} = \sqrt{\frac{Q}{\pi H_{\text{EGW}}}} = \sqrt{\frac{3}{3, 14 \cdot 2, 2}} \text{m} = 0, 66 \text{m} \tag{5.48}$$

In der Gleichung wurde $\rho = 1$ und $\cos \varepsilon = 1$ gesetzt. Der Sicherheitsabstand *NOHD* beträgt in dem beschriebenen Fall also *NOHD* = 0,66 m. Dies bedeutet, dass ober-halb dieses Wertes kein Augenschaden durch diffuse Reflexion auftreten kann.

Warnung: In den seltensten Fällen darf bei der Bestrahlungssituation davon ausgegangen werden, dass die Strahlung diffus gestreut wird! Es besteht häufig ein direkt reflektierter Anteil mit höherer Bestrahlungsstärke.

5.6   Expositionsgrenzwerte für die Haut

Die Gefährdungsbeurteilung dokumentiert insbesondere die Gefährdung und die Schutzmaßnahmen, die das Auge betreffen. Die Expositionsgrenzwerte für das Auge sind in Tab. 5.3 und 5.4 dargestellt und wurden bereits ausführlich behandelt. Dennoch muss auch auf die Gefährdung der Haut eingegangen werden, obwohl die Konsequenzen bei einem Unfall in der Regel weniger hart als beim Auge sind. Die Expositionsgrenzwerte (EGW) für die Haut sind in Tab. 5.5 zu finden.

5.6.1   Sichtbarer Bereich und IR-A (400–1400 nm)

Die Tab. 5.5 zeigt, dass die Expositionsgrenzwerte für Auge und Haut nur in dem Wellenlängenbereich verschieden sind, in dem das Auge für Strahlung durchlässig ist. Das ist der Bereich von 400–1400 nm, welcher das Sichtbare und den IR-A-Bereich umfasst. Die Haut hat in diesem Bereich höhere Expositionsgrenzwerte, da die Fokussierung der Strahlung, wie sie im Auge auftritt, entfällt. Dies sei an folgendem Beispiel zahlenmäßig erläutert.

Beispiel Nach Tab. 5.4 beträgt der Expositionsgrenzwert für das Auge im Sichtbaren (400–700 nm) für den direkten Blick in den Strahl ($\alpha \leq 1{,}5$ mrad) für Bestrahlungsdauern über 10 s:

$$E_{\mathrm{EGW}} = 10 \ \mathrm{W/m}^{-2}$$

Für die Haut erhält man nach Tab. 5.5:

$$E_{\mathrm{EGW}} = 2 \cdot 10^3 \cdot C_{\mathrm{A}} \frac{\mathrm{W}}{\mathrm{m}^2} \qquad (5.49)$$

Aus Tab. 5.9 wird für $\alpha \leq 700$ nm der Wert von $C_{\mathrm{A}} = 1$ entnommen.

$$E_{\mathrm{EGW}} = 2 \cdot 10^3 \cdot 1 \frac{\mathrm{W}}{\mathrm{m}^2} = 2000 \frac{\mathrm{W}}{\mathrm{m}^2}$$

Bei der Messung der Exposition wird bei der Haut nach Tab. 5.2 eine Messblende mit 3,5 mm Durchmesser vorgeschrieben. Dagegen wird bei Auge nach Tab. 5.2 ein Durchmesser von 7 mm benutzt, der der voll geöffneten Pupille entspricht.

5.6.2 UV (<400 nm), IR-B und IR-C (>1400 nm)

Unterhalb von 400 nm und oberhalb von 1400 nm sind die Expositionsgrenzwerte von Auge und Haut gleich, wie Tab. 5.5 zeigt.

In Falle eines Unfalls tritt bei Wellenlängen über 1400 nm (IR-B und IR-C) ein thermischer Schaden auf. Die optischen und thermischen Parameter von Hautgewebe und den vorderen Schichten des Auges, wie Hornhaut und Augenlinse, werden im IR-B und IR-C durch das Gewebswasser bestimmt. Die Parameter sind daher ziemlich ähnlich und es ist verständlich, dass die Expositionsgrenzwerte für Haut und Auge nach Tab. 5.5 auch gleich sind.

Im UV-Bereich (<400 nm) tritt überwiegend eine fotochemische Schädigung sowohl an der Haut als auch am Auge auf. Dabei werden Makromoleküle wie Proteine oder DNA geschädigt. Die fotochemischen Reaktionen laufen in den Zellen der Haut und des Auges ähnlich ab und die Expositionsgrenzwerte sind nach Tab. 5.5 auch gleich.

Da die Expositionsgrenzwerte von Auge und Haut im UV gleich sind, reicht eine Laserschutzbrille als persönliche Schutzausrüstung nicht aus. Das Gesicht muss durch ein zertifiziertes Visier und die Haut durch entsprechende Kleidung geschützt werden.

Additive Wirkung von Strahlung mit verschiedenen Wellenlängen Tab. 5.14 zeigt, dass die kombinierte Wirkung von Laserstrahlung mit verschiedenen Wellenlängen additiv oder nicht additiv sein kann. Nicht additiv bedeutet, dass für jede Wellenlänge der entsprechende Expositionsgrenzwert berechnet wird und die Exposition für jede Wellenlänge darunter liegen muss. Additiv bedeutet, dass für jede Wellenlänge auch der Expositionsgrenzwert berechnet wird. Auch die Exposition für jede Wellenlänge muss ermittelt werden. In einer Berechnung nach Gl. 5.2 wird dann geprüft, ob der Grenzwert eingehalten wird, sodass keine Schädigung auftritt.

Die Frage, ob eine additive Wirkung vorliegt, hängt nach Tab. 5.14 davon ab, ob das Auge oder die Haut bestrahlt wird.

Beispiel Ein Laserstrahl hat Wellenlängen mit 900 nm und 1600 nm.

Haut: Bei beiden Wellenlängen tritt die Wirkung an der gleichen Oberfläche auf. Die Wirkung addiert sich. Man entnimmt aus der Tab. 5.14: additive Wirkung.

Auge: Der Schaden bei 900 nm tritt an der Netzhaut auf, bei 1600 nm an der Hornhaut. Die Schäden sind unabhängig voneinander: keine additive Wirkung.

5.7 Übungen

5.7.1 Aufgaben

Aufgabe 1
Ein Nd:YAG-Laser hat folgende Daten: Wellenlänge: $\lambda = 1064$ nm, Strahlradius $r = 3{,}5$ mm, Impulsdauer $t = 8$ ns, Impulsfolgefrequenz $f = 30$ Hz, Impulsenergie

$Q = 330$ mJ, mittlere Leistung $P_0 = 10$ W, Divergenz $\varphi = 2$ mrad. Die Expositions-dauer wird mit 100 s angenommen. Es handelt sich um den direkten Strahl mit $\alpha \leq 1{,}5$ mrad. Überschreitet die Exposition die Expositiongrenzwerte?

Aufgabe 2
Ein Diodenlaser hat folgende Daten: Wellenlänge: $\lambda = 804$ nm, Strahlradius $r = 3$ mm, Leistung $P = 1{,}5$ W, Divergenz $\varphi = 2$ mrad. Die Expositionsdauer wird mit 100 s angenommen. Es handelt sich um einen direkten Strahl mit $\alpha \leq 1{,}5$ mrad. Darf dieser Laser ohne Schutzmaßnahmen betrieben werden?

Aufgabe 3
Ein illegaler Laserpointer (im blauen Wellenlängenbereich) hat folgende Daten: Wellenlänge: $\lambda = 405$ nm, Strahlradius $r = 2$ mm, Leistung $P = 0{,}5$ W, Divergenz $\varphi = 2$ mrad. Es handelt sich um einen direkten Strahl mit $\alpha \leq 1{,}5$ mrad.

Die Expositionsdauer t wird mit 100 s angenommen. Kann dieser Laserpointer einer Person schaden?

Aufgabe 4
Ein im Internet gekaufter Laserpointer sendet neben der Wellenlänge $\lambda = 532$ nm mit der Leistung $P_1 = 1$ mW auch die Grundwellenlänge von $\lambda = 1064$ nm mit $P_2 = 0{,}5$ mW aus. Der Strahldurchmesser beträgt $d = 1$ mm. Es handelt sich um einen direkten Strahl mit $\alpha \leq 1{,}5$ mrad. Prüfen Sie, ob die Exposition den Expositionsgrenzwert überschreitet.

Aufgabe 5
Für folgenden Er:YAG-Laser sollen die Exposition und die Expositionsgrenzwerte ermittelt werden.
Wellenlänge $\lambda = 2900$ nm
Mögliche Frequenzen und Impulsenergien:

$f = 1$ Hz, $Q = 100$–1000 mJ
$f = 5$ Hz, $Q = 100$–1000 mJ
$f = 8$ Hz, $Q = 100$–1200 mJ
$f = 10$ Hz, $Q = 100$–1000 mJ
$f = 15$ Hz, $Q = 100$–400 mJ

Impulsdauer $t = 200$–300 μs
mittlere Leistung $P_0 = 9{,}6$ W
Impulsspitzenleistung $P_P = 6000$ W
Strahldurchmesser $d = 2{,}5$ mm
Strahldivergenz $\varphi = 80$ mrad

Aufgabe 6

Ein medizinischer Diodenlaser hat die Wellenlänge $\lambda = 595$ nm, die Energie $Q = 6$ J, die Impulsfolgefrequenz $f = 1,5$ Hz, die Impulsdauer $t = 0,45$ ms und den Strahldurchmesser $d = 5$ mm. Es handelt sich um einen direkten Strahl mit $\alpha \leq 1,5$ mrad. Berechnen Sie den Expositionsgrenzwert und vergleichen Sie ihn mit der Exposition.

Aufgabe 7

Ein CO_2-Laser hat die Wellenlänge $\lambda = 10.600$ nm, die Energie $Q = 30$ mJ, die Impulsfolgefrequenz $f = 550$ Hz, die Impulsdauer $t = 265$ μs und den Strahldurchmesser $d = 25,7$ mm. Es handelt sich um einen direkten Strahl mit $\alpha \leq 1,5$ mrad. Berechnen Sie den Expositionsgrenzwert und vergleichen Sie ihn mit der Exposition.

Aufgabe 8

Ein Diodenlaser hat folgende Daten: Wellenlänge: $\lambda = 780$ nm, Strahlradius $r = 2$ mm, Leistung $P = 100$ W, Divergenz $\varphi = 30$ mrad. Die Expositionsdauer wird mit 100 s angenommen. Es handelt sich um einen direkten Strahl mit $\alpha \leq 1,5$ mrad. Es besteht die Möglichkeit, dass eine Person in 10 cm Entfernung vom Strahlaustritt in den Strahl eingreift. Berechnen Sie den Expositionsgrenzwert der Haut und vergleichen Sie ihn mit der Exposition.

5.7.2 Lösungen

Aufgabe 1

Die Berechnungen der Expositionsgrenzwerte findet man in Abschn. 5.4.1.

1. Der Expositionsgrenzwert für einen Einzelimpuls beträgt $H_{1EGW} = 5 \cdot 10^{-2}$ Jm^{-2}
2. Der Expositionsgrenzwert einer Impulsgruppe beträgt $H_{2EGW} = 1,66$ Jm^{-2}
3. Der Expositionsgrenzwert für den korrigierten Einzelimpuls beträgt $H_{3EGW} = 1,20 \cdot 10^{-2}$ Jm^{-2}

Berechnung der Exposition eines Einzelimpulses:

$$H = \frac{Q}{A}$$

Die Fläche A wird aus dem Durchmesser der jeweiligen Messblende berechnet. In diesem Fall findet man in Tab. 5.2 den Durchmesser 7 mm.

$$A = \pi r^2 = 3,14 \cdot (3,5 \text{mm})^2 = 38,5 \text{mm}^2 = 38,5 \cdot 10^{-6} \text{m}^2$$

$$H = \frac{0,33 \text{J}}{38,5 \cdot 10^{-6} \text{m}^2} = 8571 \frac{\text{J}}{\text{m}^2}$$

Ergebnis Das 3. Kriterium liefert mit $H_{\text{3EGW}} = 1{,}20 \cdot 10^{-2}\,\text{Jm}^{-2}$ den restriktivsten Expositionsgrenzwert und muss zum Vergleich mit der Exposition angewendet werden.

Die Exposition H eines Einzelimpulses überschreitet diesen Grenzwert.

Aufgabe 2

Die Berechnung des Expositionsgrenzwertes erfolgt analog Abschn. 5.3.1 und führt zum Ergebnis $E_{\text{EGW}} = 16\,\text{Wm}^{-2}$.

Die Exposition E ist nun mit dem Expositionsgrenzwert E_{EGW} zu vergleichen.

Berechnung der Exposition:

$$E = \frac{P}{A}$$

Für die Wellenlänge $\lambda = 804\,\text{nm}$ findet man in Tab. 5.4 den Durchmesser der Messblende von $d = 7\,\text{mm}$, welcher für die Berechnung der Fläche heranzuziehen ist.

$$A = \pi r^2 = 3{,}14 \cdot (3{,}5\text{mm})^2 = 38{,}5\text{mm}^2 = 38{,}5 \cdot 10^{-6}\text{m}^2$$

$$E = \frac{1{,}5\text{W}}{38{,}5 \cdot 10^{-6}\text{m}^2} = 3{,}89 \cdot 10^4\,\frac{\text{W}}{\text{m}^2}$$

Ergebnis Die Exposition E überschreitet den Expositionsgrenzwert. Der Laser darf nicht ohne Schutzmaßnahmen betrieben werden.

Aufgabe 3

Die Berechnung des Expositionsgrenzwertes erfolgt analog Abschn. 5.3.2 und liefert einen Expositionsgrenzwert E_{EGW} von $1\,\text{Wm}^{-2}$.

Die Exposition E ist nun wieder mit dem Expositionsgrenzwert E_{EGW} zu vergleichen.

Berechnung der Exposition:

$$E = \frac{P}{A}$$

Für die Wellenlänge $\lambda = 405\,\text{nm}$ findet man in Tab. 5.4 den Durchmesser der Messblende von $d = 7\,\text{mm}$, welcher für die Berechnung der Fläche heranzuziehen ist.

$$A = \pi r^2 = 3{,}14 \cdot (3{,}5\text{mm})^2 = 38{,}5\text{mm}^2 = 38{,}5 \cdot 10^{-6}\text{m}^2$$

$$E = \frac{0{,}5\text{W}}{38{,}5 \cdot 10^{-6}\text{m}^2} = 1{,}30 \cdot 10^4\,\frac{\text{W}}{\text{m}^2}$$

Ergebnis Da dieser Wert den Expositionsgrenzwert weit überschreitet, ist bei einer Exposition mit einem schweren Schaden zu rechnen.

Aufgabe 4

Die Berechnung des Expositionsgrenzwertes erfolgt analog Abschn. 5.3.3.

Für $\lambda_1 = 532$ nm beträgt der Expositionsgrenzwert $E_{\mathrm{EGW1}} = 25$ Wm^{-2}.

Für $\lambda_2 = 1064$ nm beträgt der Expositionsgrenzwert $E_{\mathrm{EGW2}} = 127$ Wm^{-2}.

Es ist nun zu prüfen, ob Gl. 5.2

$$\sum_{\lambda_i} \frac{E_{\lambda i}}{E_{\mathrm{EGW},\lambda_i,}} \leq 1$$

eingehalten wird.

Für beide Wellenlängen findet man in Tab. 5.3 den Durchmesser der Messblende von 7 mm und somit eine Fläche A von $38,5 \cdot 10^{-6}$ m^2.

Die Expositionen berechnen sich zu

$$E_{\lambda 1} = \frac{P_1}{A} = \frac{1 \cdot 10^{-3}\,\mathrm{W}}{38,5 \cdot 10^{-6}\mathrm{m}^2} = 26,0\,\frac{\mathrm{W}}{\mathrm{m}^2}$$

und

$$E_{\lambda 2} = \frac{P_2}{A} = \frac{0,5 \cdot 10^{-3}\,\mathrm{W}}{38,5 \cdot 10^{-6}\mathrm{m}^2} = 13,0\,\frac{\mathrm{W}}{\mathrm{m}^2}$$

$$\frac{E_{\lambda 1}}{E_{\mathrm{EGW},\lambda_i}} + \frac{E_{\lambda 2}}{E_{\mathrm{EGW},\lambda_i}} = \frac{26\mathrm{Wm}^2}{25\mathrm{Wm}^2} + \frac{13\mathrm{Wm}^2}{127\mathrm{Wm}^2} = 1,04 + 0,10 = 1,14$$

Ergebnis Dieser Wert ist größer als 1, es müssen Schutzmaßnahmen getroffen werden.

Aufgabe 5

Berechnung des Expositionsgrenzwertes

Da es sich um einen Impulslaser handelt, muss der Expositionsgrenzwert nach den drei Kriterien aus Abschn. 5.4 berechnet werden. Da es verschiedene Einstellmöglichkeiten für die Frequenz und Energie gibt, werden die Expositionsgrenzwerte für die folgenden Einstellungen berechnet. Bei keiner der Frequenzen müssen Impulse zusammengefasst werden. Die Zeit t, für die die Impulszahl N ermittelt werden muss, beträgt nach Tab. 5.7 für diese Wellenlänge 10 s. Zur Berechnung wird die Einstellung mit der höchstmöglichen Energie $f = 8$ Hz, $Q = 100$–1200 mJ herangezogen

Kriterium 1: Berechnung des Expositionsgrenzwertes eines Einzelimpulses (direkter Blick in den Strahl $C_{\mathrm{E}} = 1$).

Aus Tab. 5.3 entnimmt man:

$$H_{1EGW} = 5,6 \cdot 10^3 \cdot t^{0,25}\mathrm{Jm}^{-2} = 5,6 \cdot 10^3 \cdot \left(200 \cdot 10^{-6}\right)^{0,25}\mathrm{Jm}^{-2} = 665,9\mathrm{Jm}^{-2}$$

Kriterium 2: Die Exposition durch eine Impulsgruppe (Mittelwert über die Zeit t) darf den Expositionsgrenzwert für die Zeitdauer t nicht überschreiten.

Der Expositionsgrenzwert aus Tab. 5.4 für eine Impulsfolge mit der Expositionsdauer $t = 100$ s beträgt:
$$E_{\text{EGW}} = 1000 \text{Wm}^{-2}.$$
Dieser Wert gilt für den Mittelwert der Bestrahlungsstärke über 100 s. Daraus kann der Expositionsgrenzwert für die Bestrahlung für einen Einzelimpuls angegeben werden:
$$H_{2\text{EGW}} = \frac{E_{\text{EGW}}}{f} = \frac{1000}{8} \frac{\text{W s}}{\text{m}^2} = 125 \frac{\text{J}}{\text{m}^2}.$$
Kriterium 3: Für eine Impulsfolge ist der Expositionsgrenzwert eines Einzelimpulses mit dem Faktor C_{p} zu multiplizieren.

$$C_{\text{p}} = N^{-0,25} = 80^{-0,25} = 0,33 \ (N = \text{ Gesamtzahl der Impulse in 10 s} = 10\text{s} \cdot 8\frac{1}{\text{s}} = 80$$

Der Expositionsgrenzwert errechnet sich dann zu:
$$H_{3\text{EGW}} = H_{\text{EGW}} \cdot C_{\text{p}} = 665,9\text{Jm}^{-2} \cdot 0,33 = 219,7\text{Jm}^{-2}.$$

Berechnung der Exposition Da 200 µs den restriktivsten Expositionsgrenzwert liefert, wurde diese Zeit verwendet.

$$H = \frac{Q}{A}$$

Aus Tab. 5.3 entnimmt man für den Durchmesser der Messblende $d = 1$mm. Da der Strahldurchmesser ($d = 2{,}5$ mm) größer als der Durchmesser der Messblende ist, wird der Strahldurchmesser für die Berechnung von A verwendet:

$$A = \pi r^2 = 3,14 \cdot (1,25\text{mm})^2 = 4,90\text{mm}^2 = 4,90 \cdot 10^{-6}\text{m}^2$$

Die Exposition errechnet sich dann zu:

$$H = \frac{1,2J}{4,90 \cdot 10^{-6}\text{m}^2} = 2,45 \cdot 10^5 \text{Jm}^{-2}.$$

Ergebnis Der restriktivste Grenzwert ergibt sich aus Bedingung 2 mit $H_{2\text{EGW}} = 125\frac{\text{J}}{\text{m}^2}$.
Dieser wird durch die Exposition überschritten (Faktor knapp 2000!). Es müssen Schutzmaßnahmen getroffen werden.

Aufgabe 6

1. Berechnung des Expositionsgrenzwertes eines Einzelimpulses (direkter Blick in den Strahl $C_{\text{E}} = 1$):
   Aus Tab. 5.3 entnimmt man:

$$H_{1\text{EGW}} = 18 \cdot t^{0,75}C_{\text{E}}\text{Jm}^{-2} = 18 \cdot \left(0,45 \cdot 10^{-3}\right)^{0,75}\text{Jm}^{-2} = 0,055\text{Jm}^{-2}.$$

2. Der Expositionsgrenzwert einer Impulsgruppe (Mittelwert über die Zeit t) wird aus Tab. 5.4 entnommen. Hierbei wurde eine Expositionsdauer t von 100 s vorausgesetzt. Für diese Wellenlänge existieren zwei Grenzwerte.

Fotochemische Gefährdung

$$H_{2\mathrm{EGW_F}} = 1 \cdot C_{\mathrm{B}} \frac{\mathrm{W}}{\mathrm{m}^2}$$

Aus Tab. 5.9 entnimmt man:

$$C_{\mathrm{B}} = 10^{0,02(\lambda-450)} = 10^{0,02(595-450)} = 794$$

und damit:

$$E_{\mathrm{EGW}} = 7,94 \frac{\mathrm{W}}{\mathrm{m}^2}.$$

Thermische Gefährdung Für die Berechnung des thermischen Expositionsgrenzwertes liefert Tab. 5.4 drei Möglichkeiten:

$$\alpha \leq 1{,}5 \text{ mrad} \qquad E = 10 \text{ W} \cdot \mathrm{m}^{-2}$$
$$\alpha > 1{,}5 \text{ mrad und } t \leq T_2 \qquad H = 18 \cdot C_{\mathrm{E}} \cdot t^{0,75} \text{ J} \cdot \mathrm{m}^{-2}$$
$$\alpha > 1{,}5 \text{ mrad und } t > T_2 \qquad E = 18 \cdot C_{\mathrm{E}} \cdot T_2^{-0,25} \text{ W} \cdot \mathrm{m}^{-2}$$

Da $\alpha \leq 1{,}5$ mrad, wird der Expositionsgrenzwert mit $E_{\mathrm{EGW}} = 10 \frac{\mathrm{W}}{\mathrm{m}^2}$ ermittelt.

Zum Vergleich mit der Exposition muss der kleinere der beiden Expositionsgrenzwerte herangezogen werden. Dies ist der Expositionsgrenzwert für die thermische Gefährdung.

Dieser Wert gilt für den Mittelwert der Bestrahlungsstärke über 100 s. Daraus kann der Expositionsgrenzwert für die Bestrahlung für einen Einzelimpuls angegeben werden:

$$H_{2\mathrm{EGW_T}} = \frac{E_{\mathrm{EGW}}}{f} = \frac{10}{1,5} \frac{\mathrm{W \, s}}{\mathrm{m}^2} = 6,66 \frac{\mathrm{J}}{\mathrm{m}^2}.$$

3. Für eine Impulsfolge ist der Expositionsgrenzwert eines Einzelimpulses mit dem Faktor C_{p} zu multiplizieren.

Aus Tab. 5.7 entnimmt man für diese Wellenlänge die maximale Zeit von 10 s, über die die Impulszahl N zu ermitteln ist.

$$C_p = N^{-0,25} \; (N = \text{Gesamtzahl der Impulse in 10 s} = 10 \text{ s} \cdot 1,5 \frac{1}{\mathrm{s}} = 15$$

$$C_{\mathrm{p}} = 15^{-0,25} = 0,5$$

Der Expositionsgrenzwert errechnet sich dann zu

$$H_{3\text{EGW}} = 0,055\frac{\text{J}}{\text{m}^2} \cdot 0,5 = 0,0275\frac{\text{J}}{\text{m}^2}.$$

Berechnung der Exposition eines Einzelimpulses

$$H = \frac{Q}{A}$$

Die Fläche A wird aus dem Durchmesser der jeweiligen Messblende berechnet. In diesem Fall findet man in Tab. 5.3 den Durchmesser $d = 7$ mm.

$$A = \pi r^2 = 3,14 \cdot (3,5\text{mm})^2 = 38,5\text{mm}^2 = 38,5 \cdot 10^{-6}\text{m}^2$$

Die Exposition errechnet sich dann zu

$$H = \frac{6\text{J}}{38,5 \cdot 10^{-6}\text{m}^2} = 1,56 \cdot 10^5 \frac{\text{J}}{\text{m}^2}.$$

Ergebnis Der restriktivste Grenzwert ergibt sich aus Bedingung 3 mit $H_{3\text{EGW}} = 0,0275\frac{\text{J}}{\text{m}^2}$.
Dieser Wert wird durch die Exposition überschritten. Es müssen Schutzmaßnahmen getroffen werden.

Aufgabe 7

1. Berechnung des Expositionsgrenzwertes eines Einzelimpulses (direkter Blick in den Strahl $C_{\text{E}} = 1$):
   Aus Tab. 5.3 entnimmt man

$$H_{1\text{EGW}} = 18 \cdot t^{0,75} C_{\text{E}}\text{Jm}^{-2} = 18 \cdot \left(265 \cdot 10^{-6}\right)^{0,75}\text{Jm}^{-2} = 0,0373\text{Jm}^{-2}.$$

2. Der Expositionsgrenzwert einer Impulsgruppe wird aus Tab. 5.4 entnommen. Hierbei wurde eine Expositionsdauer von 100 s vorausgesetzt.

$$E_{\text{EGW}} = 1000 \text{ Wm}^{-2}$$

   Dieser Wert gilt für den Mittelwert der Bestrahlungsstärke bis 100 s. Daraus kann der Expositionsgrenzwert für die Bestrahlung für einen Einzelimpuls angegeben werden

$$H_{2\text{EGW}} = \frac{E_{\text{EGW}}}{f} = \frac{1000 \text{ W s}}{550 \text{ m}^2} = 1,81\frac{\text{J}}{\text{m}^2}.$$

3. Für eine Impulsfolge ist der Expositionsgrenzwert eines Einzelimpulses mit dem Faktor C_{p} zu multiplizieren.

Aus Tab. 5.7 entnimmt man für diese Wellenlänge die maximale Zeit von 10 s, über die die Impulszahl N zu ermitteln ist.

$$C_\mathrm{p} = N^{-0,25} \ (N = \text{Gesamtzahl der Impulse in 10 s} = 10 \text{ s} \cdot 550 \frac{1}{s} = 5500)$$

$$C_\mathrm{p} = 5500^{-0,25} = 0,116$$

Der Expositionsgrenzwert errechnet sich dann zu:

$$H_{3\mathrm{EGW}} = 0,0037 \frac{\mathrm{J}}{\mathrm{m}^2} \cdot 0,116 = 0,00429 \frac{\mathrm{J}}{\mathrm{m}^2}.$$

Berechnung der Exposition eines Einzelimpulses

$$H = \frac{Q}{A}$$

Da der Strahldurchmesser größer als die Messblende ist, muss mit $d = 25,7$ mm gerechnet werden.

$$A = \pi r^2 = 3,14 \cdot (12,85\mathrm{mm})^2 = 518\mathrm{mm}^2 = 5,18 \cdot 10^{-4}\mathrm{m}^2$$

$$H = \frac{6\mathrm{J}}{5,18 \cdot 10^{-4}\mathrm{m}^2} = 1,16 \cdot 10^4 \frac{\mathrm{J}}{\mathrm{m}^2}$$

Ergebnis Bedingung 3 liefert mit $H_{3\mathrm{EGW}} = 0,004 \frac{\mathrm{J}}{\mathrm{m}^2}$ den restriktivsten Wert und muss daher als Expositionsgrenzwert verwendet werden.

Die Exposition H eines Einzelimpulses überschreitet den Expositionsgrenzwert.

Aufgabe 8
Berechnung des Expositionsgrenzwertes

Aus Tab. 5.5 entnimmt man den Expositionsgrenzwert für die Haut

$$E_{\mathrm{EGW}} = 2 \cdot 10^3 \cdot C_\mathrm{A} \frac{\mathrm{W}}{\mathrm{m}^2}.$$

Aus Tab. 5.9 entnimmt man für $\lambda = 780$ nm

$$C_\mathrm{A} = 10^{0,002(\lambda - 700)}$$

$$C_\mathrm{A} = 10^{0,002(780 - 700)} = 1,44.$$

Der Expositionsgrenzwert errechnet sich dann zu

$$E_{\mathrm{EGW}} = 2 \cdot 10^3 \cdot 1,44 \frac{\mathrm{W}}{\mathrm{m}^2} = 2880 \frac{\mathrm{W}}{\mathrm{m}^2}.$$

Berechnung der Exposition Die Exposition errechnet sich zu

$$E = \frac{P}{A}.$$

Zunächst wird der Strahlradius in 100 mm Entfernung bestimmt. Nach Gl. 2.30 in Kap. 2 berechnet sich der Strahlradius bei gegebener Divergenz mit

$$r_x = \varphi x + r_0.$$

Wobei r_0 den Anfangsradius darstellt. In unserem Fall beträgt $r_0 = 2$ mm, und $\varphi = 30$ mrad $= 3 \cdot 10^{-2}$ rad und der Abstand $x = 100$ mm.

$$r_x = 3 \cdot 10^{-2} \cdot 100\text{mm} + 2\text{mm} = 5\text{mm}$$

Da dieser Strahlradius größer ist, als der in Tab. A5.5 der TROS Laserstrahlung gefundene Wert für die Messblende von $D = 3{,}5$ mm, wird mit dem Wert von r_x weitergerechnet.

$$A = \pi r^2 = 3,14 \cdot (5\text{mm})^2 = 78,5\text{mm}^2 = 7,85 \cdot 10^{-5}\text{m}^2$$

Die Exposition errechnet sich dann zu

$$E = \frac{100}{7,85 \cdot 10^{-5}\text{m}^2} = 1,27 \cdot 10^6 \frac{\text{W}}{\text{m}^2}.$$

Der Wert der Exposition übersteigt den Expositionsgrenzwert um ein Vielfaches. Es müssen auch Schutzmaßnahmen für die Haut getroffen werden.

Literatur

1. Technische Regel zur Arbeitsschutzverordnung zu künstlicher optischer Strahlung – TROS Laserstrahlung, Teil 2, Ausgabe: Juli 2018
2. Laser Safety, Roy Handerson and Karl Schulmeister, IoP, 2004
3. Leitfaden „Laserstrahlung", Fachverband für Strahlenschutz e.V., FS-2011-159-AKNIR
4. Technische Regeln Laserstrahlung, Teil Allgemeines, 2018, Bundesministerium für Arbeit und Soziales, 53107 Bonn
5. DIN EN 60825 Bbl 14:2006-07

Laserklassifizierung und Laserklassen

6

Inhaltsverzeichnis

Die Einteilung von Lasern in Kategorien, wie sicher oder unsicher, ist aufgrund der teilweise komplizierten Bestimmung der Expositionsgrenzwerte unter Berücksichtigung der unterschiedlichen Expositionsbedingungen nicht möglich. So kann z. B. ein Laserstrahl, der direkt ins Auge fällt, sicher sein aber bei der Betrachtung mit einem optisch sammelnden Instrument, wie z. B. einem Fernglas, so gefährlich werden, dass es zu einem schweren Augenschaden kommt. Damit den

© Springer-Verlag GmbH Deutschland, ein Teil von Springer Nature 2020
C. Schneeweiss et al., *Leitfaden für Fachkundige im Laserschutz*,
https://doi.org/10.1007/978-3-662-61242-2_6

Anwendern die Beurteilung der Gefährdungen erleichtert wird, wurde daher ein System von Laserklassen entwickelt. Diese ermöglichen eine Vergleichbarkeit der verschiedenen Produkte [7]. Jede Klasse ist mit unterschiedlichen Gefährdungen verbunden, die entsprechende Schutzmaßnahmen erfordern. Die Klassen werden durch den sogenannten Grenzwert der zugänglichen Strahlung (GZS) und entsprechende Anforderungen definiert. Dieser gibt im Wesentlichen die maximale Leistung oder bei gepulster Strahlung die maximale Impulsenergie für eine bestimmte Laserklasse an. Damit werden zurzeit die Klassen 1, 1M, 2, 2M, 3R, 3B, 1 C, und 4 definiert. Daneben gibt es noch immer die alte Klasse 3 A. Die Gefährdung nimmt mit steigender Klasse zu. Die so festgelegten 8 (bzw. 9) Laserklassen erleichtern den Anwendern die Erstellung der Gefährdungsbeurteilung, geben jedoch keine Hinweise auf die indirekten Gefährdungen, die vom Lasersystem ausgehen.

6.1   Klassifizierung von Lasersystemen

Die im Folgenden dargelegten Informationen zur Klassifizierung sollen nur einen Überblick über das Thema geben und basieren zum einen auf der Norm DIN EN 60825-1 und auf den Inhalten des Buchs „Laser Safety" von Roy Handerson and Karl Schulmeister [6]. Die Klassifizierung wird nach DIN EN 60825-1 [1] vorgenommen, berücksichtigt verschiedene Expositionsbedingungen und gilt immer für das Gesamtsystem. Wird z. B. in ein bestehendes System ein weiterer Laser eingebaut, so wird der Einbauer zum Hersteller und muss die gesamte Anlage (neu) klassifizieren. Grundlage für die Klassifizierung sind die Grenzwerte der zugänglichen Strahlung (GZS). Hierbei ist immer vom Worst-Case auszugehen. Die Klassifizierung erfordert in vielen Fällen erhebliche Erfahrung und sie erfolgt durch den Hersteller oder eine Vertretung. Die Laserklassen geben einen ersten Hinweis darauf, welche Gefährdungen gegeben und welche Schutzmaßnahmen durchzuführen sind. Dabei geht es hauptsächlich um die Gefährdung von Augen und Haut. Zu berücksichtigen sind hierbei alle auftretenden Betriebszustände wie Normalbetrieb, Wartung und Instandsetzung. Die Einteilung in die jeweilige Klasse basiert in der Regel auf der Leistung bzw. Energie, die das Lasersystem emittieren kann und dem Vergleich mit den GZS. Hierbei besteht die Möglichkeit, diese Größen zu messen oder zu berechnen. In der Regel ist das Messen vorzuziehen, da der Aufwand beim Berechnen oftmals sehr hoch ist. Für die Messung gibt die Norm Vorgaben für Blenden durch die und Entfernungen in denen gemessen werden muss. Neben den Emissionswerten wird auch die Art der Betrachtung (Zeitdauer, Verwendung optische vergrößernder Instrumente) mitberücksichtigt. Weitere Grundlage der Klassifizierung ist das Erstellen einer Risikoanalyse nach DIN 60825-1. Es muss eine sogenannte vernünftigerweise vorhersehbare Einfehlerbedingung festgelegt werden, bei der die Emission des Lasers höher ist als normal. Ein solcher Fehler könnte z. B. ein Fehler in der Schaltung sein, der die Laserleistung steuert. Vernünftigerweise vorhersehbar meint hier, dass die Wahrscheinlichkeit des Eintretens des Fehlers gegeben sein muss. Unter der Einfehlerbedingung versteht man, dass ein gleichzeitig auftretender zweiter Fehler keine Berücksichtigung findet. Je nach Laserklasse muss das Lasersystem mit sicherheitstechnischen Merkmalen ausgestattet werden. Dazu zählen u. a. Interlockschalter, Schlüsselschalter, Emissionswarnleuchten und Shutter.

6.2 Grenzwerte der zugänglichen Strahlung (GZS)

Unter zugänglicher Strahlung versteht man diejenige Strahlung, welche den menschlichen Körper direkt oder nach einer Reflexion oder Streuung treffen kann. Man berücksichtigt auch die Möglichkeit, dass ein Körperteil in das Schutzgehäuse eingreifen und durch Laserstrahlung geschädigt werden kann. Die Grenzwerte der zugänglichen Strahlung (GZS) sind in mehreren Tabellen der Norm DIN EN 60825-1 enthalten. Sie hängen in komplizierter Weise von der Wellenlänge des Lasers und der Bestrahlungsdauer bzw. der Pulsdauer ab. Bei sogenannten ausgedehnten Laserquellen, wie z. B. im Fall von diffus gestreuter Strahlung, können Korrekturfaktoren den GZS erhöhen. Laser der Klasse 4 haben die höchste Gefährdung, die Exposition ist nicht begrenzt. Dieser Klasse werden keine GZS zugewiesen. Die GZS von Klasse 1 und von Klasse 2 werden direkt von internationalen Grenzwerten (entsprechen nicht den EGW) des Auges abgeleitet. Sie unterscheiden sich lediglich in der Emissionsdauer (Klasse 1: 100 s, Klasse 2: 0,25 s) Tab. 6.1. Die Messung der Emission erfolgt durch eine Blende, deren Durchmesser von der Wellenlänge abhängt, in einer von den Expositionsverhältnissen abhängigen Entfernung.

6.2.1 Zeitbasen

Da die Gefährdung von der Dauer der Exposition abhängt, ergeben sich bei kürzeren Bestrahlungsdauern größere GZS-Werte. Oft stellt sich die Frage, welche Zeit für die Klassifizierung angenommen werden soll. In der Norm DIN EN 60825-1:2015 werden die Zeitbasen nach Tab. 6.1 für die Klassifizierung angegeben.

Tab. 6.1 Zeitbasen für die GZS bei der Klassifizierung von Lasersystemen

Zeitbasis (Emissionsdauer) (s)	Laserklassen, Wellenlängen
0,25	Klasse 2, 2M, 3R im Bereich 400–700 nm
100	Laserstrahlung im Bereich > 400 nm (kein absichtliches Hineinschauen)
30.000	Laserstrahlung im Bereich > 400 nm, wenn absichtlich über eine längere Zeit in Richtung des Strahls geschaut werden muss
30.000	Laserstrahlung im Bereich ≤ 400 nm

Zum Verständnis von Tab. 6.1 dienen folgende Hinweise: Der GZS für Klasse 3B ist für die Zeitbasis von 100 s und 30000 s gleich und liegt oberhalb von 400 nm bei einer Leistung von 500 mW = 0,5 W für kontinuierliche Strahlung. Für den Anwender ist es daher in der Regel ohne Bedeutung, mit welcher Zeitbasis Laser der Klasse 3B und 4 klassifiziert wurden. Bei Lasern der Klasse 1 kann die Klassifizierung mit der Zeitbasis 100 s vorkommen. Dies muss dann auf dem Kennzeichen für die Laserklasse angegeben werden. Andernfalls kann man von einer Zeit von 30.000 s ausgehen.

6.3 Berechnung von Grenzwerten der zugänglichen Strahlung (GZS)

Für die Ermittlung der Grenzwerte der zugänglichen Laserstrahlung zur Bestimmung der Laserklasse muss eine realistische Bestrahlungsdauer oder Zeitbasis und die Wellenlänge angeben werden. Bei Impulslasern muss außerdem die Impulsdauer und die Impulsfolgefrequenz bekannt sein. Weiterhin finden sich in den Tabellen Korrekturfaktoren, die z. B. von der Quellgröße (C_6 und T_2), von der Wellenlänge (T_1, C_2, C_3, C_4 und C_7) und von der Impulswiederholfrequenz (C_5) abhängen und die Größe des GZS beeinflussen. Nachdem der Grenzwert für eine bestimmte Klasse bestimmt wurde, ist dieser mit der Größe der zugänglichen Emission zu vergleichen. Liegt die Emission unter dem GZS kann geprüft werden, ob die Bedingungen für die niedrigere Klasse erfüllt werden. Liegt er über dem Grenzwert, müssen die Berechnungen für die nächsthöhere Klasse durchgeführt werden.

Klasse 1
Als Beispiel findet man in Tab. 3 der DIN Norm 60825-1:2015-07[1] den GZS-Wert für einen Laser mit der Wellenlänge $\lambda = 1064$ nm und einer Bestrahlungsdauer von 100 s die Formel

$$GZS = 3,9 \cdot 10^{-4} \cdot C_4 \cdot C_7 W \tag{6.1}$$

Aus Tab. 9 der Norm entnimmt man für $C_4 = 5$ und für $C_7 = 1$. Somit erhält man den Grenzwert

$$GZS = 3,9 \cdot 10^{-4} \cdot 5 \cdot 1 W = 19,5 \cdot 10^{-4} W \tag{6.2}$$

Weitere Beispiele für Grenzwerte der Klasse 1, 1C und 1M zeigt Tab. 6.2.

Klasse 2
Tab. 5 der DIN Norm 60825-1:2015-07 liefert für den Wellenlängenbereich 400–700 nm und einer Emissionsdauer $t \geq 0,25$ s den GZS

$$GZS = C_6 \cdot 10^{-3} W \tag{6.3}$$

Tab. 6.2 Weitere Beispiele von GZS-Werten für Laserklassen 1 und 1M von Lasern mit verschiedenen Wellenlängen, berechnet nach Norm DIN EN 60825-1 (VDE 0837-1):2015-07 ($C_6 = 1$, $\alpha \le \alpha_{min}$)

Wellenlänge λ (nm)	Bestrahlungsdauer t (s)	GZS
270	30.000	30 J/m^2
315 (UV)	30.000	7,9 µW
450 (VIS)	100	39 µW
532 (VIS)	100	390 µW
650 (VIS)	100	390 µW
1064 (IR)	100	1950 µW
10.600 (IR)	10–30.000	1000 W/m^2

Tab. 6.3 Beispiele für Grenzwerte der Laserklasse 3R mit $C_6 = 1$

Wellenlänge λ (nm)	Bestrahlungsdauer t	GZS
405	100 s	5 mW
450	5 s	5 mW
650	0,25 s	5 mW
980	10 s	7,1 mW
1064	10 ms[a]	56,9 mW
1395	1 ns[a]	0,125 J (Einzelimpuls)

[a]Einzelimpuls

Für den direkten Strahl (Winkelausdehnung $\alpha \le 1,5$ mrad) entnimmt man Tab. 9 der DIN Norm 60825-1:2015-07 ein $C_6 = 1$ und man erhält somit einen GZS von 1 mW. Für Emissionsdauern <0,25 s muss der Grenzwert wie Klasse 1 berechnet werden. Dies ist sinnvoll, da die Gefährdung bei Klasse-2-Systemen auf einer kurzen Bestrahlungsdauer (Abwendungsreaktion) basiert.

Klasse 3R

Als Beispiel findet man in Tab. 6 der DIN Norm 60825-1:2015-07[1] den GZS-Wert für einen Laser mit der Wellenlänge $\lambda = 532$ nm und einer Bestrahlungsdauer von 2 s die Formel

$$GZS = 5 \cdot 10^{-3} \text{ W} \tag{6.4}$$

Eine Auswahl weiterer Grenzwerte für die Laserklasse 3R zeigt Tab. 6.3.

Klasse 3B

Als Beispiel findet man in Tab. 8 der DIN Norm 60825-1:2015-07 den GZS-Wert für einen Laser mit der Wellenlänge $\lambda = 450$ nm und einer Bestrahlungsdauer von 100 s den Wert GZS = 0,5 W.

Wiederholt gepulste Laserstrahlung

Die Berechnung der GZS Werte für gepulste Laserstrahlung ist komplizierter und muss nach folgendem Schema erfolgen:

1. Berechnung des GZS Wertes für einen Einzelimpuls der Impulsfolge. Dieser Wert darf durch die Bestrahlung jedes einzelnen Impulses nicht überschritten werden.
2. Die mittlere Leistung der Impulsfolge eines beliebigen Zeitraums t darf den GZS Wert für die Bestrahlungsdauer t nicht überschreiten.
3. Der GZS für einen einzelnen Impuls multipliziert mit dem Korrekturfaktor C_5 darf durch die Energie eines einzelnen Impulses nicht überschritten werden.

C_5 hängt hierbei von der Bestrahlungsdauer ab. Folgendes Beispiel soll den Berechnungsweg verdeutlichen:

Beispiel Ein Laser mit der Wellenlänge $\lambda = 1064$ nm, einer mittleren Leistung P_m von 800 W, einem Strahldurchmessen $d_{63} = 2$ mm, einer Impulsbreite $t = 10$ µs, der Impulsfolgefrequenz $f = 100$ Hz und einer Divergenz von $\varphi_{63} = 1{,}5$ mrad soll klassifiziert werden. Die Winkelausdehnung α der Quelle ist kleiner 1,5 mrad. Somit betrachtet man den Laser als Punktlichtquelle.

Aufgrund der Höhe der mittleren Leistung wird der GZS für Laser der Klasse 3B ermittelt und danach überprüft, ob dieser über- oder unterschritten wird. Hierfür benötigt man die Angabe der Zeitbasis. In der Regel kann in dem Fall, in dem ein absichtliches Hineinschauen in den Laser nicht zu erwarten ist, eine Zeitbasis von 100 s zugrunde gelegt werden (Tab. 6.1).

Zu 1: Aus Tab. 8 der DIN Norm 60825-1:2015-07 entnimmt man den Grenzwert für einen Einzelimpuls den

$$GZS_{EP} = 0{,}15\,J. \tag{6.5}$$

Zu 2: Für eine Bestrahlungsdauer von 100 s liefert die gleiche Tab. 8 den Grenzwert für die mittlere Leistung von

$$GZS_T = 0{,}5\,W \tag{6.6}$$

Aus diesem Wert lässt sich der GZS für einen Einzelimpuls berechnen, indem er durch die Impulswiederholfrequenz dividiert wird

$$GZS_{EP,T} = \frac{0{,}5\,Ws}{100} = 0{,}005\,J. \tag{6.7}$$

Zu 3: Nun muss im letzten Schritt der GZS_{EP} für die Impulsfolge korrigiert werden. Zunächst wird ermittelt, ob die Impulsdauer so klein ist, dass Impulsgruppen aufsummiert werden müssen. In Tab. 2 der DIN Norm 60825-1:2015-07 findet man für die Wellenlänge $\lambda = 1064$ nm einen Wert für T_i von 13 µs. Somit ist $t \leq T_i$. Der GZS_{EP} wird mit dem Faktor C_5 multipliziert. Nach der Norm hängt der Faktor C_5 von der Anzahl der Impulse ab. Es gilt für $t \leq T_1$:

Wenn $N \leq 600$ ist $C_5 = 1$.
Wenn $N > 600$ ist $C_5 = 5 \cdot N^{-0,25}$ mit C_5 minimal 0,4.
N ist hierbei die Anzahl der Impulse, die in der Zeit T_2 auftreten. Nach Tab. 9 ist T_2 für den direkten Strahl im Wellenlängenbereich 400–1400 nm mit 10 s anzusetzen. Somit ergibt sich

$$N = 10 \text{ s } \cdot f = 10 \text{ s } \cdot 100 \text{ s}^{-1} = 1000 \text{ und damit}$$

$$C_5 = 5 \cdot 1000^{-0,25} = 0,889$$

Der Wert von C_5 liegt über dem Minimalwert von 0,889, daher wird mit 0,4 weitergerechnet.

Der korrigierte Einzelimpuls in der Impulsfolge errechnet sich dann zu

$$GZS_{\text{EP,Impulsfolge}} = 0,15 \text{ J} \cdot 0,889 = 0,1335.$$

Der restriktivste der drei errechneten Grenzwerte entspricht dem der Klasse 3 B. In unserem Beispiel wäre dies das Ergebnis aus Punkt 2 mit dem GZS $= 0,005$ J.

Die Energie eines Einzelimpulses kann aus der mittleren Leistung und der Impulsfolgefrequenz berechnet werden.

$$P_{\text{m}} = Qf \rightarrow \tag{6.8}$$

$$Q = \frac{P_{\text{m}}}{f} = \frac{800 \text{ Ws}}{100} = 8 \text{ J} \tag{6.9}$$

Die Energie eines Einzelimpulses übersteigt den GZS. Der Laser muss in Klasse 4 eingeordnet werden.

GZS für ausgedehnte Quellen
Für die Laserklassen 1, 1M, 2, 2M und 3R kann in dem Wellenlängenbereich, in dem Strahlung bis zur Netzhaut vordringen kann (400–1400 nm), der GZS über den Faktor C_6 vergrößert werden. Dieser berücksichtigt die Größe des Bildes auf der Netzhaut und hängt vom Sehwinkel α der scheinbaren Quelle ab.

6.4   Messung der Laserstrahlung

In manchen Fällen, z. B. wenn die Höhe der Emission (Leistung oder Energie) der Laserstrahlung unbekannt ist, ist es für die Klassifizierung erforderlich, diese durch eine Messung zu ermitteln. Hierbei sind die Bedingungen bei der Messung so zu wählen, dass sie zur Ermittlung der maximal zugänglichen Strahlung führen. Hierbei ist auch das Zeitverhalten zu berücksichtigen. So entstehen z. B. bei einigen Lasern beim Einschalten Leistungsspitzen, bei anderen erreicht der Laser erst nach einer bestimmten Zeit die maximale Leistung. Auch die Umgebungstemperatur kann einen Einfluss haben. So ist die emittierte Leistung eines

Diodenlasers von der Temperatur abhängig. Es muss auch Zubehör, wie z. B. kollimierende Optiken oder Fasern, berücksichtigt werden. Kann z. B. eine Faser, welche zur Aufweitung der Laserstrahlung führt, ohne Werkzeug entfernt werden, so ist die Messung ohne Faser vorzunehmen. Die Messung ist an dem Ort vorzunehmen, an dem das Verhältnis Messung zu GZS maximal ist. Zur Ermittlung der Emission sind nach DIN 60825-1:2015-07 Tab. 10 verschiedene Messabstände und Messblenden zu verwenden. Die Bezugspunkte, von denen aus gemessen werden muss, sind in Tab. 11 der DIN 60825-1:2015-07 zu finden. Bei deren Auswahl unterscheidet man drei Expositionsbedingungen.

Bedingung 1: Kollimierte Laserstrahlung, deren Gefährdung durch Ferngläser oder Teleskope erhöht werden kann
Diese Bedingung findet nur für kollimierte Strahlung im Wellenlängenbereich von 302,5–4000 nm Anwendung, da Strahlung unterhalb von 302,5 nm und oberhalb von 4000 nm praktisch nicht durch Glasoptiken übertragen wird. Ist der Durchmesser eines kollimierten Laserstrahls 30 mm, wird ein Teil der Strahlung durch die Pupille des Auges abgeschnitten und weniger Leistung erreicht die Netzhaut. Ein Teleskop mit einer Eintrittsöffnung von 50 mm und einer Austrittsöffnung von 7 mm (Vergrößerung um den Faktor 7) würde bewirken, dass die gesamte Leistung der Strahlung durch die 7 mm Pupille des Auges einfallen könnte und die Gefährdung sich damit erhöhen würde. Dementsprechend werden Blenden mit einem Durchmesser von 50 mm verwendet. Da Ferngläser normalerweise nicht auf kürzere Entfernungen als 2 m fokussieren können, wird dieser Abstand als Messabstand verwendet.

Bedingung 2: Laserstrahlung, welche in der Lichtwellenleiterkommunikation in Fasern geführt wird
Diese Bedingung findet für stark divergente Strahlung im Wellenlängenbereich von 400–4000 nm Anwendung.

Nach DIN 60825-2 [8] ist Emission für Wellenlängen <1400 nm mit einem Blendendurchmesser von 7 mm in 70 mm Abstand vom Faserende und für Wellenlängen >1400 nm mit einem Blendendurchmesser von 7 mm in 28 mm Abstand vom Faserende zu messen. Oftmals wird der Leistungspegel L_p in dBm angegeben, welcher das Verhältnis der Leistung im Verhältnis zur Bezugsleistung 1 mW angibt. Dieser berechnet sich zu

$$L_p = 10 \cdot \log\left(\frac{P}{1\,\mathrm{mW}}\right) \tag{6.10}$$

Bei angegebenem Leistungspegel berechnet sich die Leistung zu

$$P(\mathrm{mW}) = 10^{\frac{L_p(\mathrm{dBm})}{10}} \tag{6.11}$$

Ein Leistungspegel von 3 dBm entspricht somit einer Leistung von 1,99 mW.

Bedingung 3: Die Betrachtung von Laserstrahlung mit dem bloßen Auge

Für das Auge ist Laserstrahlung in dem Wellenlängenbereich, der auf die Netzhaut fokussiert werden kann, am gefährlichsten. Dementsprechend wird für die Messung eine Blende mit einem Durchmesser von 7 mm verwendet, welches der größten Öffnung der Augenpupille entspricht. Als Betrachtungsabstand werden 100 mm gefordert. Dieser Abstand ist sinnvoll, da die sogenannte deutliche Sehweite, der Abstand, bei dem man noch ohne optische Hilfsmittel scharf sehen kann, bei jüngeren Menschen bei ca. 100 mm liegt. Mit dem Alter wird die deutliche Sehweite größer. Begibt man sich mit dem Auge näher als 100 mm an den Bezugspunkt der Laserstrahlung, so kann das Auge nicht mehr scharf stellen, das Bild auf der Netzhaut wird größer, die Gefährdung sinkt.

Beispielsweise muss die Emission eines Nd:YAG-Lasers mit der Wellenlänge von 532 nm zur Betrachtung mit dem bloßen Auge nach Bedingung 3 durch eine Messblende von 7 mm Durchmesser im Abstand von 100 mm gemessen werden. Ist der Laserstrahl sehr divergent oder sehr stark aufgeweitet, so wird nach Bedingung 3 durch die Messblende nur ein Teil der Gesamtleistung gemessen. Die Messblendendurchmesser und Messabstände sind repräsentativ für die Expositionsbedingungen, die für die jeweilige Klasse berücksichtigt werden müssen.

Überschreitet die Messung der Emission den GZS nach Bedingung 1 oder Bedingung 2, unterschreitet aber den GZS für Bedingung 3, so findet eine Einordnung des Lasers in Klasse 1M oder 2M statt.

Messung ausgedehnter Quellen

Die Messanforderungen für ausgedehnte Quellen enthalten neben dem geforderten Messabstand und dem Durchmesser der Messblende auch die Bestimmung des Sehwinkels α, der durch die Größe der scheinbaren Quelle, gemessen im gleichen Abstand wie die zugängliche Emission, definiert wird. Laser sind meistens Punktquellen. Ein Beispiel für ausgedehnte Quelle im Laserbereich ist die Betrachtung eines an einem Diffusor gestreuten Lasers. Dann kann der Durchmesser des Diffusors bzw. der d_{63}-Durchmesser als Berechnungsgrundlage dienen.

6.5 Beschreibung der Laserklassen

Da es in den letzten Jahren häufig Änderungen in der Norm DIN EN 60825-1 gab, ist bei der Erstellung der Gefährdungsbeurteilung und den daraus resultierenden Schutzmaßnahmen die genaue Jahresangabe der Norm nötig, nach der das Lasergerät klassifiziert wurde.

Die 2015 neu in deutscher Sprache veröffentlichte Norm DIN EN 60825-1:2015 [1] verwendet Grenzwerte der zulässigen Strahlung (GZS) und Grenzwerte der maximal zulässigen Bestrahlung (MZB), welche teilweise nicht mit den in der EU-Richtlinie 2006/25/EG abgedruckten Expositionsgrenzwerten (EGW) harmonisieren [3]. Dies kann dazu führen, dass am Arbeitsplatz festgelegte Expositionsgrenzwerte schon bei Lasern der Klasse 1 deutlich überschritten (bei gepulsten Lasern bis ca. Faktor 20 und im Wellenlängenbereich von 1200–1400 nm bis zum Faktor 1.000.000 (gedeckelt nur durch 0,5-W-max-Klasse-3B-Kriterium)) werden und dementsprechend Schutzmaßnahmen getroffen werden müssen! Die Laserklasse einer Lasereinrichtung muss den Anwendern bekannt gemacht werden. Dies erfolgt durch ein Hinweisschild nach DIN EN 60825-1, auf welchem die Kenndaten des Lasers zu finden sind und welches in der Regel deutlich sichtbar auf dem Lasergerät angebracht wird. Die Schilder werden in Abb. 6.1 und einigen nachfolgenden Abbildungen dargestellt. Bis auf Klasse 1 müssen die Schilder in den Farben schwarze Schrift auf gelbem Grund gefertigt sein.

Alternativ zu den hier gezeigten Kennzeichnungsbeispielen können auch Piktogramme verwendet werden. Beispiele hierzu finden sich bei den jeweiligen Klassen.

Entwicklungsmuster, Prototypen und noch nicht vollständig fertiggestellte Lasereinrichtungen unterliegen nicht der Norm zur Klassifizierung. Diese sind in Anlehnung an die Laserklassen zu betrachten [10].

6.5.1   Klasse 1

Liegt der durch Messung oder Berechnung ermittelte Emissionswert des Lasers bzw. der Laseranlage unter dem GZS-Wert für die Laserklasse 1, so wird das Produkt in die Laserklasse 1 eingeordnet. Die Klasse 1 kann für Laser bzw. Lasersysteme im Wellenlängenbereich von 180 nm bis 1 mm angewendet werden. Die Laserklasse 1 kann durch folgende Aussage beschrieben werden:

> Lasereinrichtungen, die während des Normalbetriebs sicher sind, einschließlich bei langzeitigem direkten Blick in den Strahl, sogar wenn die Bestrahlung unter Benutzung von Teleskopoptiken stattfindet. (DIN EN 60825-1:2015-07 [1]).

Vorhersehbar ist eine Bedingung dann, wenn der Laser im bestimmungsgemäßen Betrieb eingesetzt wird. Dies ist der Betrieb, für den der Laser technisch ausgelegt und geeignet ist.

Bei Lasern der Klasse 1 darf die gesamte Leistung ins Auge fallen und man darf die Strahlung auch mit optischen Geräten (z. B. Ferngläsern) über einen längeren Zeitraum hinweg betrachten. Allerdings muss man berücksichtigen, dass

Abb. 6.1 Beispiel für die Kennzeichnung von Lasern der Klasse 1

Laserstrahlung
Laser Klasse 1
nach DIN EN 60825-1:2008-05

Abb. 6.2 Alternative
Kennzeichnung eines Lasers
der Klasse 1

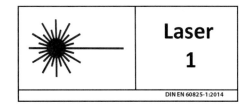

im sichtbaren Bereich eine Blendung eintreten und es infolgedessen zu einem Arbeitsunfall kommen kann [4].

Für die Vorgängerversionen der EN 60825-1:2015-07 gilt: Bei Lasern der Klasse 1 kommt es in keinem Fall zur Überschreitung der Expositionsgrenzwerte, sodass das Tragen von Schutzbrillen oder Schutzbekleidung nicht erforderlich ist. Seit der Norm DIN EN 60825-1:2015-07 kann davon nicht mehr ausgegangen werden. Die Herstellerangaben sind zu beachten.

Auch Hochleistungslaser können in Klasse 1 eingestuft werden, wenn sie vollständig eingehaust sind und sichergestellt ist, dass im Normalbetrieb die Grenzwerte für Klasse 1 nicht überschritten werden. Beispiele sind Laseranlagen zur Materialbearbeitung aber auch DVD-Player und Laserdrucker.

Wird bei Servicearbeiten von eingehausten Lasern der Klasse 1 nach Öffnen der Zugangsklappe oder Zugangstür Laserstrahlung der Klassen 3R, 3B oder 4 zugänglich, muss eine Sicherheitsverriegelung eingebaut werden.

Die Beschilderung erfolgt in der Regel auf dem Lasergerät (Abb. 6.1 und 6.2). Bei Lasereinrichtungen der Klassen 1 ist es jedoch auch erlaubt, die Hinweisschilder ausschließlich in der Betriebsanleitung auszuweisen.

6.5.2 Klasse 1 C

In diese Laserklasse werden seit der DIN Norm 60825-1:2015-07 [1] Lasereinrichtungen eingeordnet, welche nur bei einem Kontakt mit der Haut oder Gewebe (außer den Augen) Strahlung freisetzen dürfen, wobei das C für *contact* steht. Lasergeräte dieser Klasse können Strahlung aussenden, deren GZS denen der Klassen 3R, 3B oder 4 entsprechen. Sie erlauben eine Überschreitung der Expositionsgrenzwerte für die Haut und dienen dem kosmetischen und medizinischen Einsatz. Durch technische Maßnahmen muss eine Überschreitung des GZS der Klasse 1 C für den Anwender verhindert werden. Bei der Anwendung wird an dem entsprechenden Ort der GZS-Wert der Klasse 4 in der Regel erreicht. Laser der Klasse 1 C sind nur dadurch sicher, dass erst bei Hautkontakt Laserstrahlung emittiert wird. Bei falscher Anwendung kann es zu Gefährdung der Haut kommen.

Produkte dürfen erst dann in diese Klasse eingeordnet werden, wenn es eine sogenannte vertikale Produktsicherheitsnorm (C-Norm) gibt, welche spezielle Anforderungen für deren Sicherheit vorschreibt. Eine solche vertikale Norm ist

Abb. 6.3 Beispiel für die
Kennzeichnung von Lasern
der Klasse 1 C

Laserstrahlung
Anweisungen beachten
Laserklasse 1C
nach DIN EN 60825-1:2015-07

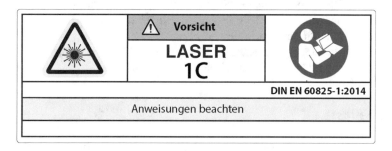

Abb. 6.4 Alternative Kennzeichnung der Klasse 1 C

in der Normenserie IEC 60335 in Entwicklung. In der TROS Laserstrahlung, Teil
Allgemeines, [2] wird empfohlen, Schutzmaßnahmen wie bei Lasern der Klasse
3R und 3B zu ergreifen. Während Wartungsarbeiten kann eine Gefährdung auf-
treten, die der von Klasse 3R, 3B oder 4 entspricht. Die Grenzwerte für das
Auge entsprechen denen von Klasse 1. Die Beschilderung erfolgt auf dem Gerät
(Abb. 6.3 und 6.4). Laser der Klasse 1 C werden in Zukunft voraussichtlich in der
Kosmetik oder der Medizin, insbesondere in der Dermatologie zur Entfernung von
Haaren (Epilationslaser) und Tattoos, zur Behandlung von Hautveränderungen
oder zur Hautglättung eingesetzt.

6.5.3 Klasse 1M

Die Laserklasse 1M kann durch folgende Aussage beschrieben werden:

Lasereinrichtungen, die sicher sind, einschließlich bei langzeitigem direktem Blick in den Strahl mit dem bloßen Auge. Der MZB-Wert kann überschritten werden und eine Augenverletzung kann auftreten nach Bestrahlung durch eine Teleskopoptik, wie z.B. Binokulare bei kollimiertem Strahl mit einem Durchmesser, der größer ist als für die Bedingung 3 festgelegt. [1]

Das M bedeutet *magnifying optical viewing instruments,* auf Deutsch, vergrößernde optische Instrumente. Laser der Klasse 1M können Leistungen emittieren, die den Grenzwert der Klasse 1 bei Weitem überschreiten (bis 500 mW, Grenzwert der Klasse 3B). Sie sind jedoch so aufgeweitet (Abb. 6.5) oder so divergent (Abb. 6.6), dass die ins Auge gelangende Strahlung den GZS-Wert für Klasse 1 unterschreitet. Zum Beispiel müsste ein blauer Laser mit einer Leistung von 495 mW auf einen Durchmesser von $d_{63} = 80$ cm aufgeweitet werden, um in Klasse 1M eingeordnet werden zu können. Bei normaler Beobachtung verursacht die Strahlung der Klasse 1M keinen Augenschaden.

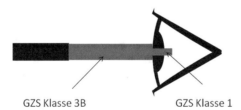

GZS Klasse 3B   GZS Klasse 1

Abb. 6.5 Stark aufgeweiteter Laserstrahl eines Lasers der Klasse 1M. Der gesamte Laserstrahl kann eine Leistung bis zum Grenzwert (GZS) der Klasse 3B haben. In das Auge gelangt nur Strahlung mit dem GZS der Klasse 1

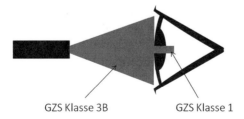

GZS Klasse 3B   GZS Klasse 1

Abb. 6.6 Stark divergenter Laserstrahl eines Lasers der Klasse 1M. Der gesamte Laserstrahl kann eine Leistung bis zum Grenzwert (GZS) der Klasse 3B haben. In das Auge gelangt nur Strahlung mit dem GZS der Klasse 1

Abb. 6.7 Beispiel für die
Kennzeichnung von Lasern
der Klasse 1M

Abb. 6.8 Alternative
Kennzeichnung der Klasse
1M

Einsatz optischer Instrumente Beim Einsatz optischer Instrumente bei der Beobachtung eines Laserstrahls der Klasse 1M kann der Strahlquerschnitt stark verkleinert werden. Dies kann beispielsweise durch ein Fernrohr erfolgen. Dadurch steigt die Laserleistung, sodass die Expositionsgrenzwerte überschritten werden und ein Augenschaden auftreten kann. Die dabei auftretende Gefährdung kann dann derjenigen von Lasern der Klasse 3B entsprechen. Auch bei Lasern der Klasse 1M ist im sichtbaren Bereich von einer Blendung auszugehen.

Grenzwerte GZS Die Grenzwerte GZS der Klasse 1M entsprechen denen der Klasse 1. Das liegt daran, dass die Messvorschriften für die Klassen 1 und 1M eine Blende von 7 mm Durchmesser vor dem Leistungsmessgerät vorsehen. Bei der Klassifizierung wird damit nur der Teil des Laserstrahls berücksichtigt, der in einer bestimmten in der Norm festgelegten Entfernung durch die Pupille des Auges (7 mm) fallen würde. Der Messwert nach Bedingung 1 darf den Grenzwert für Klasse 3B nicht überschreiten.

Divergente Laserstrahlung Bei divergenter Laserstrahlung ist es möglich, dass die Grenzwerte für Laserklasse 3B innerhalb von 100 mm überschritten werden. Damit ist es möglich, dass es in der Nähe der Quelle (Faseraustritt oder hinter dem Brennpunkt einer Linse) zu Augen- und Hautverletzungen kommen kann.

Beispiele und Schilder Beispiele für Laser der Klasse 1M sind Strichcode-Lesegeräte, Softlaser für die Wundbehandlung, Laser für die optische Daten-übertragung (Ethernet). Die Beschilderung der Laserklasse erfolgt auf dem Gerät (Abb. 6.7 und 6.8).

6.5.4   Klasse 2

Die Laserklasse 2 kann durch folgende Aussage beschrieben werden:

> Lasereinrichtungen, die sichtbare Strahlung im Wellenlängenbereich von 400 nm bis 700 nm aussenden, die sicher sind für kurzzeitige Bestrahlungen aber gefährlich sein können für absichtliches Starren in den Strahl. Die Zeitbasis von 0,25 s hängt mit der Definition der Klasse zusammen und es wird angenommen, dass für vorübergehende Bestrahlungen, die etwas länger sind, ein sehr geringes Risiko einer Verletzung besteht. (DIN EN 60825-1:2015-07 [1]).

Während Laser der Klasse 1 auch bei Langzeitbestrahlung zu keinem Schaden des Auges führen, ist die Expositionsdauer bei Lasern der Klasse 2 auf 0,25 s begrenzt. Diese Aussage gilt auch dann, wenn mit optischen Instrumenten in den Strahl geblickt wird.

Abwendungsreaktion (0,25 s) Laserstrahlung aus Lasern der Klasse 2 ist nur dann ungefährlich, solange man nicht länger als 0,25 s und nicht wiederholt in den Strahl blickt. Früher ging man davon aus, dass das Auge durch den Lidschlussreflex innerhalb dieser Zeit geschlossen wird. Neuere Untersuchungen haben jedoch gezeigt, dass nur ein geringer Prozentsatz der Menschen (<20 %) das Auge nach der Bestrahlung mit sichtbarer Laserstrahlung (<1 mW) innerhalb von 0,25 s schließt [5]. Dies liegt u. a. daran, dass aufgrund der sehr guten Fokussierbarkeit der Laserstrahlung der Lichtfleck auf der Netzhaut nur wenige µm groß ist. Heute wird deshalb bei den Schutzmaßnahmen nicht mehr vom Lidschlussreflex, sondern von sogenannten Abwendungsreaktionen gesprochen. Personen, die von einem Laserstrahl getroffen werden, sollen die Augen sofort schließen und den Kopf bewusst abwenden.

Bei Lasern der Klasse 2 muss mit Blendung gerechnet werden, auf welche bei den indirekten Gefährdungen eingegangen wird.

Kennzeichnung und Beispiele Die Kennzeichnung erfolgt auf dem Gerät nach Abb. 6.9 oder Abb. 6.10. Beispiele für Laser der Klasse 2 sind Laserpointer, Pilotlaser, Laserwasserwaagen oder Geräte zur Vermessungstechnik.

6.5.5   Klasse 2M

Die Laserklasse 2M kann durch folgende Aussage beschrieben werden:

> Lasereinrichtungen, die sichtbare Strahlung aussenden, die nur für das bloße Auge bei kurzzeitigen Bestrahlungen sicher sind. Der MZB-Wert kann überschritten werden und eine Augenverletzungen kann auftreten nach Bestrahlung durch eine Teleskopoptik, wie z.B. Binokulare bei kollimiertem Strahl mit einem Durchmesser, der größer ist als für die Bedingung 3 festgelegt. (DIN EN 60825-1:2015-07 [1]).

Abb. 6.9 Beispiel für die
Kennzeichnung von Lasern
der Klasse 2

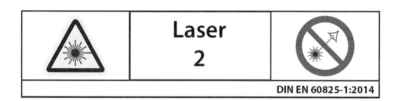

Abb. 6.10 Alternative Kennzeichnung eines Klasse-2-Lasers

Grenzwerte GZS Laser der Klasse 2M sind Laser, deren Strahlung aufgeweitet oder divergent verläuft. Die in das bloße Auge gelangende Strahlung unterschreitet den Grenzwert GZS der Laserklasse 2 (1 mW). Zum Beispiel müsste ein blauer Laser mit einer Leistung von 495 mW auf einen Durchmesser von 16 cm aufgeweitet werden, um in Klasse 2M eingeordnet werden zu können. Damit ist bei normaler Beobachtung die Gefährdung durch Klasse 2M genauso groß, wie die durch Klasse 2. Die Vorschriften zur Bestimmung der Laserklasse 2M entsprechen denen von 1M, d. h., es wird eine Blende von 7 mm vor dem Gerät zur Messung der Leistung eingesetzt. Der Grenzwert der Laserklasse 2 wird bei der Messung mit einer 7-mm-Blende unterschritten. Der Grenzwert der Laserklasse 3B wird bei der Messung mit einer 50-mm-Blende unterschritten.

Einsatz optischer Instrumente Die gesamte Leistung des Lasersystems kann wesentlich größer als der mit einer Messblende ermittelte Grenzwert GZS der Klasse 2 sein. Der Grenzwert GZS der Klasse 3B kann unter diesen Bedingungen erreicht werden. Dies kann beim Einsatz optischer Instrumente zu einer Gefährdung führen, die derjenigen von Klasse 3B entspricht.

Divergente Laserstrahlung Bei divergenter Laserstrahlung ist es möglich, dass die Grenzwerte für Laserklasse 3B innerhalb von 100 mm überschritten werden. Damit ist es möglich, dass es in der Nähe der Quelle (Faseraustritt oder hinter dem Brennpunkt einer Linse) zu Augen- und Hautverletzungen kommen kann.

Kennzeichnung und Beispiele Die Kennzeichnung erfolgt auf dem Lasergerät (Abb. 6.11 und 6.12). Beispiele für Laser der Klasse 2M sind Vermessungslaser, Kreuzlaser, häufig Diodenlaser ohne Kollimationsoptik oder Laser mit angekoppelten Fasern und divergentem Strahlaustritt.

Abb. 6.11 Beispiel für die Kennzeichnung von Lasern der Klasse 2M

Abb. 6.12 Alternative Kennzeichnung eines Lasers der Klasse 2M

6.5.6 Klasse 3A (anzuwenden bis März 1997)

Seit 2004 werden Laser nicht mehr nach dieser Klasse klassifiziert. Laser der Klasse 3 A, die Strahlung im Sichtbaren emittieren, können wie Laser der Klasse 2M behandelt werden. Laser der Klasse 3 A, die nicht sichtbare Strahlung emittieren, werden wie Laser der Klasse 1M angesehen. Eine Umklassifizierung ist jedoch problematisch, da oft die aktuellen weiteren Normen wie z. B. die EMV-Norm oder die Einfehlersicherheit nicht eingehalten wird.

6.5.7 Klasse 3R

Liegt der durch Messung oder Berechnung ermittelte Emissionswert des Lasers bzw. der Laseranlage über dem GZS-Wert für den der Laserklassen 1 und 2, aber unter dem GZS für Laserklasse 3R und 3B, so wird das Produkt in die Laserklasse 3R eingeordnet. Die Laserklasse 3R kann durch folgende Aussage beschrieben werden:

> Lasereinrichtungen, die Strahlung emittieren, bei denen ein direkter Blick in den Strahl die MZB-Werte überschreiten kann, wobei das Risiko in den meisten Fällen relativ gering ist. Der GZS von Klasse 3R ist begrenzt auf das 5-fache des GZS von Klasse 2 (für sichtbare Strahlung) und oder das 5-fache des GZS von Klasse 1 (für unsichtbare Laserstrahlung). Wegen des geringeren Risikos gelten weniger Herstellungsanforderungen und weniger Schutzmaßnahmen für den Benutzer als für Klasse 3B. (DIN EN 60825-1:2015-07 [1]).

Bei kurzzeitiger Exposition ist die Gefährdung der Augen gering. Es können jedoch Augenverletzungen auftreten.

Grenzwerte GZS Laser der Klasse 3R im sichtbaren Spektralbereich werden beispielsweise in Geräten der Vermessungstechnik eingesetzt. In diesem Fall liegt der Grenzwert GZS bei kontinuierlicher Strahlung im sichtbaren Spektralbereich einer Leistung von 5 mW. Bei kürzerer Bestrahlungsdauer (gepulste Laser) und im nicht sichtbaren Spektralbereich kann sich dieser Wert erhöhen.

Sicherheitsanforderungen Das R ist abgeleitet von *reduced* oder *relaxed requirements* und bedeutet, dass etwas geringere Sicherheitsanforderungen gestellt werden. So muss herstellerseitig z. B. kein Schlüsselschalter am Gerät verbaut sein. Aufseiten des Anwenders liegt die Erleichterung darin, dass das Tragen einer Schutz- oder Justierbrille zwar empfohlen wird, der Augenschutz aber auch durch technische oder organisatorische Schutzmaßnahmen erzielt werden kann. Allerdings muss beachtet werden, dass durch einen Laser der Klasse 3R die Expositionsgrenzwerte überschritten werden können.

Anmerkung: Hier werden Herstelleranforderungen mit Anwenderanforderungen (Pflicht zum Tragen von Laserschutzbrillen) gemischt! Gemeint ist eigentlich die Benutzeranforderung des Herstellers! Falls der Hersteller dies übernimmt und es zum Augenschaden käme ohne Erläuterung, warum auf die Laserschutzbrille verzichtet werden kann, könnte er ggf. gegen das Produktsicherheitsgesetz verstoßen.

Kennzeichnung und Anwendungen Die Kennzeichnung erfolgt auf dem Laser-gerät (Abb. 6.13 und 6.14). Beispiele für Laser der Klasse 3R sind Akupunktur-laser, Vermessungslaser, medizinische Laser für die Low-Level-Therapie (LLT). In den USA sind Laserpointer bis zur Klasse 3R zugelassen, in Deutschland sind nur Laser der Klassen 1, 1M, 2, 2M als Verbraucherprodukte erlaubt (siehe *Technische Spezifikation für Verbraucherprodukte der Bundesanstalt für Arbeitsschutz und Arbeitsmedizin* [5]).

Abb. 6.13 Beispiel für die Kennzeichnung von Lasern der Klasse 3R

Abb. 6.14 Beispiel für die alternative Kennzeichnung von Lasern der Klasse 3R

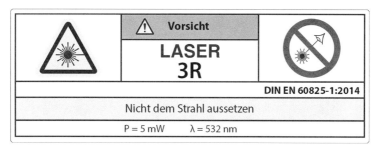

6.5.8   Klasse 3B

Liegt der durch Messung oder Berechnung ermittelte Emissionswert des Lasers bzw. der Laseranlage über dem GZS-Wert für die Laserklasse 3R, so wird die Klasse 3B zugewiesen. Die Laserklasse 3B kann durch folgende Aussage beschrieben werden:

> Lasereinrichtungen, die bei einem direkten Blick in den Strahl normalerweise gefährlich sind (d. h. innerhalb des Sicherheitsabstandes (NOHD)), einschließlich kurzzeitiger zufälliger Bestrahlung. Die Beobachtung von diffusen Reflexionen ist normalerweise sicher. Laser der Klasse 3B, deren Leistung nahe der Grenze zu Klasse 3B liegt, können kleine Hautverletzungen erzeugen oder es besteht sogar die Möglichkeit, dass sie entzündliche Materialien entflammen lassen. Dies ist jedoch nur wahrscheinlich, wenn der Strahl einen kleinen Durchmesser hat oder fokussiert ist. (DIN EN 60825-1:2015-07 [1]).

Gefährdungen Laserstrahlung der Klasse 3B ist so intensiv, dass selbst bei sehr kurzen Bestrahlungszeiten das Auge geschädigt werden kann. Das Tragen einer geeigneten Laserschutzbrille ist Pflicht. Im oberen Leistungsbereich dieser Klasse besteht Brand- und Explosionsgefahr und die Möglichkeit einer Hautschädigung.

Diffuse Reflexion Der Unterschied der Klasse 3B zur nächsthöheren Klasse 4 liegt darin, dass das Betrachten von diffusen Reflexionen noch ungefährlich ist, wenn das Auge mindestens 13 cm vom Diffusor entfernt ist und die Betrachtungsdauer 10 s nicht überschreitet. Da die meisten Oberflächen nicht vollständig diffus reflektieren, muss immer auch mit direkt reflektierten Anteilen gerechnet werden.

Grenzwerte GZS Für viele Laser liegt der Grenzwert GZS bei einer Leistung von 500 mW = 0,5 W. Im ultravioletten Bereich ist der GZS wesentlich kleiner. Für kurzzeitige Bestrahlung müssen zur Bestimmung der Grenzwerte die Originaltabellen der Norm DIN EN 60825-1 [1] hinzugezogen werden.

Kennzeichnung und Beispiele Die Kennzeichnung erfolgt auf dem Lasergerät nach Abb. 6.15 oder Abb. 6.16. Beispiele für Laser der Klasse 3B sind medizinische Laser, Projektionslaser oder Laser in der Forschung.

Abb. 6.15 Beispiel für die Kennzeichnung von Lasern der Klasse 3B

Sichtbare Laserstrahlung
Nicht dem Strahl aussetzen
Laserklasse 3B
nach DIN EN 60825-1:2008-05

P = 50 mW
λ = 532 nm

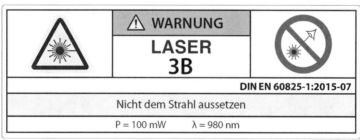

Abb. 6.16 Alternative Kennzeichnung eines Lasers der Klasse 3B

6.5.9   Klasse 4

Liegt der durch Messung oder Berechnung ermittelte Emissionswert des Lasers bzw. der Laseranlage über dem GZS-Wert für die Laserklasse 3B, so wird das Produkt in die Klasse 4 eingeordnet. Die Klasse 4 kann durch folgende Aussage beschrieben werden:

> Lasereinrichtungen, für die ein direkter Blick in den Strahl und eine Hautbestrahlung gefährlich sind und für die auch das Betrachten diffuser Reflexionen gefährlich sein kann. Diese Laser stellen auch häufig eine Brandgefahr dar. (DIN EN 60825-1:2015-07 [1]).

Gefährdungen Laser, die den GZS für Klasse 3B überschreiten, werden in Klasse 4 eingeordnet. Die Laserstrahlung dieser Klasse ist so intensiv, dass bereits kürzeste Expositionen des Auges und oft auch der Haut zu einem schweren Schaden führen. Anders als bei Lasern der Klasse 3B kann hier der Blick in eine diffuse Reflexion schon einen Schaden verursachen. Das Tragen einer geeigneten Schutzbrille ist Pflicht. Auch sollten Schutzmaßnahmen der Haut getroffen werden. Ein weiterer wichtiger Aspekt ist die Brand- und Explosionsgefahr.

Kennzeichnung und Anwendungen Die Kennzeichnung erfolgt auf dem Lasergerät (Abb. 6.17 und 6.18). Beispiele für Laser der Klasse 4 sind medizinische Laser, Laser für die Materialbearbeitung und Beschriftung, Showlaser, Laser für die Spektroskopie und Forschung oder Laser für die Telekommunikation.

Die Tab. 6.4 zeigt eine Übersicht über die Laserklassen, deren GZS und Gefährdung.

Abb. 6.17 Beispiel für die
Kennzeichnung von Lasern
der Klasse 4

Unsichtbare Laserstrahlung
Bestrahlung von Auge und Haut auch
durch Streustrahlung vermeiden
Laserklasse 4
nach DIN EN 60825-1:2008-05

P_0 = 50 mW
P_P = 500 kW
t = 10 ns
f = 100 Hz
λ = 1064 nm

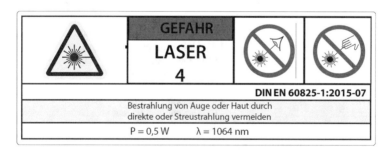

Abb. 6.18 Alternative Kennzeichnung eines Lasers der Klasse 4

Tab. 6.4 Übersichtstabelle der Laserklassen und deren Gefährdung

Laserklasse	Typische GZS (vereinfacht)	Gefährdung der Augen	Besonderheit
1	39 µW im Blauen 390 µW im Roten	Keine Gefährdung der Netzhaut, auch bei Betrachtung mit optischen Instrumenten. Blendung ist möglich	Auch Hochleistungslaser können, wenn vollständig eingehaust, in diese Klasse fallen
Klasse 1 C	39 µW im Blauen für die nicht beabsichtigte Strahlung 390 µW im Roten für die nicht beabsichtigte Strahlung Keine Leistungsgrenze für die Anwendung (typisch bis 200 W)	Keine, wenn im bestimmungsgemäßen Betrieb genutzt Bei nicht bestimmungsgemäßem Betrieb Gefährdung wie Klasse 3B oder 4	Es müssen Sicherheitseinrichtungen verbaut werden, die eine Bestrahlung der Augen vermeiden
Klasse 1M	39 µW im Blauen 390 µW im Roten	Bei Betrachtung mit bloßem Auge keine Gefährdung. Bei Betrachtung mit optisch vergrößernden Instrumenten, Gefährdung wie Klasse 3B. Blendung möglich	Die Laserstrahlung ist stark aufgeweitet oder sehr divergent
Klasse 2	1 mW im Sichtbaren	Bei kurzzeitiger Betrachtung, auch mit optischen Instrumenten, keine Gefährdung	Nur im sichtbaren Spektralbereich. Längere Betrachtung kann, vor allem im blauen Spektralbereich, zu Schäden führen
Klasse 2M	1 mW im Sichtbaren	Bei Betrachtung mit bloßem Auge keine Gefährdung. Bei Betrachtung mit optisch vergrößernden Instrumenten. Gefährdung wie Klasse 3B. Blendung möglich	Die Laserstrahlung ist stark aufgeweitet oder sehr divergent
Klasse 3A	Im Sichtbaren wie Klasse 2 Im nicht Sichtbaren wie Klasse 1	Bei Betrachtung mit optisch vergrößernden Instrumenten, Gefährdung wie Klasse 3B	Im sichtbaren Spektralbereich wie Klasse 2M, im nicht sichtbaren Spektralbereich wie Klasse 1M. Wird seit 1997 nicht mehr verwendet

(Fortsetzung)

Tab. 6.4 (Fortsetzung)

Laserklasse	Typische GZS (verein-facht)	Gefährdung der Augen	Besonderheit
Klasse 3R	5 mW	Unbeabsichtigte Bestrahlung führt in der Regel nicht zu Schäden. Beabsichtigtes Blicken in den Strahl kann zu Schäden führen	Es werden Expositionsgrenzwerte überschritten. Aufgrund der Begrenzung des GZS auf 5 mW ist diese jedoch geringer als bei Lasern der Klasse 3B
Klasse 3B	0,5 W	Schädigung der Augen, im oberen Leistungsbereich auch der Haut	Die Betrachtung von diffusen Reflexionen ist in der Regel noch sicher. Es besteht Brand- und Explosionsgefahr
Klasse 4	>0,5 W	Schwere Schädigung der Augen und der Haut	Die Betrachtung von diffusen Reflexionen kann zu Schäden führen Brand- und Explosionsgefahr

6.6 Gefährdungsgrade in Lichtwellenleiter-Kommunikationstechnik

Bei der Gefährdungsermittlung im Bereich der Lichtwellenleiter-Kommunikationstechnik (LWLKS) muss unterschieden werden, ob man sich am Ort der Einkopplung in die Faser oder an einem anderen Ort entlang der Faser befindet. Am Anfang der Faser wird die Gefährdung durch die Laserklasse definiert. Da sich die Leistung entlang der Strecke ändert, muss für jeden zugänglichen Ort ein sogenannter Gefährdungsgrad bestimmt werden. Dieser hängt vom dort gemessenen Leistungspegel ab, der unter vernünftigerweise auftretenden Umständen auftritt. Dies können z. B. das Öffnen eines Steckverbinders oder ein Faserbruch sein. Es werden folgende Gefährdungsgrade definiert [8]:

Gefährdungsgrad 1 gilt für jede zugängliche Stelle eines LWLKS, an der unter vernünftigerweise vorhersehbaren Umständen kein Zugang zu Strahlung über den Grenzwerten der Klasse 1 möglich ist.

Gefährdungsgrad 1M gilt für jede zugängliche Stelle eines LWLKS, an der unter vernünftigerweise vorhersehbaren Umständen kein Zugang zu Strahlung über den Grenzwerten der Klasse 1 möglich ist, wobei der Strahlungspegel mit den Messbedingungen für Lasereinrichtungen der Klasse 1M gemessen wird (siehe DIN EN 60825-1).

Gefährdungsgrad 2 gilt für jede zugängliche Stelle eines LWLKS, an der unter vernünftigerweise vorhersehbaren Umständen keine zugängliche Strahlung über den Grenzwerten der Klasse 2 auftreten wird.

Gefährdungsgrad 2M gilt für jede zugängliche Stelle eines LWLKS, an der unter vernünftigerweise vorhersehbaren Umständen keine zugängliche Strahlung über den Grenzwerten der Klasse 2 auftreten wird, wobei der Strahlungspegel mit den Messbedingungen für Lasereinrichtungen der Klasse 2M gemessen wird (siehe DIN EN 60825-1).

Gefährdungsgrad 3R gilt für jede zugängliche Stelle eines LWLKS, an der unter vernünftigerweise vorhersehbaren Umständen keine zugängliche Strahlung über den Grenzwerten der Klasse 3R auftreten wird.

Gefährdungsgrad 3B gilt für jede zugängliche Stelle eines LWLKS, an der unter vernünftigerweise vorhersehbaren Umständen keine zugängliche Strahlung über den Grenzwerten der Klasse 3B auftreten wird.

Gefährdungsgrad 4 gilt für jede zugängliche Stelle eines LWLKS, an der unter vernünftigerweise vorhersehbaren Umständen zugängliche Strahlung über den Grenzwerten der Klasse 3B auftreten könnte.

Die abzuleitenden Schutzmaßnahmen sind nicht nur vom Gefährdungsgrad, sondern auch von der Zugänglichkeit des Standortes abhängig. Hierbei unterscheidet man drei Kategorien [9]:

- *Standort mit kontrolliertem Zugang – ein Standort, bei dem der Zugang nur für befugte Personen mit einer ausreichenden Lasersicherheitsunterweisung möglich ist.*
- *Standort mit eingeschränktem Zugang – ein Standort, bei dem der Zugang für die Öffentlichkeit durch organisatorische oder technische Maßnahmen verhindert wird, bei dem aber der Zugang durch befugte Personen möglich ist, die unter Umständen nicht in Lasersicherheit unterwiesen wurden.*
- *Standort mit uneingeschränktem Zugang – ein Standort, bei dem der Zugang zum LWLKS und zum offenen Strahl für jeden, auch für nicht unterwiesene Personen möglich ist.*

6.7 Beispiel für eine Klassifizierung

Für folgenden Rotationslaser soll geprüft werden, ob die Grenzwerte für Klasse 2 eingehalten werden. Es handelt sich um einen grünen Diodenlaser mit der Wellenlänge 520 nm. Somit ist die erste Bedingung für Laser der Klasse 2, dass die Wellenlänge im Bereich 400–700 nm liegen muss, eingehalten. Die durch die Rotation verursachte Verschmierung des Spots auf der Netzhaut wird nicht berücksichtigt.

Über einen Schalter lassen sich verschiedene Drehgeschwindigkeiten einstellen. Die Rotationsgeschwindigkeit wird sicherheitsrelevant überwacht. Eine Abweichung ist nicht möglich. Da die höchste Gefährdung bei der niedrigsten Drehgeschwindigkeit besteht, wurden für diese Einstellung die technischen Daten des Lasers bestimmt. Nach DIN 60825-1 muss im Wellenlängenbereich 400–1400 nm in einem Abstand von 10 cm durch eine 7-mm-Blende gemessen werden.

Die Impulsspitzenleistung und die Impulsbreite wurden mit einem Oszilloskop gemessen. Es wurden folgende Werte ermittelt:

- Impulsspitzenleistung P_P: 2,8 mW
- Impulsbreite t_{EP}: 28 µs
- Impulswiederholfrequenz f: 680 Hz.

Bei dem Laser handelt es sich um eine Punktlichtquelle ($C_6 = 1$).

Vorgehensweise
Zunächst einmal muss festgelegt werden, welche Zeitbasis angewendet werden soll. Da der Laser auf Einordnung in die Laserklasse 2 überprüft werden soll, wird die Zeitbasis $t = 0,25$ s gewählt.

Der Laser wird wie ein gepulster Laser behandelt. Dementsprechend müssen nach DIN EN 60825–1 drei Kriterien eingehalten werden.

1. Die Energie eines Einzelimpulses Q_{EP} darf den GZS eines Einzelimpulses nicht überschreiten.

Bestimmung der Energie Q_{EP}

$$Q_{EP} = P_P t_{EP} = 2,8 \cdot 10^{-3}\,\text{W} = 28 \cdot 10^{-6}\,\text{s} = 7,84 \cdot 10^{-8}\,\text{J} \qquad (6.12)$$

In Tab. 6 der DIN EN 60825-1 findet man, dass der $GZS_{\text{Einzelpuls}}$ für Zeiten kleiner 0,25 s gleich dem für Laser der Klasse 1 ist. Somit entnimmt man aus Tab. 5 die Formel

$$GZS_{\text{Einzelpuls}} = 7 \cdot 10^{-4} \cdot t^{0,75} C_6 \text{J} = 7 \cdot 10^{-4} \left(28 \cdot 10^{-6}\right)^{0,75} \text{J} = 2,69 \cdot 10^{-7} \text{J} \quad (6.13)$$

Da $Q_{EP} < GZS_{\text{Einzelpuls}}$, ist das erste Kriterium für Klasse 2 erfüllt.

2. Die mittlere Leistung P_m für eine Impulsfolge der Emissionsdauer T, darf die Leistung entsprechend den $GZS_{\text{Dauer,T}}$ für einen einzelnen Impuls der Dauer T nicht überschreiten.

$$P_m = Q_{EP} f = 7,84 \cdot 10^{-8}\,\text{Ws} \cdot 680\,\frac{1}{\text{s}} = 5,30 \cdot 10^{-5}\,\text{W} \qquad (6.14)$$

In Tab. 6 der DIN EN 60825-1 findet man den $GZS_{\text{Dauer,T}} = 1$ mW für Zeiten $\geq 0,25$ s.

Da $P_m < GZS_{\text{Dauer,T}}$, ist das zweite Kriterium für Klasse 2 ebenfalls erfüllt.

3. Die Energie je Impuls darf den GZS für einen einzelnen Impuls multipliziert mit dem Korrekturfaktor C_5 nicht überschreiten.

Nach DIN EN 60825-1 gilt

$$C_5 = 1 \qquad (6.15)$$

$$GZS_{\text{Impulsfolge}} = GZS_{\text{Einzelimpuls}}\, C_5 = 2{,}69 \cdot 10^{-7}\,\text{J} \cdot 1 = 2{,}69 \cdot 10^{-7}\,\text{J} \quad (6.16)$$

Da $Q_{\text{EP}} < GZS_{\text{Impulsfolge}}$, ist das dritte Kriterium für Klasse 2 erfüllt. Der Laser kann in Klasse 2 eingestuft werden.

6.8 Vorgehensweise bei der Klassifizierung von Lasermaterialbearbeitungsmaschinen in Klasse 1

Die Klassifizierung erfolgt auf der Basis folgender Richtlinien und Normen:

- Richtlinie 2006/42/EG des Europäischen Parlaments und des Rates vom 17. Mai 2006 über Maschinen und zur Änderung der Richtlinie 95/16/EG (Maschinenrichtlinie)
- DIN EN 60825-1:2015-07, Sicherheit von Lasereinrichtungen – Teil 1: Klassifizierung von Anlagen und Anforderungen
- DIN EN 60825-4:2011-12; Sicherheit von Lasereinrichtungen – Teil 4: Laserschutzwände (IEC 60825-4:2006 + A1:2008 + A2:2011)
- DIN EN ISO 11553-1:2009-03, Sicherheit von Maschinen – Laserbearbeitungsmaschinen – Teil 1: Allgemeine Sicherheitsanforderungen (ISO 11553-1:2005).

Ziel ist es, die technische Ausführung der Anlage so zu erstellen, dass sie den Anforderungen aus den oben genannten Richtlinien und Normen entspricht. Es sind eine Risikobeuteilung gemäß Maschinenverordnung und eine Gefährdungsbeurteilung gemäß Arbeitsschutzgesetz und OStrV und ggf. weiterer Gesetze und Verordnungen zu erstellen. Ferner muss ein Bericht über den Aufbau und die getroffenen Schutzmaßnahmen erstellt werden.

Im ersten Schritt wird der Aufbau der Laseranlage (mit der Angabe von Maßen) und deren Anwendung detailliert beschrieben. Hierbei wird auch auf die durchzuführenden Arbeitsschritte eingegangen.

Im zweiten Schritt werden die Schutzmaßnahmen der Anlage beschrieben. Hierzu gehören:

- Aufbau des passiven oder aktiven Schutzgehäuses (Wände und Deckenabschirmung).
- Beschreibung, wie es realisiert wurde, dass keine gefährliche Laserstrahlung über dem Grenzwert für Klasse 1 aus dem Gehäuse austreten kann.
- Befinden sich Türen oder Wartungsklappen im Gehäuse, so sind diese mit geeigneten Sicherheitsschaltern zu versehen, um beim Öffnen ein Austreten von Laserstrahlung zu verhindern. Zur Einhaltung der Einfehlersicherheit sollten diese möglichst als zweikanaliges System realisiert werden [9].
- Zur unverzüglichen Stillsetzung im Gefahrenfall bzw. Notfall dienen Geräte für Not-Aus und Not-Halt nach DIN EN ISO 13850.
- Einbau einer geeigneten Absaugvorrichtung.

- Anbringen eines Hinweisschildes „Laser Klasse 1" nach DIN EN 60825-1.
- Anbringen von Vorsichtsschildern, z. B. wenn Gefahrstoffe durch den Bearbeitungsprozess entstehen.
- Erstellung einer Benutzerinformation nach EN ISO 11553-1, welche dem Kunden zur Verfügung gestellt werden muss.

6.9 Übungen

6.9.1 Aufgaben

1. Wofür steht die Abkürzung GZS?
2. Durch wen erfolgt die Klassifizierung der Laser?
3. Wie viele aktuelle Laserklassen gibt es?
4. Welche Norm liegt der Klassifizierung der Laser zugrunde?
5. Von welchen Größen hängen die GZS ab?
6. Ist es möglich, einen 10-kW-Laser in die Laserklasse 1 einzustufen?
7. Reicht es aus, die Expositionsgrenzwerte für die Klassifizierung in Klasse 1 zu bestimmen?
8. Was bedeutet das M in den Klassen 1M und 2M?
9. Welche besonderen Schutzmaßnahmen müssen bei Lasern der Klassen 1M und 2M getroffen werden?
10. Bei welchen Laserklassen besteht Brand- und Explosionsgefahr?
11. Wie hoch ist der Grenzwert für einen Laser der Klasse 3B im sichtbaren und infraroten Spektralbereich, der kontinuierlich strahlt?

6.9.2 Lösungen

1. Grenzwert der zugänglichen Strahlung.
2. Der Hersteller oder seine Vertretung.
3. Es gibt 9 Laserklassen: 1, 1M, 2, 2M, 3R, 3B, 4, die alte Klasse 3A und die neue 1C.
4. DIN EN 60825-1.
5. Von der Wellenlänge, von der Bestrahlungsdauer, vom Sehwinkel α und vom Pulsmuster.
6. Es ist möglich, wenn der Laser vollständig umhaust ist und keine Nutzstrahlung zugänglich ist. Die Grenzwerte für Klasse 1 dürfen außerhalb der Umhausung/Einhausung nicht überschritten werden. Die Umhausung muss für 30.000 s sicher sein.
7. Nein, zusätzlich muss noch eine Risikoanalyse erstellt werden.
8. Das M steht für Magnifying optical viewing instruments.
9. Bei der Betrachtung der Strahlung dürfen keine optischen Instrumente wie Teleskope, Ferngläser oder Lupen verwendet werden. Diese könnten den Strahlquerschnitt einengen und die Gefährdung des Auges erhöhen.

10. Bei den Klassen 3B und 4 besteht eine Brand- und Explosionsgefahr. Bei den neuen Laserklassen gemäß EN 60825-1-2015-07 kann dies schon bei Klasse 1 oder Klasse 1C gegeben sein.
11. Der Grenzwert GZS beträgt 500 mW.

Literatur

1. DIN EN 60825-1:2015-07: Sicherheit von Lasereinrichtungen – Teil 1 Klassifizierung von Anlagen und Anforderungen, Beuth-Verlag, Berlin (2015)
2. Technische Regeln zur Arbeitsschutzverordnung zu künstlicher optischer Strahlung – TROS Laserstrahlung, Teil Allgemeines, Ausgabe: Juli 2018
3. Reidenbach, H.-D., Brose, M., Ott, G., Siekmann, H.: Praxis-Handbuch optische Strahlung, Gesetzesgrundlagen, praktische Umsetzung und betriebliche Hilfen. Schmidt, Berlin (2012)
4. Reidenbach, H.-D., Dollinger, K., Hoffmann, J.: Überprüfung der Laserklassifizierung unter Berücksichtigung des Lidschlussreflexes. Wirtschaftsverlag N. W. Verlag für neue Wissenschaft Bremerhaven (Juni 2003)
5. Bundesanstalt für Arbeitsschutz und Arbeitsmedizin (BAuA): Technische Spezifikation zu Lasern als bzw. in Verbraucherprodukte(n), 30. Oktober 2013
6. Handerson, R., Schulmeister, K.: Laser Safety. IoP (2004)
7. DIN EN 60825-2:2011-06: Sicherheit von Lasereinrichtungen – Teil 2: Sicherheit von Lichtwellenleiter-Kommunikationssystemen (LWLKS), Beuth-Verlag, Berlin (2011)
8. DGUV Information 203-039 – Umgang mit Lichtwellenleiter-Kommunikations-Systemen (LWKS) (bisher: BGI 5031)
9. IFA Report 2/2017: Funktionale Sicherheit von Maschinensteuerungen – Anwendung der DIN EN ISO 13849 – Deutsche Gesetzliche Unfallversicherung e. V. (DGUV)
10. FS-2017-173-AKNIR-Netz: „Leitfaden Laserstrahlung". Fachverband für Strahlenschutz e. V. (2017)

Teil III
Gefährdungen und Schutzmaßnahmen

Gefährdungen durch Laserstrahlung

7

Inhaltsverzeichnis

Um Gefährdungen beurteilen zu können, muss zunächst einmal geklärt werden, was man unter dem Begriff Gefährdung versteht und welche Gefährdungen im Umgang mit Laserstrahlung zu erwarten sind. Als Gefährdung bezeichnet man im Arbeitsschutz eine Schadensquelle für das Eintreten einer Verletzung oder der Schädigung der Gesundheit von Menschen oder der Schädigung von Gütern [1]. Im Zusammenhang mit dem Laserschutz unterscheidet man zwischen indirekten und direkten Gefährdungen. Beide Formen müssen in der Gefährdungsbeurteilung betrachtet werden (Abb. 7.1).

Neben dem Schutz der Anwenderinnen und Anwender ist auch der Schutz Dritter zu berücksichtigen.

•

7.1 Direkte Gefährdung

Man spricht von einer direkten Gefährdung, wenn die Laserstrahlung Auge oder Haut treffen und dadurch einen Schaden (meist thermischer oder fotochemischer Art) verursachen könnte (Abschn. 4.3 und 4.4). Hierbei ist für die Definition egal,

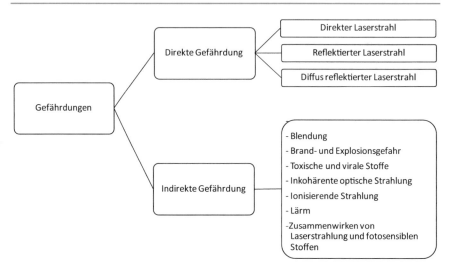

Abb. 7.1 Bei der Erstellung der Gefährdungsbeurteilung müssen sowohl direkte als auch indirekte Gefährdungen betrachtet werden

ob der Laserstrahl direkt aus dem Laser kommend, reflektiert oder gestreut auftrifft. Das Ausmaß der Gefährdung hängt von der Exposition durch die Laserstrahlung ab. Je nach Bauart der Lasereinrichtung kann ein größeres oder ein kleineres Gefährdungspotenzial vorliegen. Direkte Laserstrahlung mit geringer Divergenz (Abb. 7.2) kann auch noch über große Entfernungen hinweg Auge oder Haut schädigen und besitzt somit sicherlich das größte Gefährdungspotential.

Bei manchen Lasereinrichtungen, wie z. B. Laser der Klasse 1M oder 2M, wird der Laserstrahl durch eine Linse fokussiert und breitet sich danach, je nach Brennweite der Linse, wesentlich divergenter als der direkte Strahl aus (Abb. 7.3). Die Gefährdung sinkt, da die Intensität der Laserstrahlung mit der Entfernung schnell abnimmt.

Ganz ähnlich verhält es sich bei der Gefährdung durch einen mit einem Teleskop stark aufgeweiteten Laserstrahl (Abb. 7.4). Die Gefährdung ist dadurch herabgesetzt, da sich die Laserleistung bzw. Energie auf eine relativ große Fläche verteilt und die Intensität (in W/m^2 bzw. J/m^2) wesentlich kleiner als beim direkten Laserstrahl ist. Auch diese Anwendung ist ein Beispiel für einen Laser der Klasse 1M oder 2M.

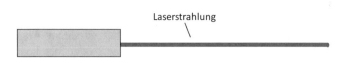

Abb. 7.2 Direkter Laserstrahl mit geringer Divergenz

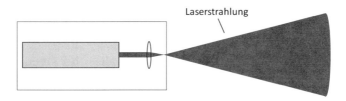

Abb. 7.3   Lasereinrichtung mit großer Divergenz

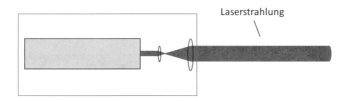

Abb. 7.4   Stark aufgeweiteter Laserstrahl

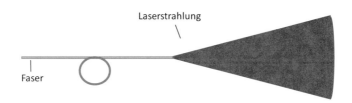

Abb. 7.5   Divergente Laserstrahlung nach Austritt aus einer Lichtleitfaser

Laserstrahlung, die in Fasern geführt oder dort erzeugt wird, tritt stark divergent aus der Faser aus (Abb. 7.5). Für den Laserschutz ist dies von Vorteil, da die Intensität mit der Entfernung schnell abnimmt und die Sicherheitsabstände NOHD (je nach Leistung des Lasers) oft relativ gering sind.

Bestimmte Laseranwendungen, wie z. B. die Flächenbehandlung der Haut mit sogenannten Laserduschen, nutzen Laseranordnungen, die aus mehreren nebeneinander liegenden Einzelemittern bestehen (Abb. 7.6). Die Gesamtleistung setzt sich aus der Summe der Einzelleistungen der Emitter zusammen. Es ergibt sich eine geringere Gefährdung, da jeder Emitter an einem anderen Ort der Netzhaut fokussiert wird und die gesamte Leistung daher auf eine große Fläche verteilt wird.

Von direkter Laserstrahlung wird nicht nur gesprochen, wenn der direkt aus dem Laser austretende Laserstrahl Auge oder Haut trifft, sondern auch dann, wenn der Strahl zunächst an Oberflächen reflektiert wird und dann erst auftrifft.

Reflexion kann an einer (Abb. 7.7) oder mehreren (Abb. 7.8) spiegelnden Oberflächen auftreten.

Daneben kann auch die diffus gestreute Strahlung so intensiv sein, dass sie einen Augenschaden verursacht. Dies ist vor allem bei Lasern der Klasse 4 zu berücksichtigen. In der Regel wird die Laserstrahlung nicht wie bei einem Lambert-Strahler vollständig diffus reflektiert (Abb. 7.9), sondern es gibt zusätzlich einen direkten Reflex (Abb. 7.10), in welchem sich deutlich mehr Leistung oder Energie befinden kann.

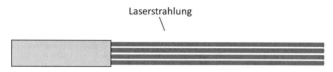

Abb. 7.6 Laser mit mehreren Emittern

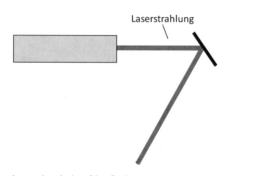

Abb. 7.7 Reflexion an einer spiegelnden Oberfläche

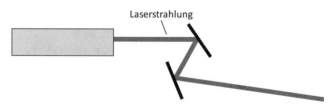

Abb. 7.8 Reflexion an mehreren Oberflächen

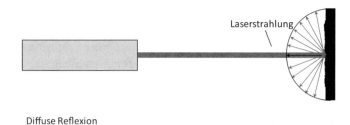

Diffuse Reflexion

Abb. 7.9 Diffuse Reflexion

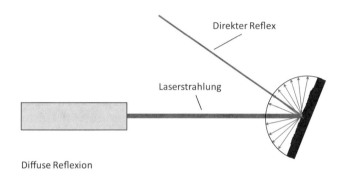

Diffuse Reflexion

Abb. 7.10 Diffuse Reflexion mit direkter Reflexion

7.2   Indirekte Gefährdungen durch Laserstrahlung

Gefährdungen durch indirekte Auswirkungen sind alle negativen Auswirkungen von Laserstrahlung auf die Sicherheit und Gesundheit der Beschäftigten, die nicht durch die Expositionsgrenzwerte für die Augen und die Haut [2] abgedeckt sind. Dazu gehören z. B. vorübergehende Blendung, Brand- und Explosionsgefahr, Entstehung von Gefahrstoffen, Entstehung von inkohärenter Strahlung, Entstehung von ionisierende Strahlung (ähnlich Röntgenstrahlung), Lärm sowie alle möglichen Auswirkungen, die sich durch das Zusammenwirken von Laserstrahlung und fotosensibilisierenden chemischen Stoffen am Arbeitsplatz ergeben können.

7.2.1   Vorübergehende Blendung durch Laserstrahlung

Sicherlich kennt jede Person das unangenehme Gefühl der vorübergehenden Blendung nach dem Blick in eine sehr helle Lichtquelle, wie z. B. die Sonne oder einen Fotoblitz, und die daraus resultierenden Seheinschränkungen durch

Nachbilder beim darauffolgenden Blick auf eine Fläche. Der Begriff der vorübergehenden Blendung wird in der Norm DIN EN 12665 [3] als „Sehzustand, der
unangenehm empfunden wird oder eine Herabsetzung der Sehfunktion zur Folge
hat, verursacht durch eine ungünstige Leuchtdichteverteilung oder durch zu
hohe Kontraste", definiert. Es wird dabei zwischen physiologischer und psycho-
logischer Blendung unterschieden. Bei der physiologischen Blendung [4] wird
die Sehfunktion herabgesetzt, was nicht zwangsläufig ein unangenehmes Gefühl
hervorrufen muss. Bei der psychologischen Blendung wird dagegen ein unangenehmes Gefühl hervorgerufen, obwohl nicht unbedingt eine merkliche Herabsetzung des Sehvermögens vorliegen muss. Beide Arten der Blendung können
durch Laserstrahlung hervorgerufen werden.

Das Auge ist in der Lage, sich an unterschiedliche Helligkeiten (Leuchtdichte bzw. Beleuchtungsstärken) durch die Variation des Pupillendurchmessers
und die Zuordnung der Empfindlichkeit der jeweils betroffenen Fotorezeptoren
anzupassen. Man spricht hierbei von Adaptation. Wird die Leuchtdichte bzw.
Beleuchtungsstärke allerdings plötzlich stark erhöht, wie es z. B. bei Bestrahlung
durch einen Laserpointer der Fall ist, kann es zu einer Überreizung bzw. Sättigung
der Rezeptoren und damit zum Erliegen des rezeptorischen Signals kommen,
was zur Folge hat, dass keine informationstragenden elektrischen Impulse
an das Gehirn gesendet werden. Erst nach einer mehr oder weniger langen
Regenerationszeit ist in solchen Situationen ein normales Sehen wieder möglich.
Haupteffekte dieser vorübergehenden Blendung sind hierbei die Entstehung von
Blitzlichtblindheit und Nachbildern.

Die vorübergehende Blendung von Personen durch Laserstrahlung im sichtbaren Bereich wurde lange Zeit unterschätzt. Erst mit den umfangreichen wissenschaftlichen Untersuchungen von Hans-Dieter Reidenbach et al. [5] konnte
gezeigt werden, dass schon sehr geringe Laserleistungen im Bereich von einigen
µW zu einer von der Wellenlänge und der Bestrahlungsdauer abhängigen Beeinträchtigung des Sehvermögens führen können. So wurden beispielsweise Nach-
bilddauern von 5 min bei einer Bestrahlungsdauer der Fovea von 10 s mit einer
Laserleistung von 30 µW ermittelt [5]. Diese Laserleistung entspricht der Laserklasse 1. Bedeutend für die Gefährdung der Beschäftigten ist hierbei die Zeitdauer,
in welcher das Sehen nur eingeschränkt funktioniert. Reidenbach gibt hierfür
ein aussagekräftiges Maß für die Auswirkung einer Blendung als sogenannte
Lesestörzeit an [2]. Während einer Nachbilddauer von 300–350 s kommt es zu
einer Leseunfähigkeitsdauer von ungefähr 35–70 s und zu einer Sehschärfestör-
dauer von ungefähr 60–90 s. Aus den Untersuchungen wird erkennbar, dass es
bereits bei weit unter dem Expositionsgrenzwert liegender Bestrahlungen der
Netzhaut zu Beeinträchtigungen des Sehvermögens und daraus resultierenden
Gefahrensituationen im Arbeitsalltag kommen kann. Besonders im Bereich der

Abb. 7.11 Vorübergehende Blendung bei Vermessungsaufgaben. (Bild: Fotolia)

Vermessungstechnik, des Transports und im Verkehr kann eine Blendung zu schweren Unfällen führen (Abb. 7.11).

Zur Abschätzung der Distanz von einer Laserquelle, innerhalb welcher mit Blendung gerechnet werden muss, dient der von Reidenbach definierte Blendschwellenabstand NBD (nominal blinding distance) [6]. Dieser lässt sich aus dem sogenannten Augenschädigungsabstand $\mathrm{NOHD_{ED50}}$ berechnen. Der ED50-Wert gibt hierbei die 50 %ige Wahrscheinlichkeit eines Schadens an.

$$\mathrm{NBD} \sim 100 \cdot \mathrm{NOHD}_{ED50} = \frac{1}{\sqrt{10}} \mathrm{NOHD} = \frac{1}{\sqrt{10}} \frac{\sqrt{\frac{4P_\mathrm{m}}{\pi E_\mathrm{EGW}}} - d_{63}}{\varphi} = \frac{\sqrt{\frac{4P_\mathrm{m}}{\pi 10 E_\mathrm{EGW}}} - d_{63}}{\varphi} \tag{7.1}$$

7.2.2 Brand- und Explosionsgefahr durch Laserstrahlung

Die Gefahrstoffverordnung (GefStoffV) [7] definiert in § 3 als physikalische Gefahren u. a.:

- Explosive Stoffe/Gemische und Erzeugnisse mit Explosivstoff
- Entzündbare Gase
- Entzündbare Flüssigkeiten
- Entzündbare Feststoffe
- Selbsterhitzungsfähige Stoffe und Gemische

Ein häufiger Grund von Unfällen ist die Entzündung von Materialien (Abb. 7.12) und die Zündung von explosiven Stoffen (Abb. 7.13). Unter „explosionsfähiger

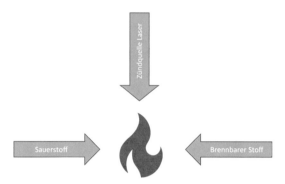

Abb. 7.12 Benötigte Komponenten für die Entstehung eines Brandes

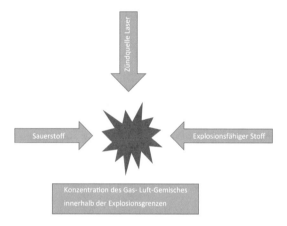

Abb. 7.13 Benötigte Komponenten für das Zünden einer Explosion

Atmosphäre" versteht man ein Gemisch aus Luft und brennbaren Gasen, Dämpfen, Nebeln oder Stäuben unter atmosphärischen Bedingungen, in dem sich der Verbrennungsvorgang nach erfolgter Entzündung auf das gesamte unverbrannte Gemisch überträgt [8]. Wird Laserstrahlung von einem Stoff absorbiert, so erwärmt sich dieser je nach Höhe des Energieeintrags. Erreicht die Erwärmung die Zündtemperatur, kann dies zu einem Brand oder zu einer Explosion führen.

Wann ein Stoff in Brand gerät bzw. wann ein Gemisch explodiert, hängt sowohl von den Materialeigenschaften als auch von den Umgebungsbedingungen ab. Anlage 4 der TROS Laserstrahlung nennt Explosionsgefahr bereits bei Laserleistungen von 15–150 mW.

Zu den besonders gefährdeten Stoffen zählen [9]:

- Leicht entzündliche und brennbare Materialien im Laserbereich (z. B. Vorhänge, Kartonagen),
- brennbare Gase und Dämpfe (z. B. Lösungsmittel, Desinfektionsmittel),
- brennbare Metallstaub-Luft-Gemische (z. B. Selbstentzündung von Stoffgemischen mit Aluminium und Stahl durch chemische Reaktionen),
- elektrische Kabel und Abschirmungen,
- Materialien und Ablagerungen in Absaugsystemen.

Auch der Laser selbst kann zur Gefahr werden, wenn es zu einem Brand im Inneren des Arbeitsmittels kommt.

Aufgrund der oftmals sehr geringen Divergenz der Laserstrahlung kann die Energie- bzw. Leistungsdichte auch in großer Entfernung noch so groß sein, dass die Möglichkeit der Entzündung von Materialien besteht.

Brand- und Explosionsgefahr bei der Materialbearbeitung
Bei der Materialbearbeitung werden Laser mit sehr hohen Leistungen oder Energien eingesetzt. Dies reicht vom Lasermarkieren mit einigen W bis zum Laserschneiden und -schweißen mit mehreren kW Leistung. Brände und Explosionen können sowohl an der Bearbeitungsstelle als auch an Ablagerungen im Strahlführungssystem entstehen. Reflektierte Strahlung kann zudem zu Bränden in der Umgebung führen. Die in der Materialbearbeitung verwendeten Materialien sind teilweise extrem entflammbar und können durch den Laserstrahl entzündet werden. Hierzu zählen Holz, Kunststoffe, Papier, Lösungsmitteldämpfe, brennbare Gase, Ablagerungen in Filtersystemen und z. B. auch ölgetränkte Putzlappen. Folge einer Entzündung können Personenschäden und Schäden am Lasersystem und dessen Umgebung sein. Eine besondere Gefährdung besteht beim Lasereinsatz in sauerstoffreicher Umgebung.

Brand- und Explosionsgefahr bei der medizinischen und kosmetischen Anwendung
Findet die Laseranwendung in sauerstoffangereicherter Umgebung statt, so erhöht sich die Brandgefahr. Dies ist vor allem bei der medizinischen Anwendung von Bedeutung.

Im medizinischen Bereich treten vor allem folgende Gefährdungen auf [9, 10]:

- Brände von Abdecktüchern, OP-Kleidung, Vorhängen, Gaze und Tupfern,
- alkoholhaltige Flüssigkeiten (z. B. Desinfektionsmittel, Lösungsmittel),
- flüchtige Verbindungen wie Äther oder Aceton [11],

- Tubenbrände, vor allem in sauerstoffangereicherter Umgebung,
- Explosionsgefahr bei Narkosegasen, Methan im Magen- und Darmtrakt,
- Kunststoffbrände (z. B. Schläuche) (Abb. 7.14),
- Abschmelzen der Enden von Lichtleitfasern.

Eine besonders große Gefährdung geht bei Laser-Operationen des Pharynx, des Kehlkopfes und der Luftröhre von Endotrachealtubenbränden in den Atemwegen aus (Abb. 7.15). Neben der Schädigung der Atemwege durch den Brand kann es zur Entstehung von giftigen Gasen und Verbrennungsprodukten kommen, welche pathologische Reaktionen hervorrufen können [11].

Brand- und Explosionsgefahr im Labor
Die Gefährdung durch den Laserstrahl ist in Lehr- und Forschungslaboren als besonders hoch einzuschätzen, da oft mehrere Laserquellen verwendet werden und der Laserstrahl meist frei auf einem Labortisch geführt wird. In der Lehre kommt es häufig vor, dass unerfahrene Studierende Materialien in den Laserstrahl einbringen, welches sich entzünden kann. Ein Beispiel dafür sind ungeeignete Abschirmungen. Auch kommt es vor, dass Studierende Optiken in den offenen Laserstrahl einbringen und diesen dadurch vagabundierend in den Raum reflektieren. Erschwerend kommt hinzu, dass in optischen Laboren die Beleuchtung messaufgabenbedingt oft sehr schlecht ist. Das sichere Arbeiten wird durch das notwendige Tragen einer Schutzbrille und der daraus resultierenden Abschwächung der Umgebungsbeleuchtung noch weiter erschwert.

Im Laborbereich treten vor allem folgende Gefährdungen auf:

- Brände von Materialien, die in den Laserstrahl eingebracht werden,
- Explosionen von zu untersuchenden explosionsfähigen Stoffen,
- Brände von Abschirmungen,
- Brände von Fasern,
- Brände von Handschuhen.

Abb. 7.14 Roter Gummischlauch mit 100 % Sauerstoffdurchfluss, gezündet mit einem 2-W-Argon-Ionen-Laser [11]

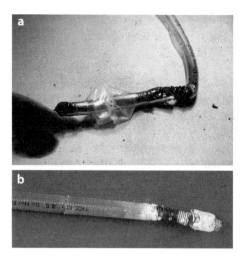

Abb. 7.15 Endotrachealtubus nach experimenteller Zündung. **a** PVC-Schlauch, **b** Silikonschlauch [11]

Brand- und Explosionsgefahr bei Lasern in der Veranstaltungstechnik
Showlaser werden oft auf Bühnen und im Freien betrieben. Befinden sich im Showlaserbereich brennbare oder explosionsfähige Materialien, kann deren Entzündung schwerwiegende Folgen, wie z. B. eine Brandentstehung im Theater, zur Folge haben. Gefährdete Materialien sind:

• Leicht entzündliche Papiere und Kartonagen
• Vorhänge
• Dekorationen
• Lösungsmittel

Lasereinrichtungen der Klassen 3R, 3B oder 4 dürfen nur dann eingesetzt werden, wenn sichergestellt ist, z. B. durch Aufweiten, dass durch die Energie des direkten oder reflektierten Strahls an einem beliebigen Auftreffpunkt des Raumes auch bei Dauerbelastung keine höhere Temperatur als 80 °C erzeugt wird [12].

Brand- und Explosionsgefahr bei Lasern in der Lichtwellenleiter-Kommunikationstechnik
Eine besondere Gefährdung besteht bei dieser Anwendung des Lasers bei Spleißarbeiten an den Fasern. In der Nähe des offenen Faserendes gelagerte Materialien, wie

- Brennbare Stoffe,
- Reinigungsflüssigkeiten wie z.B Isopropanol,
- Lichtwellenleiter-Gel [13]

können in Brand geraten und schwere Schäden verursachen [14]. Aufgrund der hohen Leistungsdichte am Strahlaustritt aus der Faser muss bei bestimmten Bedingungen mit einer Explosionsgefahr gerechnet werden.

Gefährdung durch lasereigene Optiken
Die infrarote Laserstrahlung IR-B und IR-C kann mit normalen Glas- oder Quarzoptiken nicht geführt werden, da die Strahlung dort stark absorbiert wird. Die am häufigsten eingesetzten Linsen und Fenster für CO_2-Laser bestehen aus Zinkselenid (ZnSe). Man erkennt diese Linsen an ihrer gelblichen Farbe. Im Fehlerfall, wie z. B. bei einer Verschmutzung oder bei Insekten auf der Optik, kann es dazu kommen, dass die Strahlung an der Linse absorbiert wird, die sich dadurch aufheizt und im Extremfall thermisch zersetzt. Die dabei entstehenden Rauche enthalten gesundheitsschädliches Selen und Zinkoxid. Eine weitere Gefährdung geht nach einem Bruch der Linse von den Bruchstücken bei direktem Kontakt aus. Die Entsorgung muss in den Sondermüll erfolgen. Wichtige Hinweise zum Umgang mit Zinkselenid-Linsen findet man in der *Fachausschussinformation der DGUV FA_ET002 Hinweise zur speziellen Gefährdungsanalyse ZnSe-Linse* (Stand: 08/2009) [10]. Bei Optiken mit Thorium-Schichten ist zusätzlich der Strahlenschutz bezüglich ionisierender Strahlung sowie insbesondere die Entsorgungsbestimmungen zu beachten.

Wichtige allgemeine Informationen zur Brand- und Explosionsgefahr findet man in den *Technischen Regeln Brandschutz* TRBS 2152 [15] Teil 3 Abschn. 5.10. Soll ein Gerät in einem explosionsgefährdeten Bereich eingesetzt werden, so muss es der EU-Richtlinie 2014/34/EU genügen.

7.2.3 Toxische und virale Stoffe

Überall dort, wo die Energie der Laserstrahlung so groß ist, dass sie bei der Wechselwirkung mit Materialien zur Entstehung von Rauchen oder Dämpfen führen kann, ist zu prüfen, ob gesundheitliche Schäden hervorgerufen werden können.

Toxische Stoffe in der Materialbearbeitung
Wirkt Laserstrahlung auf anorganische oder organische Materialien wie z. B. Metalle, Kunststoffe, Keramiken, Gläser oder biologisches Gewebe ein, kann es zur Entstehung von gesundheitsgefährdenden toxischen, infektiösen und kanzerogenen Stäuben, Dämpfen und Aerosolen (Schwebteilchen) kommen, welche in der Gesamtheit als Laserrauch bezeichnet werden. Die Zusammensetzung des Laserrauchs hängt vom bearbeiteten Material ab. Beim Schweißen von metallischen Werkstoffen entstehen je nach Verfahren und Werkstoff Schweißrauche, Nickeloxid, Zinkoxid, Cobaltoxid oder Kupferoxid sowie gas-

förmige Gefahrstoffe wie Ozon, Kohlenstoffmonoxid und nitrose Gase (NO, NO_2) [16]. Besondere Aufmerksamkeit erfordert die Laserbearbeitung von Chrom-Nickel-Stählen, da dort krebserregende Chrom(VI)-Verbindungen und Nickeloxide entstehen können.

Weiterhin kann auch der Laser selbst gesundheitsgefährdende Gase oder andere Substanzen enthalten. Ein Beispiel hierfür sind insbesondere Excimerlaser und Farbstofflaser. Die Schadstoffaufnahme kann inhalativ, über die Haut oder oral erfolgen. Eine besondere Gefährdung besteht darin, dass fast alle Partikel aus dem Laserrauch lungengängig sind (Feinstaub) und dort zu Entzündungen und zur Entstehung von Krebs führen können. Um die Sicherheit am Arbeitsplatz zu gewährleisten, muss die Gefahrstoffverordnung eingehalten werden. Dort werden Grenzwerte festgelegt und Schutzmaßnahmen beschrieben.

Konkretisiert wird die Gefahrstoffverordnung durch verschiedene technische Regeln, wie z. B.:

TRGS 400
Gefährdungsbeurteilung für Tätigkeiten mit Gefahrstoffen,
TRGS 402
Ermitteln und Beurteilen der Gefährdungen bei Tätigkeiten mit Gefahrstoffen: inhalative Exposition,
TRGS 900
Grenzwerte in der Luft am Arbeitsplatz, „Luftgrenzwerte", siehe *Technische Regeln für Gefahrstoffe* [17],
TRGS 903
Biologische Arbeitsplatztoleranzwerte – BAT-Werte,
TRGS 905.
Verzeichnis krebserzeugender, erbgutverändernder oder fortpflanzungsgefährdender Stoffe,
TRGS 910
Risikobezogenes Maßnahmenkonzept für Tätigkeiten mit krebserzeugenden Gefahrstoffen,
TRGS 560
Luftrückführung beim Umgang mit krebserzeugenden Gefahrstoffen.

Sofern die Grenzwerte gemäß Gefahrstoffverordnung nicht eingehalten werden, müssen Maßnahmen, wie z. B. der Einbau einer auf den Gefahrstoff ausgelegten Absauganlage, getroffen werden.

Toxische und virale Stoffe in der Medizin
Der Laser wird heute in vielen Bereichen der Chirurgie eingesetzt. Dort, wo Gewebe geschnitten, abgetragen oder verdampft wird, kann es für das

medizinische Personal zu einer Gesundheitsgefährdung durch das Einatmen des entstehenden Gewebsrauches kommen. Im Gewebsrauch konnten folgende Stoffe nachgewiesen werden [18]:

- Organische Schadstoffe, wie Benzol, Toluol, Cyanwasserstoff, Formaldehyd u. a.,
- Anorganische Schadstoffe, wie Kohlenstoffoxide, Schwefel- und Stickstoffoxide, Ammoniak,
- Biologische Schadstoffe, wie intakte Zellen, Zellfragmente, Blutzellen, DNA-Fragmente, infektiöse Viren, wie HIV (humanes Immunschwächevirus), HBV (Hepatitis-B-Virus), BPV (bovines Papillomavirus) und HPV (humanes Papillomavirus).

Je nach Dosis kann das Einatmen des Gewebsrauchs neben dem unangenehmen Geruch unter anderem zu Symptomen wie Kopfschmerzen, Übelkeit, Reizungen von Augen und Atemwegen führen [18]. Allerdings sind diese Wirkungen erst wenig untersucht. Schutzmaßnahmen regelt die Biostoffverordnung (BioStoffV). Weiter gibt es auch die Gefährdung durch toxische Stoffe durch den Einsatz des Lasers selbst [19]. So werden in der Dermatologie Farbstofflaser verwendet, deren Farbstoffe sich in wässrigen oder organischen Lösungen befinden und regelmäßig ausgetauscht werden müssen. Auch die Anwendung von Excimer-Lasern, hauptsächlich in der fotorefraktiven Hornhautchirurgie und beim Schneiden von Gewebe, birgt Gefahren. Das Lasermedium besteht aus giftigen Edelgas-Halogeniden welche ebenfalls regelmäßig ausgetauscht werden müssen. Bei neueren Systemen ist die Gefährdung gering, da der Austausch in einem geschlossenen System vollzogen wird.

7.2.4   Entstehung von inkohärenter optischer Strahlung

In der Lasermaterialbearbeitung, wie z. B. dem Laserschweißen oder dem Laserschneiden, entsteht häufig inkohärente optische Strahlung in Form von UV-Strahlung, sichtbarer und infraroter Strahlung (Schweißlichtfackel). Kommt es hierbei zu einer Grenzwertüberschreitung, muss mit Augen- und Hautschäden und mit Blendung gerechnet werden. In einem dreijährigen Forschungsprojekt der Bundesanstalt für Arbeitsschutz- und Arbeitsmedizin (BAUA) wurden die Gefährdungen durch optische Strahlung an und in der Nähe von Schweißarbeitsplätzen untersucht [20]. Es stellte sich heraus, dass die Expositionsgrenzwerte für UV-Strahlung auch beim Laserschweißen (CO_2-Laser, Faserlaser) schon nach wenigen Millisekunden überschritten werden können. Ein Ergebnis des Projekts ist die Entwicklung einer Drehscheibe für das Lichtbogenschweißen, mit der die Zeit bis zur Überschreitung des Expositionsgrenzwerts für UV-Strahlung abgelesen werden kann. Weitere Quellen der Gefährdung sind inkohärente optische Pumpquellen von Lasersystemen. Ausführliche Informationen zu Gefährdungen und Schutzmaßnahmen gegenüber inkohärenter optischer Strahlung sind in den *Technischen Regeln Inkohärente optische Strahlung* (TROS IOS) [21] zu finden.

7.2.5 Entstehung von Röntgenstrahlung bei der Materialbearbeitung

In der Materialbearbeitung werden gepulste Lasersysteme im Femtosekundenbereich (10^{-15} s) oder auch noch kürzer gepulste Systeme eingesetzt. Hier spricht man von Ultrakurzpuls-(UKP-)Laseranlagen. Es entstehen hierbei sehr hohe Pulsintensitäten, was dazu führen kann, dass zusätzlich Röntgenstrahlung neben der Laserstrahlung emittiert wird. Insbesondere bei Anlagen mit möglichen Leistungsdichten ab 10^{13} W/m^2 ist darauf zu achten, dass möglicherweise eine zusätzliche indirekte Gefährdung durch Röntgenstrahlung vorliegen kann.

Bestrahlt ein fokussierter UKP-Laserstrahl ein zu bearbeitendes Material, wird dessen Strahlenergie in den oberflächennahen Schichten von den Elektronen absorbiert. Das Ergebnis ist die Bildung eines dichten Hochtemperaturplasmas, dessen heiße Elektronen in zwei Gruppen unterteilt werden können – die thermischen und die sogenannten schnellen Elektronen. Das heißt, die Röntgenstrahlung besteht ebenfalls aus zwei Komponenten: Röntgenstrahlung, die durch die Wechselwirkung von thermischen Elektronen mit Ionen erzeugt wird, und harte Röntgenstrahlung (Bremsstrahlung), die durch die Wechselwirkung der schnellen hochenergetischen Elektronen mit dem Material erzeugt wird [22].

Es ist davon auszugehen, dass die Gefährdung durch Röntgenstrahlung nur so lange Bestand hat, wie auch die UKP-Laseranlage das Material bearbeitet. Keine Gefährdung durch Röntgenstrahlung liegt demnach vor, wenn die Anlage ausgeschaltet ist.

Neuere Untersuchungen von Legall et al. [23] haben gezeigt, dass ab einer Bestrahlungsstärke von $2 \cdot 10^{13}$ W/m^2 von einer Überschreitung des Grenzwertes für eine nicht beruflich strahlenexponierte Person im Sinne des geltenden Strahlenschutzgesetzes ausgegangen werden muss. Oftmals werden durch einen einzelnen Laserimpuls keine Grenzwerte überschritten. Bei hohen Impulsfolgen jedoch, welche meist vorliegen, addiert sich die Dosis aller Impulse auf und es kann zu einer Grenzwertüberschreitung kommen.

Bereits seit 2007 wird in der DGUV Vorschrift 11 (früher BGV B2) ionisierende Strahlung, hier Röntgenstrahlung, als indirekte Gefährdung beim Betrieb von Laseranlagen genannt [24]. Allerdings gibt es dort noch keine konkreten Hinweise zu möglichen Schutzmaßnahmen. In Teil 1 der TROS Laserstrahlung [25] wird für die Gefährdungsbeurteilung des Arbeitsplatzes die Berücksichtigung ionisierender Strahlung bei UKP-Laserbetrieb gefordert und weist in Teil 2 und Teil 3 der TROS Laserstrahlung [26, 27] auf die Einhaltung der Vorgaben aus dem Strahlenschutzrecht für ionisierende Strahlung hin.

Mit dem am 27.06.2017 in Kraft getretenen Gesetz zum Schutz vor der schädlichen Wirkung ionisierender Strahlung (Strahlenschutzgesetz – StrlSchG) werden die UKP-Laseranlagen, die ionisierende Strahlung als Nebenprodukt erzeugen, vollumfänglich geregelt. Mit dem StrlSchG werden allgemein Anlagen zur Erzeugung ionisierender Strahlung als Vorrichtungen oder Geräte definiert, die geeignet sind, Teilchen- oder Photonenstrahlung gewollt oder ungewollt zu erzeugen, deren Teilchen- oder Photonengrenzenergie mindestens 5 Kiloelektronenvolt aufweist.

Die gesetzlich vergebenen Grenzwerte für eine nicht beruflich strahlenexponierte Person liegen bei einer Richtungs-Äquivalentdosisleistung der Haut $H'(0,07) = 50$ mSv pro Jahr, für die Umgebungs-Äquivalentdosisleistung für den Körper bei $H*(10) = 1$ mSv pro Jahr und für die Organ-Äquivalentsdosis für die Augenlinse bei 15 mSv im Kalenderjahr [28].

„Die Umgebungs-Äquivalentdosis $H*(10)$ am interessierenden Punkt im tatsächlichen Strahlungsfeld ist die Äquivalentdosis, die im zugehörigen ausgerichteten und aufgeweiteten Strahlungsfeld in 10 mm Tiefe in der ICRU-Kugel (Phantom besteht aus einer gewebeäquivalenten Kugel von 30 cm Durchmesser) auf dem der Strahleneinfallsrichtung entgegengesetzten Radiusvektor erzeugt würde. Die Richtungs-Äquivalentdosis in 0,07 mm Tiefe $H'(0,07)$ ist die Mess-Äquivalentdosis am interessierenden Punkt im tatsächlichen Strahlungsfeld, die im zugehörigen aufgeweiteten Strahlungsfeld auf einem in Richtung Ω orientierten Radius der ICRU-Kugel in 0,07 mm Tiefe erzeugt würde. Die Richtungs-Äquivalentdosis in 3 mm Tiefe $H'(3)$ ist die Mess-Äquivalentdosis am interessierenden Punkt im tatsächlichen Strahlungsfeld, die im zugehörigen aufgeweiteten Strahlungsfeld auf einem in Richtung Ω orientierten Radius der ICRU-Kugel in der Tiefe 3 mm erzeugt würde" [29].

Ein Beispiel für eine solche Grenzwertüberschreitung bei der Bearbeitung von Stahl mit einem UKP-Laser zeigen folgende Messergebnisse von Prof. Dr. G. Dittmar (Abb. 7.16).

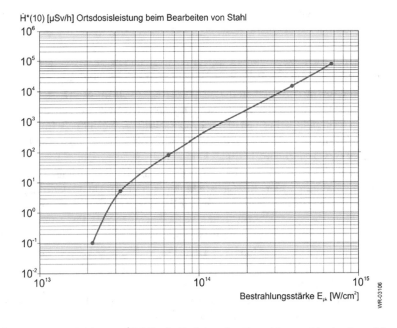

Abb. 7.16 Ortsdosisleistung $\dot{H}*(10)$ als Funktion der Bestrahlungsstärke im Laserfokus bei maximaler Ausbeute an ionisierender Strahlung. (Mit freundlicher Genehmigung der Firma Trumpf GmbH)

7.2.6   Lärm

Lärmentstehung

Die Entstehung von Lärm in Zusammenhang mit Laserstrahlung tritt vor allem bei der Materialbereitung mit Laserbearbeitungsmaschinen und handgeführten Lasersystemen (HLS) auf.

Gefährdungen durch Lärm

Lärm am Arbeitsplatz kann beispielsweise zu folgenden Beschwerden führen [30]:

- die Gesundheit beeinträchtigen und bleibende Schäden verursachen,
- die Arbeitsfähigkeit für bestimmte Aufgaben einschränken oder sogar ausschließen,
- die Leistung mindern,
- die Kommunikation stören,
- die Unfallgefahr erhöhen (schlechtere Erkennbarkeit von Alarm- und Warnsignalen) und
- die Lebensqualität beeinträchtigen.

Auswirkungen von Laserstrahlung auf die Sicherheit und Gesundheit von Beschäftigten, die besonders gefährdeten Gruppen angehören [25]

Bei der Erstellung der Gefährdungsbeurteilung ist die Auswirkung von Laserstrahlung auf besonders gefährdete Gruppen, bei denen es trotz Einhaltung der Expositionsgrenzwerte zu einem Augen- bzw. Hautschaden kommen kann, zu berücksichtigen. Zu den besonders gefährdeten Personengruppen gehören:

- Personen mit erhöhter Fotosensibilität der Haut,
- Personen mit Vorerkrankungen der Augen und/oder der Haut.

7.2.7   Zusammenwirkung von Laserstrahlung und fotosensibilisierenden Stoffen

Der Kontakt der Haut mit bestimmten chemischen Stoffen oder deren Einnahme kann eine Fotosensibilisierung, d. h. eine gesteigerte Lichtempfindlichkeit, bewirken. Dies kann dazu führen, dass vor allem bei Bestrahlung mit UV-Strahlung, welche unter normalen Umständen ungefährlich wäre, fototoxische bzw. fotoallergische Reaktionen ausgelöst werden können. Fototoxische Reaktionen können bei der ersten Exposition auftreten, fotoallergische Reaktionen setzen eine Fotoallergisierung voraus, entwickeln sich also erst bei erneuter Bestrahlung [31]. Die Symptome einer fototoxischen Reaktion hängen von der auslösenden Substanz ab. Es kann zu Sofortreaktionen wie Stechen und Brennen der Haut kommen. Daneben sind verzögerte Reaktionen möglich, die Symptome ähnlich wie ein Sonnenbrand bis hin zu Blasenbildung begleitet durchbrennenden Schmerz zeigen [32]. Eine Liste ausgewählter fotosensibilisierender Stoffe findet man in der TROS Laserstrahlung Teil 1, Tab. 1 [25].

Literatur

1. DIN 820–12, Teil 12, Juni 2014
2. Reidenbach, H.-D., Brose., M, Ott, G., Siekmann, H. Schmidt,Praxis-Handbuch optische Strahlung,Berlin (2012)
3. Licht und Beleuchtung – Grundlegende Begriffe und Kriterien für die Festlegung von Anforderungen an die Beleuchtung; Deutsche Fassung EN 12665 (2018)
4. Blendung – Theoretischer Hintergrund, Informationen des Instituts für Arbeitsschutz DER DGUV, Mai 2010
5. Blendung durch optische Strahlungsquellen, Reidenbach, H.-D., Dollinger, K., Beckmann, D., Al Ghouz, I., Ott, G., Brose, M.: Bundesanstalt für Arbeitsschutz und Arbeitsmedizin, Dortmund (2008)
6. Blendung durch künstliche optische Strahlung unter Dämmerungsbedingungen, Reidenbach, H.-D., Dollinger, K., Beckmann, D., Al Ghouz, I., Ott, G., Brose, M.: BAUA Forschung Projekt F 2310, Dortmund (2014)
7. Verordnung zum Schutz vor Gefahrstoffen (Gefahrstoffverordnung – GefStoffV) Vom 26. November 2010 (BGBl. I S 1643)
8. Richtlinie 2014/34/EU des Europäischen Parlaments und des Rates vom 26. Februar 2014 zur Harmonisierung der Rechtsvorschriften der Mitgliedstaaten für Geräte und Schutzsysteme zur bestimmungsgemäßen Verwendung in explosionsgefährdeten Bereichen (Neufassung)
9. Schneeweiss, C., Eichler,J., Brose, M.: Leitfaden für Laserschutzbeauftragte.
10. DGUV Fachausschussinformation Betrieb von Laser-Einrichtungen für medizinische und kosmetische Anwendungen FAET5 (veraltet)
11. Endotracheal tubes fire still happen – A short overview, Wöllmer, W., Schade, G., Kessler, G., Medical Laser application 25, 118–125 (2010)
12. DGUV Information 203–036 - Laser-Einrichtungen für Show- oder Projektionszwecke (bisher: BGI 5007)
13. Merkblatt Lasersicherheit LWLKS M 082 – AUVA
14. DGUV Information 203–039 (BGI 5031) – Umgang mit Lichtwellenleiter-Kommunikations-Systemen (LWKS)
15. Technischen Regeln Brandschutz TRBS 2152
16. BG-Information Schadstoffe beim Schweißen und bei verwandten Verfahren, November (2012)
17. TRGS 900 – Arbeitsplatzgrenzwerte, Technische Regeln für Gefahrstoffe (TRGS)
18. Chirurgische Rauchgase: Gefährdungen und Schutzmaßnahmen, Arbeitspapier für Arbeitsschutzexperten in betroffenen gesundheitsdienstlichen Einrichtungen, U. Eickmann et al., Internationale Vereinigung für soziale Sicherheit (2011)
19. Lasersicherheit in der Medizin,AUVA, M140-03/2014
20. Optische Strahlungsbelastung beim Schweißen – Erfassung und Bewertung (F2368)

21. Technische Regeln für Betriebssicherheit TRBS 2152 Teil 3 Gefährliche explosionsfähige Atmosphäre – Vermeidung der Entzündung gefährlicher explosionsfähiger Atmosphäre (GMBl. Nr. 77 vom 20. November 2009 S. 1583)
22. Chichkov, B.N., Momma, C., Tünnermann, A., Meyer, S., Menzel, T., Wellegehausen, B.: Hard-x-ray radiation from short-pulse laser-produced plasmas. Appl. Phys. Lett. 68, 2804 (1996)
23. Legall, H., Schwanke, C., Pentzien, S. Appl. Phys. A. 124, 407 (2018) https://doi.org/10.1007/s00339-018-1828-6, 29.5.2019
24. Weiskopf, D., Ludwig, T. Röntgenstrahlung bei der Materialbearbeitung mit Ultrakurzpulslasern. Bundesamt für Strahlungsschutz, Deutschland, BGETEM, Tagungsband NIR (2018)
25. Technische Regeln Laserstrahlung, Teil 1, 2018, Bundesministerium für Arbeit und Soziales, 53107 Bonn
26. Technische Regeln Laserstrahlung, Teil 2, 2018, Bundesministerium für Arbeit und Soziales, 53107 Bonn
27. Technische Regeln Laserstrahlung, Teil 3, 2018, Bundesministerium für Arbeit und Soziales, 53107 Bonn
28. Gesetz zum Schutz vor der schädlichen Wirkung ionisierender Strahlung (Strahlenschutzgesetz - StrlSchG)
29. Veröffentlichungen der Strahlenschutzkommission • Band 43 Herausgegeben vom Bundesministerium für Umwelt, Naturschutz, Bau und Reaktorsicherheit Berechnungsgrundlage für die Ermittlung von Körper-Äquivalentdosen bei äußerer Strahlenexposition 3., überarbeitete Aufl. und erweiterte Aufl.
30. https://www.bghm.de/arbeitsschuetzer/fachinformationen/laerm-und-vibrationen/laerm/16.11.2019
31. https://www.aerzteblatt.de/archiv/48117/Phototoxische-Reaktionen-der-Haut-durch-Medikamente. 24.02.2019, Prof. Dr. med. Silvia Schauder, Universitäts-Hautklinik Göttingen
32. Phototoxische und photoallergische Reaktionen, Hölzle, E., Lehmann,P., Neumann, N., Dt. Dermatologische Gesellschaft • Journal compilation © Blackwell Verlag GmbH, Berlin • JDDG •1610-0379/2009/0707
33. Strahlende Materialbearbeitung Röntgendosismessungen an Laser-Materialbearbeitungsmaschinen, PTB-News, Heft 1 (2019)

Substitution

8

Inhaltsverzeichnis

Der Begriff der Substitution kommt aus dem Lateinischen *(substituere)* und bedeutet „ersetzen". Im Arbeitsschutz ist damit gemeint, dass der Arbeitgeber vor der Anschaffung bzw. vor der Inbetriebnahme eines Arbeitsmittels mit bekannter Gefährdung überprüfen soll, ob ein anderes geeignetes Arbeitsmittel mit geringerer Gefährdung eingesetzt werden kann.

8.1   Substitutionsprüfung

Vor der Anschaffung des Lasers oder Lasersystems muss daher geklärt werden, wofür der Laser mit welchen Parametern eingesetzt werden soll und welche Gefährdungen dabei entstehen. Im Anschluss daran wird geprüft, ob der Einsatz alternativer Arbeitsmittel mit einer geringeren Gefährdung möglich ist. Wenn keine alternativen Arbeitsmittel eingesetzt werden können, sollte das Lasersystem nur mit der Leistung oder Energie betrieben werden, die für den Einsatz notwendig ist. Somit kann sichergestellt werden, dass die Gefährdung so gering wie möglich gehalten wird.

© Springer-Verlag GmbH Deutschland, ein Teil von Springer Nature 2020
C. Schneeweiss et al., *Leitfaden für Fachkundige im Laserschutz,*
https://doi.org/10.1007/978-3-662-61242-2_8

8.2 Beispiele für Substitutionen

In den meisten Fällen wird die Substitution nicht zum Ersatz des Lasers führen. Im Folgenden werden einige wenige Beispiele in Deutschland gezeigt, bei denen die Substitution zum Ersetzen des Lasers führte. Die überwiegende Zahl der Laser wurde und wird auch schon aufgrund des hohen Preises der Laser-Einrichtung optimal ausgewählt oder es werden genau die Eigenschaften des Lasers für den Einsatz benötigt und können daher nicht ersetzt werden.

Vorhandener Laserpointer der Laserklasse 2 mit maximal 0,95 mW Leistung und einer Wellenlänge von $\lambda = 650$ nm
Dieser Laser muss nicht subsituiert werden.

Alter CO_2-Materialbearbeitungslaser der „Laserklasse 1" (eingehaust; $P = 1000$ W), an dem wöchentlich gefährliche Justierarbeiten am offenen Laserstrahl vorgenommen werden müssen
Im Normalbetrieb kann der Laser zwar sicher betrieben, im Justierbetrieb müssen jedoch Schutzmaßnahmen getroffen werden. Durch die Anschaffung eines neuen Lasers, könnten diese gefährlichen Arbeiten ggf. entfallen. Hier sollte langfristig der Laser ersetzt werden.

Verwendung eines Ziellasers in der Vermessungstechnik
In der Vergangenheit wurden dafür meist Lasergeräte, in denen rote Laser verbaut sind, angeboten. Da die Empfindlichkeit unserer Augen im roten Spektralbereich wesentlich geringer ist als im grünen, benötigt man für den gleichen Helligkeitseindruck bei einer Wellenlänge von 655 nm (rot) eine Leistung von 2,66 mW (Laserklasse 3R), bei einer Wellenlänge von 532 nm (grün) aber nur eine Leistung von 0,24 mW (Laserklasse 1) [1]. Es ist daher zu empfehlen, für diesen Einsatz Laser im grünen Wellenlängenbereich zu verwenden. Dies ist natürlich nur dann möglich, wenn die Messsituation es erlaubt.

Alter Laserpointer der Klasse 3R ($P = 5$ mW; $\lambda = 660$ nm) für Präsentationen
Dieser Laser darf zu Präsentationszwecken nicht eingesetzt werden. Er könnte nach der Substitution entweder durch einen Laser kleinerer Leistung oder durch einen Zeigestock (kurzfristig) ersetzt werden.

Nd:YAG- Laser mit einer mittleren Leistung von 1400 W, der zum Schneiden von dünner Pappe eingesetzt wird
Es kommt hierbei häufig zu Bränden, da der Laser nicht bzw. schlecht auf die benötigten 50 W Leistung eingestellt werden kann. In diesem Bespiel sollte der Laser möglichst schnell substituiert werden.

Showlaser, die in kleinen Räumen eingesetzt werden, z. B. Discotheken oder Schaufenster

Es kann hier unter Umständen zur Gefährdung der Augen von Dritten kommen, da der Abstand zwischen Laserquelle und Auge für einen sicheren Betrieb zu klein ist. Hier ist zu überlegen, ob überhaupt ein Laser benötigt wird und die Anwendung nicht durch geeignete Beleuchtung mittels LEDs erfolgen kann.

8.3 Ergebnisse der Substitutionsprüfung

Das Ergebnis dieser Überlegungen müssen die Fachkundigen in der Dokumentation der Gefährdungsbeurteilung niederschreiben. Dies könnte z. B. in folgender Form erfolgen.

Die Substitutionsprüfung wurde am xx.xx.xxxx für den Arbeitsplatz xx durchgeführt.

- Der Laser braucht nicht ersetzt zu werden, da keine große Gefährdung von ihm ausgeht.
- Der Laser sollte langfristig durch _____ ersetzt werden.
- Der Laser muss sofort ersetzt werden.
- Der Laser kann trotz entsprechender Gefährdungen aufgrund der notwendigen hohen finanziellen Aufwendungen zurzeit nicht ersetzt werden (jährlich überprüfen).

Literatur

1. Technische Regeln optische Strahlung TROS Laserstrahlung. Bundesministerium für Arbeit und Soziales, Bonn (2018)

Technische und bauliche Schutzmaßnahmen

9

Inhaltsverzeichnis

Eine wesentliche Aufgabe der Fachkundigen besteht in der Auswahl geeigneter kostengünstiger technischer und baulicher Schutzmaßnahmen, welche das Ziel haben, die Exposition der Beschäftigten vorrangig an der Quelle zu verhindern oder auf ein Minimum zu reduzieren [1].

Die technischen Schutzmaßnahmen sollten in zwei Gruppen untergliedert werden. Die erste Gruppe beinhaltet Maßnahmen, die sich schon aufgrund der

Herstellerunterlagen ergeben. Die Fachkundigen können dann je nach Aufgabe prüfen, ob die vorgeschlagenen Maßnahmen sinnvoll sind und wie sie in dem Betrieb eingesetzt werden können. Die zweite Gruppe der Maßnahmen sind solche, die die Fachkundigen selbst bestimmen und auswählen müssen. Hierbei sind die in der Gefährdungsbeurteilung ermittelten Gefährdungen zugrunde zu legen.

9.1 Allgemeines

Die technischen Schutzmaßnahmen gliedern sich in Maßnahmen durch den Hersteller und den Fachkundigen an der Laseranlage.

9.1.1 Schutzmaßnahmen durch den Hersteller

Wichtige technische Maßnahmen, für die der Hersteller der Laseranlage verantwortlich ist, sind:

- Einhausung der Strahlquelle
- Schlüsselschalter
- Kennzeichnung der Laserklasse
- Kennzeichnung des Laseraustritts
- Steckverbinder für Fernverriegelung
- Emissionswarneinrichtung
- Sichere Beobachtungseinrichtungen
- Vorrichtungen zur automatischen Abschaltung
- Sicherheitskomponenten bei richtungsveränderlicher Laserstrahlung
- Sicherheitseinrichtungen wie Fuß- oder Handschaltern, Auflagekontrollen, Abstands- und Positionskontrollen.

9.1.2 Schutzmaßnahmen durch die Fachkundigen

Wichtige technische Maßnahmen, die vor Ort an der Laseranlage durch die Fachkundigen durchgeführt werden, sind:

- Auswahl und Installation geeigneter Abschirmungen,
- geeignete Positionierung der Strahlungsquelle(n),
- Strahlfallen, Blenden, optische Filter, Einsatz von Schutzvorhängen, Abschrankungen (Abb. 9.1),

Abb. 9.1 Das Bild
zeigt einen luftgekühlten
Shutter. (Mit freundlicher
Genehmigung der Firma
Lasermet)

- Anzeigeeinrichtung (Leuchte) für den Einschaltzustand der Laser-Einrichtung (in der Nähe der Bedienung und an weiteren zugänglichen Stellen),
- schleusenartiger Zugang, z. B. bei medizinischen Anwendungen, gefährlichen Laserinstandsetzungsarbeiten oder Applikationslaboren,
- Installation von Türkontakten vorsehen, durch die der Laser beim Betreten des Laserbereiches ausgeschaltet wird (z. B. bei Robotern); Zugang zu einem Laserlabor mit entsprechender Gefährdung.
- Zum Schutz vor gefährlichen Reflexionen sind Gegenstände und Flächen mit reflektierenden Oberflächen aus der Umgebung des Laserstrahls zu entfernen.
- Alle stark reflektierenden Bauteile im Arbeitsraum wie z. B. Wände, Lampen, Maschinenteile entsprechend werden zusätzlich abgeschirmt.
- Die Strahlengänge von mehreren Laser-Einrichtungen, die gleichzeitig in demselben Raum betrieben werden, sind gegenseitig abzuschirmen. Falls möglich, sollte der Strahlengang nur von einer Seite aus zugänglich sein.
- Die optische Achse darf in der Regel nicht auf Fenster und Türen gerichtet werden. Sollte dies im Einzelfall zwingend erforderlich sein, so sind weitere Schutzmaßnahmen notwendig.
- Die Arbeitsumgebung ist möglichst hell und reflexionsarm zu gestalten. Hierbei muss ggf. das Tragen der Laser-Schutzbrille und die Abschwächung des Lichtes berücksichtigt werden. Gegebenenfalls muss die Beleuchtung höher ausgelegt werden.
- Bei der Festlegung der Schutzmaßnahmen muss der Fachkundige ferner prüfen, für welche Betriebszustände er die Schutzmaßnahmen auswählen muss. Ist nichts festgelegt, müssen immer auch die technischen Schutzmaßnahmen für den Service-, Wartungs- und Instandsetzungsfall sowie den Abbaufall überprüft und ausgewählt werden.

9.2   Laserschutzabschirmungen

Besteht die Möglichkeit, dass Laserstrahlung aus Laser-Einrichtungen in die umgebenden Bereiche austritt, so ist eine periphere Arbeitsraumabsicherung erforderlich.

9.2.1   Baulich umschlossener Arbeitsbereich

Befindet sich der Arbeitsbereich mit dem Arbeitsplatz des Bedieners in einem separaten Raum oder in einer separaten Kabine (Abb. 9.2) und ist vollständig von den umgebenen Bereichen abgetrennt, so reicht es bei Lasern mittlerer Leistung in der Regel aus, wenn die Wände aus nicht brennbaren Materialien bestehen. Liegen hohe Laserleistungen vor, so ist möglicherweise eine spezielle Ausführung der Wände erforderlich. Zur Beurteilung ist die DIN EN 60825–4 [2] bzw. bei mobilen Systemen oder kleinen Leistungen (bis 100 W) die DIN EN 12254 [3] heranzuziehen.

Fenster in Räumen und Türen müssen ebenfalls betrachtet werden, da sich beim Durchtritt der Laserstrahlung der Laserbereich über das Fenster hinaus erstrecken

Abb. 9.2 Laserschutzkabine.
(Mit freundlicher
Genehmigung der Firma
Lasermet House)

kann. Befinden sich Fenster innerhalb des *NOHD,* sind diese mit geeigneten Abdeckungen, wie z. B. Rollos (Abb. 9.3), zu versehen.

Die Zugangstür zum Laserbereich ist gegebenenfalls mit einer Sicherheitsver-riegelung (Abb. 9.4) auszurüsten, bei dessen Öffnen es zu einer Stillsetzung der Laser-Anlage kommt. Möglich ist auch, die Tür mit einer elektromagnetischen Zuhaltung zu verriegeln, wobei Anforderungen an die Notöffnung berücksichtigt werden müssen [17]. Mit speziellen Interlocksystemen (Abb. 9.4) können gleich-zeitig magnetische Türschalter, Warnleuchten, Laserrollos und Strahlfallen gesteuert werden.

Die Tür ist mit einem Laserwarnschild zu kennzeichnen. Außerdem muss eine Laserwarnleuchte, die den Einschaltzustand des Lasers anzeigt (Abb. 9.5 und Abb. 9.6) an jedem Zugang zum Laserbereich angebracht sein.

Eine gute Alternative dazu ist es, die Eingänge als Schleuse auszuführen. Dies kann durch zwei gegeneinander verriegelbare Türen realisiert werden. Der Vorteil besteht darin, dass sich Arbeitsunterbrechungen durch automatisches Abschalten beim Türöffnen vermeiden lassen [17]. Die Tür oder die Türen sind entsprechend DIN EN 60825–1 [4] zu kennzeichnen und ergänzend mit dem Gebotsschild

Abb. 9.3 Fenster können im Laserbereich durch geeignete Laserschutz-Rollos verdeckt werden. (Mit freundlicher Genehmigung der Firma Lasermet House)

Abb. 9.4 Schaltkasten für
eine Sicherheitsverriegelung
(Interlocksystem). (Mit
freundlicher Genehmigung
der Firma Lasermet House)

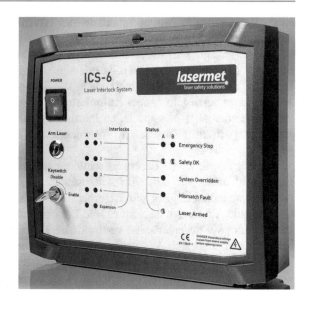

Abb. 9.5 Die
Laserwarnleuchte zeigt den
eingeschalteten Zustand des
Lasers an. (Mit freundlicher
Genehmigung der Firma
Lasermet House)

„Augenschutz tragen" zu versehen. Im Arbeitsbereich sollen sich nur die für die
Tätigkeiten erforderlichen und unterwiesenen Personen aufhalten.

9.2.2 Laserschutzabschirmungen bei hohen Laserleistungen

Die Entwicklung und Konstruktion der Einhausung von Materialbearbeitungslasern zum Zwecke der Klassifizierung in die Laserklasse 1 ist sehr aufwändig und
sollte nur durch sehr erfahrene Personen durchgeführt bzw. von diesen begleitet
werden.

Abb. 9.6 Die
Laserwarnleuchte zeigt den
ausgeschalteten Zustand des
Lasers an. (Mit freundlicher
Genehmigung der Firma
Lasermet House)

Tab. 9.1 Klassifizierung der Laserschutzwände aus DIN EN 60825–4

Prüfklasse	Wartungsintervall/s	Empfohlene Verwendung der Schutzwand
T1	30.000	Für Benutzung in automatischen Maschinen
T2	100	Für zyklischen Kurzzeitbetrieb und zwischenzeitliche Überprüfung
T3	10	Für kontinuierliche Überwachung durch Beobachtung

Unter Wartungsintervall wird hier die Zeit zwischen aufeinanderfolgenden Sicherheitsinspektionen der Schutzwand verstanden [2]

Auf dem Markt erhältlich sind passive und aktive Laserschutzwände. Passive Schutzwände stellen den Schutz durch die physikalischen Eigenschaften des verwendeten Materials sicher. Bei aktiven Schutzwänden ist die Schutzwand Teil eines Sicherheitssystems, welches als Reaktion auf die Bestrahlung der Schutzwand den Laser innerhalb einer bestimmten Zeit abschaltet [2]. Die Bestrahlungsstärke an der Schutzwand hängt von der Leistung des Lasers, der verwendeten Optik sowie der Entfernung zwischen Optik und Schutzwand ab. Passive Schutzwände werden meist dort eingesetzt, wo die Bestrahlungsstärke des auftreffenden Laserstrahls relativ geringe Werte aufweist. Ist die Laserleistung sehr groß und die Aufweitung des Laserstrahls gering, kommen aktive Schutzwände zum Einsatz, da passive Wände in solchen Fällen in der Regel die in der DIN EN 60825–4 geforderten Standzeiten nicht sicherstellen können.

Für die Klassifizierung der Laserschutzwände nach der Norm DIN EN 60825–4 werden folgende Prüfklassen und Standzeiten definiert (Tab. 9.1).

Beispiele für mögliche Materialien von Abschirmungen zeigt Tab. 9.2.

Sollen bei Laseranlagen zum Laserschweißen und -schneiden Fenster den Blick in das Innere der Anlage erlauben, so müssen diese die Laserstrahlung sicher abschirmen. Eine Möglichkeit ist der Einsatz von aktiven Laserschutzfenstern, wie in Abb. 9.7 gezeigt, die mit einem Interlock-Kontrollsystem verbunden sind, welches die Überwachung des Laserbetriebs erlaubt. Trifft im Fehlerfall Laser-

Tab. 9.2 Typische Standzeiten verschiedener Abschirmmaterialien für unterschiedliche Laser

Lasertyp	Material	Maximale Bestrahlungs-stärke/W/m^2	Anmerkung
CO$_2$-Laser	3 mm dickes verzinktes Blech	$2{,}8 \cdot 10^6$	2 KW/30 mm-Brenn-fleck-D86 Quelle: DIN EN 60825–4
CO$_2$-Laser	6 mm dickes Poly-carbonat	$5{,}1 \cdot 10^5$	1. 1 KW/50 mm, 100 s 2. Quelle: DIN EN 60825–4
CO$_2$-Laser	2 mm dickes Poly-carbonat 281	bis$<2 \cdot 10^5$	<90 s Test mit einem 1500 W CO$_2$-Laser Quelle: Forschungs-bericht FB 750 BAUA[5]
Nd:YAG-Laser	2 mm dickes verzinktes Stahlblech	$2{,}8 \cdot 10^6$	2 KW/30 mm-Brenn-fleck, 10 s Quelle: DIN EN 60825–4
Nd:YAG-Laser	3 mm dickes verzinktes Stahlblech	$1{,}5 \cdot 10^6$	2 KW 40 mm-Brenn-fleck, 100 s Quelle: DIN EN 60825–4
Nd:YAG-Laser	18 mm dickes Buchen-Leimholz	$7 \cdot 10^6$	5 KW/30 mm-Brenn-fleck, 50 s Quelle: IFSW Beitrag Bayrische Laserschutztage 2013
Nd:YAG-Laser	18 mm dickes Fichten-Leimholz	$7 \cdot 10^6$	5 KW/30 mm-Brenn-fleck, 7 s Quelle: IFSW Beitrag Tagungsband Bayrische Laserschutztage 2013
Diodenlaser	20 mm dickes Fichten-holz	$4 \cdot 10^6$	100 s Quelle: Forschungs-bericht FB 750 BAUA [5]

strahlung auf die Scheibe, so wird ein Signal an das Interlocksystem gesendet, welches den Laser abschaltet [6].

9.2.3 Laserschutzabschirmungen für optische Aufbauten

Abschirmungen an optischen Tischen müssen leicht zugänglich sein und einfach demontiert werden können. Für diese Anwendungen eignen sich z. B. modulare Barrieren (Abb. 9.8) oder ein Laserschutzzelt (Abb. 9.9).

Abb. 9.7 Aktives Laserschutzfenster, welches mit einem Interlocksystem verbunden ist und im Notfall den Laser abschaltet. (Mit freundlicher Genehmigung der Firma Lasermet)

Abb. 9.8 Laserschutzsystem für einen optischen Tisch, welcher verhindern soll, dass der Laserstrahl versehentlich die Anwender trifft. (Mit freundlicher Genehmigung der Firma Lasermet)

Lasereinhausungen können von den Herstellern der Schutzsysteme auf die jeweilige Anforderung angepasst werden und mit Klappen, Türen und Filtern versehen werden (Abb. 9.10).

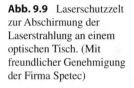

Abb. 9.9 Laserschutzzelt zur Abschirmung der Laserstrahlung an einem optischen Tisch. (Mit freundlicher Genehmigung der Firma Spetec)

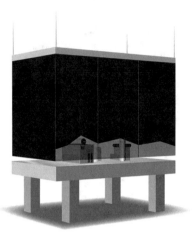

Abb. 9.10 Lasereinhausung eines optischen Tisches. (Mit freundlicher Genehmigung der Firma Spetec.)

Weiterhin gibt es Systeme, die sich zur Anbringung eines Laminar-Flow-Moduls zur Schaffung von Reinraumbedingungen eignen (Abb. 9.11).

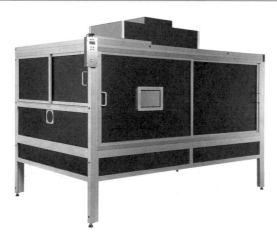

Abb. 9.11 Laserabschirmung eines optischen Tisches mit Laminar-Flow-Modul für Reinraumbedingungen. (Mit freundlicher Genehmigung der Firma Spetec)

9.2.4 Laserschutzabschirmungen für mobile Laser-Einrichtungen

Werden offene Laser-Einrichtungen ortsveränderlich eingesetzt, ist ein ausreichender Schutz durch schwer entflammbare mobile Abschirmungen möglich. Sämtliche Möglichkeiten des Austritts direkter oder reflektierter Strahlung sind hierbei zu berücksichtigen. Bei Laser-Einrichtungen mittlerer Leistung können Laserschutzvorhänge wie in Abb. 9.12 gemäß DIN EN 12254 [3] oder nicht leicht entflammbare Schutzwände, z. B. aus Blech, ausreichend sein. Die Abschirmungen sollten hinsichtlich ihrer Resistenz gegenüber Laserstrahlung geprüft sein.

Häufig Anwendung finden modular aufgebaute Schutzwände, die relativ einfach am Bestimmungsort aufgebaut werden können. Beispiele dafür sind in Abb. 9.13 und Abb. 9.14 zu sehen.

Anforderungen an mobile Laserschutzabschirmungen
Die Schutzabschirmung muss der DIN EN 12254 oder DIN EN 60825–4 entsprechen, eine ausreichende Schutzstufe besitzen und dementsprechend mit einem Schild gekennzeichnet sein. Es ist darauf zu achten, dass bei mehrteiligen Systemen eventuell auftretende Spalte abgedeckt werden. Mobile Schutzwände müssen eine gute Standfestigkeit aufweisen und gegen unbefugtes Lösen der einzelnen Elemente voneinander gesichert sein.

Abb. 9.12 Mobiler Laserschutzvorhang. (Mit freundlicher Genehmigung der Firma Jutec)

Abb. 9.13 Modulare
Laserschutzwand mit frei
wählbaren Füllmaterialien.
(Mit freundlicher
Genehmigung der Firma
Laser Vision)

Bestimmung der Schutzstufe von mobilen Laserschutzabschirmungen

Mobile Laserschutzabschirmungen sind für temporäre Aufbauten gedacht, wie sie beispielsweise bei Wartungsarbeiten, Reparaturen, Einstellvorgängen oder im Labor auftreten. Sie schützen gegen zeitlich begrenzte Bestrahlung im Wellenlängenbereich von 180 nm bis 1 mm. Es handelt sich um überwachte

Abb. 9.14 E25-Laserschutzwand mit M7P06-Füllung nach EN 60825–4 zertifiziert. (Mit freundlicher Genehmigung der Firma Laser Vision)

Abschirmungen an Lasereinrichtungen mit einer maximalen mittleren Leistung bis zu 100 W und einer Einzelimpulsenergie bis zu 30 J [7]. Die Schutzwirkung wird durch die AB-Schutzstufen angegeben, die nach Tab. 9.3 ermittelt werden können. Die AB-Schutzstufe gibt an, dass die Abschirmungen in einem genormten Test eine Bestrahlungsdauer von 100 s und 1.000 Impulsen standhalten.

Tab. 9.3 für die AB-Schutzstufen ist ähnlich der Tab. 12.1 in Kap. 12, die für die Schutzstufen von Laserschutzbrillen gilt. Es gibt jedoch Unterschiede für Dauerstrichlaser mit Wellenlängen von 315–1400 nm. Bei der Berechnung der Bestrahlungsstärke oder Bestrahlung ist die Kenntnis des Strahldurchmessers notwendig. Für Durchmesser über 1 mm sind Korrekturen anzubringen, sofern die Leistung über 10 W oder die Bestrahlungsstärke über 10^5 W/m^2 liegen. Es sind die gleichen Korrekturen, die auch im Zusammenhang mit der Laserschutzbrille beschrieben wurden.

Tab. 9.3 gilt für Einzelimpulse. Bei wiederholt gepulster Strahlung müssen wie bei der Schutzbrillenberechnung Korrekturen angebracht werden. Bei Wellenlängen größer oder gleich 400 nm wird die Gesamtzahl der Impulse N in 100 s bestimmt. Danach wird die ermittelte Bestrahlung durch einen Einzelimpuls H mit $N^{1/4}$ multipliziert:

Tab. 9.3 Schutzstufen für Laserschutzabschirmungen nach DIN EN 12254 [3] und DGUV Informationen 203–042 [7] für Laser bis zu einer mittleren Leistung von 100 W und Einzelpulsen bis 30 J

Schutz-stufe	$\tau(\lambda)$	Maximale Leistungs-(E) bzw. Energiedichte (H) je nach Wellenlängenbereich und Betriebsart/D, I, R, M) bzw. Betriebsdauer in s									
		180 nm bis 315 nm			>315 nm bis 1.050 nm	>1050 nm bis 1.400 nm	>315 nm bis 1400 nm		>1400 nm bis 10^6 nm		
		D > 0,25	I, R > 10^{-9} bis 0,25	M ≤ 10^{-9}	D > 5·10^{-3}	D > 2·10^{-3}	I, R > 10^{-9} bis 0,01	M ≤ 10^{-9}	D > 0,1	I, R > 10^{-9} bis 0,1	M ≤ 10^{-9}
		E_D W/m²	$H_{I,R}$ J/m²	E_M W/m²	E_D W/m²	E_D W/m²	$H_{I,R}$ J/m²	H_M J/m²	E_D W/m²	$H_{I,R}$ J/m²	E_M W/m²
AB1	10^{-1}	0,01	$3 \cdot 10^2$	$3 \cdot 10^{11}$	10	$2,5 \cdot 10^2$	0,05	0,0015	10^4	10^3	10^{12}
AB2	10^{-2}	0,1	$3 \cdot 10^3$	$3 \cdot 10^{12}$	10^2	$2,5 \cdot 10^3$	0,5	0,015	10^5	10^4	10^{13}
AB3	10^{-3}	1	$3 \cdot 10^4$	$3 \cdot 10^{13}$	10^3	$2,5 \cdot 10^4$	5	0,15	10^6	10^5	10^{14}
AB4	10^{-4}	10	$3 \cdot 10^5$	$3 \cdot 10^{14}$	10^4	$2,5 \cdot 10^5$	50	1,5	10^7	10^6	10^{15}
AB5	10^{-5}	10^2	$3 \cdot 10^6$	$3 \cdot 10^{15}$	10^5	$2,5 \cdot 10^6$	$5 \cdot 10^2$	15	10^8	10^7	10^{16}
AB6	10^{-6}	10^3	$3 \cdot 10^7$	$3 \cdot 10^{16}$	10^6	$2,5 \cdot 10^7$	$5 \cdot 10^3$	$1,5 \cdot 10^2$	10^9	10^8	10^{17}
AB7	10^{-7}	10^4	$3 \cdot 10^8$	$3 \cdot 10^{17}$	10^7	$2,5 \cdot 10^8$	$5 \cdot 10^4$	$1,5 \cdot 10^3$	10^{10}	10^9	10^{18}
AB8	10^{-8}	10^5	$3 \cdot 10^9$	$3 \cdot 10^{18}$	10^8	$2,5 \cdot 10^9$	$5 \cdot 10^5$	$1,5 \cdot 10^4$	10^{11}	10^{10}	10^{19}
AB9	10^{-9}	10^6	$3 \cdot 10^{10}$	$3 \cdot 10^{19}$	10^9	$2,5 \cdot 10^{10}$	$5 \cdot 10^6$	$1,5 \cdot 10^5$	10^{12}	10^{11}	10^{20}
AB10	10^{-10}	10^7	$3 \cdot 10^{11}$	$3 \cdot 10^{20}$	10^{10}	$2,5 \cdot 10^{11}$	$5 \cdot 10^7$	$1,5 \cdot 10^6$	10^{13}	10^{12}	10^{21}

$\tau(\lambda)$ = Maximaler spektraler Transmissionsgrad bei der Laserwellenlänge λ. D Dauerstrichlaser, I Impulslaser, R gütegeschalteter Laser, M modengekoppelter Laser

$$H' = H \cdot N^{1/4} \tag{9.1}$$

Mit dieser korrigierten Bestrahlung wird in Tab. 9.3 für die entsprechende Wellenlänge und Impulsdauer die AB-Schutzstufe ermittelt.

Für gepulste Laser mit Wellenlängen unter 400 nm sollte die Bestrahlung des Einzelpulses für die Auswahl nach Tab. 9.3 benutzt werden.

Zusätzlich sollte die mittlere Leistung berechnet und damit aus Tab. 9.3 die dazugehörige Schutzstufe ermittelt werden. Liest man eine höhere Schutzstufe ab, so muss diese verwendet werden.

Beispiel zur Berechnung einer Laserschutzabschirmung

Für den Einsatz bei Wartungsarbeiten an einem kontinuierlichen Laserstrahl mit einer Wellenlänge von 800 nm, einer mittleren Leistung von 70 W und einem Strahldurchmesser von 10 mm, soll eine temporäre Laser-Schutzabschirmung berechnet werden.

Bestimmung der Schutzstufe AB:

Die Leistungsdichte beträgt:

$$E = \frac{P}{A} \operatorname{mit} A = \frac{\pi d^2}{4} = \frac{\pi\, 10^{-4}}{4} \mathrm{m}^2 = 0{,}79 \cdot 10^{-4} \mathrm{m}^2. \tag{9.2}$$

Es folgt

$$E = 8{,}9 \cdot 10^5 \ \mathrm{W/m}^2.$$

Dieser Wert E muss mit dem Faktor

$$F(d) = \left(\frac{d}{mm} \right)^{1,7} = 50{,}1 \tag{9.3}$$

multipliziert werden:

$$E' = E \cdot F(d) = 4{,}5 \cdot 10^7 \cdot \mathrm{W/m}^2. \tag{9.4}$$

Mit dieser korrigierten Bestrahlungsstärk E' entnimmt man aus Tab. 9.3 für die Wellenlänge von 800 nm und einer Bestrahlungsdauer über $5 \cdot 10^{-3}$s die Schutzstufe AB 8.

Anmerkung Da variable Laser-Abschirmungen in der Regel nur vertikal positioniert werden, muss durch weitere Schutzmaßnahmen (z. B. organisatorische Schutzmaßnahmen) sichergestellt werden, dass keine Personen durch Laserstrahlung, die nach oben (oder bei HLG-Tätigkeiten auf Gerüsten auch nach unten) strahlt, gefährdet werden. So ist z. B. durch organisatorische Maßnahmen dieser Bereich abzusperren und der Zugang für unautorisierte Personen zu unterbinden.

9.2.5   Fenster an Zugängen zum Laserbereich

Ist eine Beobachtung des Laserbereichs durch Fenster notwendig, so sind diese von den Herstellern in der Regel nach DIN EN 207 oder DIN EN 60825–4 ausgelegt. Fenster nach DIN EN 207 sind entsprechend den Schutzbrillen gekennzeichnet (siehe auch DGUV Information 203–042 „Auswahl und Benutzung von Laser-Schutzbrillen, Laser-Justierbrillen und Laser-Schutzabschirmungen") [7]. Eine Alternative dazu sind Kamerasysteme, die über einen Monitor den Blick in den Laserbereich gestatten. Hierbei ist jedoch unbedingt zu beachten, dass vor der Installation die Beschäftigten und der Betriebs- oder Personalrat informiert werden.

9.3   Elektrische Steuerungen für den Schutz im Laserbereich

Die Abschätzung, welche Art von Sicherheitssteuerung Anwendung finden soll, kann in den Aufgabenbereich der Fachkundigen fallen. Die Auswahl der konkreten Steuerung und die Installation ist dagegen Aufgabe einer Elektrofachkraft („Elektriker") mit den entsprechenden Fachkenntnissen. Vor allem Aussagen zu einer Not-Halt-Sicherheitssteuerung „NH-SIS" (Aktivierung durch Not-Halt-Taster) sowie die Auslegung von Sicherheitssteuerungen kann eine wichtige Aufgabe des Fachkundigen sein. Typischerweise erfolgt die Aktivierung für den Fall, dass die Sicherheitsschalter an den Türen bzw. Zugangsklappen oder von Sicherheitslichtschranken oder Kontaktmatten verarbeitet werden. Diese Sicherheitsverriegelungen müssen in der Regel, falls es sich um Maschinen handelt, als Sicherheitsbauteil „baumustergeprüft" sein. Die Bauteile müssen ausfallsicher und einfehlersicher sein [8]. Je nach Gefährdung, die „sicher" gemacht werden soll, muss der sogenannte SIL (Sicherheits-Integritätslevel) nach EN 62061 [9] oder PL (Performance-Level) nach EN 13849–1 [10] festgelegt werden. Anhand eines Risikografen (Schwere der Verletzung (leicht/reversibel; ernst irreversibel/ Tod); Häufigkeit und Dauer der Exposition (selten/häufig) und der Möglichkeit zur Vermeidung der Gefährdung (möglich/kaum möglich) kommt man bei Materialbearbeitungslasern in der Regel in die Kategorien c, d oder e. Bei z. B. möglichem irreversiblem Augenschaden (S2); weniger häufig (F1) (Bediener steht selten, ca. 1 h pro Woche, an der Anlage); Möglichkeit der Vermeidung der Gefährdung (kaum möglich) (P2) käme man auf PL d. Dies würde bedeuten, dass die Steuerung durchschnittlich zwischen 10^{-7} und 10^{-6} Ausfälle pro Stunde hätte oder das 1000 Anlagen, die pro Jahr 1000 h laufen, zwischen einem Ausfall pro Jahr oder einem Ausfall pro 10 Jahren hätten.

9.4   Schutzmaßnahmen zum Brand- und Explosionsschutz

9.4.1   Materialbearbeitung

Bei der Lasermaterialbearbeitung werden Materialien, Stoffe und Oberflächen-Beschichtungen hoch erhitzt. Die Möglichkeit des Brandes oder einer Explosion ist deshalb oft gegeben. Hinweise zur Verringerung von Brandgefährdungen in Absauganlagen findet man in der DGUV-Regel 109–002 [11]. Staubablagerungen in den Rohrleitungen der Absauganlage führen zu einer erhöhten Brandgefährdung. Aus diesem Grund ist auf eine strömungstechnisch optimierte Ausführung der Absauganlage (z. B. wenige Krümmer und möglichst kurze flexible Schlauchstücke) zu achten. Gegen glühende Schmelzspritzer können z. B. Prallbleche im Rohrleitungssystem notwendig sein. Die Strömungsgeschwindigkeit in der Rohrleitung sollte nach DGUV-Regel 109–002 mindestens 15 m/s betragen, um Staubablagerungen in der Rohrleitung aus dem abgesaugten Rauchen wirksam zu vermeiden. Prinzipiell muss bei allen Arbeitsplätzen mit Lasern, die schon eine Leistungsdichte von 5 mW/mm^2 haben, der Brand- und Explosionsschutz beachtet werden. Technisch kommen hier Brand- und Rauchmelder sowie die jeweils geeigneten Brandbekämpfungssysteme wie Sprinkleranlagen usw. infrage.

9.4.2   Medizin

Bei der medizinischen Anwendung von Laserstrahlung im Bereich von Organen, Körperhöhlen und Tuben, die brennbare Gase oder Dämpfe enthalten können, müssen Schutzmaßnahmen gegen Brand- und Explosionsgefahr getroffen werden [12]. Alle eingesetzten Geräte und Materialien müssen vor dem Einsatz am Patienten auf die Beständigkeit vor Laserstrahlung hin überprüft werden. Beatmungstuben müssen lasergeeignet sein. Sollte es der Zustand des Patienten erlauben, kann es sinnvoll sein, Beatmungstechniken, wie z. B. Jet-Ventilation, zu verwenden, die keinen Tubus benötigen [13]. Es sollte nur dann gelasert werden, wenn der Operateur genau erkennen kann, wohin der Zielstrahl gerichtet ist [14]. Besteht die Möglichkeit, dass Operationstücher oder Abdeckungen von Laserstrahlung getroffen werden können, kann es sein, dass diese sich entzünden, abschmelzen oder auch von der Strahlung durchdrungen werden. In diesem Fall ist es erforderlich, gewebte Materialien und Vliesstoffe zu verwenden, welche beständig gegen Laserstrahlung sind [15]. Während der Operation eingesetzte Kunststoff- oder Gummiartikel, wie z. B. Zahnschützer, dürfen nur verwendet werden, wenn sie im Vorfeld auf ihre Lasertauglichkeit geprüft wurden. Wird mittels freibeweglichen Handstücks gearbeitet, so ist das in der in der Nähe der Bearbeitungsstelle befindliche Gewebe mit feuchten Tüchern abzudecken. Es ist weiterhin darauf zu achten, dass bei der Desinfektion verwendete jodophorhaltige

Lösungen vollständig getrocknet sind, da es sonst zu chemischen Verbrennungen kommen kann. Kosmetische Produkte am Patienten, wie z. B. Nagellack oder Haarspray, müssen vor der Behandlung entfernt werden, da sie entzündliche Bestandteile enthalten können [14]. In der Nähe des Operationsfeldes dürfen keine alkoholhaltigen oder andere brennbare Flüssigkeiten verwendet oder gelagert werden. Vorsorglich sollten dort ein Gefäß mit isotonischer Kochsalzlösung und eine Spritze positioniert werden, um einen möglichen Brand löschen zu können. Weiterhin sollte ein Feuerlöscher in unmittelbarer Nähe des Operationssaales angebracht werden.

9.4.3 Lichtwellenleiter-Kommunikationssysteme

Aufgrund der möglichen hohen Leistungsdichte am Strahlaustritt dürfen im Laserbereich keine brennbaren oder entzündlichen Stoffe gelagert werden [16]. Die Faserenden sind oft mit kleinen alkoholhaltigen Spezialtüchern zu reinigen. Hierbei muss die Laserstrahlung abgeschaltet sein, bis der Alkohol bzw. die Lösemittel ausreichend verdampft sind.

9.5 Absaugung

Die Fachkundigen für Laserstrahlung sind in der Regel nicht fachkundig für die Auswahl geeigneter Absaugtechnik. Deshalb soll die folgende Information aus der DGUV Information 203–093 [17] zu handgeführten Lasern nur eine kleine Information sein, da der Umgang mit Gefahrstoffen bei der Materialbearbeitung mit Lasern unbedingt fachkundig geplant werden muss. In unmittelbarer Nähe zur Laser-Bearbeitungszone sind die Gefahrstoffe nach TRGS 528 und DGUV-Regel 109–002 wirksam zu erfassen und abzusaugen. Bei der Gestaltung der Erfassungseinrichtung ist zu beachten, dass der Erfassungsgrad in der Reihenfolge geschlossene Bauform > halboffene Bauform > offene Bauform abnimmt. Daher sollte bei der Konzeption der Erfassungseinrichtung eine geschlossene oder halboffene Bauform angestrebt werden. Ergänzende Hilfsmittel, wie z. B. ein Drehteller zur Positionierung des zu bearbeitenden Werksstückes, kann bei einer halboffenen Erfassungseinrichtung eine gute Zugänglichkeit des Werkstückes ermöglichen. Bei der Verwendung offener Erfassungseinrichtungen ist darauf zu achten, dass die Erfassungseinrichtung nachgeführt wird und stets möglichst nahe an die Bearbeitungszone herangeführt wird. In der VDI-Richtlinie 2262 Blatt 4 werden Hinweise zur Auslegung und Ausführung von Erfassungseinrichtungen und Absauganlagen gegeben. Die Auswahl eines geeigneten Abscheiders hängt von den freigesetzten Gefahrstoffen und damit von den zu bearbeitenden Werkstoffen ab. Da bei der Laserbearbeitung Rauche freigesetzt werden, sollten die Absauganlagen mit einem wirksamen Partikelabscheider ausgestattet sein. Insbesondere bei der Laserbearbeitung von Kunststoffen oder beschichteten metallischen Werkstoffen muss davon ausgegangen werden, dass gasförmige Zersetzungsprodukte entstehen. Gasförmige Stoffe können nicht von Partikelfiltern abgeschieden werden. Daher sollte die abgesaugte Luft als Fortluft nach draußen geführt werden. Aktivkohlefilter sind nur bedingt für die Abscheidung gasförmiger Gefahrstoffe geeignet. Insbesondere die Beurteilung der Beladung des Aktivkohlefilters und damit die Festlegung eines Filterwechselintervalls zur Gewährleistung einer wirksamen Abscheidung stellt in der Praxis häufig ein Problem dar. Wenn beim Laserbearbeitungsprozess die Freisetzung von krebserzeugenden, erbgutverändernden oder fortpflanzungsgefährdenden Substanzen k (KMR-Stoffen) der Kategorie 1 A und 1B nicht ausgeschlossen werden kann, muss das Luftrückführungsverbot nach GefStoffV § 10 Absatz 5 beachtet werden.

9.6 Technische Schutzmaßnahmen zur Abschirmung ionisierender Strahlung

Bei der Materialbearbeitung mit ultrakurzgepulster Laserstrahlung kann ionisierende Strahlung erzeugt werden. In diesem Fall muss die Prozesszone mit geeigneten Abschirmmaterialien abgeschirmt werden. Aus formalen Gründen ist dafür jedoch nicht die fachkundige Person nach OStrV, sondern der oder die Strahlenschutzbeauftragte mit der entsprechenden Fachkunde zuständig. Diese spezielle Fachkunde ist zum Zeitpunkt der Drucklegung dieses Buches jedoch erst in der Planung bzw. Entwicklung. Als Abschirmmaterial kommt bei kleinen Dosisleistungen bzw. niedrigen Energien Polycarbonat, Stahl bzw. Aluminium infrage, bei höheren Dosisleistungen können dickes Bleiglas und Bleiabschirmungen zum Einsatz kommen. Ein Beispiel für die erforderliche Dicke der Abschirmung zeigt Abb. 9.15.

In die Einhausung der Laseranlage müssen Türkontaktschalter an den Türen eingebaut sein, welche beim Öffnen der Bearbeitungskammer den Laser ausschalten. In der Regel kann derzeit nur durch geeignete Messungen vor Ort unter worst case Bedingungen die Sicherheit der Abschirmung beurteilt werden, es sei denn, der Hersteller des Lasers hat seine Einrichtung bauartgeprüft und macht auch Angaben für den offenen Test und den Wartungsbetrieb. Alle diese Einrichtungen sind gemäß Strahlenschutzverordnung bei der entsprechenden Behörde des Landes genehmigungs- oder anzeigepflichtig.

9.7 Technische Schutzmaßnahmen bei speziellen Laseranwendungen

Bestimmte Laseranwendungen verlangen spezielle technische Schutzmaßnahmen, welche im Folgenden für die Bereiche Lichtwellenleiter-Kommunikationssysteme und Medizin behandelt werden. Technische Schutzmaßnahmen für die Anwendung von Show- und Projektionslasern werden in Kap. 13 besprochen.

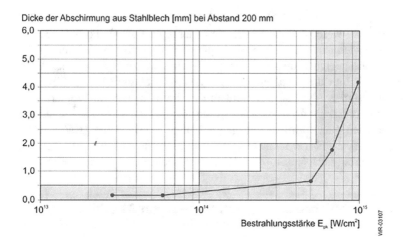

Abb. 9.15 Notwendige Wandstärke einer Blechwand gegen ionisierende Strahlung als Funktion der Bestrahlungsstärke. Die Blechwände bestehen aus unlegiertem Stahlblech Typ S235JR. Bedingungen: Der Abstand zwischen dem Laserfokus und der Blechwand muss mindestens 200 mm betragen. Die Blechwand ist für eine Impulswiederholfrequenz bis 400 kHz dimensioniert. Größere Impulswiederholfrequenzen erzeugen höhere Dosisleistungen und erfordern dickere Schutzwände. *Blaue Fläche* Sichere Abschirmung mit Stahl. (Mit freundlicher Genehmigung der Firma Trumpf GmbH)

9.7.1 Technische Schutzmaßnahmen beim Betrieb von Lichtwellenleiter-Kommunikationssystemen (LWLKS)

Beim Betrieb von Lichtwellenleiter-Kommunikationssystemen (LWLKS) werden heute Laser bis zu der Laserklasse 4 mit Leistungen im einstelligen Wattbereich eingesetzt. Erste und wichtigste Aufgabe eines Fachkundigen ist es, die Systeme und deren Gefährdungen und technischen Schutzmaßnahmen zu kennen, für die er die Gefährdungsbeurteilung erstellen soll Die technischen Schutzmaßnahmen innerhalb des Systems, wie die Überwachung des LWL, erfolgt durch den Einsatz einer automatischen Leistungsverringerung (ALV) bei einer Störung [16]. Je nach Gefährdungsgrad wird spätestens innerhalb von 3 Sekunden das System abgeschaltet. Bis zum Abschalten können die Expositionsgrenzwerte überschritten werden, sodass weitere Schutzmaßnahmen getroffen werden müssen. Insbesondere kann es zu einem Brand oder zu einer Explosion kommen. Ferner gibt es in vielen Modulen Verriegelungssicherheitsschalter, welche die Funktion haben, dass bei einer Wartung das jeweilige Modul freigeschaltet wird, ohne dass Strom fließt bzw. Laserstrahlung zugänglich ist. Als weitere technische Schutzmaßnahmen können ggf. weitere Kapselungen des Systems und Zugangsberechtigungen (Schlüssel) mit entsprechender Steuerung kommen, falls unklar ist ob es sich um Klasse 3B oder 4 Laser handelt, die im Fehlerfall zugänglich sein können. In dunklen abgeschlossenen Räumen können im Einzelfall ggf. zusätzliche Sensoren zum Einsatz kommen, die ein Austreten von Strahlung detektieren und diese dann über eine Sicherheitssteuerung abschalten. Offene Faserenden sind mit geeigneten Kappen abzudecken. Staub kann hier schon Auslöser vom Brand sein.

9.7.2 Technische Schutzmaßnahmen in der Medizin

Im medizinischen Bereich müssen alle Laser-Einrichtungen durch eine notifizierte Prüf- und Zertifizierungsstelle geprüft worden sein. Zu den technischen Schutzmaßnahmen bei der medizinischen Anwendung zählen:

Die Abgrenzung des Laserbereichs Eine gute Möglichkeit der Abgrenzung ist es, den Zugang zum Laserbereich schleusenartig auszubauen. Eine sehr sichere Alternative dazu bietet der Einbau von Magnetschaltern an den Zugangstüren, welche mit dem Laser gekoppelt sind und den Laserstrahl beim Öffnen der Tür unterbrechen.

Die Abdeckung von Fenstern mit geeigneten Abschirmungen Befinden sich Fenster im Operationsraum oder in Zugangstüren, so müssen diese durch geeignete Rollos, Vorhänge oder Laserschutzfilter versehen werden. Da diese Forderung sich oftmals nicht mit den Hygienemaßnahmen vereinbaren lässt, ist es angebracht, die Abschirmungen an den Außenseiten der Fenster anzubringen.

Die Verwendung lasersicherer Tuben Vor allem im HNO-Bereich besteht die Gefahr, dass der Laserstrahl während der Operation auf den Tubus trifft und diesen durchschlagen kann. Es ist daher erforderlich, ausschließlich Tuben zu verwenden, die den Laserstrahl, z. B. mit einem Cuff, blockieren.

Die Verwendung medizinischer Instrumente Trifft ein Laserstrahl währen einer Operation auf die spiegelnde Oberfläche eines Instruments, so kann umliegendes Gewebe durch die Reflexion geschädigt werden. Es ist daher erforderlich, dass nur medizinische Instrumente verwendet werden, die mit matten, diffus reflektierenden Oberflächen versehen sind. Hierbei ist darauf zu achten, dass die Rauigkeit der Oberflächen an die Wellenlänge des Lasers anzupassen ist.

Die Verwendung medizinischer Instrumente mit kleinen Radien Trifft der Laserstrahl auf ein Instrument für die medizinische Anwendung, so soll die reflektierte Strahlung möglichst weit aufgestreut werden. Dies erreicht man durch Oberflächen mit kleinen Radien. Konkave Flächen müssen vermieden werden, da sie den Laserstrahl wie ein Hohlspiegel bündeln.

Die Verwendung schwer entflammbarer Abdeckmaterialien und Tupfer Abdeckmaterialien und Tupfer, die dem Laserstrahl versehentlich ausgesetzt werden können, müssen mindestens schwer entflammbar sein. Bei Anwendungen mit einem CO_2-Laser ist es oft ausreichend, die Materialien zu befeuchten, da die Laserstrahlung dieses Lasers sehr stark von Wasser absorbiert wird.

Die Verwendung einer geeigneten Absauganlage Entsteht bei der medizinischen Anwendung des Lasers Gewebsrauch, so ist dieser am Ort des Entstehens durch eine geeignete Absauganlage abzusaugen.

Auf schwarz eloxierte medizinische Instrumente sollte verzichtet werden, da diese die Laserstrahlung absorbieren und sich stark erhitzen können. Bei vielen Laseranwendungen in der Medizin wird der Laserstrahl durch eine Faser geführt (z. B. in Endoskopen). Es ist darauf zu achten, dass kein Faserbruch vorliegt. Eine Überprüfung kann durch die Betrachtung des Pilotstrahls erfolgen. Weist dieser Inhomogenitäten auf oder ist gar nicht mehr sichtbar, muss von einem Faserbruch ausgegangen werden.

9.8 Technische Schutzmaßnahmen bei handgeführten Lasern

Die DGUV Information 203–093 gibt folgende Hinweise für Technische Schutzmaßnahmen beim Betrieb von handgeführten Lasern [17]:

Bei Systemen, bei denen die Werkstückpositionierung von Hand erfolgt, wird das Werkstück unter einem ortsfesten Laserbearbeitungskopf geführt. Die Werkstücke haben eher kleine Dimensionen und Gewichte, die ein exaktes Führen von Hand erlauben. Der Arbeitsbereich kann nahezu vollständig gekapselt (eingehaust) sein und die Hände werden über Öffnungen in den Arbeitsbereich gebracht. Daneben existieren Systeme, die nicht oder nur teilweise umschlossen sind. Während des Bearbeitungsvorganges wird die Bearbeitungszone in der Regel über ein Okular beobachtet.

Zum Einsatz kommen typischerweise gepulste Nd:YAG-Laser mit Impulsspitzenleistungen von einigen Kilowatt und mittleren Leistungen bis zu einigen 100 W. Eingesetzt werden diese Laser-Einrichtungen in der industriellen Materialbearbeitung, z. B. zur Reparatur von Werkzeugen, im Dentalbereich sowie bei der Schmuckherstellung. Laser-Einrichtungen können durch eine kraftunterstützte Positionierung des Werkstückes erweitert werden. Die Systeme sind beispielsweise mit einem achspositionierbaren Tisch ausgerüstet, die Positionierung erfolgt über eine „Joystick-Steuerung". Ergänzende Programmsteuerungen werden angeboten. Hier können die Einrichtungen, wie oben beschrieben, offen oder teilumhaust ausgeführt sein.

Ähnlich aufgebaut sind Systeme, bei denen der Laserbearbeitungskopf an einem sogenannten Arm angebracht ist und auch über großvolumigen Werkstücken positioniert werden kann. Bei der Bearbeitung erfolgt eine Fein-Positionierung des Laserkopfes beispielsweise über einen Joystick. Diese Einrichtungen sind in der Regel offen. In beiden Fällen erfolgt eine Beobachtung des Arbeitsbereiches über ein Okular. Eingesetzt werden hier typischerweise Nd:YAG- oder Faserlaser mit mittleren Leistungen bis 1000 W. Bei handgeführten Laserbearbeitungsgeräten halten oder führen die Bediener einen Laserbearbeitungskopf am oder über das Werkstück oder entlang des Werkstückes. Entweder ist ein Abstand zwischen Bearbeitungskopf und Werkstück vorhanden oder der Bearbeitungskopf wird aufgesetzt. Typische Anwendungen sind hier das Reinigen oder Entlacken von

Oberflächen, die Beschriftung von Teilen sowie das Fügen und Trennen (Schweißen und Schneiden). Eingesetzt werden hier hauptsächlich Festkörperlaser und Diodenlaser bis in den kW-Bereich (CW) [17].

9.9 Beleuchtung und Ergonomie am Arbeitsplatz

Die Arbeitsplätze müssen ausreichend beleuchtet werden. Bei z. B. handpositionierten Werkstücken und direkter Beobachtung wird eine Beleuchtungsstärke von mindestens 500 lx bzw. für feine Arbeiten 1.000 lx empfohlen. Bei Laserschutzbrillen, z. B. für Nd:YAG-Laser, ist eine Schwächung der Tageslichttransmission um 40 % typisch. Dies erfordert eine Erhöhung der Beleuchtungsstärke im Arbeitsbereich auf den 2,5-fachen Wert, um den geforderten Wert zu erhalten.

Bei der Gestaltung des Arbeitsplatzes sollten ergonomische Aspekte, z. B. auch bei der Festlegung und Planung der technischen Schutzmaßnahmen, berücksichtigt werden. Beispiele hierfür sind die Anbringung der Leuchttableaus bzw. Warnleuchten und die Gestaltung und Festlegung des Ortes von NOT-Halt- bzw. NOT-AUS-Schaltern. Weitere Informationen sind u. a. in der Norm DIN EN ISO 14738 [18] zu finden.

Literatur

1. Technische Regel zur Arbeitsschutzverordnung zu künstlicher optischer Strahlung -– TROS Laserstrahlung, Teil 3, Ausgabe: Juli 2018
2. DIN EN 60825-4:2011-12; VDE 0837-4:2011-12: Sicherheit von Lasereinrichtungen – Teil 4: Laserschutzwände. Beuth-Verlag, Berlin (2011)
3. DIN EN 12254:2012-04: Abschirmungen an Laserarbeitsplätzen – Sicherheitstechnische Anforderungen und Prüfung. Beuth-Verlag, Berlin (2012)
4. DIN EN 60825-1:2015-07: Sicherheit von Lasereinrichtungen – Teil 1 Klassifizierung von Anlagen und Anforderungen. Beuth-Verlag, Berlin (2015)
5. Alunovic, M., Kreutz, E.W.: Abschirmungen an Laserarbeitsplätzen. 1. Auflage. Bremerhaven: Wirtschaftsverlag NW Verlag für neue Wissenschaft GmbH 1996. (Schriftenreihe der Bundesanstalt für Arbeitsschutz: Forschungsbericht, Fb 750)
6. https://www.lasermet.com/german/aktive-laserschutzfenster/. Stand 30.06.2020
7. DGUV Informationen 203–042 Auswahl und Benutzung von Laser-Schutzbrillen, Laser-Justierbrillen und Schutzabschirmungen, BG ETEM, 2018
8. Dickmann, M.: Elektrische Sicherheitssysteme für Laseranlagen, Photonik 01/2014
9. DIN EN 62061:2013-09: Sicherheit von Maschinen – Funktionale Sicherheit sicherheitsbezogener elektrischer, elektronischer und programmierbarer elektronischer Steuerungssysteme. Beuth-Verlag, Berlin (2013)
10. DIN EN ISO 13849-1:2008–12: Sicherheit von Maschinen – Sicherheitsbezogene Teile von Steuerungen – Teil 1: Allgemeine Gestaltungssätze. Beuth-Verlag, Berlin (2008)
11. DGUV Regel 109–002: Arbeitsplatzlüftung – Lufttechnische Maßnahmen, April 2020
12. DGUV Vorschrift 11 Unfallverhütungsvorschrift Laserstrahlung vom 1. April 1988 in der Fassung vom 1. Januar 1993*)/ Fassung 1. Jan. 1997
13. Hofhansl, A.: Der Jet-Ventilator, Universitätsspital Basel, Jahrgang 2003–2005

14. Smalley, P. J.: Laser safety: Risks, hazards, and control measures, Laser Therapy, J. Laser Surgery Photother. Photobioactiv. **20**(2), 95–106 (2011)

15. Lasersicherheit in der Medizin, AUVA, M140-03/2014

16. DGUV Information 203–039 – Umgang mit Lichtwellenleiter-Kommunikations-Systemen (LWKS) (bisher: BGI 5031), April 2007

17. DGUV Information 203–093, Handlungshilfe für die Gefährdungsbeurteilung beim Betrieb von offenen Laser-Einrichtungen zur Materialbearbeitung mit Handführung oder Handpositionierung (HLG), April 2019

18. DIN EN ISO 14738: 2009-07: Sicherheit von Maschinen – Anthropometrische Anforderungen an die Gestaltung von Maschinenarbeitsplätzen. Beuth-Verlag, Berlin (2009)

Organisatorische Schutzmaßnahmen

10

Inhaltsverzeichnis

© Springer-Verlag GmbH Deutschland, ein Teil von Springer Nature 2020
C. Schneeweiss et al., *Leitfaden für Fachkundige im Laserschutz*,
https://doi.org/10.1007/978-3-662-61242-2_10

Neben technischen Schutzmaßnahmen sind in der Regel organisatorische Schutzmaßnahmen nötig, um die Sicherheit der Beschäftigten zu gewährleisten. Hierzu zählen u. a. die Bestellung der Laserschutzbeauftragten, die Erstellung von Verhaltensregeln und Betriebsanweisungen, die Abgrenzung und Kennzeichnung der Laserbereiche sowie Zugangsregelungen. Weitere organisatorische Schutzmaßnahmen der verschiedenen Anwendungsbereiche werden in den Beispielen zu Gefährdungsbeurteilungen in Kap. 16 aufgeführt.

10.1 Bestellung von Laserschutzbeauftragten

Werden im Unternehmen Lasereinrichtungen der Klassen 3R, 3B oder 4 betrieben, so sind schon seit 1974 in Deutschland Laserschutzbeauftragte (LSB) gemäß DGUV Vorschrift 11 [1] (bzw. früher BGV B2 und VBG 93) erforderlich. Seit 2010 werden Laserschutzbeauftragte durch die im November 2017 zum zweiten Mal novellierte optische Strahlungsverordnung OStrV [2] gefordert. Nach §5 Absatz 2 der OStrV hat der Arbeitgeber vor der Aufnahme des Betriebs von Lasereinrichtungen der Klassen 3R, 3B und 4 Laserschutzbeauftragte mit Fachkenntnissen schriftlich zu bestellen. Mit der Bestellung überträgt der Arbeitgeber den Laserschutzbeauftragten nach TROS Allgemeine Abschn. 5.1 konkrete Aufgaben, Befugnisse (z. B. zur Abschaltung der Laser-Anlage bei festgestellten Mängeln) und Pflichten im Hinblick auf den Schutz vor Laserstrahlung. Die Fachkenntnisse sind durch die erfolgreiche Teilnahme an einem Kurs nachzuweisen und durch Fortbildungen auf dem aktuellen Stand zu halten. Die Laserschutzbeauftragten sind im Bereich des Gesundheits- und Unfallschutzes am Laserarbeitsplatz das Bindeglied zwischen den Vorgesetzten und den Beschäftigten. Laserschutzbeauftragte sind maßgeblich an der Umsetzung der in der Gefährdungsbeurteilung festgelegten Schutzmaßnahmen und deren Wirksamkeitskontrolle beteiligt. Damit die Laserschutzbeauftragten ihrer verantwortungsvollen Tätigkeit gerecht werden können, ist es sinnvoll, sie mit Weisungsbefugnis für die Belange des Laserschutzes auszustatten. Laserschutzbeauftragte, die bisher nur nach DGUV Vorschrift 11 (BGV B2) bzw. DGUV Vorschrift 12 (GUV-VB 2) ausgebildet wurden, sollen durch entsprechende Fortbildungslehrgänge bis zum 31.12.2021 qualifiziert werden, um die Aufgaben nach § 5 Absatz 2 OStrV erfüllen zu können. Umfangreiches Wissen für Laserschutzbeauftragte wird in unserem „Leitfaden für Laserschutzbeauftragte" vermittelt [3].

Anforderungen an die Laserschutzbeauftragten und deren Aufgaben sind in der TROS Laserstrahlung im Teil Allgemeines geregelt.

10.1.1 Aufgaben der Laserschutzbeauftragten

In § 5 Absatz 2 der OStrV sind die Aufgaben der Laserschutzbeauftragten geregelt. Danach unterstützen die Laserschutzbeauftragten den Arbeitgeber

1. bei der Durchführung der Gefährdungsbeurteilung nach § 3 OStrV,
2. bei der Durchführung der notwendigen Schutzmaßnahmen nach § 7 und § 3 OStrV,
3. bei der Überwachung des sicheren Betriebs von Lasern.

Bei der Wahrnehmung ihrer Aufgaben sollen die Laserschutzbeauftragten mit der Fachkraft für Arbeitssicherheit und dem Betriebsarzt oder der Betriebsärztin zusammenarbeiten.

Nach TROS Laserstrahlung Teil Allgemeines [5] versteht man unter der Überwachung des sicheren Betriebs von Lasereinrichtungen „die Überprüfung und Anwendung von Verfahren und Anweisungen, einschließlich der Wartung der Anlagen, für Verfahren, Einrichtung und zeitlich begrenzte Unterbrechungen. Dafür bestimmt der Arbeitgeber die entsprechenden Prozesse und Aufgaben. Wichtige Elemente der betrieblichen Überwachung sind: Anweisungen, Kontrollen, Instandhaltung, Freigabeverfahren und Kommunikation zwischen Mitarbeitern und externen Firmen." Damit Laserschutzbeauftragte ihre Aufgaben vernünftig erfüllen können, erfordert dies die Unterstützung durch die Arbeitgeber. Diese sollten die Zuständigkeiten klar regeln und für die notwendige Akzeptanz dieser wichtigen Funktion bei den Mitarbeiterinnen und Mitarbeitern sorgen. Die Laserschutzbeauftragten sollten in die internen Prozesse eingebunden und regelmäßig über eventuelle Veränderungen informiert werden.

10.1.2 Voraussetzungen für Laserschutzbeauftragte

Nach Abschn. 5.1 der TROS Laserstrahlung Teil Allgemeines[5] müssen Laserschutzbeauftragte über folgende Voraussetzungen verfügen.

1. Über eine abgeschlossene technische, naturwissenschaftliche, medizinische oder kosmetische Berufsausbildung oder
2. über eine vergleichbare, mindestens zweijährige Berufserfahrung, jeweils in Verbindung mit einer zeitnah ausgeübten beruflichen Tätigkeit an entsprechenden Laser-Einrichtungen der Klassen 3R, 3B bzw. 4.

Die geforderten Fachkenntnisse müssen in einem Lehrgang erworben und durch eine Prüfung am Ende des Kurses nachgewiesen werden. Für die Auswahl eines geeigneten Kursanbieters ist der Arbeitgeber verantwortlich. Im Mai 2019 wurde der DGUV-Grundsatz 303–005 veröffentlicht, in welchem der Anspruch an die Ausbildung beschrieben wird. Bilden Kursanbieter nach diesem Grundsatz aus, erfüllen sie die Anforderungen der Deutschen gesetzlichen Unfallversicherung und Arbeitgeber haben die Möglichkeit, qualifizierte Kursanbieter zu finden, welche nach diesem Grundsatz ausbilden.

Die Fachkenntnisse der Laserschutzbeauftragten müssen nach OStrV auf dem aktuellen Stand gehalten werden. Nach der TROS Laserstrahlung Teil Allgemeines[5] wird eine eintägige Fortbildung in einem Zeitraum von 5 Jahren als angemessen erachtet. Dieser Zeitraum kann sich jedoch auch verkürzen, wenn der Stand der Technik sich im Hinblick auf die eingesetzten Laserprodukte oder die einschlägigen Vorschriften verändert hat.

10.1.3 Kenntnisse der Laserschutzbeauftragten

Laserschutzbeauftragte sollen nach der TROS Laserstrahlung Teil Allgemeines [5] Kenntnisse haben über:

1. die grundlegenden Regelwerke des Arbeitsschutzes (ArbSchG, OStrV, Unfallverhütungsvorschriften, Technische Regeln, Normen und ggf. spezielle Regelungen zum Laserschutz),
2. die Kenngrößen der Laserstrahlung,
3. die direkten Gefährdungen (direkte und reflektierte Laserstrahlung) und deren unmittelbaren biologischen Wirkungen sowie die indirekten Gefährdungen (vorübergehende Blendung, Brand- und Explosionsgefährdung, Lärm, elektrische Gefährdung) bei Arbeitsplätzen mit Anwendung von Laserstrahlung,
4. die grundlegenden Anforderungen an eine Gefährdungsbeurteilung,
5. die Gefährdungsbeurteilungen für die Arbeitsplätze, für die er oder sie als LSB benannt ist,
6. die Schutzmaßnahmen (technische, organisatorische und persönliche),
7. seine Rechte und Pflichten als LSB,
8. die Laserklassen gemäß DIN EN 60825–1,
9. die Bedeutung der Expositionsgrenzwerte der OStrV,
10. die Inhalte der Unterweisung nach § 8 OStrV sowie
11. den Ablauf des sicheren Betriebs der Laser-Einrichtungen, für die er oder sie bestellt ist und weiß, wie dieser zu überwachen ist.

Laserschutzbeauftragte sollen Informationen zu den im Unternehmen verwendeten Lasersystemen haben und in der Lage sein, die getroffenen Schutzmaßnahmen zu überprüfen und eine Wirksamkeitskontrolle durchzuführen.

10.2 Laserbereich, Sicherheitsabstand *NOHD* und *NSHD*

Als Laserbereich definiert man den Bereich, in welchem die Expositionsgrenzwerte für einen Augen- oder Hautschaden überschritten werden können und daher Schutzmaßnahmen zu treffen sind. Die Grenzen des Laserbereichs werden in der Regel durch den Augen-Sicherheitsabstand *NOHD* (Abb. 10.1) *(nominal ocular hazard distance)* bestimmt, welcher den Abstand vom Laser angibt, bei dem die Exposition dem Expositionsgrenzwert entspricht. Wichtig ist hierbei im Allgemeinen auch die Angabe der Zeitbasis (typisch 100 s, aber auch 30.000 s bei Wellenlängen <400 nm). Daneben gibt es auch noch den Haut-Sicherheitsabstand *NSHD (nominal skin hazard distance),* welcher den Abstand vom Laser angibt, ab

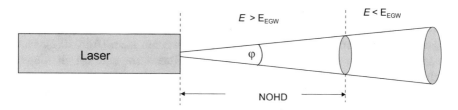

Abb. 10.1 *NOHD* eines sich frei ausbreitenden Lasers. Die Betrachtung erfolgt ohne optische Instrumente

dem die Expositionsgrenzwerte unterschritten werden. Der dann festgelegte Laserbereich wird in der Regel größer ausgelegt, damit keine Personen in den *NOHD* gelangen können. Beispielsweise kann der ganze Raum zum Laserbereich erklärt werden oder der NOHD „+3 m ausgelegt mit Kette gesichert" werden (siehe Abschn. 10.3 ff).

Der *NOHD* wird oft vom Hersteller angegeben. Ist dies nicht der Fall, kann er für Laser mit einem gaußförmigen Strahlprofil auf relativ einfache Art und Weise berechnet werden.

10.2.1 Berechnung des *NOHD* für die Betrachtung ohne optische Instrumente

Für Dauerstrichlaser gilt:

$$NOHD = \frac{\sqrt{\frac{4P}{\pi \cdot E_{EGW}}} - d_{63}}{\tan\varphi_{63}} \approx \frac{\sqrt{\frac{4P}{\pi \cdot E_{EGW}}} - d_{63}}{\varphi_{63}} \qquad (10.1)$$

Für gepulste Laser gilt:

$$NOHD = \frac{\sqrt{\frac{4Q}{\pi \cdot H_{EGW}}} - d_{63}}{\tan\varphi_{63}} \approx \frac{\sqrt{\frac{4Q}{\pi \cdot H_{EGW}}} - d_{63}}{\varphi_{63}}, \qquad (10.2)$$

wobei.

P = Laserleistung, Q = Impulsenergie, d_{63} = Strahldurchmesser am Laserausgang, φ_{63} = voller Divergenzwinkel in rad, E_{EGW} und H_{EGW} = Expositionsgrenzwert. Bei Impulslasern sind alle 3 Kriterien (Einzelimpuls, mittlere Leistung, korrigierter Einzelimpuls) zu überprüfen.

10.2.2 Erweiterter Sicherheitsabstand *ENOHD*

Die Formeln 10.1 und 10.2 gelten nur dann, wenn der Strahl ohne optische Instrumente betrachtet wird. Wenn ein optisches Instrument verwendet wird, um die Laserstrahlung zu beobachten, ergibt sich ein erweiterter Sicherheitsabstand *ENOHD (extended nominal ocular hazard distance)*, da die Strahlung durch das optische Instrument kollimiert oder konzentriert werden kann (Abb. 10.2). Dies kann z. B. bei der Anwendung von Lasern der Klasse 1M und 2M zu Augenschäden führen.

Im Verhältnis von Objektivdurchmesser d_1 und dem Durchmesser der Austrittspupille d_2 wird die Intensität der Laserstrahlung durch das optische Instrument erhöht und der Sicherheitsabstand muss dementsprechend um den Faktor M angehoben werden.

$$ENOHD = M \cdot NOHD \text{ mit } M = \frac{d_1}{d_2}. \tag{10.3}$$

Dies gilt allerdings nur dann, wenn der Durchmesser des Strahlenbündels größer als der Durchmesser des Objektivdurchmessers und der Durchmesser der Austrittspupille größer als der Durchmesser der Messblende (7 mm im Sichtbaren) ist. Soll der Sicherheitsabstand im Freien berechnet werden, so muss unter Umständen auch die Schwächung der Strahlung durch die Atmosphäre Berücksichtigung finden. Beispiele dafür sind in der TROS Laserstrahlung Teil 2 [6] nachzulesen.

10.2.3 *NOHD* hinter Lichtwellenleitern

Da beim Austritt aus Lichtleitfasern die Divergenz der Laserstrahlung in der Regel sehr groß ist, ist bei dieser Anwendung der Sicherheitsabstand meist sehr viel

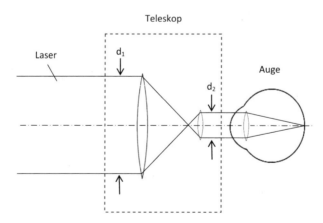

Abb. 10.2 Verkleinerung des Strahlquerschnitts durch ein Teleskop

kleiner. Der Sicherheitsabstand lässt sich aus der Numerischen Apertur NA der Faser bestimmen. Je nach Fasertyp lässt sich der *NOHD* mit folgenden Formeln berechnen [7].

Monomodefaser

$$NOHD = \frac{\sqrt{\frac{P}{1{,}05 \cdot E_{EGW}}}}{NA} \tag{10.4}$$

Multimodefaser (Gradientenindexfaser)

$$NOHD = \frac{\sqrt{\frac{P}{\frac{\pi}{2} \cdot E_{EGW}}}}{NA} \tag{10.5}$$

Multimodefaser (Stufenindexfaser)

$$NOHD = \frac{\sqrt{\frac{P}{\pi \cdot E_{EGW}}}}{NA} \tag{10.6}$$

10.2.4 *NOHD* hinter Linsen

Je nach Brennweite der Linse weitet sich der Laserstrahl hinter dem Fokus der Linse wieder auf. Der *NOHD* lässt sich dementsprechend mit folgender Formel berechnen

$$NOHD = \frac{2f}{d_{63}} \sqrt{\frac{P}{\pi \cdot E_{EGW}}} \tag{10.7}$$

10.2.5 *NOHD* bei diffuser Strahlung

Die Beurteilung des Sicherheitsabstands bei Streulicht von diffus strahlenden Oberflächen ist in der Regel schwierig, da man die streuenden Eigenschaften der Oberflächen meist nicht kennt. Eine gute Näherung lässt sich durch die Berechnung der Streustrahlung auf Grundlage eines sogenannten Lambert-Strahlers erzielen:

$$NOHD = \sqrt{R \cdot \frac{\cos \varepsilon}{\pi} \frac{P}{E_{EGW}}} \tag{10.8}$$

Wobei: R = Reflexionsgrad, ε = Beobachtungswinkel der diffusen Laserstrahlung.

10.2.6 NOHA

In mancher Literatur wird nicht der Sicherheitsabstand *NOHD*, sondern die Sicherheitsfläche *NOHA (nominal oculalar hazard area)* angegeben, welche über den *NOHD* definiert ist und den Laserbereich definiert. Es ist zu berücksichtigen, dass der Laserbereich sich durch in den Laserstrahl eingebrachte reflektierende Gegenstände auch abweichend von der eigentlichen Strahlrichtung ausdehnen kann.

10.2.7 Haut-Sicherheitsabstand *NSHD*

Bei Anwendungen, bei denen eine Gefährdung der Haut vorliegt, ist es erforderlich, den Sicherheitsabstand für die Haut zu ermitteln. Die Berechnung erfolgt analog zur Berechnung des Sicherheitsabstandes für die Augen.

$$NSHD = \frac{\sqrt{\frac{4P}{\pi \cdot E_{\text{EGW,Haut}}}} - d_{63}}{\tan\varphi_{63}} \approx \frac{\sqrt{\frac{4P}{\pi \cdot E_{\text{EGW,Haut}}}} - d_{63}}{\varphi_{63}} \qquad (10.9)$$

bzw. für Impulslaser

$$NSHD = \frac{\sqrt{\frac{4Q}{\pi \cdot H_{\text{EGW,Haut}}}} - d_{63}}{\tan\varphi_{63}} \approx \frac{\sqrt{\frac{4Q}{\pi \cdot H_{\text{EGW,Haut}}}} - d_{63}}{\varphi_{63}} \qquad (10.10)$$

Der Expositionsgrenzwert für die Haut ist der Tab. A4.5 der TROS Laserstrahlung Teil 2 [6] zu entnehmen.

10.3   Abgrenzung des Laserbereichs

Der Laserbereich ist bei Lasern der Klassen 3R, 3B und 4 nach § 7 Absatz 3 OStrV abzugrenzen. Unter Abgrenzung ist hierbei zu verstehen, dass unbefugte Personen den Laserbereich nicht betreten können. Die Abgrenzung kann dort angebracht werden, wo der Sicherheitsabstand erreicht wird. Es ist aber auch möglich, dass der Laserbereich durch geeignete Abschirmungen verkleinert wird. Die Eignung der Abgrenzung ist für jeden Einsatzort und entsprechend der Gefährdung gesondert zu beurteilen und regelmäßig zu überprüfen. Übersteigt der Sicherheitsabstand *NOHD* die Ausdehnung des Raumes, in welchem der Laser betrieben wird, so muss entweder der gesamte Raum als Laserbereich ausgewiesen werden oder er wird durch geeignete Abgrenzungen, wie z. B. Laserschutzkabinen, Vorhänge oder Stellwände, verkleinert. Es ist zu beachten, dass die Laserstrahlung durch in den Strahl eingebrachte reflektierende Materialien ihre Richtung ändern kann und der Laserstrahl dorthin gelenkt wird, wo man ihn möglicherweise nicht erwartet. Es ist daher ratsam, wenn möglich alle reflektierenden Gegenstände aus dem Laserbereich zu entfernen. Befinden sich im Laserbereich

Fenster oder Türen mit Sichtfenstern, so ist zu beachten, dass dieser sich dadurch über den abgegrenzten Bereich hinaus ausdehnen kann. In diesem Fall muss die Laserstrahlung durch geeignete Filter, Vorhänge oder Rollos begrenzt werden. Weitere Möglichkeiten der Abgrenzung sind z. B.:

- Einhausung der Laserquelle, Lichtschranken,
- schleusenartiger Ausbau des Zugangs zum Laserbereich,
- Absperrketten im Freien.

„Die Anforderungen an Rettungswege und Notausgänge entsprechend § 30 UVV „Allgemeine Vorschriften" (GUV-V A1, bisher GUV 0.1) sind dabei zu beachten; Maßnahmen der Ersten Hilfe entsprechend UVV „Erste Hilfe" (GUV-V A 5, bisher GUV 0.3), insbesondere die sofortige Leistung Erster Hilfe nach einem Arbeitsunfall, müssen trotz der genannten Einrichtungen möglich sein" [1].

10.4 Kennzeichnung des Laserbereichs

Der Laserbereich ist nach § 7 Absatz 3 OStrV zu kennzeichnen. Zugänge zu Laserbereichen sind verpflichtend mit dem Warnschild W004 „Warnung vor Laserstrahl" (Abb. 10.3) zu kennzeichnen. Diese weisen Personen darauf hin, dass der Zutritt in den gekennzeichneten Raum mit möglichen Gefährdungen verbunden ist. Neben dem Warnschild können auch Kennzeichnungen angebracht werden, die die Art der Laserstrahlung anzeigen. Das kann die Bezeichnung „sichtbare Laserstrahlung" oder „unsichtbare Laserstrahlung" sein. Auch die Angabe der Laserparameter, wie z. B. Wellenlänge und Leistung, sind möglich.

Daneben muss ein Schild mit dem Gebotszeichen M004 an den Zugängen zum Laserbereich angebracht werden (Abb. 10.4).

Ein weiteres Schild, welches unbedingt angebracht werden sollte, ist eines, welches den Zutritt zum gekennzeichneten Raum verbietet. Es kann noch mit

Abb. 10.3 Warnschild
Vorsicht Laser

Abb. 10.4 Schild, welches
zum Tragen einer Schutzbrille
auffordert

Abb. 10.5 Verbotsschild:
Zutritt für Unbefugte verboten

Kein Zutritt,
wenn die Warnleuchte
leuchtet!

Hinweisen, wie z:B. „wenn die Warnleuchte leuchtet" versehen werden. Dies zeigt den Beschäftigten zusätzlich zur Warnleuchte an, dass der Raum beim Betrieb des Lasers von unbefugten, d. h. nicht unterwiesenen, Personen nicht betreten werden darf (Abb. 10.5).

10.5   Zugangsregelung zu Laserbereichen

Um zu verhindern, dass Personen durch Laserstrahlung geschädigt werden, ist der Zugang zu und die Tätigkeit in Laserbereichen solchen Personen vorbehalten, die zuvor über die Gefährdungen unterwiesen wurden. Es ist festzulegen, wer die

Laseranlage in Betrieb nehmen darf (Schlüsselberechtigung). Die Verantwortlichkeiten und die Berechtigungen sind im Vorfeld zu regeln und schriftlich festzuhalten. Um ein sicheres Arbeiten zu gewährleisten, ist die Anzahl der Personen, die eine Schlüsselberechtigung haben, auf das erforderliche Minimum zu begrenzen.

10.6 Jugendliche

Nach § 22 Jugendschutzgesetz dürfen Jugendliche nicht in Bereichen eingesetzt werden, in denen sie schädlicher Strahlung ausgesetzt sind. Hierbei wird nicht zwischen ionisierender und nicht-ionisierender Strahlung unterschieden. Da Laser der Klassen 3R, 3B und 4 Laserstrahlung emittieren, bei der die Expositionsgrenzwerte überschritten werden können, sind diese als gefährlich einzustufen und das Arbeiten im Laserbereich ist Jugendlichen untersagt. Eine Ausnahme ist dann gegeben, wenn die Jugendlichen über 16 Jahre alt sind, das Arbeiten im Laserbereich dem Ausbildungsziel dient und eine permanente Aufsicht vorhanden ist. Es ist zu beachten, dass Jugendliche mindestens halbjährlich zu unterweisen sind.

10.7 Betriebsanweisung

Die Betriebsanweisung basiert auf der Gefährdungsbeurteilung und hat das Ziel, Unfälle am Arbeitsplatz zu verhindern. Die am Arbeitsplatz identifizierten Gefährdungen und die daraufhin entwickelten Schutzmaßnahmen werden dort in Kurzform beschrieben und den Beschäftigten zusammen mit weiteren Informationen zugänglich gemacht. Ebenso wie die Unterweisung muss die Betriebsanweisung in einer für die Beschäftigten verständlichen Form und Sprache erstellt werden. Sie muss leicht verständlich und umsetzbar sein und enthält in der Regel folgende Punkte [4]:

- Anwendungsbereich,
- Gefahren für Mensch und Umwelt,
- Schutzmaßnahmen und Verhaltensregeln,
- Verhalten bei Störungen und im Gefahrfall,
- Verhalten nach einem Unfall,
- Instandhalten.

Anwendungsbereich
Unter diesem Punkt wird aufgeführt, für welchen Arbeitsplatz und für welche Tätigkeiten die Betriebsanweisung gilt. Weiterhin werden die technischen Daten des Lasers, wie Lasertyp, Laserklasse, Betriebsart (cw, Impuls), Wellenlänge und Leistung bzw. Energie beschrieben.

Beispiel: Laserlabor

Laserklasse:	Lasertyp:	Wellenlänge:
Leistung:	Energie:	CW/Impuls:

◄

Gefahren für Mensch und Umwelt
Hier soll beschrieben werden, welche Gefährdungen für den Menschen beim Umgang mit dem Arbeitsmittel Laser bestehen und welche Gesundheitsschäden bei einer Exposition von Auge bzw. Haut zu erwarten sind. Zusätzlich werden auch alle möglichen indirekten Gefährdungen, wie z. B. Blendung, Gefahrstoffe oder Brand- und Explosionsgefahr, in Kurzform beschrieben.

Beispiel: Gefahren

Die zugängliche Laserstrahlung der Klasse 3B ist für Auge und Haut gefährlich. Es besteht eine Brand- und Explosionsgefahr bei Lasern der Klasse 3B, welche zu Verbrennungen und Erstickungen führen kann. Laserstrahlung der Klasse 2 ist nur dann sicher, wenn nicht länger als 0,25 s in den Strahl geblickt wird, und kann zu Blendung führen. ◄

Schutzmaßnahmen, Verhaltensregeln
Dieser Punkt beschreibt die für den Arbeitsplatz festgelegten Schutzmaßnahmen und spezielle Arbeitsanweisungen, falls solche existieren.

Beispiel: Schutzmaßnahmen

- Warnleuchte beachten
- Bereitstellen von persönlicher Schutzausrüstung außerhalb des Laserbereichs
- Schutz- und Justierbrillen vor Verwendung auf Intaktheit prüfen
- Keine reflektierenden Gegenstände am Körper tragen
- Unbefugtes Eintreten in einen Laserbereich durch eine Abgrenzung (z. B. lasergeeigneten Vorhang) verhindern. Laserbetrieb nur bei geschlossenem Vorhang. Im sicheren Eingangsbereich muss geeignete Schutzausrüstung vorgehalten werden.

- Nicht mit reflektierenden Gegenständen in den Strahl eingreifen
- Verwendung von Laserschutz- und Justierbrillen nach DIN EN 207 und DIN EN 208
- Beseitigen der Brand- und ggf. Explosionsgefahr
- Bei Nichtbenutzung der Laser, Schlüssel abziehen und im Schlüsselkasten verwahren ◄

Verhalten bei Störungen und im Gefahrfall
In diesem Punkt wird beschrieben, wie die Beschäftigten sich im Falle einer Störung oder dem Auftreten einer Gefahr verhalten sollen. Es ist sinnvoll, die wichtigsten Telefonnummern anzugeben.

Beispiel: Verhalten bei Störungen

- Störungen dem/der Aufsichtsführenden melden
- Reparaturen der Laseranlage nur von der Elektrofachkraft Frau Mustermann Tel: 123 durchführen lassen
- Sonstige Störungen nur von Fachpersonal (eingewiesene Person)/durch Frau Müller beseitigen lassen
- Bedienungsanleitung beachten ◄

Verhalten nach einem Unfall
Hier werden Maßnahmen beschrieben, die nach einem Unfall durchgeführt werden müssen. An erster Stelle steht hier die Sicherung der Unfallstelle und die Betreuung der Verletzten. Besteht der Verdacht, dass ein Augenschaden eingetreten ist, ist der Verunfallte sofort einem Augenarzt oder einer Augenärztin vorzustellen.

Beispiel: Verhalten nach einem Unfall

- Laser abschalten,
- Verletzten betreuen,
- Im Falle einer Augenverletzung den Verunfallten unverzüglich einem Augenarzt vorstellen,
- Notruf absetzen,
- Im Brandfall Löschversuche unternehmen,
- Ersthelfer und Aufsichtsführende informieren,
- Notruf: 112,
- Notruf intern: …,
- Erste Hilfe: …,
- Telefonische Unfallmeldung: …,
- Augenarzt/Klinik: … ◄

Instandhalten

Bei Instandhaltungsmaßnahmen kommt es häufig zu einer Überschreitung der Expositionsgrenzwerte. Unter diesem Punkt ist zu beschreiben, wie sich Personen, die Instandhaltungsmaßnahmen durchführen, verhalten müssen.

Beispiel: Verhalten bei Instandhaltungsmaßnahmen

- Instandhaltungsmaßnahmen möglichst bei ausgeschaltetem Laser durchführen
- Ändert sich bei Instandhaltungsmaßnahmen die Laserklasse, so sind die Schutzmaßnahmen für die höhere Laserklasse einzuhalten.
- Die Bestrahlung von Personen durch Laserstrahlung oberhalb der Expositionsgrenzwerte ist zu verhindern
- Geeignet Schutzbrillen nach DIN EN 207 bereithalten ◄

Betriebsanweisungen werden entweder in direkter Umgebung des Arbeitsplatzes ausgehängt, ausgelegt oder an die Beschäftigten ausgehändigt, wobei es durchaus sinnvoll sein kann, sich dies durch eine Unterschrift bestätigen zu lassen. Beispiele für Betriebsanweisungen findet man in Anlage 3 dieses Buches und Teil 3 der TROS Laserstrahlung [4, 5].

10.8 Arbeitsmedizinische Vorsorge

Zum Schutz der Arbeitnehmer vor arbeitsbedingten Erkrankungen wurde die Verordnung zur arbeitsmedizinischen Vorsorge erlassen. Diese sieht eine Pflicht-, eine Angebots- und eine Wunschvorsorge vor. Arbeitsmedizinische Vorsorge darf technische und organisatorische Schutzmaßnamen nicht ersetzen, ergänzt diese jedoch. Es handelt sich hierbei zunächst nur um ein Gespräch mit dem Arbeitsmediziner, um eventuelle Fragen zu den Auswirkungen des Arbeitsmittels auf die Gesundheit zu klären. Individuell kann der Arbeitsmediziner Untersuchungen anbieten. Seit der Änderung der arbeitsmedizinischen Vorsorgeverordnung (ArbMedVV) im Jahr 2013 gibt es für Tätigkeiten mit („reiner") kohärenter optischer Strahlung (Laserstrahlung) weder eine Pflicht- noch eine Angebotsvorsoge, jedoch die sogenannte Wunschvorsorge. Diese ist den Beschäftigten nach § 11 ArbSchG bzw. § 5a ArbMedVV zu ermöglichen, sofern ein Gesundheitsschaden im Zusammenhang mit der Tätigkeit nicht ausgeschlossen werden kann. Konkret bedeutet dies, dass die Arbeitnehmer sich auf deren Wunsch und eigener Initiative hin arbeitsmedizinisch beraten bzw. untersuchen lassen können. Arbeitgeber haben die Pflicht, die Beschäftigten über diese Möglichkeit und deren Realisierung zu informieren. Sinnvollerweise sollte dies in der jährlichen Unterweisung umgesetzt werden.

Entsteht am Arbeitsplatz aber inkohärente optische Strahlung, wie z. B. UV-Strahlung beim Laserschweißen oder durch Strahlung an der Pumpquelle, so ist beim Überschreiten von Expositionsgrenzwerten eine Pflichtvorsorge und bei der Möglichkeit der Überschreitung eine Angebotsvorsorge zu veranlassen.

10.9   Vorgehen bei einem Laserunfall

10.9.1 Meldepflichtiger Arbeitsunfall

Nach der gesetzlichen Unfallversicherung in Deutschland ist ein Unfall gemäß § 193 SGB VII meldepflichtig, wenn eine versicherte Person durch einen Unfall getötet oder so verletzt wird, dass sie mehr als drei Tage arbeitsunfähig ist.

Die Drei-Tages-Frist beginnt am Tag nach dem Unfall und umfasst alle Kalendertage, also auch Samstage, Sonn- und Feiertage. Bei nachträglich eintretender Arbeitsunfähigkeit, z. B. bei Verschlimmerung, beginnt sie am Tag nach Eintritt der Arbeitsunfähigkeit. Sind diese Voraussetzungen erfüllt, so werden auch Anzeigen von Verletzten, Durchgangsarztberichte sowie durch Krankenkassen angezeigte Fälle berücksichtigt.

10.9.2 Nicht meldepflichtige Arbeitsunfälle

Bei einer leichten Verbrennung durch den Laser, also einem Hautschaden, liegt oft keine Meldepflicht vor, da die beschäftigte Person weiterarbeiten kann. Auch bei einem kleineren Schaden an einem Auge kann die Person weiterarbeiten. Demzufolge gehen viele Schädigungen von Personen und Vorfälle nicht in die Statistik der DGUV ein.

Unfälle, die mit einem Brand oder einer Explosion einhergehen, und in deren Folge „nur" ein Sachschaden entstanden ist, sind auch keine der Berufsgenossenschaft zu meldende Arbeitsunfälle.

Es empfiehlt sich, alle Unfälle und Vorkommnisse betriebsintern zu dokumentieren. Dies muss mit den entsprechenden Abteilungen unter Berücksichtigung des Datenschutzes geregelt werden.

10.9.3 Ursachen für Unfälle

Die meisten Unfälle lassen sich auf die folgenden Ursachen zurückführen:

- fehlende Gefährdungsbeurteilung,
- fehlende oder mangelhafte Unterweisung,
- Tragen einer falschen Laserschutzbrille,
- Manipulation an Schutzmaßnahmen,
- unübersichtliche Lage des Strahlengangs,
- unaufgeräumter Arbeitsbereich (Abb. 10.6),
- laute Umgebung – Befolgung falscher Anweisungen (z. B. Laser an statt aus),
- nicht ergonomische Bedienung des Lasers,
- Ablenkung (Telefon, weitere Person, äußeres Ereignis (z. B. Knall).

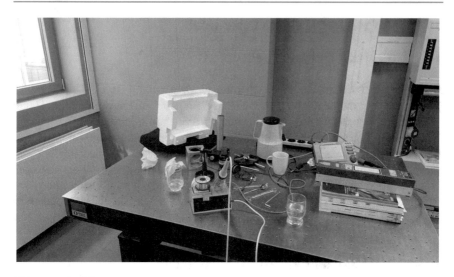

Abb. 10.6 Unfallursache chaotischer Lasertisch

In der Zukunft muss mit weiteren möglichen Unfällen und Schädigungen im Anwendungsgebiet der ultrakurz gepulsten Laser gerechnet werden. Die dabei auftretende ionisierende Strahlung mit Dosisleistungen von z. B. 1 mSv im Arbeitsbereich kann bei Langzeiteinwirkung zur Schädigung der Haut führen. Weiterhin muss möglicherweise mit Langzeitschäden durch UV-Strahlung beim Betrieb eines offenen Materialbearbeitungslasers gerechnet werden.

10.9.4 Unfallstatistik der DGUV

Jährlich gibt es in Deutschland (Stand 2018) ca. 50 Laserunfälle bzw. Vorfälle. Diese Zahlen stammen aus der 6,63-%-Statistik (Mikrozensus) und wurden hochgerechnet. Daneben muss bei kleineren Schäden von einer hohen Dunkelziffer nicht gemeldeter Fälle ausgegangen werden.

10.9.5 Verhalten nach einem Unfall

Besteht Grund zu der Annahme, dass durch Laserstrahlung ein Augenschaden eingetreten ist, muss der oder die Beschäftigte unverzüglich einem Augenarzt vorgestellt werden. Damit dies gewährleistet ist, sollen alle Beschäftigten über Notfallmaßnahmen unterrichtet werden. Der Vorgesetzte ist zu informieren. Weiterhin ist der Durchgangsarzt von dem Unfall zu unterrichten. Die Klinik oder der Augenarzt muss über die Möglichkeit verfügen, einen möglichen Schaden am Augenhintergrund zu erkennen. Hierzu eignet sich die Untersuchung mittels optischer Kohärenztomografie (OCT) und weiterer Autofluoreszenzverfahren. Daneben gibt es auch noch die sogenannte Fluoreszenzangiografie.

Um im Falle eines Unfalls schnell handeln zu können, ist es günstig, Namen und Adresse eines Augenarztes oder einer Klinik mit Augenversorgung in der Betriebsanweisung und auf dem 1.-Hilfe-Plakat zu vermerken.

10.9.6 Transport zur Klinik

Da Durchgangsärzte in der Regel nicht über die Möglichkeit einer augenärztlichen Untersuchung verfügen, ist es ratsam, im Vorfeld mit dem Betriebsarzt/Durchgangsarzt die Vorgehensweise zu besprechen. Aus versicherungstechnischen Gründen ist es nicht gestattet, den Verunfallten selbst in die Klinik zu transportieren. Der Verunfallte muss nach DGUV Information 204–022 (außer bei geringfügigen Verletzungen) mit dem öffentlichen oder betrieblichen Rettungsdienst zum Augenarzt oder in die Klinik gebracht werden.

10.10 Allgemeine Hinweise zum Arbeiten im Laserbereich

Zum sicheren Arbeiten im Laserbereich dienen Arbeitshinweise, die den Beschäftigten während der Unterweisung mitgeteilt werden. Dazu zählt z. B.:

- den Laserbereich *(NOHD)* auf die minimal benötigte Größe begrenzen,
- die Laserleistung (bzw. Energie) auf das erforderliche Maß begrenzen,
- die Anzahl der Beschäftigten im Laserbereich auf eine Mindestanzahl begrenzen,
- vor dem Einschalten des Lasers alle Anwesenden warnen,
- niemals, auch nicht mit Laserschutzbrille, in den oder in Richtung des austretenden Laserstrahls blicken,
- falls – insbesondere sichtbare – Laserstrahlung das Auge trifft, sofort abwenden,
- Laserstrahlung niemals gegen Fenster oder Türen richten,
- vagabundierende Laserstrahlung verhindern,
- Laserstrahlung mit Strahlfallen begrenzen,
- im Laserbereich möglichst nicht bücken,
- Laserstrahlung immer unterhalb oder oberhalb der Augenhöhe führen,
- keine reflektierenden Gegenstände wie Uhren, Ringe, Ketten etc. am Körper tragen (Abb. 10.7),
- in Laserbereichen möglichst nicht alleine arbeiten,
- optische Bauelemente, die die Richtung des Laserstrahls verändern können, fest aufbauen,
- brennbare Materialien und leicht entzündliche Flüssigkeiten und Gase möglichst nicht im Laserbereich lagern,
- aufgrund der Verdunklung durch Laserschutzbrillen bzw. Laserjustierbrillen (Tageslichtdurchlässigkeit VLT) auf ausreichende Beleuchtung achten,

Abb. 10.7 Mit diesen
Fingernägeln darf nicht
im Laserbereich gearbeitet
werden!

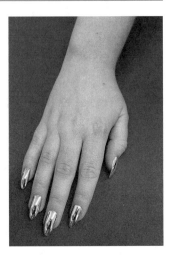

- Wände und andere Gegenstände im Laserbereich möglichst mit hellen und diffus reflektierenden Oberflächen ausstatten,
- Fußböden frei von Stolpermöglichkeiten halten,
- regelmäßige Überprüfung der getroffenen Schutzmaßnahmen.

Literatur

1. DGUV Vorschrift 11 Unfallverhütungsvorschrift Laserstrahlung vom 1. April 1988 in der Fassung vom 1. Januar 1993*)/ Fassung 1. Jan. 1997
2. Verordnung zum Schutz der Beschäftigten vor Gefährdungen durch künstliche optische Strahlung (Arbeitsschutzverordnung zu künstlicher optischer Strahlung – OStrV) Nichtamtliches Inhaltsverzeichnis OStrV Ausfertigungsdatum: 19.07.2010 Vollzitat: "Arbeitsschutzverordnung zu künstlicher optischer Strahlung vom 19. Juli 2010 (BGBl. I S. 960), die zuletzt durch Artikel 5 Absatz 6 der Verordnung vom 18. Okt. 2017 (BGBl. I S. 3584) geändert worden ist"
3. Schneeweiss, C., Eichler, J., Brose, M.: Leitfaden für Laserschutzbeauftragte: Ausbildung und Praxis Taschenbuch, Springer. 26. Apr. 2017
4. Technische Regel zur Arbeitsschutzverordnung zu künstlicher optischer Strahlung – TROS Laserstrahlung, Teil 3, Ausgabe: Juli 2018
5. Technische Regel zur Arbeitsschutzverordnung zu künstlicher optischer Strahlung – TROS Laserstrahlung, Teil Allgemeines, Ausgabe: Juli 2018
6. Technische Regel zur Arbeitsschutzverordnung zu künstlicher optischer Strahlung – TROS Laserstrahlung, Teil 2, Ausgabe: Juli 2018
7. Lasersicherheit LWLKS, HUB M082, AUVA, 2/2009

Persönliche Schutzausrüstung (PSA), insbesondere Schutzbrillen

Inhaltsverzeichnis

Die Schutzmaßnahmen sind nach dem STOP-Prinzip in der Reihenfolge **S**ubstitution, **T**echnische Schutzmaßnahmen, **O**rganisatorische Schutzmaßnahmen und **P**ersonenbezogene Schutzmaßnahmen durchzuführen. Zunächst wird versucht, den sicheren Betrieb durch die Anwendung von Substitution und von technischen und organisatorischen Schutzmaßnahmen zu gewährleisten. Erst wenn es nicht gelingt, die Exposition unterhalb des Expositionsgrenzwertes zu halten, müssen personenbezogene Schutzmaßnahmen, vor allem eine persönliche Schutzausrüstung (PSA), eingesetzt werden, um Verletzungen von Augen und Haut der Beschäftigten durch Laserstrahlung auszuschließen.

PSA Allgemein Geeignete PSA ist den Beschäftigten vom Arbeitgeber kostenlos zur Verfügung zu stellen. Persönliche Schutzausrüstungen müssen den

© Springer-Verlag GmbH Deutschland, ein Teil von Springer Nature 2020   271
C. Schneeweiss et al., *Leitfaden für Fachkundige im Laserschutz,*
https://doi.org/10.1007/978-3-662-61242-2_11

Anforderungen der Verordnung über die Bereitstellung von persönlichen Schutzausrüstungen auf dem Markt (8. ProdSV) [1] und der Verordnung (EU) 2016/425
(PSA Verordnung) [2] entsprechen und mit der CE-Kennzeichnung versehen sein.
Der Arbeitgeber muss den Beschäftigten die erforderlichen Informationen für jede
eingesetzte persönliche Schutzausrüstung mitteilen. Die Beschäftigten sind darin
zu unterweisen, wie die persönlichen Schutzausrüstungen zu benutzen sind. Laserschutzbrillen und -Justierbrillen gehören nach der PSA-Verordnung zur Kategorie
II. Damit werden Risiken beschrieben, die weder geringfügig noch mit schwer-
wiegenden Folgen verbunden sein können.

PSA für Laser Zu den wichtigsten Persönlichen Schutzausrüstungen für
Laser zählen geeignete Schutzbrillen. Die Auswahl von Laserschutzbrillen und
-Justierbrillen beruht auf den allgemeinen Regeln zum Laserschutz, sowie der
Verordnung zum Schutz vor Gefährdungen durch künstliche optische Strahlung
(OStrV) [3] und den Technischen Regeln Laserstrahlung (TROS) [4]. PSA zum
Schutz der Haut sind Schutzhandschuhe oder Schutzkleidung.

11.1   Laserschutzbrillen und -Justierbrillen

11.1.1 Grundlagen von Laserbrillen

Eine gute Zusammenfassung über Brillen und Abschirmungen für den Laserschutz
findet sich in der DBU Information 203–042 [5]. Es gibt zwei Arten von Brillen
für den Laserschutz:

- Laserschutzbrillen und
- Laserjustierbrillen.

Laserschutzbrillen dienen dem vollständigen Schutz der Augen gegenüber Laserstrahlung mit den jeweiligen Wellenlängen. Die Schutzbrille wird für ein Lasersystem so ausgelegt, dass bei ordnungsgemäßer Berechnung und Benutzung die
Expositionsgrenzwerte am Auge unterschritten werden, sodass kein Augenschaden auftreten kann. Die sogenannte LB-Schutzstufe gibt an, bis zu welcher
Bestrahlung oder Bestrahlungsstärke die Brille schützt und wie stark der Laserstrahl mindestens abgeschwächt wird. Der Schutzbrille muss für den berechneten
Fall mindesten 5 s und 50 Impulse standhalten. Laserschutzbrillen müssen den
Anforderungen nach DIN EN 207 genügen [6].

Laserjustierbrillen sind auf den sichtbaren Spektralbereich mit Wellenlängen
zwischen 400 nm und 700 nm beschränkt. Sie schwächen die Laserstrahlung
mindestens auf die Grenzwerte eines Lasers der Klasse 2 ab. Dies entspricht
einer Leistung von 1 mW, wobei bis zu einer Beobachtungsdauer bis 0,25 s die
Expositionsgrenzwerte unterschritten werden. Sie dienen insbesondere der

Beobachtung der Laserstrahlung beim Justieren mithilfe eines Diffusors. Diese Art von Brillen gibt es nur bis zu einer Laserleistung von 100 W beziehungsweise einer Impulsenergie bis zu 20 mJ. Die RB-Schutzstufe gibt an, bis zu welcher Laserleistung beziehungsweise Impulsenergie die Brille zugelassen ist und wie stark der Laserstrahl mindestens abgeschwächt wird. Laserjustierbrillen müssen den Anforderungen nach DIN EN 208 genügen [7].

Prinzip der Laserschutzbrille

Laserschutzbrillen schwächen die Laserstrahlung für die jeweilige Wellenlänge so weit ab, dass die Expositionsgrenzwerte am Auge unterschritten werden. Dies bedeutet, dass es so ist, als ob man mit einem Laser der Klasse 1 arbeitet, sodass bei ordnungsgemäßem Gebrauch kein Augenschaden auftreten kann.

Die Schutzwirkung der Brille muss bei einer Bestrahlung unter Normbedingungen mindestens 5 s und 50 Impulse lang erhalten bleiben. Die Normen fordern für den Test einen Strahldurchmesser von 1 mm (d_{63}-Wert) [6, 7]. In der Praxis treten unterschiedliche Strahldurchmesser und -profile auf, sodass sich für diese Fälle keine genauen Aussagen über die Standzeit angeben lassen. Bei der Berechnung einer Laserschutzbrille treten Korrekturfaktoren auf, die versuchen, den Strahldurchmesser zu berücksichtigen.

Die Laserschutzbrillen und auch die -Justierbrillen sind nicht für den dauernden Blick in den Laserstrahl zugelassen. Man darf niemals direkt in den Laserstrahl blicken.

Die Funktion der Laserschutzbrille wird anhand von Abb. 11.1 für kontinuierliche Laser erläutert. Der Laserstrahl hat vor der Brille die Bestrahlungsstärke E in W/m² (oder Bestrahlung H in J/m²). Das Filter der Brille schwächt die Laserleistung so ab, dass hinter der Laserschutzbrille der Expositionsgrenzwert E_{EGW} (oder H_{EGW}) eingehalten wird. Damit wird ein sicheres Arbeiten ermöglicht. Die Schwächung erfolgt in der Praxis in Schritten von Zehnerpotenzen, d. h. um

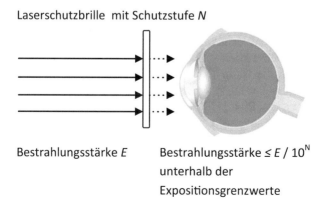

Laserschutzbrille mit Schutzstufe *N*

Bestrahlungsstärke E Bestrahlungsstärke $\leq E / 10^{N}$
                                 unterhalb der
                                 Expositionsgrenzwerte

Abb. 11.1 Eine Laserschutzbrille schwächt die Laserstrahlung so ab, dass hinter der Brille die Expositionsgrenzwerte unterschritten werden

mindesten den Faktor 10, 100, 1000, 10.000, 100.000, 1.000.000 usw. Man schreibt für den Faktor der Schwächung 10^1, 10^2, 10^3, 10^4, 10^5, 10^6 usw. oder auch:

Faktor der Schwächung 10^N mit $N = 1, 2, 3, 4, 5, 6, \dots$

Man kann daraus auch die Transmission τ (λ) für die jeweilige Wellenlänge λ einer Laserschutzbrille angeben, die auch in Tab. 11.1 vermerkt ist:

Transmission τ (λ) $= 10^{-N}$ mit $N = 1, 2, 3, 4, 5, 6, \dots$

Die Größe N nennt man Schutzstufennummer. Bei richtiger Benutzung von Tab. 11.1 wird aus der Schutzstufennummer N die Schutzstufe LB N. Dies bedeutet, dass durch die Schwächung um den Faktor 10^N der Expositionsgrenzwert eingehalten wird und dass die Brille auch mindestens 5 s hält. Die Schutzstufe gibt nach Tab. 11.1 auch die maximale Bestrahlungsstärke oder Bestrahlung an, für die die Brille einsetzbar ist. Die Größe N wird auch als optische Dichte bezeichnet. LB bedeutet, dass es sich um eine Laserschutzbrille handelt, wobei der Buchstabe B auf die neue Norm hinweist.

Laserschutzbrillen werden nach älterer Norm nicht mit LB N sondern mit L N gekennzeichnet. Die alte Norm war strenger und hat eine Standzeit von 10 s und 100 Impulse garantiert. Diese Brillen sind also etwas sicherer, wobei aufgrund des hohen Alters eine Überprüfung der Brille erforderlich sein kann.

Prinzip der Laserjustierbrille

Laserschutzbrillen schwächen den Laserstrahl in Schritten von jeweils einer Zehnerpotenz ab. Beispielsweise schwächt die Schutzstufe LB 2 um mindesten den Faktor $10^2 = 100$ und höchstens um den Faktor 999,99. Beim Wert 1000 beginnt LB 3. Im sichtbaren Spektralbereich hat dieser große Unterschied in der Strahlschwächung zur Folge, dass man nicht sicher ist, ob der Laserstrahl noch zu sehen ist.

Laserjustierbrillen erleichtern Justierarbeiten an Lasern im sichtbaren Spektralbereich zwischen 400 nm und 700 nm. Mit dieser Brille wird die Strahlung auf die Grenzwerte von Laser der Klasse 2 reduziert. Dies bedeutet, dass der direkte Laserstrahl bis zu einer Bestrahlungsdauer von 0,25 s die Expositionsgrenzwerte unterschreitet. Der Anwender hat damit Zeit, sich durch eine bewusste Abwehrreaktion zu schützen, sodass kein Augenschaden auftreten kann. Für Dauerstrichlaser beträgt damit die maximale Laserleistung hinter der Justierbrille 1 mW und für einzelne Laserimpulse 0,2 µJ (Abb. 11.2). Die Funktion einer Laserjustierbrille ist in (Abb. 11.2) für Dauerstrichlaser dargestellt. Derartige Brillen gibt es nur bis zu einer Laserleistung von 100 W (bzw. bis zu einer Impulsenergie bis zu 20 mJ für einen Einzelimpuls). Bei ordnungsgemäßem Gebrauch tritt hinter der Justierbrille eine maximale Leistung von 1 mW auf. Die Laserjustierbrillen gibt es in 5 Schutzstufen RB 1 bis RB 5, wobei die Schwächung jeweils um den Faktor 10^1, 10^2, 10^3, 10^4 bis 10^5 ist.

Laserjustierbrillen sind dafür gedacht, den direkten Laserstrahl über eine diffuse Fläche wie Papier gefahrlos über längere Zeit beobachten zu können (Abb. 11.3). Im direkten Laserstrahl schützt die Brille nur über maximal 0,25 s. Die Laserjustierbrillen sind nicht für den dauernden Blick in den Laserstrahl geeignet. Man darf niemals direkt in den Laserstrahl blicken.

Tab. 11.1 Schutzstufen für Laserschutzbrillen und Laserschutzfilter. (Aus [5])

Schutz-stufe	$\tau\,(\lambda)$	Maximale Leistungs- (E) bzw. Energiedichte (H) je nach Wellenlängenbereich und Betriebsart (D, I, R, M)								
		180–315 nm			>315–1400 nm			>1400 nm–1000 µm		
		D	I, R	M	D	I, R	M	D	I, R	M
		E_D [W/m²]	$H_{I,R}$ [J/m²]	E_M [W/m²]	E_D [W/m²]	$H_{I,R}$ [J/m²]	H_M [J/m²]	E_D [W/m²]	$H_{I,R}$ [J/m²]	E_M [W/m²]
LB 1	10^{-1}	0,01	$3\cdot10^2$	$3\cdot10^{11}$	10^2	0,05	$1,5\cdot10^{-3}$	10^4	10^3	10^{12}
LB 2	10^{-2}	0,1	$3\cdot10^3$	$3\cdot10^{12}$	10^3	0,5	$1,5\cdot10^{-2}$	10^5	10^4	10^{13}
LB 3	10^{-3}	1	$3\cdot10^4$	$3\cdot10^{13}$	10^4	5	0,15	10^6	10^5	10^{14}
LB 4	10^{-4}	10	$3\cdot10^5$	$3\cdot10^{14}$	10^5	50	1,5	10^7	10^6	10^{15}
LB 5	10^{-5}	10^2	$3\cdot10^6$	$3\cdot10^{15}$	10^6	$5\cdot10^2$	15	10^8	10^7	10^{16}
LB 6	10^{-6}	10^3	$3\cdot10^7$	$3\cdot10^{16}$	10^7	$5\cdot10^3$	$1,5\cdot10^2$	10^9	10^8	10^{17}
LB 7	10^{-7}	10^4	$3\cdot10^8$	$3\cdot10^{17}$	10^8	$5\cdot10^4$	$1,5\cdot10^3$	10^{10}	10^9	10^{18}
LB 8	10^{-8}	10^5	$3\cdot10^9$	$3\cdot10^{18}$	10^9	$5\cdot10^5$	$1,5\cdot10^4$	10^{11}	10^{10}	10^{19}
LB 9	10^{-9}	10^6	$3\cdot10^{10}$	$3\cdot10^{19}$	10^{10}	$5\cdot10^6$	$1,5\cdot10^5$	10^{12}	10^{11}	10^{20}
LB 10	10^{-10}	10^7	$3\cdot10^{11}$	$3\cdot10^{20}$	10^{11}	$5\cdot10^7$	$1,5\cdot10^6$	10^{13}	10^{12}	10^{21}

$\tau\,(\lambda)$ Maximaler spektraler Transmissionsgrad bei der Laserwellenlänge λ, D Dauerstrichlaser, I Impulslaser, R gütegeschalteter Laser, M modengekoppelter Laser

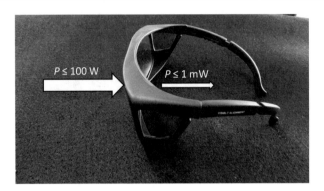

Abb. 11.2 Laserjustierbrillen schwächen einen Laserstrahl im Sichtbaren auf die Grenzwerte von Laser der Klasse 2 ab – für Dauerstrichlaser auf 1 mW. Justierbrillen gibt es nur bis einer Laserleistung von 100 W. Sie ist dafür gedacht, eine Beobachtung des direkten Laserstrahls über eine diffus reflektierende Fläche zu ermöglichen. Der direkte Strahl darf nur für 0,25 s in das Auge fallen, ohne einen Schaden zu erzeugen

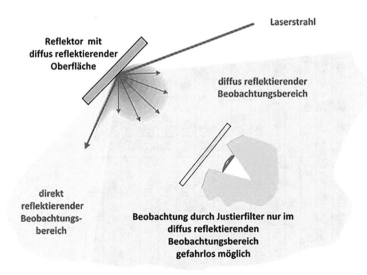

Abb. 11.3 Eine Laserjustierbrille dient dazu, den direkten Laserstrahl über eine diffus reflektierende Fläche zu beobachten (Aus [5])

Laserjustierbrillen werden nach älterer Norm nicht mit RB N sondern mit R N gekennzeichnet. Im Prinzip können die Brillen auch verwendet werden, wobei aufgrund des hohen Alters eine Überprüfung der Brille erforderlich sein kann.

11.1.2 Schutzstufen für Laserschutzbrillen

Gefährdungsbeurteilung und Auswahl der Brillen
In der Gefährdungsbeurteilung wird die Stelle mit maximaler Bestrahlungsstärke oder Bestrahlung ermittelt. Dazu benötigt man die physikalisch-technischen Daten des Lasers, die im Folgenden aufgezählt werden. Zusätzlich muss der sogenannte kleinste relevante Strahldurchmesser angegeben werden. Das ist in der Regel der kleinste Durchmesser, der auf der Schutzbrille auftreten kann. In vielen Fällen wird es nicht ganz einfach sein, dies zu ermitteln. Oft gibt man dann den Durchmesser im direkten Laserstrahl an.

Auswahl der Laserschutzbrille
Die Auswahl der Laserschutzbrille erfolgt auf der Basis der Parameter des Lasers, die in der Gefährdungsbeurteilung ermittelt wurden: Wellenlänge, Divergenz, mittlere Leistung und/oder Impulsspitzenleistung, Bestrahlungsdauer, Impulsfolgefrequenz, Impulsdauer, Bestrahlungsstärke oder Bestrahlung an der Stelle mit dem kleinsten relevanten Strahldurchmesser. In der Regel überlässt man die Berechnung und die Auswahl der Brille dem Hersteller oder dem Lieferanten. Dieser benötigt dazu folgende Daten:
Dauerstrichlaser: Wellenlänge, kleinster relevanter Strahldurchmesser, Laserleistung.
Impulslaser: Wellenlänge, kleinster relevanter Strahldurchmesser, Impulsenergie, Impulsdauer, Impulsfrequenz. Daraus ergeben sich die mittlere Leistung und die Impulsspitzenleistung.
Für Dauerstrichlaser sind die Daten relativ einfach anzugeben, während bei Impulslaser umfangreichere Angaben notwendig sind. Man schickt die Daten an den Lieferanten, der die Auswahl durch Rechenprogramme durchführt, die teilweise auch im Internet zu finden sind.

Bestrahlungsstärke
Zur Auswahl einer geeigneten Schutzbrille muss im ersten Schritt die Exposition (Bestrahlungsstärke E oder Bestrahlung H) ermittelt werden, die im schlimmsten Fall im Laserbereich auftreten kann. Dazu muss der kleinste relevante Strahldurchmesser ermittelt werden. Oft ist dies der direkte Laserstrahl. Mit der Exposition an dieser Stelle liest man in Tab. 11.1 aus der ersten Spalte die entsprechende Schutzstufe LB 1 bis LB 10 ab [5]. Die Bestrahlungsstärke oder Bestrahlung wird nach Abschn. 11.3.2 ermittelt.
Die Tabelle ist in drei Wellenlängenbereiche unterteilt: 180–315 nm (UV-C und UV-B),>315–1400 nm (UV-A, VIS und IR-A) und 1400–1000 µm (IR-B und IR-C). Für jeden dieser Bereiche gibt es drei Spalten für die Betriebsarten

Tab. 11.2 Impulslängen
für Laser mit verschiedenen
Betriebsarten (Aus [5])

Betriebsart	Typische Laserart	Impulslänge
D	Dauerstrichlaser	>0,25 s
I	Impulslaser	>1 µs–0,25 s
R	Gütegeschalteter Laser	1 ns–1 µs
M	Modengekoppelter Laser	<1 ns

Dauerstrichlaser D, Impulslaser I und gütegeschalteter Laser R sowie modengekoppelter Laser M. Die Betriebsart gibt die Bestrahlungsdauer an: Dauerstrichlaser strahlen mit Dauern über 0,25 s und die gepulsten Laser der anderen Betriebsarten I, R und M strahlen mit einer Impulslänge, die Tab. 11.2 beschrieben ist. Die Abkürzungen D, I, R oder M sind auf der Laserschutzbrille vermerkt.

Beispiel

Folgendes einfaches Beispiel zeigt den Gebrauch von Tab. 11.1 und 11.2 zur Bestimmung einer Schutzbrille. Es liegt ein Laser (Wellenlänge $= 1064$ nm) mit einem Einzelimpuls von 2 ms Dauer vor. Die Bestrahlung an der engsten Stelle des Strahls im Laserbereich wurde zu $H = 220$ J/m^2 ermittelt. Nach Tab. 11.2 wird bei 2 ms die Betriebsart durch I charakterisiert. Aus Tab. 11.1 ergibt sich eine Schutzstufe von LB 5. Spalte 2 zeigt, dass der maximale Transmissionsgrad bei der Laserwellenlänge 10^{-5} beträgt. ◄

Schutzstufen LB N

Die Schutzstufen LB N geben die maximale Durchlässigkeit und nach Tab. 11.1 die maximale Exposition (Bestrahlungsstärke E oder Bestrahlung H) an, mit der die Brille schützt. Sie gilt nur für den auf der Brille angegebenen Wellenlängenbereich. Der Schutz ist nur über 5 s und 50 Impulse garantiert, wobei bei schwachen Expositionen die Standzeit oft größer ist. Die Beständigkeit für mindestens 5 s und 50 Impulse gilt nicht nur für die Filter, sondern auch für das Brillengestell.

Die auf mindestens 5 s genormte Beständigkeit der Laserschutzbrille soll dem Benutzer der Brille ermöglichen, das Auftreffen des Laserstrahls auf der Brille rechtzeitig zu erkennen. Dadurch sollte es ihm gelingen, den Gefahrenbereich zu verlassen. Laserschutzbrillen nach DIN EN 207 [6] schützen daher nicht vor einem längeren Blick in den direkten Laserstrahl, sondern nur vor einer unbeabsichtigten kurzen Bestrahlung, für die sie vom Hersteller ausgelegt wurden. Der direkte Blick in den Laserstrahl ist auch mit Laserschutzbrille unbedingt zu vermeiden.

Die Norm [6] sieht für den Test der Brille durch den Hersteller einen Strahldurchmesser von 1 mm vor. Korrekturfaktoren für die Berechnung der Exposition bei anderen Durchmessern werden im Abschn. 11.1.3 beschrieben.

Ältere Laserschutzbrillen tragen als Symbol für die Schutzstufe z. B. L 5 statt LB 5. In diesem Fall ist der Laserschutz über 10 s und 100 Impulse garantiert.

Diese Brillen schützen ggf. etwas länger – unter leicht anderen Prüfbedingungen – und können daher nach Überprüfung wegen möglicher Alterung benutzt werden.

11.1.3 Schutzstufe für Dauerstrichlaser D

Dauerstrichlaser mit Leistung P
Dauerstrichlaser (Symbol D) strahlen mit Bestrahlungsdauern über 0,25 s (Tab. 11.2). Zur Bestimmung der Schutzstufe nach Tab. 11.1 muss die Bestrahlungsstärke an der engsten Stelle des Laserstrahls im Laserbereich ermittelt werden. Diese ist durch die Laserleistung P und die entsprechende Querschnittsfläche des Laserstrahls A gegeben durch:

$$E = \frac{P}{A} \text{ Dauerstrichlaser} \tag{11.1}$$

wobei A die Fläche nach Kap. 2 darstellt.

Gepulste Laser mit mittlerer Leistung P_m
Für wiederholt gepulste Laser muss die Schutzstufe nach zwei Kriterien ermittelt werden. Eines davon lautet, dass die Schutzbrille der mittleren Leistung P_m standhalten muss, wobei bei regelmäßiger Impulsfolge die mittlere Leistung P_m durch die Impulsenergie Q und die Impulswiederholfrequenz f ermittelt wird. Die mittlere Bestrahlungsstärke beträgt dann nach Kap. 2:

$$E_m = \frac{P_m}{A} \text{ mit } P_m = Q \cdot f \text{ Gepulste Laser} \tag{11.2}$$

Die mittlere Bestrahlungsstärke führt zu einer Darstellung des gepulsten Lasers als Dauerstrichlaser. Das zweite Kriterium zur Bestimmung der Schutzstufe für gepulste Laser wird in Abschn. 11.1.4 beschrieben.

Zur Berechnung der Flächen A in Gl. 11.1 und 11.2 geht man vom Strahlradius r_{63} bzw. dem Strahldurchmesser d_{63} aus (Abschn. 2.4.1). Generell werden im Folgenden immer die 63-%-Werte benutzt. Das gleiche Vorgehen gilt auch für die Betriebsart I.

Korrekturfaktor $F(d)$
Nach der Norm werden die Schutzbrillen von den Herstellern mit einem Strahldurchmesser von 1 mm getestet. Für größere Strahldurchmesser muss ein Korrekturfaktor $F(d)$ bei der Berechnung von E und E_m angebracht werden, sofern die Leistung über 10 W beträgt oder die Bestrahlungsstärke nach Gl. 11.1 und 11.2 größer als 10^5 W/m² ist. Dies liegt daran, dass bei konstanter Bestrahlungsstärke die gesamte Leistung, die auf die Brille wirkt, mit dem Durchmesser steigt. Damit erhöht sich auch die thermische Belastung der Brille. Die Korrektur gilt für Wellenlängen der Strahlung zwischen 315 nm und 1 mm:

$$F(d) = \left(\frac{d}{\text{mm}} \right)^{1,7} \text{ für 1 mm} < d < 15 \text{ mm} \tag{11.3}$$

$$F(d) = 100 \text{ für } d > 15\,\text{mm}. \tag{11.4}$$

Der Exponent in Gl. 11.3 ist ein typischer Mittelwert für verschiedene Materialien der Brille. Ist das Material bekannt, kann in manchen Fällen ein genauerer Exponent verwendet werden.

Die korrigierte Bestrahlungsstärke E' oder E'_{m} erhält man durch Multiplikation der Bestrahlungsstärke mit dem Korrekturfaktor:

$$E' = E \cdot F(d) \text{ und } E'_m = E_m \cdot F(d). \tag{11.5}$$

Mit diesem korrigierten Wert wird die Schutzstufe aus der Spalte D von Tab. 11.1 bei entsprechender Laserwellenlänge entnommen. Zusätzlich zur Schutzstufe wird das Symbol D auf der Brille vermerkt.

Nach Gl. 11.3 und 11.4 entfällt an der Grenze von 10^5 W/m² bei kleineren Bestrahlungsstärken der Korrekturfaktor abrupt, was einer Veränderung um den Faktor 100 und von zwei Schutzstufen entsprechen kann. Bei Bestrahlungsstärken in diesem Bereich muss genau überdacht werden, welche Schutzstufe anzunehmen ist.

11.1.4 Schutzstufe für Impulslaser I und R

Die Betriebsarten Impulslaser I und gütegeschaltete Impulslaser R weisen Impulsdauern oberhalb von 1 ns auf (Tab. 11.2). Zur Bestimmung der Schutzstufe sind zwei Kriterien anzuwenden: die Betrachtung der mittleren Bestrahlungsstärke und die Impulsbetrachtung. Die beiden Kriterien führen zu verschiedenen Schutzstufen mit dem Zusatz D und I, R, die beide von der Schutzbrille erfüllt sein müssen.

Betrachtung der mittleren Bestrahlungsstärke
Die Schutzbrille muss der mittleren Bestrahlungsstärke E_{m} standhalten. Die Ermittlung dieser Größe wurde im Abschn. 11.1.3 erklärt und beruht auf Gl. 11.1 bis 11.5. Mit der so bestimmten mittleren Bestrahlungsstärke kann aus Tab. 11.1 die Schutzstufe abgelesen werden. Auf der Schutzbrille werden die Schutzstufe und das Symbol D vermerkt.

Impulsbetrachtung über 1 ns (I, R)
Die Bestrahlung durch einen einzelnen Laserimpuls berechnet sich aus der Impulsenergie Q und der Querschnittsfläche A an der engsten Stelle des Strahls im Laserbereich, die in der Gefährdungsbeurteilung ermittelt wurde:

$$H = \frac{Q}{A}. \tag{11.6}$$

Für einen einzelnen Impuls kann damit die Schutzstufe aus Tab. 11.1 bei der entsprechenden Wellenlänge und Betriebsart (I, R) entnommen werden. Pulsdauern unterhalb von 1 ns (Betriebsart M) werden in Abschn. 11.1.5 behandelt.

Tab. 11.3 Grenzzeit T_i und Grenzfrequenz ν_i zur Berechnung der Korrekturen für Laserschutzbrillen nach [5] für wiederholt gepulste Laserstrahlung (Zeile 2 (400–1050 nm) gilt auch für Laserjustierbrillen (400–700 nm))

Wellenlänge [nm]	Grenzzeit T_i [s]	Grenzfrequenz ν_i [Hz]	Korrekturfaktor $(\nu_i \cdot 5\mathrm{s})^{1/4}$
400 bis <1050	$18 \cdot 10^{-6}$	$55{,}6 \cdot 10^3$	22,9
1050 bis <1400	$50 \cdot 10^{-6}$	$20 \cdot 10^3$	17,7
1400 bis <2600	10^{-3}	10^3	8,4
2600 bis <10^6	10^{-7}	10^7	84,1

Bei den meisten Anwendungen werden wiederholt gepulste Laser mit der Impulsfolgefrequenz f eingesetzt. In diesem Fall muss in folgenden Fällen eine Korrektur zur Bestrahlung angebracht werden: Wellenlänge oberhalb von 400 nm und Impulsfolgefrequenz f über 1 Hz. Für diese Fälle wird eine wellenlängenabhängige Grenzzeit T_i festgelegt, welche die Korrektur beeinflusst [5] (Auf die anschauliche Bedeutung von T_i soll hier nicht eingegangen werden.) Die Grenzzeit T_i ist mit der sogenannten Grenzfrequenz ν_i verbunden (Tab. 11.3):

$$\nu_i = \frac{1}{T_i} \tag{11.7}$$

Man unterscheidet zwei Fälle, die vom Pulsabstand $t_P = 1/f$ abhängen:
Impulsabstand $t_P > T_i$ und Impulsabstand $t_P \leq T_i$.
Die Grenzzeit T_i und Grenzfrequenz ν_i hängen nach Tab. 11.3 von der Wellenlänge der Strahlung ab.

Impulsabstand t_P größer als T_i (I, R)
Es wird eine regelmäßige Impulsfolge mit der Frequenz f betrachtet. Wenn der Impulsabstand t_P größer als T_i ist, wird die Impulsfolgefrequenz f kleiner als $\nu_i = 1/T_i$. In diesem Fall hängt die Korrektur von der Anzahl N der Impulse während der Zeitdauer von 5 s ab. Es gilt:

$$N = f \cdot 5\,\mathrm{s} \tag{11.8}$$

Die korrigierte Bestrahlung H' lautet:

$$H' = H \cdot N^{1/4} \tag{11.9}$$

Mit der nach Gl. 11.9 korrigierten Bestrahlung H' wird mithilfe von Tab. 11.1 die Schutzstufe ermittelt. Auf der entsprechenden Schutzbrille muss diese Schutzstufe mit dem Symbol I oder R vermerkt sein.

Impulsabstand kleiner oder gleich T_i (I, R)
Wenn der Impulsabstand t_P kleiner als T_i ist, ist die Frequenz ν größer als $\nu_i = 1/T_i$. In der Korrektur wird die Frequenz auf die Grenzfrequenz ν_i begrenzt. Die

Korrektur hängt von der Zahl N' der Impulse während der Zeitdauer von 5 s ab, wobei die Grenzfrequenz v_i angenommen wird. Es gilt

$$N' = v_i \cdot 5\,\text{s} \qquad (11.10)$$

Die korrigierte Bestrahlung H' lautet im 1. Schritt

$$H' = H \cdot N'^{1/4}$$

In der letzten Gleichung ist H die summierte Bestrahlung der Einzelimpulse während der Dauer T_i [5]. Die Zahl der Einzelimpulse innerhalb T_i ist gegeben durch f/v_i. Dies führt zu einer weiteren Korrektur im 2. Schritt

$$H' = \frac{f}{v_i} H \cdot N'^{1/4} \qquad (11.11)$$

In dieser Gleichung ist H' die Bestrahlung des Einzelimpulses nach Gl. 11.6. Der Faktor $N'^{1/4}$ ist für verschiedene Wellenlängen in Tab. 11.3 dargestellt, sodass er nicht berechnet werden muss.

Mit diesem Wert H' wird mithilfe von Tab. 11.1 die Schutzstufe ermittelt. Auf der Schutzbrille muss die Betriebsart I und R vermerkt werden.

Beispiele

Es soll die Impulsbetrachtung für eine Schutzbrille im sichtbaren Bereich für die Betriebsart I und R für einen Laser mit der Impulsfolgefrequenz von $f = 100$ kHz durchgeführt werden.

Lösung: Die Frequenz f ist größer als v_i. Nach Tab. 11.3 und Gl. 11.10 gilt:

$$H' = \frac{f}{v_i} H N'^{1/4} = \frac{100\,\text{kHz}}{55,6\,\text{kHz}} 22,9 \quad H = 41,2 H.$$

Der Faktor 22,9 kann aus Tab. 11.3 oder Gl. 11.10 ermittelt werden. Mit diesem korrigierten Wert kann in Tab. 11.1 die Schutzstufe abgelesen werden.

Es soll die gleiche Betrachtung für die Impulsfolgefrequenz von $f = 1$ kHz durchgeführt werden.

Lösung: Diese Frequenz ist kleiner als die Grenzfrequenz v_i (Tab. 11.3). Damit gelten Gl. 11.6 und 11.8 und man erhält: $H' = H \cdot N^{1/4} = H \cdot (f \cdot 5\text{s})^{1/4} = H \cdot (1000 \cdot 5)^{1/4} = H \cdot 8,4.$ ◄

Unregelmäßige Impulsfolgen

Betriebsart D: Zunächst wird die Schutzstufe für die mittlere Leistung für die Betriebsart D bestimmt (Abschn. 11.1.3).

Betriebsart I *und* R: Dann wird im ersten Schritt die Zahl der Impulse innerhalb von 5 s bestimmt, wobei die maximale Impulsfolgefrequenz in der Impulsfolge berücksichtigt wird, wie in Abschn. 11.1.5 beschrieben. Im zweiten Schritt wird die Bestrahlung für den Einzelimpuls mit der höchsten Energie ermittelt. Danach wird die korrigierte Bestrahlung H' nach Gl. 11.9 oder Gl. 11.11 berechnet. Mit diesen Werten wird aus Tab. 11.1 die Schutzstufe ermittelt.

Betriebsart M: Anders als in den Betriebsarten I und R wird bei der Betriebsart M der Einzelpuls mit der höchsten Pulsspitzenleistung berücksichtigt.

11.1.5 Schutzstufe für Impulslaser M

Die Betriebsart modengekoppelte Laser M weist Impulsdauern unterhalb von 1 ns auf (Tab. 11.2). Zur Bestimmung der Schutzstufe sind zwei Kriterien anzuwenden: die Betrachtung der mittleren Bestrahlungsstärke und die Impulsbetrachtung.

Betrachtung der mittleren Bestrahlungsstärke
Diese Betrachtung verläuft so, wie es unter Abschn. 11.1.4 für die Betriebsarten I und R beschrieben wurde. Dieses Kriterium führt zu einer Schutzstufe bezüglich der Betriebsart D, obwohl es sich um einen gepulsten Laser handelt. Die Impulsbetrachtung, die anschließend beschrieben wird, ergibt eine Schutzstufe bezüglich der Betriebsart M. Beide so ermittelten Schutzstufen müssen auf der Brille vermerkt sein.

Impulsbetrachtung 315–1400 nm
Ausgehend von der Impulsenergie wird in diesem Wellenlängenbereich die Bestrahlung H bzw. $H´$ ermittelt, wie in Abschn. 11.1.4 beschrieben. Die Schutzstufe wird mithilfe von Tab. 11.1 Spalte M ermittelt, indem die Bestrahlung in die Bestrahlungsstärke über die Pulsdauer umgerechnet wird.

Impulsbetrachtung unter 315 und über 1400 nm
Für die Schutzstufe entscheidend ist in diesen Bereichen die Bestrahlungsstärke E eines einzelnen Laserimpulses. Diese wird aus der Impulsspitzenleistung P_P und der Strahlfläche A_{63} ermittelt:

$$E = \frac{P_P}{A}.$$

(11.12)

Die erforderliche Schutzstufe wird mithilfe von Tab. 11.1 Spalte M ermittelt.

11.1.6 Schutzstufen für Laserjustierbrillen

Laserjustierbrillen können beim Justieren sichtbarer Laserstrahlen mit Wellenlängen zwischen 400 nm und 700 nm benutzt werden. Sie dienen dazu, den Laserstrahl durch diffuse Reflexion beobachten zu können, beispielweise an einem Stück Papier (Abb. 11.3).

Dauerstrichlaser
Laserjustierbrillen reduzieren die Leistung von Dauerstrichlasern auf Werte unterhalb von 1 mW, was dem Expositionsgrenzwert von Lasern der Klasse 2 entspricht. Dabei wird der direkte Laserstrahl berücksichtigt. Beim zufälligen Blick

in diesen Strahl bietet die Brille einen Schutz nur über eine Zeitdauer bis 0,25 s. Trifft direkte Laserstrahlung durch die Brille aufs Auge, muss man sich durch eine bewusste Abwehrreaktion schützen. Dies bedeutet, dass man sofort die Augen schließt und sich abwendet. Man kann sich nicht auf den Lidschlussreflex verlassen, der nur bei wenigen Personen wirkt und keine verlässliche Reaktion darstellt. Mit Laserjustierbrillen darf man auf keinen Fall in den direkten Laserstrahl blicken, sondern nur über einen Diffusor.

Laserjustierbrillen für Dauerstrichlaser gibt es nur bis zu einer Leistung von 100 W. Ausgehend von der Leistung der Laserstrahlung bestimmt man die Schutzstufen der Laserjustierbrillen mithilfe von Tab. 11.4. Die angegebene Laserleistung bezieht sich auf einen Strahldurchmesser von maximal 7 mm. Ist der Durchmesser größer, so kann nur die Leistung berücksichtigt werden, die durch eine Messblende von 7 mm fallen würde.

Ein erhöhter Schutz kann dadurch erreicht werden, dass die Schutzstufe nach Tab. 11.4 so gewählt wird, dass die Sicherheit vor dem direkten Laserstrahl bis zu einer Beobachtungszeit von 2 s gewährleistet ist. Dieses Vorgehen sollte immer dann angewendet werden, wenn der direkte Laserstrahl ins Auge treffen kann. Auch hier muss man sich durch die aktive Abwehrreaktion schützen.

Laserjustierbrillen tragen das Symbol RB N, wobei N = 1 bis 5 die Schutznummer angibt. Ähnlich wie bei den Laserschutzbrillen gibt N den Exponenten der Schwächung mit 10^N an. Beispielsweise schwächt eine Brille RB 3 die Strahlung um den Faktor $10^3 = 1000$ ab.

Die in Tab. 11.4 angegebene Leistung bezieht sich auf einen Laserstrahl mit einem Durchmesser von maximal 7 mm. Ist der Strahldurchmesser größer, kann bei der Auswahl der Schutzbrille der Anteil der Leistung berücksichtigt werden, der durch eine Blende mit 7 mm Durchmesser fällt.

Tab. 11.4 ist für Wellenlänge zwischen 400 und 700 nm gültig. Dieser Wellenlängenbereich dient im Laserschutz zur Definition der sichtbaren Strahlung. Liegt die Wellenlänge des Lasers bis zu 780 nm, kann eine Laserschutzbrille in Betracht kommen. Es ist eine Zeitbasis von 10 s anzuwenden und die Berechnung wird kompliziert.

Tab. 11.4 Bestimmung der Schutzstufe von Laserjustierbrillen für Dauerstrichlaser und Impulslaser bei Wellenlängen 400–700 nm

Schutzstufe	Max. Leistung Zeitbasis 0,25 s	Max. Leistung Zeitbasis 2 s	Max. Energie Zeitbasis 0,25 s	Max. Energie Zeitbasis 2 s	Max. spektr. Transmission
RB 1	10 mW	6 mW	2 µJ	1,2 µJ	10^{-1}
RB 2	100 mW	60 mW	20 µJ	12 µJ	10^{-2}
RB 3	1 W	0,6 W	0,2 mJ	0,12 mJ	10^{-3}
RB 4	10 W	6 W	2 mJ	1,2 mJ	10^{-4}
RB 5	100 W	60 W	20 mJ	12 mJ	10^{-5}

Beispiel

Für einen Dauerstrichlaser mit 5 mm Durchmesser und einer Leistung von 800 mW soll eine Laserjustierbrille bestimmt werden. Da der Laserstrahl fest in eine Richtung strahlt und länger in die diffuse Strahlung geblickt wird, soll eine sichere Bestrahlungsdauer von bis zu 2 s gewählt werden. Man erhält aus Tab. 11.4 die Schutzstufe RB 4. ◄

Gepulste Laser
Einzelimpulse und langsame Impulsfolgen (unter 0,1 Hz): Die Laserjustierbrille reduziert die Impulsenergie auf kleiner als 0,2 μJ (Laserklasse 2, Zeitbasis 0,25 s) bzw. 0,12 μJ (Zeitbasis 2 s) (Tab. 11.4). Ist der Strahldurchmesser größer als 7 mm, kann bei der Auswahl der Schutzbrille der Anteil der Energie berücksichtigt werden, der durch eine Blende mit diesem Durchmesser fällt. Ausgehend von der Impulsenergie bestimmt man die Schutzstufe mit Tab. 11.4. Diese Tabelle gilt für einzelne Laserimpulse und langsame Impulsfolgen mit Impulsdauern zwischen 10^{-9} und $2 \cdot 10^{-4}$ s bei Frequenzen unterhalb von 0,1 Hz.
Schnelle Impulsfolgen über 0,1 Hz: Für Impulsfolgen mit Frequenzen über 0,1 Hz müssen Korrekturen angebracht werden, wie sie für Laserschutzbrillen beschrieben wurden.
Unregelmäßige Impulsfolgen: Bei der Bestimmung von Laserjustierbrillen für unregelmäßige Impulsfolgen wird analog zur Auswahl von Laserschutzbrillen vorgegangen.

11.1.7 Modellauswahl von Laserbrillen

Eigenschaften
Für die Auswahl der Laserschutzbrille oder -Justierbrille sind einige technische Informationen notwendig:

- Wellenlänge des Lasers: Die Wellenlänge oder der Wellenlängenbereich wird als Zahl angegeben, wobei die Einheit nm gemeint ist, z. B. 532 bedeutet 532 nm. Insbesondere Laser mit ultrakurzen Impulsen (ps (Picosekunden) und fs (Femtosekunden)) zeigen eine große Bandbreite bis zu 100 nm und mehr.
- Betriebsart des Lasers: In Tab. 11.3 sind die Betriebsarten D, I, R oder M beschrieben.
- Schutzstufe: Die Schutzstufe wird in der Regel vom Lieferant der Schutzbrille berechnet, entsprechend den technischen Daten des Lasergerätes. Beispiele sind LB 5 oder LB 7, zulässig sind auch ältere Brillen mit L 5 oder L 7.

Wenn verschiedene Laserschutzbrillen oder -Justierbrillen den technischen Anforderungen genügen und mit ausreichender Schutzwirkung zur Verfügung stehen, sollen folgende allgemeine Punkte für die Auswahl beachtet werden [8]:

- Tageslichttransmission (VLT): Die Schutzbrille soll das Tageslicht mög-lichst wenig schwächen. Ein Beispiel ist folgende Bezeichnung auf der Brille: VLT = 75 % (VLT steht für *visual light transmission*). Das bedeutet, dass 75 % des Tageslichtes durch die Brille durchgelassen wird. Liegt die Tageslichttrans-mission unter 20 % (VLT = 20 %), ist eine zusätzliche Beleuchtung erforder-lich.
- Farbverfälschungen: Hauptsächlich im Sichtbaren, aber auch bei anderen Wellenlängen, führt die Filterwirkung eine Verfälschung der Farben hervor. Es sollten Brillen ausgewählt werden, die eine möglichst geringe Farbverfälschung hervorrufen. Dies ist wichtig bei der Erkennung von Warnsignalen oder Farb-codes, beispielsweise an Medikamenten.
- Schutz vor Beschlag durch Wasserdampf: Die Brillen sollten mit einer Beschichtung versehen sein, die das Beschlagen reduziert.
- Großes Gesichtsfeld: Die Sicht sollte möglichst wenig eingeschränkt sein.
- Berücksichtigung einer normalen Brille: Brillenträger sollten ein Modell aus-wählen, das gut über ihre Brille passt. Manche Fassungen ermöglichen einen speziellen Einsatz mit eigenen Brillengläsern.
- Tragekomfort: Die Brille soll bequem sein, damit sie im Laserbereich auch immer getragen wird.

Beispiele für Brillen
Je nach Art der Gefährdung und den Anforderungen an das Sichtfeld können verschiedene Brillenformen ausgewählt werden (Abb. 11.4, 11.5, 11.6, 11.7 und 11.8). Falls möglich, sollten leichte Gestelle zum Einsatz kommen, damit die Brille auch von den Anwendern akzeptiert und benutzt wird. Ein Beispiel ist die Anwendung von Schutzbrillen für die Polizei, wenn Polizisten mit der Bestrahlung durch illegale „Laserpointer" bedroht werden (Abb. 11.4). In diesem Fall können auch Laserjustierbrillen zum Einsatz kommen. Problematisch dabei ist, dass die üblichen Laserbrillen nicht für alle Wellenlängen im Sichtbaren gleichzeitig schützen.

Abb. 11.4 Beispiel einer Laserschutzbrille in einer leichten Ausführung. (Mit freundlicher Genehmigung der Firma Laservision GmbH & Co. KG)

Abb. 11.5 Beispiel einer Laserschutzbrille in einer leichten Ausführung. (Mit Genehmigung der Firma Laser 2000)

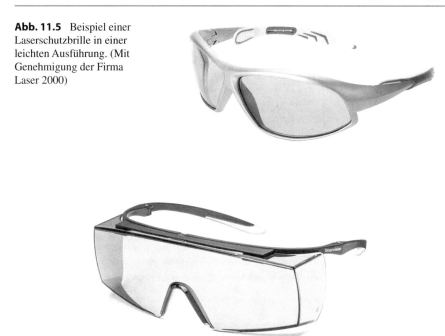

Abb. 11.6 Beispiel einer Laserschutzbrille in einer leichten Ausführung mit Rundumschutz. Die Bügel können in der Neigung verstellt werden. Diese Brille ist nicht für Bereiche zwischen 475 nm und 780 nm zugelassen. Sie schützt mit unterschiedlichen Schutzstufen und Betriebsarten in Bereichen des Blauen, UV und IR. Die Laserschutzbrille kann über der eigenen Brille getragen werden. (Mit freundlicher Genehmigung der Firma LASERVISION GmbH & Co. KG)

Abb. 11.7 Brille mit kleiner Fassung mit hohen Schutzstufen mit einer innenliegenden Armierung aus Metall. Brillenträger haben die Möglichkeit, einen Korrektionseinsatz mit eigenen Gläsern einzuklipsen. Die Bügel haben verschiedene Einstellmöglichkeiten. Beispiel für eine Korbbrille mit verstärktem Schutz. (Mit freundlicher Genehmigung der Firma Laservision GmbH & Co. KG)

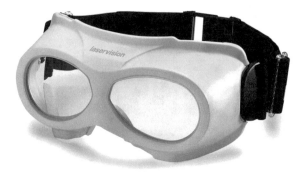

Abb. 11.8 Korbbrille als Alternative zur Brille in der letzten Abbildung. Sie ist ebenfalls für höchste Schutzstufen vorgesehen und hat ebene Filter. Durch das breite Kopfband ist sie auch für längeren Gebrauch geeignet. Lüftungsöffnungen reduzieren das Beschlagen der Filter. Bei erhöhter Luftfeuchte kann ein Antifog-Einsatz eingebaut werden, bestehend aus einer mit Nanopartikeln beschichteten Kunststoffscheibe, welche Feuchtigkeit absorbiert. Die Brille eignet sich gut für Besuchergruppen. (Mit freundlicher Genehmigung der Firma Laservision GmbH & Co. KG)

Besonders wichtig ist die Auswahl der Form der Laserschutzbrille bei Brillenträgern. Es gibt Laserschutzbrillen, die über einer persönlichen Brille getragen werden können (Abb. 11.6, 11.8). Bei manchen Ausführungsformen ist eine zusätzliche Fassung in die Laserschutzbrille eingearbeitet, in die ein Optiker persönliche Brillengläser einsetzen kann (Abb. 11.8).

Bei Lasern hoher Leistung müssen in der Regel geschlossene Fassungen eingesetzt werden, die durch eine innenliegende Armierung aus Metall für hohe Schutzstufen zugelassen sind (Abb. 11.7, 11.8). Die Fassung einer Laserschutzbrille muss den Bedingungen entsprechen, die durch die Schutzstufe der Filter gegeben sind.

Die Laserschutzbrille gehört zur persönlichen Schutzausrüstung und ist daher für eine bestimmte Person bestimmt. Diese Bedingung ist nicht immer zu erfüllen, z. B. bei Besuchern oder Studentengruppen oder mehreren Anwendern einer Laseranlage. Für Besuchergruppen eignet sich beispielsweise eine Brille, die über eine normale Brille getragen werden kann und die dicht abschließt (Abb. 11.7).

Beim Einsatz in der Medizin können manche Laserschutzbrillen mit Lupenbrillen kombiniert werden. Dabei sind sowohl die Lupenbrille als auch die Laserschutzbrille mit den Filtern mit der entsprechenden Schutzstufe versehen (Abb. 11.9). Bei der Ermittlung der Schutzstufe muss berücksichtigt werden, dass die Lupenbrille die Bestrahlungsstärke oder Bestrahlung durch Bündelung des Strahlquerschnitts vergrößert.

Beim Einsatz der Laserstrahlung im Bereich des Gesichtes können die Augen des Patienten mit einer Patienten- oder Augapfelbrille aus Metall geschützt werden (Abb. 11.10). In vielen Fällen ist es für die Patienten angenehmer, eine Laserschutzbrille zu tragen, damit sie ihre Umgebung weiter beobachten können (Abb. 11.11). Jede Person im Laserbereich muss immer eine Laserschutzbrille

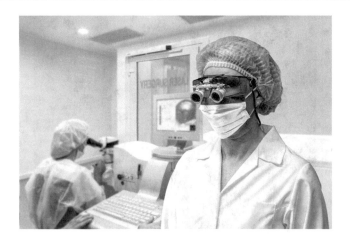

Abb. 11.9 Beispiel für eine binokulare Lupenbrille, die mit verschiedenen Laserschutzfiltern kombinierbar ist. Die Lupenbrille kann mit Hilfe eines Adapters auf eine Laserschutzbrille aufgesetzt werden. Sowohl die Lupenbrille und auch die Laserschutzbrille erhalten die entsprechenden Laserschutzfilter. Die Lupenbrille hat beispielsweise eine 2,5-fache Vergrößerung bei Arbeitsabständen von 350 mm, 450 mm oder 520 mm. (Mit freundlicher Genehmigung der Firma Laservision GmbH & Co. KG)

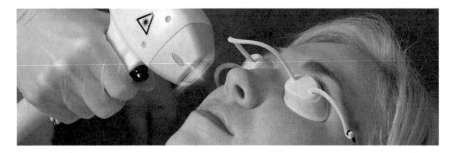

Abb. 11.10 Beispiel für eine Patienten- bzw. Augapfelbrille aus Metall. Sie dient zum Schutz insbesondere bei Anwendungen im Gesichtsbereich. Sie wird durch ein Halteband gesichert. (Mit freundlicher Genehmigung der Firma Laservision GmbH & Co. KG)

tragen. Ein Beispiel aus einer Zahnarztpraxis zeigt Abb. 11.11, wobei die Laserstrahlung über eine optische Faser geführt wird. Bei der tierärztlichen Anwendung von Laserstrahlung muss auch das Auge des Tieres geschützt werden (Abb. 11.12).

Aus hygienischen Gründen muss die Laserbrille vor der Anwendung gereinigt werden. Daher sollte eine entsprechende Reinigungsstation vorgesehen werden, insbesondere wenn die Brille von mehreren Benutzern getragen wird (Abb. 11.13). Bei der Reinigung oder Desinfektion muss behutsam vorgegangen werden (siehe Abschnitt Pflege von Laserschutzbrillen).

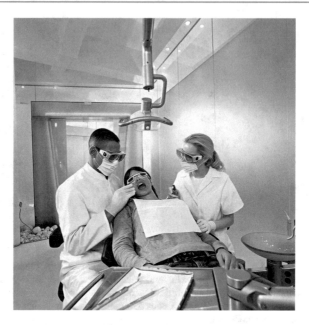

Abb. 11.11 Beispiel für Laserschutzbrillen für den Lasereinsatz über eine handgeführte optische Faser bei der Zahnarztbehandlung. Arzt/Ärztin, Assistent/Assistentin und Patient/ Patientin tragen Laserschutzbrillen. Der unbefugte Zugang zum Laserbereich ist gesichert und in der Gefährdungsbeurteilung beschrieben. (Mit freundlicher Genehmigung der Firma Laservision GmbH & Co. KG)

Absorptionsfilter

Meist bestehen die Filter aus Kunststoff, in die Pigmente oder Farbstoffe ein- gelagert sind. Etwas teurer sind Filter aus Glas. Die absorbierte Energie der Laser- strahlung wird in Wärme umgewandelt, welche die Filter beschädigen können. Für hohe Schutzstufen sind Filter aus Glas besser geeignet.

Bei Anwendung im ultravioletten und infraroten Bereich können die Filter weitgehend transparent wirken. Beim Einsatz für sichtbare Laserstrahlung wird ein Teil des Spektrums durch das Filter geschwächt, was durch die Tageslicht- durchlässigkeit (VLT) beschrieben wird. Die Farben werden dadurch verfälscht.

Beim Arbeiten im Freien können sehr hohe Temperaturunterschiede auftreten, beispielsweise von $-30\,°C$ bis $+40\,°C$. Dadurch könnten sich die Absorptions- kanten der Filter im Bereich von 10 nm verschieben, was zu Veränderung der Transmission führen kann. Die Filterkurven der Schutzfilter könnten Hinweise geben, ob eine derartige Gefährdung besteht.

Abb. 11.12 Beispiel für eine spezielle Laserschutzbrille für Hunde bei einer tierärztlichen Behandlung oder den Rettungseinsatz bei Veranstaltungen mit illegalen „Laserpointern". (Mit freundlicher Genehmigung der Firma Laservision GmbH & Co. KG)

Reflexionsfilter

Bei diesen Filtern wird auf Glas oder Kunststoff eine dielektrische Verspiegelung angebracht, die Laserstrahlung zu fast 100 % reflektiert. Da nur ein sehr enger Wellenlängenbereich reflektiert wird, treten beim Blicken durch die Brille nur geringe Farbverfälschungen auf. Sie sind für hohe Leistungen geeignet. Kleine Kratzer machen die Brille unbrauchbar, sodass die Brille sehr vorsichtig behandelt werden muss. Die Filter sind in der Regel eben und man muss beachten, dass die Funktion auf einen engen Winkelbereich (beispielsweise +/− 30°) beschränkt ist. Auf jeden Fall werden dadurch Schäden auf dem gelben Fleck (Makula) und dessen Umgebung vermieden.

Reflexionsbrillen können bevorzugt bei hohen Bestrahlungsstärken eingesetzt werden und in Fällen, in denen die Farbverfälschung zu Unfällen führen kann. Allerdings muss geprüft werden, ob durch die Reflexion des Laserstrahls möglicherweise der Laserbereich vergrößert werden könnte.

Pflege der Laserschutzbrillen

Die Pflege muss wie bei allen optischen Komponenten sehr behutsam erfolgen. Die Brillen dürfen nicht mit den Filterflächen nach unten abgelegt werden, da diese sonst zerkratzt werden könnten. Sie dürfen nicht trocken abgerieben werden, sondern nur mit speziellen Brillentüchern und nur mit geeigneten und vom

Abb. 11.13   Reinigungsstation. (Mit Genehmigung der Firma Infield Safety GmbH)

Hersteller der Brille empfohlenen Reinigungsmitteln behandelt werden. Die Filter sind vor Säuren, Laugen, reaktiven Gasen, Chemikalien, agressiven Flüssigkeiten, Feuchtigkeit und Wärme zu schützen. Es sind die speziellen Pflegehinweise der Brillenhersteller zu beachten, insbesondere bei Sterilisierung und Desinfektion. Filter aus Kunststoff sind in der Regel wesentlich empfindlicher als aus Glas. Eine Reinigungsstation für Laserschutzbrillen zeigt Abb. 11.13.

Prüfung vor dem Aufsetzen
Vor jeder Benutzung muss der Anwender die Brille auf Beschädigungen prüfen und sich überzeugen, dass es sich wirklich um die richtige Schutzbrille handelt. Das Wichtigste dabei ist das Überprüfen der Wellenlänge. Befinden sich mehrere Laser in der Nähe besteht die Gefahr eine Verwechselung. Die Beschriftung auf den Laserbrillen ist sehr klein und oft umfangreich, sodass man nicht sofort erkennt, ob die Laserwellenlänge in die angegebenen Bereiche fällt. Es empfiehlt

sich daher, die Brillen noch zusätzlich mit deutlich lesbaren Angaben zu versehen, z. B. mit dem Hinweis „Neodymlaser" oder „CO_2-Laser" oder noch allgemeiner mit der Angabe der speziellen Anwendung.

Haltbarkeit von Laserschutzbrillen
Informationen über die Haltbarkeit entnimmt man der Betriebsanleitung des Brillenherstellers. Wenn keine Herstellerangaben vorhanden sind, empfehlen die Berufsgenossenschaften, die Brille nach 10 Jahren vom Hersteller überprüfen zu lassen oder zu ersetzen. Falls man Schäden oder Verfärbungen erkennt, muss die Brille ausgetauscht oder sofort vom Hersteller überprüft werden.

Durch die PSA-Verordnung von 2016 [2] ist die Zertifizierung nach der alten PSA-Richtlinie seit 2018 nicht mehr möglich. Die alten Zertifikate gelten nur noch bis 2023. Zur Benutzung der „alten" Schutzbrillen werden in der neuen PSA-Verordnung keine Aussagen gemacht. Seit 2018 spätestens werden alle Schutzbrillen nach der neuen PSA-Verordnung zertifiziert. Dabei ist die Angabe eines Herstellerdatums vorgesehen. Dieses ist auch in der Gefährdungsbeurteilung anzugeben.

11.1.8 Kennzeichnung von Laserschutzbrillen und Laserjustierbrillen

Auf der Laserschutzbrille und der Laserjustierbrille befindet sich eine Kennzeichnung, welche die Eigenschaften und die Einsatzbereiche beschreibt (Abb. 11.14). Dabei bilden das Gestell und das Filter eine Einheit und die Kennzeichen gelten für beide Bauteile.

Laserschutzbrille
Auf dem Filter (oder dem Gestell) sind verschiedene Informationen codiert angegeben (Abb. 11.14):

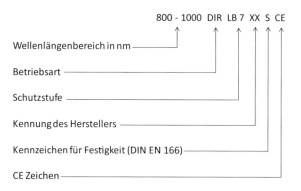

Abb. 11.14 Erklärung der Symbole auf einer Laserschutzbrille. *800 – 1000* Bereich der Wellenlänge in nm, *DIR* Betriebsarten nach Tab. 11.2, *LB* Laserschutzbrille aktueller Norm, *7* Schutzstufe 7

800 - 1000 DIR LB 7 XX S CE

Wellenlängenbereich in nm ————

Betriebsart ————

Schutzstufe ————

Kennung des Herstellers ————

Kennzeichen für Festigkeit (DIN EN 166) ————

CE Zeichen ————

- Wellenlänge: Meist werden ein oder mehrere Wellenlängenbereiche angegeben, in denen die Laserschutzbrille eingesetzt werden kann, z. B. 980–1020 nm, wobei die Einheit nm nicht geschrieben wird. Es kann auch eine einzelne Wellenlänge vorkommen, z. B. 532.
- Betriebsarten: Nach der Angabe der Wellenlänge folgt die Angabe einer Betriebsart oder mehrerer Betriebsarten (Tab. 11.2) mit den Symbolen D, I, R, M.
- Schutzstufe: Es folgt die Schutzstufe, die in der Regel vom Lieferanten der Schutzbrille aus den technischen Angaben des Lasergerätes ermittelt wird, z. B. LB 6 (oder L6 nach älterer Norm). Brillen älterer Norm können auch verwendet werden.
- Kennbuchstaben des Herstellers: Die Hersteller können ihre Brillen mit Kennbuchstaben versehen.
- Mechanische Festigkeit: Die mechanische Festigkeit wird nach DIN EN 166 gekennzeichnet.
- CE-Zeichen: Die gesetzlichen Vorschriften fordern bei der Einführung des Produktes eine einmalige Baumusterprüfung, die zur Vergebung des CE-Zeichens führt. Es sind weitere freiwillige Prüfungen möglich, z. B. DIN TÜV-GS-Prüfung oder BG GS-Prüfung.
- Optische Dichte: Die alleinige Angabe der optischen Dichte ist für den europäischen Markt nicht ausreichend. Angaben, die mit dem Zeichen OD, verbunden sind, z. B. OD 5, können in der Regel ignoriert werden. Die optische Dichte gibt die Schwächung der Laserstrahlung durch die Schutzbrille an, ohne dass Aussagen über die Leistungsdichte gemacht werden, die die Brille aushält. Beispielsweise bedeutet OD 5, dass die Schwächung 10^5 beträgt. Die Bezeichnung OD 5+ bedeutet eine Schwächung von über 10^5.

Beispiel 1

Abb. 11.15a zeigt ein Beispiel für die Kennzeichnung von Laserschutzbrillen. Die erste Zeile lautet:

$$315-532 \text{ D LB } 5 + \text{ IR LB } 6 \quad 800-839 \text{ DIR LB } 3 :$$

Im Bereich zwischen 315 nm und 532 nm ist für die Betriebsart D die Schutzstufe LB 5 und für die Betriebsarten I und R ist die Schutzstufe LB 6.

800 nm–839 nm DIR LB 3: Für 800–839 nm ist für die Betriebsarten D, I und R die Schutzstufe LB 3

Die zweite und dritte Zeile lautet:

$$840-864 \text{ DIR LB } 4 \quad 865-1063 \text{ DIR LB } 5 \quad 1064 \text{ D LB } 5 + \text{ IR LB } 7$$

Im Bereich 840–864 nm ist für die Betriebsarten D, I und R die Schutzstufe LB 4.

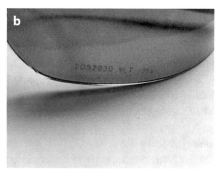

Abb. 11.15 Beispiele für die Beschriftungen von Laserbrillen. **a** Beschriftung einer Laserschutzbrille, **b** einer Laserjustierbrille und **c** Angabe der Tageslichtdurchlässigkeit VLT (Visual
Light Transmission)

> *Im Bereich 865–1063 nm ist für die Betriebsarten D, I und R die Schutzstufe*
> *LB 5.*
> *Für 1064 nm ist für die Betriebsart D die Schutzstufe LB 5 und für die*
> *Betriebsarten I und R ist die Schutzstufe LB 7.* ◄

Beispiel 2
Manche Hersteller geben als Zusatzinformation die Optische Dichte OD an. Diese
Angabe ist für den amerikanischen Markt wichtig. In Europa kann diese Angabe
ignoriert werden, aber sie gibt für den Spezialisten interessante zusätzliche
Information.

Auf einer Laserschutzbrille stehen folgende Angaben:

$$185 - 315 \text{ D LB } 10 + \text{ IR LB } 4 + \text{ M LB } 6 \,(\text{OD } 10+) :$$

Im Bereich von 185–315 nm ist für die Betriebsart D die Schutzstufe LB 10. Für
die Betriebsarten I und R ist die Schutzstufe LB 4 und für die Betriebsart M ist die
Schutzstufe LB 6. (Die optische Dichte beträgt über 10.)
Oder:

$$10600 \text{ DI LB } 4 + \text{R LB } 3 \text{ (OD } 8 +)$$

Bei 10.600 nm (CO_2-Laser) ist für die Betriebsarten D und I die Schutzstufe LB 4. Für die Betriebsart R ist die Schutzstufe LB 3. (Die optische Dichte beträgt über 8. Diese Brille verursacht eine Abschwächung der Bestrahlungsstärke um den Faktor 10^8. Da sie aber bei höheren Bestrahlungsstärken zerstört wird, ist sie nur für die angegebenen Schutzstufen zugelassen.)

Laserjustierbrille
Bei der Kennzeichnung von Laserjustierbrillen wird zunächst die maximale Laserleistung bzw. die Impulsenergie nach Tab. 11.4 angegeben, dann die Wellenlänge, die Schutzstufe mit dem Symbol RB und weitere Herstellerangaben, wie in Abb. 11.15c und 11.16 dargestellt.

Beispiel

Auf der Justierbrille von Abb. 11.15c steht:

$$0,01 \text{ W } 2\text{x}10^{-6}\text{J } 630 - \ < 643 + \ > 663 - 670 \text{ RB } 1 \text{ GPT S CE}$$

Die Justierbrille ist für Leistung bis zu 0,01 W und Impulsenergie bis zu 1 µJ zugelassen. Die zulässigen Wellenlängen liegen von 630 nm bis unterhalb 643 nm und oberhalb von 663 nm bis 670 nm. Die Schutzstufe ist RB 1, wobei RB für Justierbrille nach aktueller Norm steht. Handelt es sich um eine Zertifizierung nach alter Norm steht R statt RB, was auch noch zulässig ist. ◄

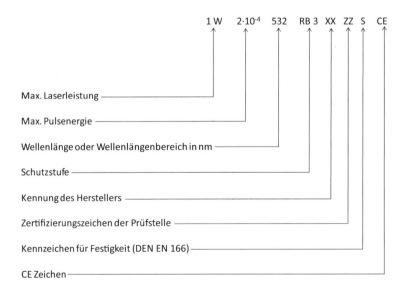

Abb. 11.16 Erklärung der Symbole auf einer Laserjustierbrille

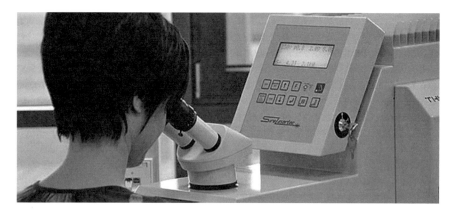

Abb. 11.17 Beispiel für ein Gerät mit einem eingebauten Laserschutzfilter. (Mit freundlicher Genehmigung der Firma Siro-Lasertec GmbH)

Laserschutzfilter

Laserschutzfilter zum Einbau in Lasergeräte werden wie Laserschutzbrillen gekennzeichnet. Beispiele für den Einsatz von Laserschutzfiltern in Geräten sind Lupenbrillen mit Filter (Abb. 11.9) und Mikroskope mit Filter (Abb. 11.17). Auch in Teleskopen und Messgeräten können Laserschutzfilter integriert werden. Bei der Berechnung der Schutzstufe durch eine Fachkraft des Herstellers muss berücksichtigt werden, dass sich in vielen optischen Geräten der Strahlquerschnitt verkleinert, sodass sich die Bestrahlungsstärke erhöht. Damit erhöht sich auch die Schutzstufe der entsprechenden Filter, es sei denn das Filter ist direkt vor dem Objektiv des Gerätes.

11.2 Schutzkleidung

Laserstrahlung kann nicht nur die Augen, sondern auch die Haut schädigen. Wellenlänge und Bestrahlungszeit bestimmen dabei Ort und Art der Schädigung. So kann Laserstrahlung im nahen infraroten Bereich relativ tief in das Gewebe eindringen und dort auch unterhalb der Haut einen Schaden verursachen. Im Gegensatz zu Schäden an der Netzhaut sind Schäden in der Haut oft reversibel und finden daher – jedoch zu Unrecht – meist wesentlich weniger Beachtung. Nach der OStrV und der DGUV Vorschrift 11 müssen bei der Möglichkeit des Überschreitens der Haut-Expositionsgrenzwerte Maßnahmen getroffen werden, sodass der Hautschutz gewährleistet wird. Oft wird eine Gefährdung bei der Lasermaterialbearbeitung durch eine vollständige Einhausung der Arbeitszone ausgeschlossen. Bei vielen Anwendungen ist dies jedoch nicht möglich.

Eine besondere Gefährdung besteht z. B. beim Einsatz von handgeführten Lasersystemen, welche beim Schweißen und Schneiden z. B. in der Dentaltechnik und der Schmuckindustrie, aber auch bei der Reinigung von Oberflächen Einsatz finden. Um die Gefährdung zu mindern, können bei verschiedenen Herstellern Arbeitsschutzprodukte wie Schutzhandschuhe oder Schutzkleidung erworben werden, die allerdings oft noch nicht als Laserschutzprodukte angeboten werden, da es derzeit noch keine Norm für Laserschutzbekleidung gibt. Inzwischen liegt eine Untersuchung im Auftrag der Bundesanstalt für Arbeitsschutz und Arbeitsmedizin mit dem Titel Qualifizierung von persönlicher Schutzausrüstung für handgeführte Laser zur Materialbearbeitung Projekt F 2117 vor, welche vom Laser Zentrum Hannover und dem Sächsischen Textilforschungsinstitut durchgeführt wurde. Während des Projekts wurden verschiedene Textilien auf ihre Standhaftigkeit gegenüber Laserstrahlung getestet und daraus ein Prüfgrundsatz für Laserschutzkleidung entwickelt. Dabei kamen sowohl passive als auch aktive Materialen mit Sensoren zum Einsatz. Seit November 2017 existiert die DIN Spec 91250, Schutzhandschuhe gegen Laserstrahlung, welche als Grundlage für die Zertifizierung durch die entsprechenden Prüf- und Zertifizierungsstellen angewendet werden kann.

11.2.1 Schutzhandschuhe

Die am häufigsten zum Einsatz kommende Schutzkleidung sind sicherlich Schutzhandschuhe (Abb. 11.18), welche direkt auf der Haut getragen werden. Man kann sich leicht vorstellen, dass es keine Materialien gibt, die den bei der Lasermaterialbearbeitung eingesetzten hohen Leistungen über längere Zeit standhalten können. Von Schutzhandschuhen wird daher gefordert, dass sie einen minimalen Schutz vor der Laserstrahlung bieten und das Material so beschaffen sein muss, dass es keine Einbrennungen des Materials in die Haut gibt. Die Schutzwirkung wird dadurch gewährleistet, dass ein Teil der Energie an die Haut weitergeleitet wird, was zu einem Schmerz führt und der Träger die Möglichkeit hat, die Hand

Abb. 11.18 Arbeiten mit Laserschutzhandschuhen mit einem handgeführten Lasergerät. (Mit freundlicher Genehmigung der Firma Jutec GmbH)

rechtzeitig vor einem größeren Schaden aus der Gefahrenzone zu entfernen, wobei jedoch Verbrennungen 2. oder höheren Grades verhindert werden sollen [11, 12].

11.2.2 Laserschutzkleidung

Inzwischen wird auf dem Markt einzelne zertifizierte Laserschutzoberbekleidung (Abb. 11.19, 11.20 und 11.21) für den Wellenlängenbereich 800–1100 nm angeboten, die in Anlehnung an die Prüfnorm Spec 91250 getestet wurde. Wie bei den Handschuhen ist auch diese so ausgelegt, dass nach Bestrahlung durch einen Laser ein Teil der Energie die Haut erreicht und dadurch die betroffene Person genügend Zeit hat, sich aus dem Gefahrenbereich herauszubewegen. Im Rahmen eines von der EU gefördertes Forschungsvorhaben FP7-NMP (Nr. 229165) wurden passive und aktive textile Schutzsysteme entwickelt.

Die äußere Lage der Schutzkleidung streut die einfallende Laserstrahlung zu einem großen Teil diffus zurück, wobei der Absorptionsgrad gleichzeitig sehr gering und der Transmissionsgrad vernachlässigbar ist (Abb. 11.22).

Die mittlere Lage absorbiert die verbleibende, von der äußeren Lage transmittierte Laserstrahlung und verteilt gleichzeitig die deponierte Energie in der textilen Ebene, um das Absorptionsvolumen zu vergrößern.

Die innere Lage hat optimale thermophysikalische Eigenschaften, um die Wärmeleitung zu minimieren. Dabei wird ein geringer Anteil der thermischen

Abb. 11.19 Beispiel einer Laserschutzhose. (Mit freundlicher Genehmigung der Firma Jutec GmbH)

Abb. 11.20 Beispiel einer
Laserschutzjacke. (Mit
freundlicher Genehmigung
der Firma Jutec GmbH)

Abb. 11.21 Beispiel
für Gesichtsschutz. (Mit
freundlicher Genehmigung
der Firma Jutec GmbH)

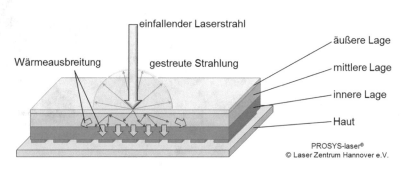

Abb. 11.22 Wirkungsweise von Laserschutzkleidung. (PROSYS-laser®, von der EU
gefördertes Forschungsvorhaben im Rahmen des FP7-NMP (Nr. 229165), © Laser Zentrum
Hannover e. V., Christian Hennigs)

Energie an die Haut weitergeleitet, sodass der Träger der PSA in der Lage ist, sich aus dem Laserstrahl zu bewegen.

Bei den aktiven Systemen wird zusätzlich ein elektrischer oder optischer Sensor in das Material eingebracht. Durch diese Methoden wird das Auftreffen von Laserstrahlung auf die Schutzkleidung früher bemerkt als bei passiven Systemen.

11.2.3 Hautschutz gegen UV-Strahlung

In Laserbereichen, wo es zu einer Exposition von Augen und Haut durch UV-Strahlung kommen kann, muss für ausreichenden Schutz vor dieser Strahlung gesorgt werden. Die UV-Strahlung kann direkt als Laserstrahlung vorliegen oder als indirekte Strahlung, z. B. beim Schweißen, entstehen. Für den Handschutz eignen sich „UV-undurchlässige" Schutzhandschuhe, für den Gesichtsschutz Visiere und im Einzelfall zusätzlich UV-Schutzmittel „(Sonnencreme für Schweißen)" mit UV-Schutz, welche als PSA zugelassen sind.

11.3 Übungen

11.3.1 Aufgaben

Im Folgenden geben die geometrischen Daten des Laserstrahls wie Strahldurchmesser oder Strahlfläche die Werte d_{63} und A_{63} an, wobei die Indizes weggelassen werden.

Aufgabe 1
a. Unter welchen Umständen muss im Laserbereich eine Schutzbrille getragen werden?
b. Wer muss im Laserbereich eine Schutzbrille tragen?

Aufgabe 2
Unter welchen Umständen ist der Gebrauch eine Laserjustierbrille sinnvoll?

Aufgabe 3
Ab welcher Laserklasse müssen Laserschutzbrillen eingesetzt werden?

Aufgabe 4
Bis zu welcher Bestrahlungszeit ist die Funktion von Laserschutzbrillen garantiert?

Aufgabe 5
Gibt es spezielle Fakten für Laserschutzabschirmungen für den temporären Einsatz?

Aufgabe 6

Welchen Schutz bieten Schutzhandschuhe und Schutzkleidung?

Aufgabe 7

Was muss bei Strahldurchmesser über 1 mm beachtet werden, wenn man eine Laserschutzbrille bestimmen will?

Aufgabe 8

Ein kontinuierlicher roter Laserstrahl (660 nm) hat eine Leistung von $P = 350$ mW und eine Strahlfläche von $A = 0{,}7$ cm^2.

a. Berechnen Sie die Leistungsdichte E.
b. Bestimmen Sie die Schutzstufe für eine Laserschutzbrille.
c. Welche Bezeichnung steht auf der Schutzbrille?
d. Welche Bezeichnung muss auf einer Laserjustierbrille stehen, wenn diese für 2 s ausgelegt wurde?
e. Welcher Augenschaden ist ohne Schutzbrille zu erwarten: Kein Schaden? Leichter Schaden? Schwerer Schaden bis zur Erblindung?

Aufgabe 9

a. Berechnen Sie die Schutzstufe einer Schutzbrille für einen kontinuierlich strahlenden Laser mit der Wellenlänge $\lambda = 980$ nm, der Leistung $P = 3{,}5$ W und dem Strahldurchmesser $d = 5{,}2$ mm.
b. Welche Bezeichnungen müssen auf der Schutzbrille stehen?
c. Wählen Sie eine Justierbrille für den Laser?

Aufgabe 10

a. Berechnen Sie die Daten einer Laserschutzbrille für Polizisten, die sich gegen einen illegalen Laserpointer (grün 532 nm) mit $d = 1$ mm und einer Leistung von 300 mW schützen wollen.
b. Können Sie für diesen Fall auch eine Laserjustierbrille wählen?

Aufgabe 11

Berechnen Sie die Daten einer Laserschutzbrille für einen Titan-Saphir-Laser mit folgenden Eigenschaften: Wellenlänge $\lambda = 700$ nm, Impulsenergie $Q = 4{,}9 \cdot 10^{-7}$ J, Strahlradius $r = 0{,}5$ mm, Impulsbreite $t = 100$ fs $= 100 \cdot 10^{-15}$ s, Impulsfolgefrequenz $f = 76$ MHz.

Aufgabe 12

Es soll eine Laserjustierbrille für einen kontinuierlichen Laser mit 70 W bei einer Wellenlänge von 532 nm bestimmt werden. Was steht auf der Brille?

Aufgabe 13
Es ist eine Laserschutzbrille für einen Laserstrahl mit folgenden Daten zu bestimmen [5]: Wellenlänge 905 nm, Impulsenergie 4 mJ, Impulsfolgefrequenz $f = 25$ kHz, Impulsdauer 10 µs, Strahlradius 2,6 mm.

Aufgabe 14
Man berechnen mit den Daten von Aufgabe 13, allerdings mit einer Impulsfolgefrequenz von $f = 250$ kHz.

Aufgabe 15
Berechnen Sie die AB-Schutzstufe einer temporären Laser-Schutzabschirmung zum Einsatz bei Wartungsarbeiten an einem kontinuierlichem Laserstrahl mit einer Wellenlänge von 800 nm mit einer mittleren Leistung

a. von 200 W und
b. von 70 W bei einem Strahldurchmesser von 10 mm.

11.3.2 Lösungen

Aufgabe 1
a. Laserbereich bedeutet, dass die Expositionsgrenzwerte überschritten werden können, sodass ein Augenschaden auftreten kann. Also muss dort immer eine Schutzbrille getragen werden.
b. Jeder im Laserbereich muss eine Schutzbrille tragen.

Aufgabe 2
Eine Laserjustierbrille kann bei Justierarbeiten im sichtbaren Bereich zwischen 400 nm und 700 nm eingesetzt werden. Justierbrillen gibt es bis zu einer maximalen Leistung von 100 W und einer maximalen Impulsenergie von 20 mJ. Diese Brillen reduzieren den Laserstrahl auf die Werte von Laserklasse 2. Der Laserstrahl kann über eine diffuse Fläche (z. B. Papier) beobachtet werden. Ein Blick in den direkten Laserstrahl ist nicht zulässig, da der Schutz nur bis zu 0,25 s gewährleistet ist.

Aufgabe 3
Laserschutzbrillen müssen ab Laserklasse 3B eingesetzt werden. Empfohlen werden sie aber auch für die Klassen 3R, 1M und 2M, da unter gewissen Bedingungen die Expositionsgrenzwerte überschritten werden können.

Aufgabe 4
Die Garantie für die Funktion ist für mindesten 5 s und 50 Impulse gegeben. Für schwache Laser ist die Standzeit sicherlich größer.

Aufgabe 5

Laserschutzabschirmungen für den vorübergehenden Gebrauch, z. B. bei der Wartung, gibt es im Sinne der Normen nur bis 100 W und für Energie für Einzelimpulse bis zu 30 J. Sie werden durch die AB-Schutzstufen klassifiziert. Für Einhausungen und feste Abschirmungen gibt es keine Beschränkung und andere Regeln.

Aufgabe 6

Es gibt keine Schutzhandschuhe oder Schutzkleidung, die hohe Laserleistung über längere Zeit aushalten. Das Prinzip des Schutzes beruht darauf, dass der Benutzer nach kurzer Zeit (Sekunden) merkt, dass eine Bestrahlung vorliegt. Er hat damit die Gelegenheit sich sofort aus dem Laserstrahl zu entfernen.

Aufgabe 7

Man muss die Bestrahlungsstärke mit 10^5 W/m^2 vergleichen. Liegt der Wert darüber, muss der Korrekturfaktor $F(d)$ berechnet werden, mit dem die Bestrahlungsstärke multipliziert wird. Der Korrekturfaktor beträgt 100 für $d > 15$ mm und 1 für $d < 1$ mm.

Aufgabe 8

a. Bestrahlungsstärke $=$ Leistungsdichte:

$$E = \frac{P}{A} = \frac{0{,}35}{0{,}7 \cdot 10^{-4}} \frac{\text{W}}{\text{m}^2} = 5000 \frac{\text{W}}{\text{m}^2}.$$

Dieser Wert liegt unter 10^5 W/m^2 und ein Korrekturfaktor $F(d)$ braucht nicht berücksichtigt zu werden.

b. Schutzstufe für Laserschutzbrille (Tab. 11.1) ist LB 3.

c. Bezeichnung auf der Brille: z. B. 640–680 D LB3 X S CE (X = Zeichen des Herstellers, S = Symbol für mechanische Festigkeit).

d. Bezeichnung auf einer Laserjustierbrille (Tab. 11.4): z. B. 1 W 2·10^{-4} J 640–680 RB3 X S CE (X = Zeichen des Herstellers, S = Symbol für mechanische Festigkeit).

e. Schwerer Schaden bis zur Erblindung.

Aufgabe 9

a. Bestrahlungsstärke:

$$E = \frac{P}{A} = \frac{P \cdot 4}{d^2 \pi} = \frac{3{,}5 \cdot 4}{5{,}2^2 10^{-6} \pi} \frac{\text{W}}{\text{m}^2} = 1{,}65 \cdot 10^5 \frac{\text{W}}{\text{m}^2}$$

Dieser Wert liegt über 10^5 W/m^2 und es muss ein Korrekturfaktor $F(d)$ berücksichtigt werden.

Korrekturfaktor: $F(d) = 5{,}2^{1{,}7} = 16{,}5$.

Korrigierte Bestrahlungsstärke:

$$E' = E \cdot F(d) = 2{,}72 \cdot 10^6 \frac{\text{W}}{\text{m}^2}$$

Schutzstufe aus Tab. 11.1: LB6.

b. Bezeichnung: z. B. 940–1070 D LB6 X S CE (X = Zeichen des Herstellers, S = Symbol für mechanische Festigkeit).
c. Außerhalb des sichtbaren Spektralbereichs gibt keine Justierbrille.

Aufgabe 10

a. Bestrahlungsstärke:

$$E = \frac{P}{A} = \frac{0{,}3}{0{,}25\pi 10^{-6}} \frac{\text{W}}{\text{m}^2} = 3{,}8 \cdot 10^5 \frac{\text{W}}{\text{m}^2}.$$

Dieser Wert liegt über 10^5 W/m^2 und es muss im Prinzip ein Korrekturfaktor $F(d)$ berücksichtigt werden, der allerdings bei einem Strahldurchmesser von 1 mm auch $F(1 \text{ mm}) = 1$ ist.
Schutzstufe: LB5.
Bezeichnung auf der Brille: z. B. D 480–540 LB5 X S CE (X = Zeichen des Herstellers, S = Symbol für mechanische Festigkeit).

b. Bezeichnung auf Justierbrille: z. B. 1 W 480–540 RB3 X S CE (X = Zeichen des Herstellers, S = Symbol für mechanische Festigkeit).
Es ist möglich, eine Laserjustierbrille zu verwenden. Sie schützt aber unterhalb von 600 mW nur für 2 s (Tab. 11.4).

Aufgabe 11

Betrachtung der mittleren Leistung: Die mittlere Bestrahlungsstärke E_m berechnet sich aus

$$E_\text{m} = \frac{P_\text{m}}{A} \text{ mit } P_\text{m} = Q \cdot f.$$

Mit $A = 7{,}8 \cdot 10^{-5}$m^2 für $r = 0{,}5$ mm und den Daten des Lasers erhält man:

$$E_m = \frac{Q \cdot f}{A} = 4{,}8 \cdot 10^5 \text{ Wm}^{-2}.$$

Aus Tab. 11.1 entnimmt man: D LB 5.
Impulsbetrachtung: Man erhält für den Einzelimpuls

$$H = \frac{Q}{A} = 6{,}28 \cdot 10^{-3} \text{ Jm}^{-2}.$$

Die Impulsfolgefrequenz ist mit $f = 76$ MHz größer als die Grenzfrequenz von $v_i = 55,56$ kHz aus Tab. 11.3. Man rechnet mit $v_i = 55,56$ kHz weiter:

$$N' = v_i \cdot 5s = 55,56 \cdot 10^3 \frac{1}{s} \cdot 5s = 227.800$$

Nach Gl. 11.11 erhält man

$$H' = \frac{f}{vi} H N^{1/4} = \frac{76 \cdot 10^6}{55,56 \cdot 10^3} 6,28 \cdot 10^{-3} \cdot 22,96 \, \mathrm{Jm}^{-2} = 197 \, \mathrm{Jm}^{-2}$$

In der Betriebsart M geht man mit der Bestrahlung des Einzelimpulses in Tab. 11.1 und entnimmt man: M LB 7.

Auf der Laserschutzbrille steht z. B.: 600–800 D LB 5+M LB 7 X S CE (X = Zeichen des Herstellers, S = Symbol für mechanische Festigkeit).

Aufgabe 12

Nach Tab. 11.4 erhält man die Schutzstufe RB 5 und es ergibt sich beispielsweise die Bezeichnung (Abb. 11.16):

1 W 2 · 10^{-2} J 500–600 RB5 X S CE (X = Zeichen des Herstellers, S = Symbol für mechanische Festigkeit).

Aufgabe 13

Bestimmung der Bestrahlung durch einen Einzelimpuls H:

$$H = \frac{Q}{A} = 188,68 \frac{\mathrm{J}}{\mathrm{m}^2} \text{ mit } A = \pi r^2 = 2,12 \, 10^{-5} \mathrm{m}^2.$$

Korrigierter Wert H' für Impulsfolge:

Die Impulsfolgefrequenz ist kleiner als die Grenzfrequenz von 55,56 kHz aus Tab. 11.3 und daher entfällt die Korrektur nach dieser Tabelle. Man rechnet mit $f = 25$ kHz weiter:

$$H' = H N^{1/4} \text{ mit } N = f \cdot 5s = 125.000.$$

Es folgt $H' = 188,68 \frac{\mathrm{J}}{\mathrm{m}^2} \cdot 18,8 = 3547,17 \frac{\mathrm{J}}{\mathrm{m}^2}$.

Mit Tab. 11.1 erhält man: Betriebsart I Schutzsstufe LB 6.

Bestrahlungsstärke E durch mittlere Leistung P_m:

$$E = \frac{P_\mathrm{m}}{A} \text{ mit } P_\mathrm{m} = Qf = 1000\mathrm{W}. \text{ Man erhält } E = 4,72 \cdot 10^6 \frac{\mathrm{W}}{\mathrm{m}^2}.$$

Da die mittlere Leistung über 10 W beträgt, muss der Korrekturfaktor $F(d_{63})$ berücksichtigt werden.

$$F(d_{63}) = (d_{63}/\mathrm{mm})^{1,7} \text{für } 1 \, \mathrm{mm} \le d_{63} \le 15 \, \mathrm{mm}$$

$$F(5,2 \, \mathrm{mm}) = (5,2 \, \mathrm{mm/mm})^{1,7} = 16,5$$

Man erhält den korrigierten Wert

$$E' = 16,5 \cdot E = 7,79 \cdot 10^7 \frac{\mathrm{W}}{\mathrm{m}^2}.$$

Man liest aus Tab. 11.1 Folgendes: Betriebsart D Schutzstufe LB 7.

Auf der Schutzbrille muss beispielsweise stehen:

900–1000 D LB7+I LB 6 X S CE (X=Zeichen des Herstellers, S=Symbol für mechanische Festigkeit).

Aufgabe 14

Bestimmung der Bestrahlung durch einen Einzelimpuls H:

$$H = \frac{Q}{A} = 188{,}68 \, \frac{\text{J}}{\text{m}^2} \ \text{mit} \ A = \pi r^2 = 2{,}12 \cdot 10^{-5} \text{m}^2.$$

Bestimmung des korrigerten Werts H' für Impulsfolge:

Die Impulsfolgefrequenz $f = 250$ kHz ist größer als die Grenzfrequenz von $v_i = 55{,}56$ kHz aus Tab. 11.3 und daher rechnet man zunächst mit 55,56 kHz weiter und korrigiert mit $\frac{f}{v_i}$ (Gl. 11.11):

$H' = HN^{1/4}\frac{f}{v_i}$ mit $N = vf_i \cdot 5\text{s} = 277.800$. Es folgt

$$H' = 188{,}68 \cdot 22{,}96 \tfrac{250}{55{,}56} = 1{,}95 \cdot 10^4 \tfrac{\text{J}}{\text{m}^2}$$

Mit Tab. 11.1 erhält man: Betriebsart I Schutzstufe LB 7.

Bestrahlungsstärke E durch mittlere Leistung P_m:

$$E = \frac{P_m}{A} \ \text{mit} \ P_m = Qf = 1000\text{W}. \ \text{Man erhält} \ E = 7{,}2 \cdot 10^7 \frac{\text{W}}{\text{m}^2}.$$

Da die mittlere Leistung über 10 W beträgt, muss der Korrekturfaktor $F(d_{63})$ berücksichtigt werden.

$$F(d_{63}) = (d_{63}/\text{mm})^{1,7} \text{für } 1 \text{ mm} \le d_{63} \le 15 \text{ mm}$$

$$F(5{,}2 \text{ mm}) = (5{,}2 \text{ mm/mm})^{1,7} = 16{,}5$$

berücksichtigt werden. Man erhält den korrigierten Wert

$E' = 16{,}5E = 7{,}79 \cdot 10^8 \frac{\text{W}}{\text{m}^2}$.

Man liest aus Tab. 11.1 Folgendes: Betriebsart D Schutzstufe LB 8.

Auf der Schutzbrille muss beispielsweise stehen:

900–1000 D LB 8+I LB 7 X S CE (X=Zeichen des Herstellers, S=Symbol für mechanische Festigkeit)

Aufgabe 15

Temporäre Laser-Schutzabschirmung mit AB-Schutzstufen sind nur bis 100 W (und 1000 Impulsen) bis zu einer Bestrahlungsdauer von 100 s zugelassen.

a. Für 200 W gibt es keine AB-Schutzstufe.

b. Die Leistungsdichte beträgt:

$$E = \frac{P}{A} \ \text{mit} \ A = \frac{\pi d^2}{4} = \frac{\pi 10^{-4}}{4}\text{m}^2 = 0{,}79 \cdot 10^{-4}\text{m}^2.$$

Es folgt: $E = 8{,}9 \cdot 10^5 \, \text{W/m}^2$.

Dieser Wert E muss mit dem Faktor $F(d) = \left(\frac{d}{mm}\right)^{1,7} = 50{,}1$ multipliziert werden:

$E' = EF(d) = 4{,}5 \cdot 10^7 \; \text{W/m}^2$. Mit dieser korrigierten Bestrahlungsstärk E' entnimmt man aus Tab. 11.1 für die Wellenlänge von 800 nm und einer Bestrahlungsdauer über $5 \cdot 10^{-3}$s: Die Schutzstufe AB beträgt AB 7.

Literatur

1. ProdSV: Achte Verordnung zum Produktsicherheitsgesetz (Verordnung über die Bereitstellung von persönlichen Schutzausrüstungen auf dem Markt) in der Fassung der Bekanntmachung vom 20. Februar 1997 (BGBl. I S. 316), die zuletzt durch Artikel 16 des Gesetzes vom 8. November 2011 (BGBl. I S. 2178) geändert worden ist. https://www.ce-richtlinien.eu/alles/richtlinien/Allgemeine_Produktsicherheit/Gesetze/8_ProdSV_PSA.pdf. Zugegriffen: 7. Sept. 2019
2. PSA-Verordnung: Verordnung (EU) 2016/425 des Europäischen Parlaments und des Rates vom 9. März 2016 über persönliche Schutzausrüstungen und zur Aufhebung der Richtlinie 89/686/EWG des Rates. https://eur-lex.europa.eu/legal-content/DE/ALL/?uri=CELEX%3A3 2016R0425. Zugegriffen 7. Sept. 2019
3. Verordnung zum Schutz der Beschäftigten vor Gefährdungen durch künstliche optische Strahlung (Arbeitsschutzverordnung zur künstlicher optischer Strahlung-OStrV) (zuletzt geändert 2017). https://www.gesetze-im-internet.de/ostrv/BJNR096010010.htm
4. Technische Regeln optische Strahlung TROS Laserstrahlung, Bundesministerium für Arbeit und Soziales, Gemeinsames Ministerialblatt (ISSN 0939-4729), Nr. 50–53, S. 961–1048 (2018)
5. DGUV Informationen 203–042 Auswahl und Benutzung von Laserschutzbrillen, Laserjustierbrillen und Schutzabschirmungen, BG ETEM, 2018
6. DIN EN 207:2017-05: Persönlicher Augenschutz – Filter und Augenschutzgeräte gegen Laserstrahlung (Laserschutzbrillen). Beuth-Verlag, Berlin (2017)
7. DIN EN 208:2010-04: Persönlicher Augenschutz – Augenschutzgeräte für Justierarbeiten an Lasern und Laseraufbauten. Beuth-Verlag, Berlin (2010)
8. DGUV Regel S. 112–992. Benutzung von Augen- und Gesichtsschutz (2002)
9. DIN EN 12254:2012-04: Abschirmungen an Laserarbeitsplätzen – Sicherheitstechnische Anforderungen und Prüfung. Beuth-Verlag, Berlin (2012)
10. DIN EN 60825-4:2011-12; VDE 0837-4:2011-12: Sicherheit von Lasereinrichtungen – Teil 4: Laserschutzwände (IEC 60825-4:2006 + A1:2008 + A2:2011). Beuth-Verlag, Berlin (2011)
11. Fröhlich, T., Laservision GmbH & Co. KG, Laserschutzhandschuhe nach neuem Prüfgrundsatz. www.dguv.de/medien/ifa/de/vera/2009/laserstrahlung/05_froehlich.pdf. Zugegriffen: 4. Okt. 2016
12. Meier, O., Püster, Th., Beier, H., Wenze, D.: Qualifizierung von persönlicher Schutzausrüstung für handgeführte Laser zur Materialbearbeitung. http://www.baua.de/de/Publikationen/Fachbeitraege/F2117.pdf;jsessionid=2AADFD8EB615AB70578FEE9BF70D4CB6.1_cid333?__blob=publicationFile&v=8. Zugegriffen: 4. Okt. 2013

Unterweisung

12

Inhaltsverzeichnis

Die Unterweisung ist eine Fürsorgepflicht des Arbeitgebers und damit ein wesentlicher Teil des Arbeitsschutzes. Sie hat das Ziel, den Beschäftigten aufzeigen, wie sie sich bei der Arbeit sicherheitsbewusst zu verhalten haben und ist mehr, als eine reine Wissensvermittlung. Sie dient der Information ebenso wie der Motivation und dem Austausch der Erfahrungen am Arbeitsplatz. Die Beschäftigten sollen dazu motiviert bzw. davon überzeugt werden, die in der Gefährdungsbeurteilung festgelegten Schutzmaßnahmen zu verstehen, zu akzeptieren und anzuwenden (Abb. 12.1). Dazu gehört auch, dass die Person, die unterweist, selbst vom Arbeitsschutz überzeugt ist. Damit die Unterweisung von den Beschäftigten als ein wichtiger Teil ihrer Arbeit verstanden wird, sollte sie sehr gut vorbereitet werden.

Die Unterweisung besteht aus zwei Teilen.

1. Die Vorgesetzten erteilen eine Anweisung/Weisung zum sicherheitsgerechten Verhalten.
2. Es erfolgt die Vermittlung des Wissens über die Gefährdung und die zu treffenden Schutzmaßnahmen.

© Springer-Verlag GmbH Deutschland, ein Teil von Springer Nature 2020
C. Schneeweiss et al., *Leitfaden für Fachkundige im Laserschutz,*
https://doi.org/10.1007/978-3-662-61242-2_12

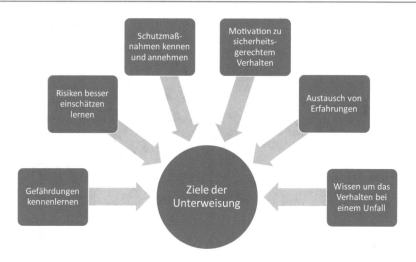

Abb. 12.1 Ziele der Unterweisung

Rechtliche Grundlagen zur Unterweisungspflicht findet man u.a. in folgenden Dokumenten:

- Arbeitsschutzgesetz § 12
- Mutterschutzgesetz § 14
- Jugendarbeitsschutzgesetz § 29
- OStrV § 8
- Betriebssicherheitsverordnung § 12
- Gefahrstoffverordnung § 14
- Unfallverhütungsvorschrift DGUV Vorschrift 1 „Grundsätze der Prävention" § 4

12.1 Wer unterweist?

Verantwortlich für die Unterweisung ist der Arbeitgeber. Diese Pflicht kann nach § 13 Abs. 2 Arbeitsschutzgesetz auf fachkundige und zuverlässige Personen übertragen werden. Dies können z.b. Vorgesetzte wie Abteilungsleiter, Gruppenleiter, Meister oder Vorarbeiter, welche ausreichend Fachkenntnisse besitzen und mit den Arbeitsabläufen vertraut sind, sein. Da in der Unterweisung eine Weisung erteilt wird, darf nur eine Person mit entsprechender Weisungsbefugnis diese Funktion ausüben. Oftmals haben Vorgesetzte keine ausreichenden Fachkenntnisse im Bereich der Lasertechnik. Ist also beispielsweise der Vorgesetzte in einer Laserinstandsetzungsabteilung keine Laserschutzfachkraft, also fachfremd, so darf er keine fachlichen Anweisungen geben. In diesem Fall können dann z. B.

interne oder externe Fachkräfte, wie z.b. die Fachkraft für Arbeitssicherheit und Fachkundige, entsprechende Schulungsmaßnahmen zum sicheren Verhalten am Arbeitsplatz durchführen.

Es ist sinnvoll, die Fachkraft für Arbeitssicherheit und eventuell den Arbeitsmediziner in den Prozess der Unterweisung mit einzubeziehen. Die Laserschutzbeauftragten stehen den Unterweisenden während der Unterweisung beratend zur Seite. Laserschutzbeauftragte, die die Unterweisung in eigener Regie durchführen, sollten Weisungsbefugnis besitzen, da sie nur dann reglementierend eingreifen können.

12.2 Wer muss unterwiesen werden?

Es ist darauf zu achten, dass nur die Beschäftigten unterwiesen werden, die die Gefährdung durch Laserstrahlung betrifft. Zunächst muss der Adressatenkreis möglichst entsprechend der Gefährdung und den Schutzmaßnahmen in nicht zu große Gruppen und entsprechend des Vorwissens eingeteilt werden. Folgende Personen müssen unterwiesen werden:

- Alle Personen, die in Laserbereichen tätig sind oder sich dort zu anderen Zwecken aufhalten.
- Im Fall einer Arbeitnehmerüberlassung liegt nach § 12 des ArbSchG die Pflicht der Unterweisung beim Entleiher.
- Betriebsfremde Personen, die sich im Laserbereich für bestimmte Tätigkeiten, wie z. B. Reinigungsarbeiten, aufhalten.
- Besucher in Begleitung von geschulten Personen müssen nur eine kurze Unterweisung über das Verhalten im Laserbereich und die Beachtung der Schutzmaßnahmen wie z. B. das Tragen von Laserschutzbrillen erhalten.

12.3 Wann muss unterwiesen werden?

Erstunterweisung
Grundsätzlich gilt, dass alle Beschäftigten **vor** dem ersten Einsatz am Arbeitsplatz unterwiesen werden müssen.

Wiederholungsunterweisung
Es gibt Anlässe wie z.B.

- die Neueinstellung von Beschäftigten,
- das Beschäftigen von Leiharbeitnehmern,
- das Bereitstellen neuer Arbeitsmittel,
- die Einführung neuer Arbeitsabläufe,
- neue Rechtsgrundlagen,
- nach einem Beinaheunfall oder Unfall,

• das festgestellte Fehlverhalten von Beschäftigten,

die eine erneute Unterweisung erfordern.

Jährliche Unterweisung
Da das in der Unterweisung gelernte Wissen oft wieder in Vergessenheit gerät und manchmal auch der Routine zum Opfer fällt, ist die Unterweisung mindestens einmal jährlich zu wiederholen, bei Jugendlichen nach JArbSchG sogar jedes halbe Jahr.

12.4 Was muss unterwiesen werden?

Grundlage der Unterweisung ist die Gefährdungsbeurteilung des Arbeitsplatzes. Da die Unterweisung in der Regel arbeitsplatz- oder personenbezogen stattzufinden hat, gibt es hierfür keine Patentlösung. Prinzipiell sollte sich die Unterweisung an den Gegebenheiten des Arbeitsplatzes, am Ausmaß der Gefährdung und an der Erfahrung der zu unterweisenden Personen orientieren. Ist die Gefährdung durch die Laserquelle als gering einzustufen, wie z. B. bei Lasern der Klasse 1, so kann die Unterweisung kurzgehalten werden. Handelt es sich um eine Laserquelle mit hohem Gefährdungspotenzial, wie es z. B. bei Lasern der Klasse 4 vorliegt, muss die Unterweisung ausführlicher sein und durch eventuelle Trainingsmaßnahmen am Arbeitsplatz ergänzt werden. Die Erfahrung zeigt jedoch: Weniger ist meistens mehr. Wird die Unterweisung zu ausführlich, besteht die Gefahr, dass die Aufmerksamkeit der Zuhörenden darunter leidet. Auch kann es sinnvoll sein, umfangreiche Unterweisungsinhalte auf mehrere kurze Unterweisungstermine zu verteilen. Die Mindestinhalte der Unterweisung nach § 8 der OstrV sind:

• die mit der Tätigkeit verbundenen Gefährdungen,
• die durchgeführten Maßnahmen zur Beseitigung oder zur Minimierung der Gefährdung unter Berücksichtigung der Arbeitsplatzbedingungen,
• die Expositionsgrenzwerte und ihre Bedeutung,
• die Ergebnisse der Expositionsermittlung zusammen mit der Erläuterung ihrer Bedeutung und der Bewertung der damit verbundenen möglichen Gefährdungen und gesundheitlichen Folgen,
• die Beschreibung sicherer Arbeitsverfahren zur Minimierung der Gefährdung aufgrund der Exposition durch künstliche optische Strahlung,
• die sachgerechte Verwendung der persönlichen Schutzausrüstung.

Daneben kann es notwendig sein, weitere arbeitsplatzspezifische Themen, wie z. B. bestimmte Verhaltensweisen im Laserbereich, das Verhalten nach einem Unfall und spezielle Gefährdungen von speziellen Personengruppen zu bearbeiten.
    Es ist empfehlenswert, die Unterweisung als Teil der Wirksamkeitskontrolle der getroffenen Schutzmaßnahmen zu nutzen. Wurde bei Arbeitsplatzbegehungen

festgestellt, dass gegen Anweisungen zum sicheren Arbeiten verstoßen wurde, ist sie ein guter Anlass, dieses Thema mit den Beschäftigten zu diskutieren. Oftmals stellt sich heraus, dass angeordnete Schutzmaßnahmen unbequem sind oder die Arbeitsabläufe behindern. Die Unterweisung kann in einem solchen Fall dazu genutzt werden, gemeinsam mit den Beschäftigten akzeptable Schutzmaßnahmen zu erarbeiten.

12.5 Wie muss unterwiesen werden?

Nach der OStrV muss die Unterweisung in einer für die Beschäftigten verständlichen Form und Sprache erfolgen. Zu einer guten Vorbereitung gehört die Auswahl geeigneter Lehrmaterialien, wie z.B. Vorschriften, Beispiele zur Kennzeichnung des Laserbereichs, Videos (Filmsequenzen), Broschüren der DGUV, Demomaterial (Laser-Schutzbrillen, Laser-Justierbrillen, Stellwände, Messgeräte, Laser-Kennzeichen, Handbücher, medizinisches Equipment), ggf. Laser-Normen und die TROS Laserstrahlung. Die Form kann z.B. ein Vortrag, eine Diskussion oder eine Demonstration mit Übungen, wie z. B. das Tragen und Aufziehen der neuen Laserschutzbrille und deren sichere Reinigung, sein. Bereits in der Vorbereitung der Unterweisung sollte die Überlegung angestellt werden, welche Unterweisungsform auf die zu Unterweisenden zugeschnitten sein könnte. Es eignen sich Vorträge und Gesprächsrunden. Wichtig ist, dass die Beschäftigten mit ihren Vorschlägen und Einwänden ernst genommen werden. Schutzkonzepte, die gemeinsam erarbeitet wurden, weisen in der Regel ein hohes Maß an Akzeptanz auf.

Prinzipiell ist auch eine Unterweisung mit elektronischen Medien möglich. Es ist aber sicherzustellen, dass die Inhalte auf den Arbeitsplatz zugeschnitten sind, verstanden und kontrolliert wurden. Dies kann in einer mündlichen Rücksprache oder durch einen Test gewährleistet werden. Bei der Unterweisung von nicht deutschsprechenden oder gehörlosen Beschäftigten, muss ein Dolmetscher hinzugezogen werden. Eine Unterweisung im Selbststudium ist nicht zulässig!

Die Unterweisung muss während der Arbeitszeit stattfinden. Ort und Zeit werden so gewählt, dass die Aufmerksamkeit der Zuhörenden optimal ist. So wird es sicherlich nicht günstig sein, eine Unterweisung direkt nach der Mittagspause anzusetzen oder kurz vor den Feierabend zu legen. Die Unterweisungsdauer sollte 30 min nicht übersteigen. Kann dies nicht eingehalten werden, sollten Pausen eingeplant werden. Voraussetzung für eine gute Unterweisung ist eine positive und entspannte Stimmung. Dies führt zu mehr Aufmerksamkeit, kann das Lernen fördern und Ablehnung verhindern [1]. Es ist sehr sinnvoll, die Beschäftigten in die Unterweisung mit einzubinden, da diese den Arbeitsplatz sehr gut kennen und Gefährdungen identifizieren können. Selbst mitentwickelte Schutzmaßnahmen fördern die Motivation, diese auch umzusetzen. Am Ende der Unterweisung sollten alle Beteiligten wissen, wie sie sich in ihrem eigenen Interesse richtig verhalten müssen und dass sie es auch wollen und können.

12.6   Pflichten der Versicherten

Nach der DGUV V1 (Grundsätze der Prävention) sind die Versicherten dazu verpflichtet, den Arbeitgeber beim Arbeitsschutz zu unterstützen. Dazu gehört, dass
die Schutzmaßnahmen wie z. B. das Tragen einer Laserschutzbrille beachtet
und Anweisungen befolgt werden. Allerdings dürfen Anweisungen, die erkennbar gegen Sicherheit und Gesundheit gerichtet sind, abgelehnt werden. Die Versicherten müssen alles dafür tun, um sich und andere nicht zu gefährden. Dazu
gehört auch der Missbrauch von Alkohol oder anderen Drogen und die Beachtung
von Zutritts- und Aufenthaltsverboten.

12.7   Erfolgskontrolle

Nach der Unterweisung muss kontrolliert werden, ob die Beschäftigten sich entsprechend der Unterweisung verhalten. Dies bedeutet aber auch, dass die Vorgesetzten in der Praxis zu den Unterweisungszielen stehen müssen. Sie müssen
das von ihnen Geforderte vorleben [2]. Fehlerhaftes Verhalten darf nicht geduldet
werden. Die Gründe dafür müssen erfragt und die Ursachen möglichst schnell
beseitigt werden.

Literatur

1. Unterweisen im Betrieb – ein Leitfaden, Stand 09/2018 Berufsgenossenschaft für Gesund-
   heitsdienst und Wohlfahrtspflege (BGW)
2. https://www.bgetem.de/arbeitssicherheit-gesundheitsschutz/themen-von-a-z-1/unterweisung

Show- und Projektionslaser

13

Inhaltsverzeichnis

Ein Showlaser ist nach DIN 56912 eine

> Laser-Einrichtung, deren sichtbare Strahlung zum Erzeugen von Lichteffekten und Licht-
> mustern zur Unterhaltung dient. Besteht aus einem oder mehreren Lasern und Ablenk-
> einheiten, die in einer gemeinsamen Sicherheitseinhausung untergebracht sind sowie aus
> Steuereinheiten für Effekte und Sicherheitseinrichtungen.

Der Einsatz von Lasern in Lasershows (Abb. 13.1) stellt in puncto Lasersicherheit
eine der größten Herausforderungen dar. Heute werden hauptsächlich Festkörper-
und Diodenlaser der Klassen 3B und 4 im sichtbaren Wellenlängenbereich eingesetzt. Neben dem Schutz der Mitarbeiter/innen, die die Anlage aufbauen und die
Show durchführen, hat der Schutz der Zuschauer/innen eine hohe Priorität. Man
unterscheidet bei der Anwendung zwischen Lasershows und Laserprojektionen.
Bei Lasershows kann der Laserstrahl direkt ins Publikum gelenkt werden, bei
Laserprojektionen erzeugt der Laserstrahl ein Bild auf einer Fläche, die sich in
der Regel oberhalb der Zuschauer befindet. Der Zuschauerbereich ist dadurch
definiert, dass er für die Zuschauer frei zugänglich ist und dort keine Expositions-

Abb. 13.1 Lasershow, vom Zuschauerbereich aus gesehen

grenzwerte überschritten werden dürfen. Während der Zuschauer bei Projektionen nur die gestreute Strahlung beobachtet, kann er bei Showlasern direkt in den Strahl schauen. Die Aufgabe besteht dann darin, die Exposition der Zuschauer/innen so zu reduzieren, dass keine Expositionsgrenzwerte überschritten werden können.

13.1 Rechtliche Grundlagen

Genau wie für jede andere Laseranlage auch, gelten für den Betrieb von Show-lasern die OStrV, die TROS Laserstrahlung und solange noch nicht zurück-gezogen, die DGUV Vorschrift 11. Daneben müssen die Vorgaben aus § 37 der Musterstättenverordnung (MVStättVO) eingehalten werden.

Auf den Betrieb von Laseranlagen in den für Besucher zugänglichen Bereichen sind die arbeitsschutzrechtlichen Vorschriften entsprechend anzuwenden.

Wichtige Hinweise für den sicheren Betrieb einer Showlaser-Anlage werden in der DGUV Information 203–036 – Laser-Einrichtungen für Show- oder Projektionszwecke festgelegt [2]. Dort findet man auch folgende Definitionen

Befähigte Person zur Prüfung des Show- und Projektions-Lasers
Die befähigte Person zur Prüfung von Show- und Projektions-Lasern ist eine Person, die durch ihre Berufsausbildung, z. B. abgeschlossenes Studium der Physik, der Ingenieur-Wissenschaften, ihre Berufserfahrung, z. B. einschlägige Arbeit beim Laserhersteller und ihre zeitnahe berufliche Tätigkeit über die erforderlichen Fachkenntnisse zur Prüfung der Lasersicherheit

des Show- und Projektions-Lasers verfügt. Ferner muss sie auch mit den einschlägigen staatlichen Arbeitsschutzvorschriften, Unfallverhütungsvorschriften und allgemein anerkannten Regeln der Technik (z. B. BG-Regeln, DIN Normen, VDE-Bestimmungen) vertraut sein.

Bedienbereich

Der Bedienbereich ist der Bereich, von dem aus der Laser bedient wird und bei dem die MZB-Werte (Expositionsgrenzwerte) im Normalbetrieb unterschritten sind.

Show- und Projektions-Laserbereich

Der Show- und Projektions-Laserbereich ist der Bereich, in dem die MZB-Werte überschritten werden können. Der Show- und Projektionslaserbereich ist durch einen Mindestabstand vom Zuschauerbereich sicher abzugrenzen, z. B. durch eine erhöhte Bühnenfläche (Mindesthöhe 0,8 m), Orchestergraben oder Gitter (Mindesthöhe 0,8 m). Zwischen dem Show- und Projektionslaserbereich und dem Zuschauerbereich muss z. B. seitlich ein Sicherheitsabstand von mindestens 1 m vorgesehen sein (Abb. 13.2). Von der dem Show- und Projektionslaserbereich nächstgelegenen Über- oder Durchgriffsmöglichkeit muss der Abstand nach unten mindestens 1 m betragen. Er darf von unbefugten Personen nicht erreicht werden; dies wird z. B. durch Strahlführung, Verdeckung erreicht.

Abb. 13.2 Abgrenzung des Show- und Projektionslaser-Laserbereichs vom Zuschauerbereich. Zuschauer dürfen den Showlaserbereich nicht betreten

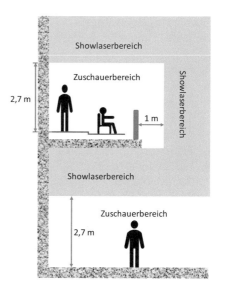

Zuschauerbereich

Der Zuschauerbereich ist der Bereich, in dem sich Personen während der gesamten Show aufhalten können. Hier wird der MZB-Wert unterschritten.

13.2   Was muss vor dem Kauf einer Showlaseranlage beachtet werden?

Für die sichere Durchführung einer Lasershow ist es sinnvoll, schon beim Kauf des Showlasers oder der Laseranlage auf die Bereitstellung folgender Unterlagen durch den Hersteller zu bestehen:

- Risikoanalyse,
- Betriebsanleitung mit Sicherheitshinweisen und der Beschreibung der steuerungstechnischen Sicherheitsfunktionen zur funktionalen Sicherheit,
- Konformitätserklärung mit Angabe der verwendeten Normen,
- Erklärung, dass die Anlage den Regeln der Technik entspricht.

13.3   Was muss vor der Durchführung der Lasershow beachtet werden?

Vor dem Starten der ersten Lasershow ist sicherzustellen, dass die Sicherheit aller Beteiligten, Beschäftigten und Zuschauer gewährleistet ist. Zu den Aufgaben vor der ersten Durchführung der Show gehören:

- Festlegung der verantwortlichen Personen.
- Bestellung von Laserschutzbeauftragten.
- Eine sorgfältige Planung der Lasershow. Hierzu gehören eine genaue Analyse der örtlichen Gegebenheiten des Durchführungsortes, Skizzen zum Aufbau der Anlage, das Bereitstellen einer sicherheitstechnischen Dokumentation incl. Risikoanalyse des Herstellers.
- Die Erstellung einer Gefährdungsbeurteilung, wobei der Auf- und Abbau, Besonderheiten des Aufstellungsortes, die Durchführung der Show und die Wartung der Anlage berücksichtigt werden müssen.
- Die Prüfung der Lasershow durch eine fachkundige Person.
- Die Anmeldung der Lasershow bei der zuständigen Behörde (Gewerbeaufsichtsamt, Ordnungsamt, gegebenenfalls Luftaufsichtsbehörde).

13.4 Schutzmaßnahmen für den Betrieb von Showlasern

Schutzmaßnahmen vor Gefährdungen durch die Laserstrahlung werden ausführlich in Kap. 9 beschrieben. Daneben gibt es spezielle Schutzmaßnahmen für den Betrieb von Showlasern, wobei die technischen Schutzmaßnahmen des Herstellers in der Rangfolge die erste Position einnehmen. Diese dienen als Schnittstellen für das Sicherheitskonzept des Anwenders.

13.4.1 Technische Schutzmaßnahmen

Zu den technischen Schutzmaßnahmen der Hersteller von Showlasern gehören [1]:

- NOT-AUS-Einrichtungen nach DIN EN 418, die an jedem Showlaser der Showlaseranlage und an der zentralen Steuereinrichtung angebracht sein müssen. Jede NOT-AUS-Einrichtung muss bei Betätigung alle Showlaser abschalten (Performancelevel d). Es muss eine regelmäßige Funktionskontrolle stattfinden.
- Leistungsbegrenzer, der ein Überschreiten der Expositionsgrenzwerte verhindert.
- Sicherheitsblenden, die ein Auswandern des Laserstrahls in nicht erlaubte Bereiche verhindern sollen.
- Strahlaufweiter, die dafür sorgen, dass der Durchmesser des Laserstrahls vergrößert wird und dadurch die Exposition im Showlaserbereich unterhalb der Expositionsgrenzwerte bleibt.
- Strahlabschwächer, die den Laserstrahl auf den erlaubten Wert abschwächen, Strahlteiler, die den Laserstrahl in mehrere Einzelstrahlen aufteilen.
- Strahlüberwachungen, die das Auswandern der Laserstrahlung in nicht erlaubte Bereiche erkennen und sofort die Sicherheitsabschaltung (innerhalb von 100 ms) auslösen, falls feste Einrichtungen, wie z. B. Blenden, nicht verwendet werden können.
- Schlüsselschalter, der verhindert, dass der Laser durch Unbefugte eingeschaltet werden kann. Dies zeigt allerdings nur dann Wirkung, wenn der Schlüssel in den Zeiten, in denen keine Show stattfindet, abgezogen und sicher verwahrt wird. Anstatt von Schlüsselschaltern kann das unerlaubte Einschalten auch durch Passwörter, Transponder o. Ä. verhindert werden.

Zu den technischen Schutzmaßnahmen der Anwender von Showlasern gehören:

- ein standsicherer Aufbau, der verhindert, dass der Laserstrahl durch Verkippen des Gerätes in einen unerlaubten Bereich auswandert.
- das Entfernen aller reflektierenden Oberflächen, die der Laserstrahlung ausgesetzt werden können.
- Schutzmaßnahmen zur Unterschreitung der Expositionsgrenzwerte im Zuschauerbereich.

13.4.2 Organisatorische Schutzmaßnahmen

Zu den organisatorischen Schutzmaßnahmen gehört eine gut überlegte Planung der Lasershow oder -projektion (Abb. 13.3). Daneben müssen folgende Punkte beachtet werden:

- Vor Inbetriebnahme der Lasershow oder Laserprojektion muss die Einhaltung der Expositionsgrenzwerte im Showlaserbereich überprüft werden. Dies muss durch eine fachkundige Person erfolgen und dokumentiert werden. Soll der

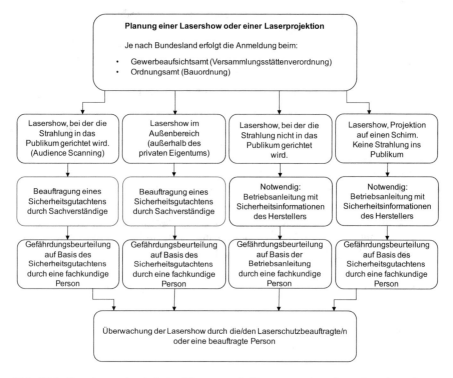

Abb. 13.3 Vorgehensweise bei der Planung und Umsetzung einer Lasershow bzw. Laserprojektion

Laserstrahl in das Publikum gerichtet (Audience Scanning) oder im Freien betrieben werden, so muss ein Sicherheitsgutachten angefertigt werden. In diesem Fall basiert die Gefährdungsbeurteilung auf diesem Gutachten. Bei Anwendungen, bei denen der Laserstrahl zum Zweck der Projektion auf Flächen gerichtet wird oder die Laserstrahlen nur außerhalb des Showlaserbereichs verlaufen, müssen die Sicherheitsinformationen des Herstellers herangezogen werden. Liegen diese nicht vor, so ist ebenfalls ein Gutachten erstellen zu lassen.

- Wie bei allen Laseranwendungen ab Laserklasse 3R muss ein/e Laserschutzbeauftragte/r schriftlich bestellt werden.
- Es muss sichergestellt werden, dass die Show- und Projektionslaser nicht unbeaufsichtigt betrieben werden.
- Vor jeder Show ist durch eine Sichtkontrolle zu überprüfen, ob Veränderungen am Showlaser und den Schutzmaßnahmen vorgenommen wurden, die die Sicherheit gefährden könnten.
- Soll der Showlaser im Freien eingesetzt werden, so ist die zuständige Luftaufsichtsbehörde zu informieren und eine Genehmigung einzuholen.

Die Beschäftigten sind vor der ersten Inbetriebnahme und danach mindestens jährlich von der verantwortlichen Person (z. B. dem Produktionsleiter) zum Thema Lasersicherheit zu unterweisen.

Inhalte der Unterweisung können sein [2]:

- Veranstaltungsorganisation,
- szenische Abläufe (feuergefährliche Effekte, Pyrotechnik, atmosphärische Effekte),
- Abgrenzung der Showlaserbereiche,
- grundsätzliche Gefährdungen und Arbeitsschutzmaßnahmen für die eingesetzten Lasereinrichtungen,
- Gefährdungen durch die Einsatzbedingungen und die daraus abgeleiteten Schutzmaßnahmen,
- Besonderheiten der Produktionsstätte, durchzuführende Lasereinsätze unter Berücksichtigung der szenischen Anforderungen.
- Müssen sich Personen aus szenischen Gegebenheiten während der Veranstaltung im Showlaserbereich aufhalten, so müssen geeignete Schutzmaßnahmen getroffen werden. Eine Möglichkeit ist das Tragen von Schutzbrillen. Lässt sich dies nicht umsetzen, so muss durch spezielle Arbeitsanweisungen sichergestellt werden, dass keine Person einen Schaden erleidet. Dies können z. B. fest einstudierte Bewegungsabläufe, die Anweisung, keine reflektierenden Gegenstände am Körper zu tragen und das Anbringen von Markierungen auf der Bühne sein.
- Der Showlaserbereich darf nur durch befugte Personen betreten werden dürfen und muss abgegrenzt und gekennzeichnet werden.

- Müssen Justierarbeiten durchgeführt werden, so muss im Vorfeld geklärt werden, welche Person dazu befugt ist und welche Schutzmaßnahmen, wie z. B. das Tragen von Justierbrillen, getroffen werden müssen.

Die DGUV Information 203-036 fordert weiterhin [2]:

> Die Laser-Show oder -Projektion darf nur durch eine geschulte und vom Unternehmer beauftragte Person durchgeführt werden. Sie muss bei der Show oder Projektion den Strahlengang überwachen und eine Abschaltung des Gerätes bzw. eine Unterbrechung des Strahlenganges bei Störfällen am Gerät, unsicheren Betriebsbedingungen oder Unruhe im Publikum vornehmen. Für die beauftragte Person muss jederzeit ein NOT-AUS-Schalter der Lasereinrichtung funktionstüchtig sichtbar zugänglich sein. Daher sind entsprechende Not-Halt-Taster (früher oft auch als NOT-AUS bezeichnet) vorzusehen. Diese beauftragte Person muss durch eine geeignete Person, z. B. einen Laserschutzbeauftragten, unterwiesen und in die Besonderheiten der Anlage eingewiesen werden.

Eine Ausnahme besteht bei Laserprojektionen, bei denen sichergestellt werden kann, dass der Show- und Projektionslaserbereich nicht durch Unbefugte erreicht werden kann.

13.4.3 Personenbezogene Schutzmaßnahmen

Sobald Personen sich im Showlaserbereich aufhalten, müssen Laser-Schutz- oder Justierbrillen getragen werden, da es zu einer Überschreitung von Expositionsgrenzwerten kommen kann.

13.5 Die Installation der Lasershow

An den Aufbau einer Lasershow werden folgende Anforderungen werden gestellt:

- Die Personen, die die Anlage aufbauen, müssen über alle sicherheitsrelevanten Informationen verfügen.
- Alle in der Gefährdungsbeurteilung festgelegten Schutzmaßnahmen sind umzusetzen.
- Während des Aufbaus der Show dürfen sich nur unterwiesene Personen im Showlaserbereich aufhalten.
- Alle sicherheitsrelevanten Steuerungen sind auf einwandfreie Funktionalität hin zu überprüfen.
- Bei der Einstellung der Show sollte die Leistung des Laserstrahls zunächst auf ein Minimum begrenzt werden, bevor bei voller Leistung geprüft wird. Im Anschluss daran, ist die Anlage vor Veränderungen zu schützen (z. B. durch Überwachung).
- Im Showlaserbereich sind von allen sich dort aufhaltenden Personen Laserjustierbrillen zu tragen.

13.6 Die Durchführung der Lasershow

Bei der Durchführung der Lasershow sollte auf folgende Punkte geachtet werden:

- Vor dem Start der Lasershow müssen alle Sicherheitskomponenten der Steuerung auf Funktionalität hin überprüft werden.
- Es muss sichergestellt sein, dass die Lasershow niemals unüberwacht läuft.
- Es muss sichergestellt sein, dass eine unterwiesene Person die Show im Notfall (vermutete Überschreitung der Expositionsgrenzwerte im Zuschauerbereich) jederzeit unterbrechen kann.
- Nach Beendigung der Show ist die Anlage gegen Wiedereinschalten zu sichern.

Mit der folgenden Checkliste aus der DGUV Information [2] kann geprüft werden, ob die notwendigen Sicherheitsanforderungen erfüllt werden (Tab. 13.1).

Werden ein oder mehrere Punkte der Checkliste mit „nein" beatwortet, besteht Handlungsbedarf.

Ein Beispiel für die Gefährdungsbeurteilung eines Showlasers findet man im Abschn. 15.6, ein Beispiel für eine Betriebsanweisung in Anlage 3.4.

Tab. 13.1 Checkliste zur Überprüfung der Sicherheitsanforderungen beim Betrieb eines Show- bzw. Projektionslasers

Nr.:	Checkpunkt	Ja	Nein	Nicht anwendbar	Maßnahmen/Bemerkung
Nr.:	Allgemeine Anforderungen				
1.	Sind beim Umgang mit Show- oder Projektionslasern Anweisungen erteilt, wie die zugängliche Bestrahlung möglichst niedrig gehalten werden kann?				
1.1	Ist der Laser fest, unverrückbar eingebaut?				
1.2	Ist der Laser so eingebaut, dass er nur befugten Personen zugänglich ist? Falls der Laserstrahl auch in den Zuschauerraum gelenkt wird, ist geprüft worden, ob die EGW auch unter allen vorhersehbaren Umständen eingehalten sind?				

(Fortsetzung)

Tab. 13.1 (Fortsetzung)

Nr.:	Checkpunkt	Ja	Nein	Nicht anwendbar	Maßnahmen/Bemerkung
1.3	Hat die verantwortliche Führungskraft (ggf. in Zusammenarbeit mit dem für die Einrichtung verantwortlichen LSB) die erforderlichen Schutzmaßnahmen schriftlich festgelegt?				
1.4	Ist ein Laserschutzbeauftragter gemäß OStrV (bei Laser-Einrichtungen der Klasse 3R, 3B oder 4 gemäß DIN EN 60825–1:2008) schriftlich vom Unternehmer bestellt?				
1.5	Ist ein Laserschutzbeauftragter gemäß OStrV (bei Laser-Einrichtungen der Klasse 3R, 3B oder 4 gemäß DIN EN 60825–1:2008) schriftlich vom Unternehmer bestellt?				
2.	Laser der Klassen 1, 1M, 2 oder 2M				
2.1	Können die Laser-Effekte mit Lasern der Klasse 1, 1M, 2, 2M durchgeführt werden?				
2.2	Werden der Strahlengang, der Laser und die Reflexionen der Strahlen so gestaltet, dass diese nicht in die Augen der Beschäftigten und Besucher gelangen können?				

Literatur

1. DIN 56912:1999-04: Showlaser und Showlaseranlagen, Sicherheitsanforderungen und Prüfung, Beuth-Verlag, Berlin (1999)
2. DGUV Information 203–036 – Laser-Einrichtungen für Show- oder Projektionszwecke (bisher: BGI 5007)

Die Gefährdungsbeurteilung

14

Inhaltsverzeichnis

© Springer-Verlag GmbH Deutschland, ein Teil von Springer Nature 2020
C. Schneeweiss et al., *Leitfaden für Fachkundige im Laserschutz,*
https://doi.org/10.1007/978-3-662-61242-2_14

Die rechtliche Grundlage für das Erstellen und die Dokumentation einer umfassenden Gefährdungsbeurteilung der Arbeitsplätze ist das Arbeitsschutzgesetz (ArbSchG), welches der Sicherheit und dem Gesundheitsschutz der Beschäftigten dient. Nach diesem Gesetz muss die Arbeit derart gestaltet werden, dass Gefährdungen für das Leben und die psychische und physische Gesundheit möglichst vermieden werden. Bleiben Gefährdungen bestehen, so sind diese möglichst auf ein Minimum zu reduzieren. Diese Aufgabe sollte nicht nur als bürokratische Pflicht, sondern als Möglichkeit gesehen werden, die Gesundheit und das Wohlbefinden der Beschäftigten zu erhalten. Neben dem Arbeitsschutzgesetz findet man weitere rechtliche Grundlagen in folgenden Papieren [1]:

- Arbeitssicherheitsgesetz (ASiG)
- Mutterschutzgesetz (MuSchuG)
- Jugendarbeitsschutzgesetz (JuArSchG)
- Arbeitsstättenverordnung (ArbStättV)
- Betriebssicherheitsverordnung (BetrSichV)
- Arbeitsschutzverordnung zu künstlicher optischer Strahlung (OStrV)
- Gefahrstoffverordnung (GefStoffV)
- Biostoffverordnung (BioStoffV)
- Lärm- und Vibrations-Arbeitsschutzverordnung (LärmVibrationsArbSchV)
- Verordnung zur arbeitsmedizinischen Vorsorge (ArbMedVV)
- DGUV Vorschrift 1
- DGUV Vorschrift 2
- u. a.

Die Gefährdungsbeurteilung bildet das Kernstück des Arbeitsschutzes und die Grundlage des betrieblichen Arbeitsschutzmanagements. Als Gefährdung wird das zeitliche und räumliche Zusammentreffen von Mensch und Gefahr bezeichnet. Unter Gefährdung versteht man somit die Möglichkeit des Eintritts eines Schadens oder einer gesundheitlichen Beeinträchtigung ohne bestimmte Aussagen über Ausmaß oder Eintrittswahrscheinlichkeit [1]. Das Ziel der Gefährdungsbeurteilung (Abb. 14.1) ist die fachkundige umfassende und systematische Ermittlung und Bewertung aller möglichen Gefährdungen, denen die Beschäftigten ausgesetzt sein können, die Festschreibung und Umsetzung erforderlicher Schutzmaßnahmen und die Verbesserung der Arbeitsbedingungen.

Wie die Gefährdungsbeurteilung durchgeführt wird, ist nicht vorgeschrieben. Wer an der Erstellung beteiligt wird, wie groß der Umfang und die Vorgehensweise sind, hängen vom jeweiligen Arbeitsplatz und den dort stattfindenden Tätigkeiten ab. Liegen für verschiedene Arbeitsplätze gleichartige Bedingungen vor, so ist die Beurteilung eines Arbeitsplatzes bzw. einer Tätigkeit ausreichend.

Abb. 14.1 Ziele der Gefährdungsbeurteilung

Bei der Erstellung der Gefährdungsbeurteilung ist es sinnvoll, systematisch vorzugehen. Die Bundesanstalt für Arbeitsschutz und Arbeitsmedizin (BAUA) [2] empfiehlt die folgenden Schritte:

1. Vorbereiten der Gefährdungsbeurteilung,
2. Ermitteln der Gefährdungen,
3. Beurteilen der Gefährdungen,
4. Festlegen konkreter Arbeitsschutzmaßnahmen,
5. Durchführen der Maßnahmen,
6. Überprüfen der Durchführung und der Wirksamkeit der Maßnahmen,
7. Fortschreiben und Aktualisieren der Gefährdungsbeurteilung.

Gefährdungsbeurteilungen müssen für jeden Arbeitsplatz und für jede Tätigkeit durchgeführt werden. Bei besonders gefährdeten Personengruppen, z. B. bei Implantattragenden, empfiehlt es sich auch eine personenbezogene Gefährdungsbeurteilung durchzuführen. Die Grafik (Abb. 14.2) lässt erkennen, dass die Gefährdungsbeurteilung keine einmalige Aktion, sondern ein Kreisprozess ist, welcher regelmäßige Aufmerksamkeit erfordert.

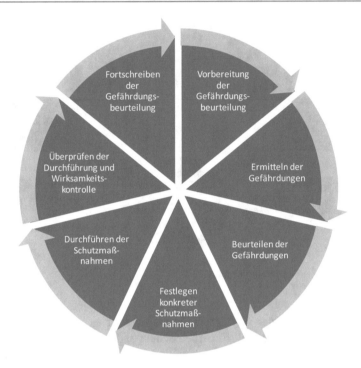

Abb. 14.2 Die Gefährdungsbeurteilung ist ein Kreisprozess und kann in sieben Schritten durchgeführt werden

14.1 Fachkundige Personen nach OStrV

In § 5 OStrV [3] wird gefordert, dass die Gefährdungsbeurteilung sowie Messungen und Berechnungen nur durch fachkundige Personen durchgeführt werden dürfen. Ist der Arbeitgeber oder die Arbeitgeberin selbst nicht fachkundig, kann er oder sie sich fachkundig beraten lassen. Dies können nach der TROS Laserstrahlung Teil 1 [4] z. B. Laserschutzbeauftragte oder Fachkräfte für Arbeitssicherheit sein. Die OStrV beschreibt in § 2 Abs. 10 die Anforderungen an die Fachkunde. Fachkundig ist danach, wer über die erforderlichen Fachkenntnisse zur Ausübung einer in der OStrV bestimmten Aufgabe verfügt. Die Anforderungen an die Fachkunde sind abhängig von der jeweiligen Art der Aufgabe. Zu den Anforderungen zählen eine entsprechende Berufsausbildung oder Berufserfahrung jeweils in Verbindung mit einer zeitnah ausgeübten einschlägigen beruflichen Tätigkeit sowie die Teilnahme an spezifischen Fortbildungsmaßnahmen. Fachkundig sind nach der TROS Laserstrahlung Personen, die aufgrund ihrer fachlichen Ausbildung oder Erfahrungen ausreichende Kenntnisse über die

Gefährdungen durch Laserstrahlung haben und mit den Vorschriften und Regelwerken soweit vertraut sind, dass sie die Arbeitsbedingungen und daraus resultierenden arbeitsplatzspezifischen Gefährdungen vor Beginn der Tätigkeit ermitteln und bewerten können. Die Fachkundigen sollen die Schutzmaßnahmen festlegen, bewerten und überprüfen können. Die Erstellung der Gefährdungsbeurteilung kann an eine oder mehrere fachkundige Personen delegiert werden [5].

14.1.1 Notwendige Kenntnisse von fachkundigen Personen

Die benötigten Kenntnisse hängen vom Umfang der zu beurteilenden Tätigkeit ab. Nach Abschn. 3.4 der TROS Laserstrahlung Teil 1 sind dies Kenntnisse

- der anzuwendenden Rechtsgrundlagen,
- zu den physikalischen Grundlagen der Laserstrahlung,
- der für die Beurteilung geeigneten Informationsquellen,
- zu dem für die Beurteilung notwendigen Stand der Technik,
- der Wirkungen von Laserstrahlung (auf die Augen, Haut und Materialien),
- des Vorgehens bei der Beurteilung von Wechsel- oder Kombinationswirkungen von verschiedenen Laserstrahlungsquellen,
- zu den Tätigkeiten im Betrieb, bei denen Personen Laserstrahlung ausgesetzt sein können,
- der technischen, organisatorischen und personenbezogenen Schutzmaßnahmen (insbesondere Berechnung und Auswahl der Laser-Schutzbrillen, Laser-Justierbrillen und Schutzeinhausungen),
- der alternativen Arbeitsverfahren,
- der Überprüfung der Wirksamkeit von Schutzmaßnahmen und
- der Dokumentation der Gefährdungsbeurteilung.

14.1.2 Ausbildung von fachkundigen Personen

Anders als beim Erwerb der Fachkenntnisse von Laserschutzbeauftragten wird nicht gefordert, dass die Fachkunde durch einen Lehrgang erworben werden muss. Allerdings müssen Fachkundige an spezifischen Fortbildungsveranstaltungen teilnehmen. Was deren Inhalte sein sollen, wird weder in der OStrV noch in der TROS Laserstrahlung thematisiert. Daher ist es sinnvoll, dass Arbeitgebende sich an dem DGUV Grundsatz 303-005 [6] orientieren. Dort wird beschrieben, dass die für die zu beurteilende Tätigkeit notwendigen spezifischen fachlichen Kompetenzen im Rahmen von Fortbildungsveranstaltungen erworben und aufgefrischt werden können und sich z. B.

- als ein spezielles Aufbauseminar an ausgebildete Laserschutzbeauftragte richten,
- den Erwerb der erforderlichen Fachkenntnisse für Laserschutzbeauftragte und der spezifischen fachlichen Kompetenzen für die Durchführung der Gefährdungsbeurteilung kombinieren oder
- direkt dem Erwerb der entsprechenden Kompetenzen dienen.

Anbieter von solchen Fortbildungsveranstaltungen können z. B. Unfallversicherungsträger und Akademien sein.

14.2 Anforderungen an die Gefährdungsbeurteilung nach OStrV

In § 5 OStrV sind folgende Anforderungen an die Gefährdungsbeurteilung festgelegt.

Bei der Beurteilung der Arbeitsbedingungen nach § 5 des Arbeitsschutzgesetzes [7] hat der Arbeitgeber zunächst festzustellen, ob künstlich erzeugte optische Strahlung am Arbeitsplatz von Beschäftigten auftritt oder auftreten kann. Ist dies der Fall, hat er alle hiervon ausgehenden Gefährdungen für die Gesundheit und Sicherheit der Beschäftigten zu beurteilen. Er hat die auftretenden Expositionen durch künstlich erzeugte optische Strahlung am Arbeitsplatz zu ermitteln und zu bewerten. Für die Beschäftigten ist in jedem Fall eine Gefährdung gegeben, wenn die Expositionsgrenzwerte nach § 6 OStrV überschritten werden. Der Arbeitgeber kann sich die notwendigen Informationen beim Hersteller oder Inverkehrbringer der verwendeten Arbeitsmittel oder mithilfe anderer ohne Weiteres zugänglicher Quellen beschaffen. Lässt sich nicht sicher feststellen, ob die Expositionsgrenzwerte nach § 6 OStrV eingehalten werden, hat er den Umfang der Exposition durch Berechnungen oder Messungen nach § 4 OStrV festzustellen. Entsprechend dem Ergebnis der Gefährdungsbeurteilung hat der Arbeitgeber Schutzmaßnahmen nach dem Stand der Technik festzulegen.

Bei der Gefährdungsbeurteilung ist nach § 3 Absatz 2 OStrV insbesondere Folgendes zu berücksichtigen:

1. Art, Ausmaß und Dauer der Exposition durch künstliche optische Strahlung,
2. der Wellenlängenbereich der künstlichen optischen Strahlung,
3. die in § 6 genannten Expositionsgrenzwerte,
4. alle Auswirkungen auf die Gesundheit und Sicherheit von Beschäftigten, die besonders gefährdeten Gruppen angehören,
5. alle möglichen Auswirkungen auf die Sicherheit und Gesundheit von Beschäftigten, die sich aus dem Zusammenwirken von künstlicher optischer Strahlung und fotosensibilisierenden chemischen Stoffen am Arbeitsplatz ergeben können,

6. alle indirekten Auswirkungen auf die Sicherheit und Gesundheit der Beschäftigten, zum Beispiel durch Blendung, Brand- und Explosionsgefahr,

7. die Verfügbarkeit und die Möglichkeit des Einsatzes alternativer Arbeitsmittel und Ausrüstungen, die zu einer geringeren Exposition der Beschäftigten führen (Substitutionsprüfung),

8. Erkenntnisse aus arbeitsmedizinischen Vorsorgeuntersuchungen sowie hierzu allgemein zugängliche, veröffentlichte Informationen,

9. die Exposition der Beschäftigten durch künstliche optische Strahlung aus mehreren Quellen,

10. die Herstellerangaben zu optischen Strahlungsquellen und anderen Arbeitsmitteln,

11. die Klassifizierung der Lasereinrichtungen und gegebenenfalls der in den Lasereinrichtungen zum Einsatz kommenden Laser nach dem Stand der Technik,

12. die Klassifizierung von inkohärenten optischen Strahlungsquellen nach dem Stand der Technik, von denen vergleichbare Gefährdungen wie bei Lasern der Klassen 3R, 3B oder 4 ausgehen können,

13. die Arbeitsplatz- und Expositionsbedingungen, die zum Beispiel im Normalbetrieb, bei Einrichtvorgängen sowie bei Instandhaltungs- und Reparaturarbeiten auftreten können [3].

14.3 Verantwortung für die Gefährdungsbeurteilung

Die Gesamtverantwortung für die Gefährdungsbeurteilung liegt beim Arbeitgeber oder der Arbeitgeberin. Rechtliche Grundlagen dafür sind unter anderem die §§ 3 und 5 des Arbeitsschutzgesetzes und die §§ 3 und 4 der Betriebssicherheitsverordnung. Da der Arbeitgeber nicht alle Aufgaben alleine bewältigen kann, hat er nach § 13 Absatz 2 ArbSchG und § 13 DGUV Vorschrift 1 [8] die Möglichkeit, zuverlässige und fachkundige Personen schriftlich damit zu beauftragen, ihm obliegende Aufgaben nach diesem Gesetz in eigener Verantwortung wahrzunehmen. Zuverlässig sind Personen dann, wenn zu erwarten ist, dass sie die Aufgaben im Laserschutz mit der gebotenen Sorgfalt durchführen [8]. Fachkundig ist nach § 2 Abs. 10 OStrV, wer über die erforderlichen Fachkenntnisse zur Ausübung einer in der OStrV bestimmten Aufgabe, hier die Erstellung der Gefährdungsbeurteilung, verfügt. Die Übertragung von Unternehmerpflichten im Arbeitsschutz an Führungskräfte hat nach DGUV Vorschrift 1 § 13 schriftlich zu erfolgen und muss detailliert die übertragenen Aufgaben und Befugnisse enthalten. Die Beauftragung muss vom Beauftragten unterzeichnet werden, welcher auch eine Ausführung der Pflichtenübertragung erhält. Im Rahmen der Übertragung übernimmt der Beauftragte die Rechtsstellung des Arbeitgebers. Im Falle einer Pflichtverletzung ist der Beauftragte dadurch mit haftbar. Dem Arbeitgeber obliegt jedoch eine Sorgfaltspflicht bei der Auswahl der Personen, auf die er Aufgaben übertragen möchte. Außerdem hat er zu überprüfen, ob die Beauftragten ihrer Verantwortung nachkommen. Kommt der Arbeitgeber seiner Aufsichts- und Kontrollpflicht, welche nicht übertragbar ist, nicht nach, so begeht er ein Organisationsverschulden und er trägt im Falle eines Unfalls die alleinige Verantwortung. Unternehmerpflichten, die übertragen werden können, sind z. B.:

- die Durchführung der Gefährdungsbeurteilung,
- die Unterweisung der Beschäftigten,
- die Organisation der arbeitsmedizinischen Vorsorge,
- die Organisation von Notfallmaßnahmen.

Die folgenden Definitionen sollen der besseren Verständlichkeit dienen.

▶ Definition
Arbeitgeberverantwortung
Der Arbeitgeber hat die grundsätzliche Verantwortung für den Arbeitsschutz. Sie ist untrennbar mit seinem Direktionsrecht verbunden.

Führungskraft
Als Führungskraft wird jede Person bezeichnet, die für mindestens eine andere Person weisungsbefugt ist. Hierzu zählen auch Beschäftigte, die nur vorübergehend anderen Personen Anweisungen zu geben haben, zum Beispiel beim Anlernen eines neuen Beschäftigten. Eine Führungskraft ist verpflichtet, in ihrem Weisungsbereich alle nach den Arbeitsschutzvorschriften erforderlichen Anordnungen und Maßnahmen zu treffen. Eine Führungskraft ist immer zuständig für Sicherheit und Gesundheitsschutz ihrer Beschäftigten; auch dann, wenn ihr dies nicht ausdrücklich mitgeteilt wurde.

Unternehmerpflichten
In einem Unternehmen mit Führungskräften kann der Unternehmer seine Pflichten teilweise an betriebliche Vorgesetzte delegieren (Pflichtenübertragung). Er kann sich seiner Verantwortung jedoch niemals vollständig entledigen. Im Arbeitsschutz bleibt ihm die Führungsverantwortung (Organisations- und Aufsichtspflicht) immer erhalten, denn sie ist unauflösbar mit seinem Direktionsrecht verbunden [9].

Für einen Arbeitsplatz müssen alle von ihm ausgehenden Gefährdungen erfasst und beurteilt werden. Das vorliegende Buch beschränkt sich auf die Beurteilung der Gefährdungen durch Laserstrahlung. Für die Beurteilung weiterer Gefährdungen sind die jeweiligen Fachkundigen hinzuzuziehen. Die Gefährdungsbeurteilung ist sowohl für den Normalbetrieb als auch für alle anderen möglichen Betriebszustände wie z. B. Wartung, Service oder Einrichtung vorzunehmen.

14.4 Vorbereitung der Gefährdungsbeurteilung

Bevor mit der Durchführung der Gefährdungsbeurteilung begonnen wird, muss geklärt werden, wer an der Erstellung beteiligt wird, welche Betrachtungseinheiten sinnvoll sind, nach welcher Beurteilungsform vorgegangen werden soll und woher die notwendigen Informationen zu beziehen sind.

14.4.1 Mitwirkende an der Gefährdungsbeurteilung

Grundsätzlich entscheidet der Arbeitgeber, wer an der Erstellung der Gefährdungsbeurteilung beteiligt wird. Führt er sie nicht selbst durch, muss er nach geeigneten fachkundigen Personen suchen, auf die er diese Aufgabe überträgt. Hierfür kommen folgende Personen infrage.

- Die Fachkraft für Arbeitssicherheit,
- der/die Arbeitsmediziner/in,
- fachkundige Beschäftigte,
- externe Dienstleister.

Bei der Übertragung der Aufgabe der Erstellung der Gefährdungsbeurteilung an einen externen Dienstleister handelt es sich um ein privatrechtliches Verhältnis. Der Arbeitgeber sollte sicherstellen, dass dies nur an qualifizierte Personen erfolgt. Daneben kann es sinnvoll sein, weitere Personen an der Erstellung der Gefährdungsbeurteilung zu beteiligen. Beispiele dafür wären

- der/die Laserschutzbeauftragte,
- Beschäftigte,
- die betriebliche Interessenvertretung,
- Sicherheitsbeauftragte.

Nach Arbeitssicherheitsgesetz (ASiG) soll der Arbeitsmediziner den Arbeitgeber bei der Erstellung der Gefährdungsbeurteilung unterstützen. Nach § 5 Absatz 2 der OStrV gilt dies auch für die Laserschutzbeauftragten. Da Beschäftigte der zu beurteilenden Arbeitsplätze die auftretenden Gefährdungen in der Regel gut kennen und beurteilen können, ob bestimmte Schutzmaßnahmen realistisch sind, empfiehlt es sich dringend, diese mit einzubeziehen. Auch wird dadurch die Grundlage geschaffen, dass die Beschäftigten ihren Mitwirkungspflichten nachkommen. Gemäß § 87 Ab. 1 Nr. 7 Betriebsverfassungsgesetz (BetrVG) hat der Personal- oder Betriebsrat ein Mitbestimmungsrecht bei der Erstellung der Gefährdungsbeurteilung (Beschluss vom 08.06.2004 – 1 ABR 4/03) [10]. In einer Betriebsvereinbarung kann festgelegt werden, in welchem Umfang er zu beteiligen ist. Weiterhin ist es empfehlenswert, den Arbeitsschutzausschuss zu beteiligen, welcher nach § 11 ASiG [11] ab einer Größe von 20 Beschäftigten vorgeschrieben ist.

Tab. 14.1 Mitwirkende Personen an der Gefährdungsbeurteilung

Mitwirkende Person	Vor- und Zuname	Raum	Telefon
Arbeitgeber/in bzw. Führungsperson			
Fachkundige Person			
Laserschutzbeauftragte/r			
Fachkraft für Arbeitssicherheit			
Betriebliche Interessenvertretung[a]			
Arbeitsmediziner/in			
Beschäftigte/r			
Sicherheitsbeauftragte/r			
Weitere Personen			

[a]Falls vorhanden und falls in die Gefährdungsbeurteilung einzubinden

Die an der Gefährdungsbeurteilung beteiligten Personen sollten dokumentiert werden (Tab. 14.1).

14.4.2 Erfassung des gefährdeten Personenkreises

Voraussetzung für eine qualifizierte Gefährdungsbeurteilung ist die Kenntnis über die Anzahl der Personen, die am Arbeitsplatz gefährdet werden könnten (Tab. 14.2). Hierbei sind auch besondere Personengruppen zu beachten. Hierzu zählen:

- Jugendliche
- Schwangere und stillende Mütter
- Personen, deren Haut überdurchschnittlich fotosensibel ist
- Beschäftigte mit Vorerkrankungen der Augen oder der Haut
- Menschen mit Behinderung
- Beschäftigte ohne ausreichende Deutschkenntnisse
- Beschäftigte aus Fremdbetrieben

Tab. 14.2 Beispiel für die Erfassung des gefährdeten Personenkreises

Anzahl der Beschäftigten insgesamt	Anzahl der Jugend-lichen	Anzahl der Schwangeren und stillenden Mütter	Anzahl der Beschäftigten mit Behinderung	Anzahl der Beschäftigten ohne Deutsch-kenntnisse	Anzahl der Beschäftigten aus Fremd-betrieben

Tab. 14.3 Erfassung der Betrachtungseinheiten und Tätigkeiten

Betrachtungseinheit/Arbeitsplatz	Tätigkeit

14.4.3 Betrachtungseinheiten

Gibt es im Unternehmen mehrere Arbeitsbereiche, für die eine Gefährdungsbeurteilung erstellt werden muss, so empfiehlt es sich zur besseren Übersicht-
lichkeit, den Arbeitsbereich in kleinere Betrachtungseinheiten zu unterteilen.
Wie groß diese Betrachtungseinheit ausfällt, richtet sich nach der Anzahl der zu
bewertenden Lasersysteme und nach dem Umfang der dort durchgeführten Tätigkeiten. Zunächst wird ermittelt, ob an den verschiedenen Arbeitsplätzen gleichartige Tätigkeiten durchgeführt werden. Für diese Arbeitsplätze reicht es aus,
nur eine Gefährdungsbeurteilung für alle Arbeitsplätze durchzuführen. Handelt
es sich dagegen um unterschiedliche Arbeitsplätze und Tätigkeiten, so muss für
jeden Arbeitsplatz und für jede Tätigkeit eine eigene Gefährdungsbeurteilung
erstellt werden. Bei mobilen Lasern, wie z. B. Tachymetern in der Vermessungstechnik, kann die Betrachtungseinheit auch eine bestimmte Tätigkeit sein. Es ist
auch möglich, dass sowohl feste als auch mobile Einheiten betrachtet werden
müssen. Ein Beispiel hierfür wäre eine medizinische Einrichtung, in der Lasergeräte sowohl fest einem Operationssaal zugeordnet sind, andere dagegen mobil
in verschiedenen Operationssälen betrieben werden. Zu den Betrachtungseinheiten
werden die jeweiligen Tätigkeiten ermittelt und dokumentiert (Tab. 14.3).

14.4.4 Beurteilungsform

Die Gefährdungsbeurteilung kann je nach Gefährdung und Belastung arbeits-
platzbezogen bzw. tätigkeitsbezogen oder sie muss personenbezogen erfolgen
(Tab. 14.4). Zusätzlich muss nach Mutterschutzgesetz eine anlassunabhängige
Beurteilung zur speziellen Gefährdung für Schwangere und stillende Mütter
durchgeführt werden [13].

Tab. 14.4 Beurteilungsform

Die Gefährdungsbeurteilung erfolgt	
	Arbeitsplatzbezogen
	Tätigkeitsbezogen
	Personenbezogen
	Anlassunabhängig nach § 10 MuSchG

Die arbeitsplatzbezogene Beurteilung ist immer dann angebracht, wenn verschiedene Personen an ein und demselben Arbeitsplatz tätig sind und dementsprechend der gleichen Gefährdung ausgesetzt werden. Beurteilt werden allein die Gefährdungen, die vom konkreten Arbeitsplatz bzw. von den benutzten Arbeitsmitteln an diesem Arbeitsplatz ausgehen.

Die Gefährdungsbeurteilung muss tätigkeitsbezogen durchgeführt werden, wenn besondere Gefährdungen am Arbeitsplatz zu erwarten sind und die Sicherheit nur durch spezielle Arbeitsanweisungen gesichert werden kann.

Befinden sich unter den Beschäftigten besonders schutzbedürftige Personen, wie z. B. Jugendliche, Schwangere oder Personen mit einer körperlichen oder geistigen Behinderung, so hat die Gefährdungsbeurteilung auch bzw. zusätzlich personenbezogen zu erfolgen (Tab. 14.8).

Zum 01.10.2018 ist das neue Mutterschutzgesetz in Kraft getreten. Hiernach hat eine anlassunabhängige Prüfung des Arbeitsplatzes auf spezielle Gefährdungen, also auch durch den Einsatz von Lasern, für werdende und stillende Mütter hin zu erfolgen, auch wenn keine schwangeren Frauen oder gar keine Frauen am Arbeitsplatz tätig sind. Im Rahmen der Beurteilung der Arbeitsbedingungen nach § 5 des Arbeitsschutzgesetzes hat der Arbeitgeber für jede Tätigkeit

1. die Gefährdungen nach Art, Ausmaß und Dauer zu beurteilen, denen eine schwangere oder stillende Frau oder ihr Kind ausgesetzt ist oder sein kann, und
2. unter Berücksichtigung des Ergebnisses der Beurteilung der Gefährdung nach Nummer 1 zu ermitteln, ob für eine schwangere oder stillende Frau oder ihr Kind voraussichtlich
   a) keine Schutzmaßnahmen erforderlich sein werden,
   b) eine Umgestaltung der Arbeitsbedingungen nach § 13 Absatz 1 Nummer 1 erforderlich sein wird oder
   c) eine Fortführung der Tätigkeit der Frau an diesem Arbeitsplatz nicht möglich sein wird.

Das Ergebnis der Beurteilung ist allen Beschäftigten bekannt zu machen [13].

14.4.5 Informationsermittlung

Die für die Gefährdungsbeurteilung benötigten Informationen können auf verschiedenen Wegen ermittelt werden. Dazu zählen:

- Begehungsprotokolle der Fachkraft für Arbeitssicherheit.
- Angaben über bereits durchgeführte Messungen und Berechnungen.
- Ergebnisse aus der arbeitsmedizinischen Wunschvorsorge.
- Herstellerangaben: Hersteller, Händler und Einführer bzw. der auf den Markt Bereitsteller gemäß Produktsicherheitsgesetz (ProdSG), bzw. Inverkehrbringer nach Medizinproduktegesetz (MPG), sind dazu verpflichtet, entsprechende

Unterlagen zu liefern, die alle zum sicheren Betrieb erforderlichen Informationen enthalten [4]. Zu den Herstellerangaben gehören die Angabe der Laserklasse, Angaben zu den Laserstrahlparametern wie Wellenlänge, Leistung, Sicherheitsabstand NOHD. Bei Impulslasern Angaben zu Energie, Impulsdauer, Impulsfolgefrequenz.

- Die Laserklasse: Nach dem Produktsicherheitsgesetz hat der Hersteller von Laser-Einrichtungen diesen (gilt für verwendungsfertige Produkte) eine Laserklasse zuzuordnen und eine Risikoanalyse zu erstellen. Diese zeigt die Gefährdungen der Maschine auf.
- Informationen über den Arbeitsplatz. Dazu gehört die Ermittlung der Laserbereiche und der dort durchgeführten Tätigkeiten, Angaben darüber, welche Personen sich im Laserbereich aufhalten und wie lange sie dort tätig sind, Erfahrungen der Beschäftigten.

Liegen nicht genügend Informationen vor, um die Gefährdungsermittlung vorzunehmen, müssen diese ermittelt und gegebenenfalls Expositionsgrenzwerte berechnet und Expositionen gemessen werden.

14.5 Ermittlung der Gefährdungen

Welche Gefährdungen beim Umgang mit Laserstrahlung auftreten können, wird ausführlich in Kap. 7 dieses Buches behandelt. Um alle vom Laserarbeitsplatz ausgehenden Gefährdungen zu erkennen, muss die fachkundige Person mit den Arbeitsabläufen und den eingesetzten Arbeitsmitteln vertraut sein. Der Laser als Arbeitsmittel unterliegt der Betriebssicherheitsverordnung, nach welcher den Beschäftigten nur Arbeitsmittel bereitgestellt werden dürfen, die für den betreffenden Arbeitsplatz und die vorgesehene Nutzung geeignet sind und die regelmäßigen Prüfungen unterworfen werden. Hilfestellung bei der Ermittlung der Gefährdungen können Arbeitsplatzbegehungen und Gespräche mit den Beschäftigten und die Zuhilfenahme vorhandener Unterlagen, wie z. B. Betriebsanweisungen sein. Auch eine Beratung durch die Fachkraft für Arbeitssicherheit und den Arbeitsmediziner können sich bei dieser Aufgabe zielführend auswirken. Bei der Ermittlung der Gefährdungen sollten auch etwaige Unfälle oder kritische Situationen (Beinaheunfälle) in der Vergangenheit berücksichtigt werden. Manchmal reichen die vorhandenen Informationen nicht aus, um die Gefährdungen richtig zu ermitteln. In solchen Fällen bietet es sich an, die zuständige Berufsgenossenschaft oder die Unfallkasse bzw. die für den Arbeitsschutz zuständige Behörde zu kontaktieren und um Rat zu bitten.

Bei der Ermittlung der Gefährdungen müssen alle möglichen Betriebszustände Berücksichtigung finden. Neben dem Normalbetrieb (bestimmungsgemäßer Betrieb, bestimmungsgemäße Verwendung) gibt es weitere, vom Normalbetrieb abweichende Betriebszustände, die in der Regel mit einer erhöhten Gefährdung verbunden sind. Dies sind z. B. Wartung und Pflege, Aufbau, Abbau, Prüfungen, Einrichten und Außerbetriebnahme (Tab. 14.5). Für jeden dieser Zustände ist eine gesonderte Gefährdungsbeurteilung durchzuführen!

Tab. 14.5 Auswahl möglicher Betriebszustände

Betriebszustand	Auge			Haut		
Aufbau	Ja□	Nein□	n. a. □	Ja□	Nein□	n. a. □
Probebetrieb	Ja□	Nein□	n. a. □	Ja□	Nein□	n. a. □
Normalbetrieb	Ja□	Nein□	n. a. □	Ja□	Nein□	n. a. □
Einrichten	Ja□	Nein□	n. a. □	Ja□	Nein□	n. a. □
Wartung und Pflege	Ja□	Nein□	n. a. □	Ja□	Nein□	n. a. □
Störung	Ja□	Nein□	n. a. □	Ja□	Nein□	n. a. □
Abbau	Ja□	Nein□	n. a. □	Ja□	Nein□	n. a. □

Tab. 14.6 Ermittlung der direkten Gefährdung

Arbeitsplatz/ Lasergerät	Expositionsgrenzwert nach TROS Laserstrahlung		NOHD		Exposition in W/m² oder J/m²	Expositions- dauer in s
	Auge	Haut	Auge	Haut		

Es muss geprüft werden, ob direkte (Tab. 14.6) und/oder indirekte (Tab. 14.7) Gefährdungen vorliegen. Bei der Ermittlung der direkten Gefährdung ist von einem Grenzwertprinzip auszugehen. Es muss daher die Exposition ermittelt und mit dem Expositionsgrenzwert verglichen werden. Hierbei können Hersteller-angaben zu Hilfe genommen werden. Liegen diese nicht vor, so müssen sie durch Berechnung und/oder Messung festgestellt werden.

In der Gefährdungsbeurteilung muss festgehalten werden, auf welche Art und Weise bzw. aus welcher Quelle Expositionsgrenzwerte und Expositionen ermittelt wurden.

Daneben muss geprüft werden, ob auch indirekte Gefährdungen, wie z. B. Gefahrstoffe oder Blendung, vorliegen.

Tab. 14.7 Ermittlung der indirekten Gefährdung

Vorübergehende Blendung	Ja□	Nein□
Brandgefahr	Ja□	Nein□
Explosionsgefahr	Ja□	Nein□
Inkohärente optische Strahlung	Ja□	Nein□
Gefahrstoffe	Ja□	Nein□
Ionisierende Strahlung	Ja□	Nein□
Lärm	Ja□	Nein□
Weitere indirekte Gefährdung	Ja□	Nein□

Tab. 14.8 Personenbezogene Ermittlung der Gefährdungen

Arbeitsplatz/Tätigkeit	Gefährdungen	Spezielle Schutzmaßnahmen

Außerdem müssen nach Mutterschutzgesetz personenbezogene Gefährdungen für Schwangere und stillende Mütter anlassunabhängig ermittelt werden (Tab. 14.8).

Bei gleichartigen Arbeitsplätzen genügt eine einmalige Ermittlung der Gefährdungen. Diese können auf alle weiteren Arbeitsplätze angewendet werden.

14.6 Beurteilung der Gefährdungen

Wurden Gefährdungen identifiziert, so muss im nächsten Schritt geklärt werden, ob am Arbeitsplatz eine Unfallgefahr oder eine gesundheitliche Belastung besteht und somit Handlungsbedarf erforderlich ist. Hierbei werden sowohl die direkten als auch die indirekten Gefährdungen durch Laserstrahlung für jeden möglichen Betriebszustand für die jeweils ungünstigste Konstellation (worst case) beurteilt bzw. bewertet. Allgemein gibt es drei verschiedene Methoden der Bewertung:

1. Den Vergleich des Istzustands mit dem Sollzustand, der in Rechtsvorschriften und Technischen Regeln vorgegeben wird,
2. den Vergleich des Istzustands mit Expositionsgrenzwerten
3. den Vergleich des Istzustands mittels einer Risikobetrachtung. [12]

14.6.1 Beurteilung der direkten Gefährdungen

Für die Beurteilung der direkten Gefährdung durch Laserstrahlung existieren in den Regelwerken Expositionsgrenzwerte, so dass die Bewertung nach Methode 2 auf der Basis der in der TROS Laserstrahlung Teil 2 [5] aufgeführten Expositionsgrenzwerte zum Einsatz kommen muss. Ist die Exposition größer als der Expositionsgrenzwert, ist eine Gefährdung gegeben und es müssen Schutzmaßnahmen getroffen werden. Zur Beurteilung der Gefährdung kann ggf. die Laserklasse der Lasereinrichtung herangezogen werden, wobei auch hier alle möglichen Betriebszustände zu berücksichtigen sind (Tab. 14.9). Handelt es sich z. B. um einen Laser der Klasse 1, so kann davon ausgegangen werden, dass im Normalbetrieb keine Expositionsgrenzwerte überschritten werden und somit auch keine weiteren Schutzmaßnahmen zu treffen sind. Es ist jedoch durchaus möglich, dass in einem anderen Betriebszustand Laserstrahlung oberhalb der Expositionsgrenzwerte zugänglich wird und somit eine Gefährdung besteht. Auch Fehlverhalten der Beschäftigten, z. B. die Überbrückung von Interlock-Schaltern, sollte bei der Beurteilung berücksichtigt werden.

Tab. 14.9 Zur Beurteilung der Gefährdungen können die Laserklassen herangezogen werden

Laserklasse	Werden Expositionsgrenzwerte überschritten?		Geht von dem Laser bzw. der Laseranlage eine Gefährdung aus?
1	Ja☐	Nein☒	Nein
1 C	Ja☒	Nein☐	Ja
1M	Ja☐	Nein☒	Nein, wenn keine optischen Instrumente verwendet werden
2	Ja☐	Nein☒	Nein, wenn nicht länger als 0,25 s in den Strahl geblickt wird
2M	Ja☐	Nein☒	Nein, wenn nicht länger als 0,25 s in den Strahl geblickt wird und keine optischen Instrumente verwendet werden
3R	Ja☒	Nein☐	Ja
3B	Ja☒	Nein☐	Ja
4	Ja☒	Nein☐	Ja

Reichen die Herstellerangaben nicht aus und liegen keine Messergebnisse zur Bewertung der Exposition vor, um zu klären, ob Expositionsgrenzwerte überschritten werden, so muss das Ausmaß der Exposition und Expositionsgrenzwerte anhand von Berechnungen und Messungen ermittelt werden. Nach § 5 Abs. 1 OStrV dürfen Messungen und Berechnungen nur von fachkundigen Personen durchgeführt werden. Eine ausführliche Einführung und Beispiele zur Berechnung der Expositionsgrenzwerte findet sich in Teil I Kap. 5 dieses Buches.

Eine besondere Gefährdung existiert für bestimmte Gruppen, bei denen die Einhaltung der Expositionsgrenzwerte nicht ausreicht, um sicher arbeiten zu können. Nach TROS Laserstrahlung Teil 1 sind dies

1. Personen, deren Haut überdurchschnittlich fotosensibel ist
   Es gibt Personen, deren Haut wesentlich empfindlicher auf sichtbare und ultraviolette Strahlung reagiert als beim Durchschnitt der Bevölkerung. Eine solche individuell erhöhte Fotosensibilität kann anlagebedingt sein oder als Erkrankung auftreten. Die Stärke der Hautempfindlichkeit gegenüber optischer Strahlung kann sich im Laufe des Lebens verändern.
2. Personen mit Vorerkrankungen der Augen
   Personen, deren Augenlinsen getrübt sind, weisen eine erhöhte Blendempfindlichkeit auf. Bei Vorschädigung eines Auges besteht eine erhöhte Gefährdung für die Einschränkung des gesamten Sehvermögens.
3. Personen mit Vorerkrankungen der Haut
   Personen, die schon einmal an Hautkrebs erkrankt waren, weisen ein erhöhtes Risiko auf, erneut daran zu erkranken.
   Verletzungen der Haut (mechanisch, Verbrennungen) können zu einer höheren Empfindlichkeit gegenüber optischer Strahlung führen.

4. Personen, deren natürliche Augenlinse durch eine künstliche Linse ersetzt wurde

Bei Personen, deren künstliche Augenlinse nicht der spektralen Transmission der natürlichen Augenlinse entspricht, kann die Netzhaut besonders gefährdet sein

5. Personen, die Medikamente einnehmen, welche die Fotosensibilität erhöhen

Bestimmte Inhaltsstoffe von Medikamenten können die Fotosensibilität der Haut deutlich erhöhen (siehe auch [15]).

14.6.2 Beurteilung der indirekten Gefährdungen

Die Beurteilung der indirekten Gefährdungen (siehe Teil II, Kap. 8) erfolgt nach Methode 1 anhand der Vorgaben aus der TROS Laserstrahlung Teil 1 [4]. Es muss beurteilt werden, ob die ermittelten indirekten Gefährdungen zu einem Unfall oder zu einem Gesundheitsschaden führen können.

Vorübergehende Blendung
Schon weit unterhalb der Expositionsgrenzwerte (ab 1 µW) kann es bei sichtbarer Laserstrahlung zur Blendung kommen [4]. Sobald also die Möglichkeit der Exposition der Augen besteht, liegt eine Gefährdung vor und kann zu einem Unfall führen.

Brand- und Explosionsgefahr
Die Bewertung der Brand- und Explosionsgefahr erfolgt durch den Vergleich mit den Technischen Regeln für Betriebssicherheit TRBS 2152 Teil 3 Gefährliche explosionsfähige Atmosphäre – Vermeidung der Entzündung gefährlicher explosionsfähiger Atmosphäre [14]. Hierbei sollte in der Regel die Fachkunde eines Brand- und Explosionsschutzbeauftragten herangezogen werden.

Gefahrstoffe
Wurde ermittelt, dass am Arbeitsplatz Gefahrstoffe entstehen, so sind zur Bewertung der Gefährdung die Gefahrstoffverordnung und die Technischen Regeln für Gefahrstoffe, z. B. die TRGS 900 [15] zu berücksichtigen. Hierbei sollte in der Regel eine fachkundige Person für Gefahrstoffe herangezogen werden. Bei der Bewertung können auch die Herstellerunterlagen zur Hilfe genommen werden.

Inkohärente optische Strahlung
Wurde ermittelt, dass es, z. B. bei der Materialbearbeitung, zu einer Überschreitung der Expositionsgrenzwerte der inkohärenten optischen Strahlung (z. B. UV-Strahlung) kommt, liegt eine Gefährdung vor. Bei der Bewertung bezüglich der arbeitsmedizinischen Vorsorge wird das Tragen von persönlicher Schutzausrüstung nicht berücksichtigt.

Ionisierende Strahlung
Wurde festgestellt, dass am Arbeitsplatz ionisierende Strahlung auftreten kann, so sind alle Vorgaben aus dem Strahlenschutzgesetz einzuhalten.

Lärm
Die Beurteilung, ob es durch Lärm am Arbeitsplatz zu einem gesundheitlichen Schaden kommen kann, ist anhand der Lärm- und Vibrationsarbeitsschutzverordnung [16] vorzunehmen.

14.7   Festlegen konkreter Arbeitsschutzmaßnahmen

Nachdem direkte oder indirekte Gefährdungen ermittelt und bewertet wurden, müssen im nächsten Schritt geeignete Schutzmaßnahmen (Teil II, Kap. 9–12) zur Beseitigung oder Minimierung der Gefährdung festgelegt und umgesetzt werden. Hierbei wird die Priorität auf die Gefährdungen gelegt, die mit höchster Dringlichkeit bewertet wurden. Bei der Durchführung der Schutzmaßnahmen sollten die Fachkraft für Arbeitssicherheit und der Arbeitsmediziner beratend hinzugezogen werden. Wichtig ist, dass auf die Durchführbarkeit der Schutzmaßnahmen geachtet wird. Hierbei sollte auch die Expertise der Beschäftigten und der Teamleitenden eingeholt werden, da diese am besten wissen, wie der Arbeitsablauf gestaltet ist und ob Schutzmaßnahmen die Arbeit behindern könnten. In so einem Fall ist die Wahrscheinlichkeit groß, dass Schutzmaßnahmen manipuliert werden. Bevor dies geschieht, sollte auf alternative Schutzmaßnahmen ausgewichen werden.

Bei der Festlegung der Schutzmaßnahmen ist nach dem sogenannten STOP-Prinzip in folgender Reihenfolge vorzugehen:

Substitution (Ersetzen)
Technische Schutzmaßnahmen
Organisatorische Schutzmaßnahmen
Personenbezogene bzw. verhaltensbezogene Schutzmaßnahmen

Der beste Arbeitsschutz ist die Vermeidung von Gefährdungen. Daher soll in einem ersten Schritt mittels einer Substitution überprüft werden, ob ein anderes Arbeitsmittel mit einer geringeren Gefährdung eingesetzt oder die Gefährdung, z. B. durch den Einsatz von Lasern kleinerer Leistung, anderer Wellenlänge oder Arbeitsverfahren mit niedrigerer Gefährdung, reduziert werden kann. Erst wenn dies nicht zum Erfolg führt, werden im nächsten Schritt technische Schutzmaßnahmen zur Beseitigung der Gefährdungsquelle, wie z. B. die Einhausung der Quelle, das Abgrenzen des Laserbereichs oder Fernverriegelungen, festgelegt. Reichen die technischen Schutzmaßnahmen nicht aus, eine Gefährdung durch die Laserstrahlung auszuschließen, müssen im nächsten Schritt organisatorische Schutzmaßnahmen, wie z. B. die Veränderung der Arbeitsabläufe und das Erstellen von Betriebsanweisungen, getroffen werden. Erst wenn auch diese nicht ausreichen, die Gefährdungen auf ein akzeptables Maß zu reduzieren, werden personenbezogene Maßnahmen wie Schutzbrillen, Schutzkleidung und Arbeitsanweisungen eingesetzt. Wie die Durchführung der Schutzmaßnahmen zu erfolgen hat, regelt § 4 des ArbSchG in folgender Weise:

1. Die Arbeit ist so zu gestalten, dass eine Gefährdung für das Leben sowie die physische und die psychische Gesundheit möglichst vermieden und die verbleibende Gefährdung möglichst geringgehalten wird;
2. Gefahren sind an ihrer Quelle zu bekämpfen;
3. bei den Maßnahmen sind der Stand von Technik, Arbeitsmedizin und Hygiene sowie sonstige gesicherte arbeitswissenschaftliche Erkenntnisse zu berücksichtigen;
4. Maßnahmen sind mit dem Ziel zu planen, Technik, Arbeitsorganisation, sonstige Arbeitsbedingungen, soziale Beziehungen und Einfluss der Umwelt auf den Arbeitsplatz sachgerecht zu verknüpfen;
5. individuelle Schutzmaßnahmen sind nachrangig zu anderen Maßnahmen;
6. spezielle Gefahren für besonders schutzbedürftige Beschäftigtengruppen sind zu berücksichtigen (z.B. bei einem Rollstuhlfahrer: Türbreite, Sichtbarkeit der Warnleuchte, Erreichbarkeit des Not-Halt-Schalters);
7. den Beschäftigten sind geeignete Anweisungen zu erteilen;
8. mittelbar oder unmittelbar geschlechtsspezifisch wirkende Regelungen sind nur zulässig, wenn dies aus biologischen Gründen zwingend geboten ist.

Die festgelegten Schutzmaßnahmen müssen so konkret wie möglich, z. B. in Tabellenform, dokumentiert werden (Tab. 14.10).

Unabhängig von der vorliegenden Gefährdung am Arbeitsplatz müssen unter anderem folgende Maßnahmen durchgeführt werden [17]:

- Die Prüfung der Arbeitsmittel,
- die Durchführung der arbeitsmedizinischen Vorsorge,
- die Bereitstellung von aushangpflichtigen Gesetzen,
- die Kennzeichnung von Flucht- und Rettungswegen,
- die Erste-Hilfe-Organisation,
- die Organisation des Brandschutzes,
- die Prüfung elektrischer Anlagen und Betriebsmittel.

Tab. 14.10 Tabelle zur Festlegung der Schutzmaßnahmen

Gefährdung	Schutz-maßnahmen	ja	nein	n.a.	Durchführung		Erledigt	Überprüfung
					Wer?	Bis wann?	Unterschrift Datum	Unterschrift Datum
Direkte Gefährdung von Augen und Haut Anwender und Dritte								

n. a. = nicht anwendbar

14.8   Durchführen der Schutzmaßnahmen

Am Beginn der Durchführung der Maßnahmen steht eine gute Organisation der Zuständigkeiten und der zeitlichen Abläufe. Werden Aufgaben delegiert, so ist klar festzulegen, welche Verantwortungen daraus erwachsen, bis wann die Aufgaben umgesetzt werden müssen und welche Mittel dafür bereitstehen [17]. Der Erfolg der Schutzmaßnahmen ist stark davon abhängig, wie diese von den Beschäftigten akzeptiert werden. Es ist daher sehr sinnvoll, diesen Personenkreis schon früh in die Suche nach Gefährdungen und die Planung der jeweiligen Maßnahmen mit einzubinden. Es muss außerdem festgelegt werden, wer die erforderlichen Schutzmaßnahmen umsetzt. Auch der Zeitpunkt, bis wann dies zu erfolgen hat, muss dokumentiert werden. Nach § 17 ArbSchG [7] sind die Beschäftigten berechtigt, dem Arbeitgeber Vorschläge zu allen Fragen der Sicherheit und des Gesundheitsschutzes bei der Arbeit zu machen.

14.9   Überprüfen der Durchführung und der Wirksamkeit der Schutzmaßnahmen

Nach Ablauf einer in der Gefährdungsbeurteilung festgelegten Frist ist eine Durchführungskontrolle durch den Vorgesetzten durchzuführen. Hierbei wird geprüft und dokumentiert, ob die notwendigen Schutzmaßnahmen auch tatsächlich umgesetzt wurden. In einer sogenannten Wirksamkeitskontrolle ist festzustellen, ob das Schutzziel erreicht wurde und ob die Beschäftigten sich an die vorgegebenen Schutzmaßnahmen halten. Die Wirksamkeitskontrolle kann auf unterschiedlichen Wegen erfolgen. Beispiele hierfür sind:

- Gespräche mit den Beschäftigten über die Wirksamkeit der Maßnahmen. Diese können z. B. in regelmäßigen Mitarbeitergesprächen oder bei Teammeetings erfolgen.
- Gespräche im Rahmen der jährlichen Unterweisung. Hier können die Beschäftigten eine Rückmeldung über die Wirkung der umgesetzten Maßnahmen geben und ggf. neue Maßnahmen anregen.
- Begehung des Arbeitsplatzes/Stichpunktkontrolle durch Fachkundige, LSB oder die Fachkraft für Arbeitssicherheit.

Es ist sinnvoll, diese Überprüfung nicht nur einmalig durchzuführen, sondern in sogenannten Erhaltungskontrollen [2] über einen längeren Zeitraum immer wieder zu wiederholen. Dies kann entweder kurz nach der Einrichtung der Maßnahme erfolgen, aber auch nach einer Schicht, nach einer Woche oder nach 6 Monaten. Die längsten Überprüfungszeiträume sollten 11–15 Monate nicht überschreiten. Wird in der Überprüfung festgestellt, dass Gefährdungen weiterhin bestehen, so müssen weitere Schutzmaßnahmen festgelegt und umgesetzt werden.

14.10 Fortschreiben und Aktualisierung der Gefährdungsbeurteilung

Stellt man im Arbeitsalltag fest, dass Gefährdungen nicht erkannt oder Schutzmaßnahmen unzureichend sind oder es betriebliche Veränderungen gab, so muss die Gefährdungsbeurteilung fortgeschrieben werden [2]. Dies bedeutet nicht, dass sie komplett überarbeitet werden muss, sondern lediglich, dass die neuen Gefährdungen und daraus resultierende neue Schutzmaßnahmen mit aufgenommen werden.

Nach der Erstbeurteilung empfiehlt es sich, die Gefährdungsbeurteilung in selbst gewählten, dem Arbeitsplatz angepassten Abständen, regelmäßig zu überprüfen und die Ergebnisse in die Gefährdungsbeurteilung einfließen zu lassen. Gründe für eine Aktualisierung könnten sein:

- Inbetriebnahme neuer Komponenten des Laserarbeitsplatzes,
- Veränderungen am Arbeitsplatz (Schutzmaßnahmen, Arbeitsverfahren usw.),
- Änderungen der geltenden Vorschriften (OStrV und andere),
- Fortschritte in der Technik, der Arbeitsmedizin und der Arbeitswissenschaft,
- Mitteilungen über Vorkommnisse am Arbeitsplatz,
- Empfehlung des Betriebsarztes und des Arztes für die medizinischen Vorsorge.
- Auftreten von Unfällen oder Beinaheunfällen.

14.11 Dokumentation der Gefährdungsbeurteilung

Nach § 6 ArbSchG muss der Arbeitgeber die Ergebnisse der Gefährdungsbeurteilung und daraus abgeleitete Schutzmaßnahmen sowie deren Wirksamkeitskontrolle dokumentieren. Daneben gibt es weitere Gründe für die Dokumentation [2]:

- Die Dokumentation erleichtert dem Arbeitgeber Verantwortliche und Fristen festzuhalten,
- sie ist die Grundlage für die Unterweisung der Beschäftigten,
- sie dient als Grundlage für die Tätigkeiten der Fachkraft für Arbeitssicherheit, des Arbeitsmediziners und des Arbeitsschutzausschusses,
- sie dient dem Informationsrecht des Betriebs- oder Personalrats,
- sie dient als Nachweis der Pflichterfüllung und der rechtlichen Absicherung.

Es ist nicht verpflichtend, die Gefährdungsbeurteilung zu unterschreiben.

14.11.1 Form der Dokumentation

Das Arbeitsschutzgesetz sieht keine feste Form der Dokumentation vor. Sie muss nur aktuell, nachvollziehbar und transparent und vor allem jederzeit greifbar sein. Sinnvoll ist es, die Beurteilung der Gefährdungen durch Laserstrahlung in bereits vorhandene Konzepte der Gefährdungsbeurteilungen zu integrieren. Die Dokumente können in Papierform oder auf elektronischen Medien gespeichert vorliegen.

14.11.2 Inhalte der Dokumentation

Zunächst einmal ist festzuhalten, wer an der Gefährdungsbeurteilung beteiligt war, wer sich für sie verantwortlich zeichnet (Tab. 14.1) und wann sie durchgeführt wurde. Zur besseren Nachvollziehbarkeit ist es ratsam, eine Skizze oder ein Foto des Arbeitsplatzes beizufügen und die rechtlichen Grundlagen aufzulisten. Bei der Dokumentation geht man folgendermaßen vor:

1. Dokumentation der Arbeitsbedingungen
   - Wann und von wem wurde die Gefährdungsbeurteilung durchgeführt?
   - Welche Personen waren daran beteiligt?
   - Bezeichnung des Arbeitsplatzes und der dort durchgeführten Tätigkeiten.
   - Welche Gefährdungen wurden ermittelt?

2. Dokumentation der festgelegten Schutzmaßnahmen
   - Welche Schutzmaßnahmen wurden festgelegt?
   - Wer ist für die Durchführung der Schutzmaßnahmen verantwortlich?
   - Wer führt die Schutzmaßnahmen durch?
   - Bis wann müssen die Schutzmaßnahmen umgesetzt sein?

3. Dokumentation der Wirksamkeitskontrolle
   - Wer führt die Wirksamkeitskontrolle durch?
   - Ergebnis der Wirksamkeitskontrolle?
   - Müssen neue Maßnahmen durchgeführt werden?

Sinnvollerweise werden der Gefährdungsbeurteilung Betriebsanweisungen, Arbeitsanweisungen, Sicherheitsdatenblätter von Gefahrstoffen, Protokolle von Messungen und Berechnungen, Begehungsprotokolle und die Materialien zur Unterweisung hinzugefügt.

14.12 Checkliste für die Erstellung der Gefährdungsbeurteilung

Die Checkliste in Tab. 14.11 dient der Kontrolle, ob alle wesentlichen Punkte bei der Erstellung er Gefährdungsbeurteilung beachtet wurden [9].

Tab. 14.11   Die Checkliste dient der Vorbereitung der Gefährdungsbeurteilung

Maßnahme	Ja/nein/nicht anwendbar (n. a.)	Kommentar
1. Vorbereiten der Gefährdungsbeurteilung		
Wurden die für die Gefährdungsbeurteilung relevanten Personen (Arbeitgeber/in, Fachkundige/r, LSB, Fachkraft für Arbeitssicherheit, weitere) festgelegt?	Ja ☐ nein ☐ n. a. ☐	
Sind alle Führungskräfte über ihre Pflichten in Sachen Arbeitsschutz informiert? Wurden sie auf ihre Verantwortung hingewiesen?	Ja ☐ nein ☐ n. a. ☐	
Sind die Aufgaben und Verantwortlichkeiten klar geregelt?	Ja ☐ nein ☐ n. a. ☐	
Wurden Unternehmerpflichten schriftlich übertragen?	Ja ☐ nein ☐ n. a. ☐	
Wurde die Organisation der Gefährdungsbeurteilung festgelegt? (Wer ist fachkundig, wer ist daran beteiligt, wer führt Messungen durch, wer legt die Schutzmaßnahmen fest, wer führt die Wirksamkeitskontrolle durch?)	Ja ☐ nein ☐ n. a. ☐	
Werden die für die Aufgaben im Laserschutz zuständigen Personen regelmäßig durch die Vorgesetzten überprüft, ob sie ihren Aufgaben nachkommen (Berichte über Begehungen/ Wann? Wie oft? usw.)	Ja ☐ nein ☐ n.a. ☐	
Wurde und wird die Fachkraft für Arbeitssicherheit und der/die Arbeitsmediziner/in bei der Erstellung und der Überprüfung der Gefährdungsbeurteilung eingebunden?	Ja ☐ nein ☐ n. a. ☐	
Wurden die Arbeitsbereiche und Tätigkeiten erfasst?	Ja ☐ nein ☐ n. a. ☐	
Wurde die Beurteilungsform (arbeitsbereichsbezogen, arbeitsplatzbezogen, tätigkeitsbezogen, personenbezogen) festgelegt?	Ja ☐ nein ☐ n. a. ☐	
Wurden alle Personen berücksichtigt, für die eine personenbezogene Gefährdungsbeurteilung erstellt werden muss (Schwangere, Stillende, Beschäftigte mit einer Behinderung, Jugendliche)?	Ja ☐ nein ☐ n. a. ☐	
Liegt eine Betriebsanleitung in deutscher Sprache vor?	Ja ☐ nein ☐ n. a. ☐	
Ist eine CE-Kennzeichnung vorhanden und wenn ja, ist auch die Richtlinie/Verordnung bekannt, nach der die Kennzeichnung vergeben wurde (MaschinenRL/NiederspannungsRL, MedizinprodukteRL/und weitere)?	Ja ☐ nein ☐ n. a. ☐	
Ist eine Konformitätserklärung in deutscher Sprache vorhanden?	Ja ☐ nein ☐ n. a. ☐	

(Fortsetzung)

Tab. 14.11 (Fortsetzung)

Maßnahme	Ja/nein/nicht anwendbar (n. a.)	Kommentar
Ist der Laser nach DIN EN 60825-1 klassifiziert und gekennzeichnet? Ist das Ausgabedatum der Norm bekannt?	Ja ☐ nein ☐ n. a. ☐	
Ist ein Laser der Klasse 3R, 3B oder 4 nach DGUV V11 § 5 angemeldet?	Ja ☐ nein ☐ n. a. ☐	
2. Ermitteln der Gefährdungen		
Wurden die Gefährdungen für die zu beurteilenden Arbeitsbereiche und Tätigkeiten ermittelt?	Ja ☐ nein ☐ n. a. ☐	
3. Beurteilen der Gefährdungen		
Wurden die Gefährdungen für die entsprechenden Arbeitsbereiche beurteilt?	Ja ☐ nein ☐ n. a. ☐	
Wurden die Expositionsgrenzwerte ermittelt und eingehalten?	Ja ☐ nein ☐ n. a. ☐	
Wurden neben den direkten Gefährdungen auch die indirekten Gefährdungen ermittelt?	Ja ☐ nein ☐ n. a. ☐	
4. Festlegen konkreter Schutzmaßnahmen		
Wurden Schutzmaßnahmen nach dem STOP-Prinzip festgelegt? Liegt eine Liste mit den festgelegten Maßnahmen vor?	Ja ☐ nein ☐ n. a. ☐	
5. Durchführen der Maßnahmen		
Wurden Schutzmaßnahmen nach dem STOP-Prinzip durchgeführt?	Ja ☐ nein ☐ n. a. ☐	
Wurde eine Betriebsanweisung erstellt und ausgehängt und wurde dies den Beschäftigten bekannt gegeben?	Ja ☐ nein ☐ n. a. ☐	
Sind je nach Anforderung (z. B. Schichtbetrieb) ein oder mehrere Laserschutzbeauftragte schriftlich bestellt?	Ja ☐ nein ☐ n. a. ☐	
Wurde der Qualifizierungsbedarf der Laserschutzbeauftragten und Fachkundigen im Laserschutz ermittelt? Wo werden bei der Personalabteilung die Dokumente (Prüfung der erfolgreichen Teilnahme an einem Lehrgang gemäß OStrV/DGUV Grundsatz ab 2019) abgelegt?	Ja ☐ nein ☐ n. a. ☐	
Ist die Unterweisung der Beschäftigten organisiert? (Wer unterweist, welche Themen, welche Methode?)	Ja ☐ nein ☐ n. a. ☐	
Werden Unterweisungen in einer für die Beschäftigten verständlichen Form und Sprache durchgeführt?	Ja ☐ nein ☐ n. a. ☐	

(Fortsetzung)

Tab. 14.11 (Fortsetzung)

Maßnahme	Ja/nein/nicht anwendbar (n. a.)	Kommentar
Wurden alle Unterweisungen mit Unterschrift dokumentiert – Personalabteilung wo werden die Daten gelagert?	Ja ☐ nein ☐ n. a. ☐	
6. Überprüfen der Durchführung und der Wirksamkeit der Maßnahmen		
Wurden bei der Gefährdungsbeurteilung alle Betriebszustände berücksichtigt?	Ja ☐ nein ☐ n. a. ☐	
Sind die Mitarbeiter nach § 8 OStrV vor der ersten Aufnahme der Beschäftigung und danach jährlich unterwiesen?	Ja ☐ nein ☐ n. a. ☐	
Werden regelmäßig Wirksamkeitskontrollen durchgeführt?	Ja ☐ nein ☐ n. a. ☐	
Wurden die Beschäftigten über deren Erfahrungen mit den Gefährdungen und Schutzmaßnahmen befragt?	Ja ☐ nein ☐ n. a. ☐	
7. Fortschreiben und Aktualisierung der Gefährdungsbeurteilung		
Wird die Gefährdungsbeurteilung regelmäßig (mind. alle 11–15 Monate) auf Aktualität hin überprüft?		
Wurden bei ermittelten Bedarfen Verbesserungsmaßnahmen festgelegt?	Ja ☐ nein ☐ n. a. ☐	
8. Dokumentation der Gefährdungsbeurteilung		
Wurde die Gefährdungsbeurteilung dokumentiert?	Ja ☐ nein ☐ n. a. ☐	

Literatur

1. Leitlinie Gefährdungsbeurteilung und Dokumentation, Gemeinsame Deutsche Arbeitsschutzstrategie. 22. Mai 2017
2. https://www.bgetem.de/arbeitssicherheit-gesundheitsschutz/themen-von-a-z-1/gefaehrdungsbeurteilung/durchfuehrung/2-gefaehrdungen-ermitteln. Zugegriffen: 12. Jan. 2020
3. Arbeitsschutzverordnung zu künstlicher optischer Strahlung – OStrV
4. Technische Regeln zur Arbeitsschutzverordnung zu künstlicher optischer Strahlung – TROS Laserstrahlung, Teil 1 (2018)
5. Technische Regeln zur Arbeitsschutzverordnung zu künstlicher optischer Strahlung – TROS Laserstrahlung, Teil 2 (2018)
6. DGUV Grundsatz 303-005, Ausbildung und Fortbildung von Laserschutzbeauftragten sowie Fortbildung von fachkundigen Personen zur Durchführung der Gefährdungsbeurteilung nach OStrV bei Laseranwendungen
7. Gesetz über die Durchführung von Maßnahmen des Arbeitsschutzes zur Verbesserung der Sicherheit und des Gesundheitsschutzes der Beschäftigten bei der Arbeit (1996)
8. https://www.bghm.de/arbeitsschuetzer/gesetze-und-vorschriften/dguv-vorschriften/dguv-vorschrift-1-grundsaetze-der-praevention/pflichten-des-unternehmers/13-pflichtenuebertragung/
9. https://www.gda-orgacheck.de/daten/gda/begriffe.htm. Zugegriffen: 23. Sept. 2019
10. Hummel, D., Geißler, H.: Mitbestimmungsrechte des Betriebsrats und des Personalrats bei der Gefährdungsbeurteilung

11. Arbeitssicherheitsgesetz-Gesetz über Betriebsärzte, Sicherheitsingenieure und andere Fachkräfte für Arbeitssicherheit
12. Lehder, G.: Taschenbuch Arbeitssicherheit, 12. Aufl. Erich Schmidt, Berlin (2011)
13. Gesetz zum Schutz von Müttern bei der Arbeit, in der Ausbildung und im Studium (Mutterschutzgesetz – MuSchG)
14. Technische Regeln für Betriebssicherheit TRBS 2152 Teil 3 Gefährliche explosionsfähige Atmosphäre – Vermeidung der Entzündung gefährlicher explosionsfähiger Atmosphäre (GMBl. Nr. 77 vom 20. November 2009 S. 1583)
15. TRGS 900, Technische Regeln, Arbeitsplatzgrenzwerte. 29.3.2019
16. Verordnung zum Schutz der Beschäftigten vor Gefährdungen durch Lärm und Vibrationen (Lärm- und Vibrations-Arbeitsschutzverordnung – LärmVibrationsArbSchV)
17. https://www.arbeitsschutz-kmu.de/5.htm#a4. Zugegriffen: 19. Dez. 2019

Beispiele für Gefährdungsbeurteilungen verschiedener Anwendungsbereiche

15

Inhaltsverzeichnis

© Springer-Verlag GmbH Deutschland, ein Teil von Springer Nature 2020
C. Schneeweiss et al., *Leitfaden für Fachkundige im Laserschutz*,
https://doi.org/10.1007/978-3-662-61242-2_15

Die Form der Dokumentation der Gefährdungsbeurteilung ist nicht vorgeschrieben und sollte sich möglichst an bereits vorhandenen Gefährdungsbeurteilungen orientieren. In diesem Kapitel werden verschiedene Beispiele für Gefährdungsbeurteilungen aus den Anwendungsbereichen Materialbearbeitung, Medizin, Labor, Wissenschaft, Veranstaltungstechnik, Vermessungstechnik und Lichtwellenleiter-Kommunikationstechnik gezeigt.

15.1 Allgemeines Beispiel für eine Gefährdungsbeurteilung mit Lasern

Die folgenden Tabellen dienen als allgemeine Vorlagen zur Erstellung einer an den jeweiligen Arbeitsplatz angepassten Gefährdungsbeurteilung.

ALB AKADEMIE FÜR LASERSICHERHEIT BERLIN	Gefährdungsbeurteilung für Arbeitsplätze und Tätigkeiten mit Exposition durch Laserstrahlung Nach §§ 3,5 OStrV und TROS Laserstrahlung	Erstellt am 01.10.2019
Unternehmen/Institution/Klinik		
Abteilung		
Arbeitsbereich/Gebäude/Raum		
Bezeichnung der Anlage/n		
Beschreibung der Tätigkeit		

An der Gefährdungsbeurteilung beteiligte Personen	Vor- und Zuname	Telefon
Unternehmer(in)/Führungsperson		
Fachkundige Person		
Laserschutzbeauftragte(r)		
Fachkraft für Arbeitssicherheit		
Arbeitsmediziner(in)		
Betriebliche Interessenvertretung		

Die Gefährdungsbeurteilung erfolgt
☐ arbeitsbereichsbezogen
☐ tätigkeits-/arbeitsplatzbezogen
☐ personenbezogen

_____

Unterschrift verantwortliche Person

15.1.1   Art und Ausmaß der Laserstrahlung

Lasergerät/Hersteller	Lasertyp	Laser-klasse	Wellen-länge	Leistung/ Energie	Impuls dauer	Impuls-folgefrequenz

Lasergerät/ Hersteller	Liegen die Herstellerdaten vor?		Ist die CE-Kenn-zeichnung vorhanden?		Wurde das Ausmaß der Exposition ermittelt?	
	Ja☐	Nein☐	Ja☐	Nein☐	Ja☐	Nein☐
	Ja☐	Nein☐	Ja☐	Nein☐	Ja☐	Nein☐
	Ja☐	Nein☐	Ja☐	Nein☐	Ja☐	Nein☐

15.1.2 Ermittlung der direkten Gefährdungen

Lasergerät/Hersteller	Expositionsgrenzwert nach TROS Laserstrahlung		NOHD		Exposition in W/m² oder J/m²	Expositions-dauer in s
	Auge	Haut	Auge	Haut		

Wurde ermittelt, ob die Expositionsgrenzwerte eingehalten werden (Normalbetrieb/Wartung/Service)?

Ja	Nein
☐	☐

Falls ja, durch

Angaben des Herstellers (Expositionsgrenzwerte, NOHD)	☐
Eigene Berechnung	☐
Eigene Messung	☐

Die Herstellerdokumentation bzw. Messprotokolle oder Berechnungen werden dieser Gefährdungsbeurteilung beigefügt.

Werden Expositionsgrenzwerte überschritten? Für jede Laseranlage eine eigene Tabelle anlegen.

Betriebszustand	Auge			Haut		
Aufbau	Ja☐	Nein☐	n.a. ☐	Ja☐	Nein☐	n.a. ☐
Probebetrieb	Ja☐	Nein☐	n.a. ☐	Ja☐	Nein☐	n.a. ☐
Normalbetrieb	Ja☐	Nein☐	n.a. ☐	Ja☐	Nein☐	n.a. ☐
Einrichten	Ja☐	Nein☐	n.a. ☐	Ja☐	Nein☐	n.a. ☐
Wartung und Pflege	Ja☐	Nein☐	n.a. ☐	Ja☐	Nein☐	n.a. ☐
Störung	Ja☐	Nein☐	n.a. ☐	Ja☐	Nein☐	n.a. ☐
Abbau	Ja☐	Nein☐	n.a. ☐	Ja☐	Nein☐	n.a. ☐

n.a. = nicht anwendbar

15.1.3 Ermittlung indirekter Gefährdungen

Für jede Laseranlage eine eigene Tabelle anlegen.

Blendung	Ja☐	Nein☐
Brandgefahr	Ja☐	Nein☐
Explosionsgefahr	Ja☐	Nein☐
Inkohärente optische Strahlung	Ja☐	Nein☐
Gefahrstoffe	Ja☐	Nein☐
Ionisierende Strahlung	Ja☐	Nein☐
Lärm	Ja☐	Nein☐

15.1.4 Schutzmaßnahmen

Substitution

Ergebnis der Substitution	

Technische Schutzmaßnahmen*

Wird durch eine Emissionseinrichtung (optisch oder akustisch) angezeigt, dass der Laser in Betrieb ist?	Ja☐	Nein☐	n.a.☐
Ist ein Schlüsselschalter oder eine andere Vorrichtung am Laser vorhanden, welche das unbefugte Einschalten verhindert (Pflicht bei Laserklassen 3B und 4)?	Ja☐	Nein☐	n.a.☐
Ist die Strahlaustrittsöffnung gekennzeichnet (Laserklassen 3R, 3B, 4)?	Ja☐	Nein☐	n.a.☐
Wurde der Laserbereich abgegrenzt?	Ja☐	Nein☐	n.a.☐
Wurde der Laserbereich durch geeignete Abschirmungen nach DIN EN 60825-4 oder DIN EN 12254 abgegrenzt?	Ja☐	Nein☐	n.a.☐
Ist sichergestellt, dass medizinische Instrumente durch Material und Formgebung gefährliche Reflexionen ausschließen?	Ja☐	Nein☐	n.a.☐
Sind Beobachtungsoptiken mit geeigneten Filtern ausgestattet, welche sicherstellen, dass die GZS für Klasse 1 nicht überschritten werden?	Ja☐	Nein☐	n.a.☐
Befinden sich Not-Aus-Schalter im Laserbereich?	Ja☐	Nein☐	n.a.☐
Sind Laserbereiche, in denen sich unterschiedliche Laser befinden, voneinander abgegrenzt?	Ja☐	Nein☐	n.a.☐
Sind Fenster im Laserbereich mit geeigneten Abdeckungen (Vorhänge, Rollos, Abdeckungen z. B. aus Holz) versehen?	Ja☐	Nein☐	n.a.☐

Technische Schutzmaßnahmen*

Weisen Decken, Wände und weitere Flächen im Laserbereich der Laserklassen 3R, 3B und 4 diffuse Oberflächen auf?	Ja☐	Nein☐	n.a.☐
Ist sichergestellt, dass offene Laserstrahlung nicht in Augenhöhe von Beschäftigten und Besuchern verlaufen?	Ja☐	Nein☐	n.a.☐
Ist sichergestellt, dass keine unbeabsichtigten Reflexionen von Materialien im Laserbereich auftreten können (spiegelnde Fläche abdecken oder entfernen)?	Ja☐	Nein☐	n.a.☐
Ist sichergestellt, dass bei Lasereinrichtungen der Klassen 1M und 2M keine optisch vergrößernden und sammelnden Instrumente benutzt werden (z. B. im Freien)?	Ja☐	Nein☐	n.a.☐

n.a. = nicht anwendbar

Organisatorische Schutzmaßnahmen*

Ist der Laserbereich durch Warnschilder gekennzeichnet?	Ja☐	Nein☐	n.a.☐
Wurden Zugangsregelungen zum Laserbereich festgelegt?	Ja☐	Nein☐	n.a.☐
Wird der Einschaltzustand des Lasers durch eine Warnleuchte an den Zugängen zum Laserbereich angezeigt?	Ja☐	Nein☐	n.a.☐
Ist ein Laserschutzbeauftragter bzw. sind alle notwendigen (mehrere) Laserschutzbeauftagte schriftlich bestellt?	Ja☐	Nein☐	n.a.☐
Ist sichergestellt, dass die Laserschutzbeauftragten spätestens 5 Jahre nach der letzten Ausbildung an einem Fortbildungskurs zur Auffrischung der Kenntnisse teilnehmen?	Ja☐	Nein☐	n.a.☐
Werden die Beschäftigten vor dem ersten Einsatz im Laserbereich und danach jährlich zum Thema Lasersicherheit unterwiesen?	Ja☐	Nein☐	n.a.☐
Sind Betriebs- und Arbeitsanweisungen vorhanden und den Beschäftigten zugänglich?	Ja☐	Nein☐	n.a.☐
Ist die nach § 22 Jugendschutzgesetz und § 11 DGUV VORSCHRIFT 11 geforderte Beschäftigungsbeschränkung von Jugendlichen sichergestellt (Laserklasse 3R, 3B und 4)?	Ja☐	Nein☐	n.a.☐
Wurde beim Lasereinsatz im Freien, welcher den Luftverkehr gefährden könnte, die Flugsicherungsbehörde informiert?	Ja☐	Nein☐	n.a.☐
Ist sichergestellt, dass alle Beschäftigten im Laserbereich über das Verhalten im Falle eines Unfalls unterwiesen wurden?	Ja☐	Nein☐	n.a.☐
Ist eine allgemeine arbeitsmedizinische Beratung der betroffenen Beschäftigten sichergestellt?	Ja☐	Nein☐	n.a.☐

* weitere organisatorische Schutzmaßnahmen finden Sie in Anlage X
n.a. = nicht anwendbar

Personenbezogene Schutzmaßnahmen					
Laseranlage	Augenschutz Kennzeichnung	Hersteller und Herstellungsdatum	Handschutz Bezeichnung	Schutzkleidung	Atemschutz Bezeichnung

Indirekte Gefährdung und Schutzmaßnahmen		
Gefährdung	Maßnahmen	Durchführung Wer?/Bis wann? Unterschrift
☐ Blendung	☐ Sichtbare Laserstrahlung wird vor den Beschäftigten abgeschirmt. ☐ Es wird sichergestellt, dass Pilotlaser nicht auf Augen gerichtet werden. ☐ Die Beschäftigten werden informiert, dass beim Auftreffen von Laserstrahlung auf die Augen diese sofort geschlossen und abgewendet werden müssen. ☐ Es werden keine reflektierenden Gegenstände in den Laserstrahl eingebracht. ☐ Die Laserstrahlung wird so ausgerichtet, dass sie oberhalb oder unterhalb der Augenhöhe verläuft	
☐ Brandgefahr	☐ Brennbare Stoffe oder Flüssigkeiten werden möglichst durch solche mit geringerer Gefährdung ersetzt. ☐ Brennbare Flüssigkeiten werden auf die Mindestmenge begrenzt. ☐ Laserstrahlung der Klasse 4 wird durch geeignete Strahlbegrenzungen abgegrenzt ☐ Beim offenen Umgang mit brennbaren Stoffen wird auf ausreichende Lüftung geachtet. ☐ Entflammbare Materialien werden, soweit möglich, aus dem Laserbereich entfernt. ☐ Es werden keine alkoholhaltigen oder brennbaren Flüssigkeiten der Laserstrahlung ausgesetzt. ☐ Abdecktücher und Tupfer, welche in der Medizin Anwendung finden, werden angefeuchtet. ☐ Es werden nur lasergeeignete Tuben verwendet	
☐ Explosionsgefahr	☐ Explosionsfähige Atmosphäre und explosible Stoffe werden aus dem Laserbereich entfernt. ☐ Brennbare Gase werden beim medizinischen Einsatz in Körperhöhlen sicher abgesaugt	

Indirekte Gefährdung und Schutzmaßnahmen		
☐ Gefahrstoffe	☐ Es werden Schutzmaßnahmen nach Kap. 4 GefStV festgelegt	
☐ Gefährdung durch inkohärente optische Strahlung	☐ Es wird geeigneter Augen- und Gesichtsschutz (TROS IOS und DGUV Regel 112-192) benutzt. ☐ Es wird geeigneter Hautschutz benutzt	
☐ Gefährdung durch ionisierende Strahlung	☐ Schutzmaßnahmen werden nach Strahlenschutzgesetz festgelegt; ggf. werden Strahlenschutzbeauftragte ausgebildet. Es erfolgt die Abstimmung und Anzeige bei der örtlich zuständigen Behörde	
☐ Gefährdung durch Lärm	☐ Es wird geeigneter Gehörschutz benutzt	
☐	☐	
☐	☐	

15.1.5 Wirksamkeitskontrolle

Wirksamkeitskontrolle			
Datum	Wie wurde die Wirksamkeitskontrolle durchgeführt?*	Durchgeführt durch	Ergebnis

*Möglichkeiten sind:

1. Gespräche mit den Beschäftigten über die Wirksamkeit der Maßnahmen. Diese können durch die Führungskraft im regelmäßigen Mitarbeitergespräch oder beim Teammeeting erfolgen.
2. Ein Kurz-Mitarbeiterworkshop, zum Beispiel im Rahmen der jährlichen Unterweisung. Hier können die Beschäftigten eine Rückmeldung über die Wirkung der umgesetzten Maßnahmen geben und ggf. neue Maßnahmen anregen.
3. Begehung des Arbeitsplatzes / Stichpunktkontrolle durch Fachkundige, LSB oder Fachkraft für Arbeitssicherheit

15.1.6 Abweichungen

Ermittelte Abweichungen				
Zu Punkt	Aufgabe	Maßnahme	Verantwortliche Person	Unterschrift und Datum, wenn erledigt

15.1.7 Literatur

Richtlinie 2006/25/EG des Europäischen Parlaments und des Rates vom 5. April 2006 zum Schutz von Sicherheit und Gesundheit der Arbeitnehmer vor der Gefährdung durch künstliche optische Strahlung

Unverbindlicher Leitfaden zur Richtlinie 2006/25/EG über künstliche optische Strahlung

ArbSchG	Arbeitsschutzgesetz
MuSchG	Mutterschutzgesetz
MPG	Medizinproduktegesetz
JArbSchG	Jugendarbeitsschutzgesetz
MPBetreibV	Medizinprodukte-Betreiberverordnung
BetrSichV	Betriebssicherheitsverordnung
ArbStV	Arbeitsstättenverordnung
GefStV	Gefahrstoffverordnung
OStrV	Verordnung zum Schutz der Beschäftigten vor Gefährdungen durch künstliche optische Strahlung
TROS Laserstrahlung	Technische Regeln zur Verordnung zu künstlicher optischer Strahlung
DGUV Vorschrift 1	Grundsätze der Prävention
DGUV Vorschrift 11/12	Unfallverhütungsvorschrift „Laserstrahlung" (wird demnächst zurückgezogen)
DGUV Regel 112-192	Benutzung von Augen- und Gesichtsschutz
DGUV Regel 113-001	Explosionsschutz-Regeln (EX-RL)
DGUV Information 203-042	Auswahl- und Benutzung von Laser-Schutz- und Laser- Justierbrillen
DGUV Information 203-039	Umgang mit Lichtwellenleiter-Kommunikationssystemen (LWLKS)
DGUV Information 203-036	Laser-Einrichtungen für Show- oder Projektionszwecke

DIN EN 60825-1 bis :2008-05	Sicherheit von Lasereinrichtungen – Klassifizierung von Anlagen
DIN EN 60825-2	Lichtwellenleiter-Kommunikationssysteme
DIN EN 60825-4	Laserschutzwände
DIN EN 207	Filter- und Augenschutzgeräte gegen Laserstrahlung
DIN EN 208	Filter- und Augenschutzgeräte für Justierarbeiten an Lasern und Laseraufbauten

15.2 Beispiel für eine Gefährdungsbeurteilung Laser in der Materialbearbeitung

Ausgangssituation:

In der Halle A 222 stehen 6 identische Laseranlagen, mit denen vollautomatisch Stahlbleche, auch Edelstahlbleche bis zu 2 mm geschnitten werden. Die Laser sind eingehaust und in die Laserklasse 1 vom Hersteller klassifiziert. Der Materialfluss erfolgt über eine automatische Be- und Entladeeinheit. Die Bedienung der Anlage erfolgt über ein Bedienpult außerhalb der Anlage. Einrichtarbeiten werden von außen über das Bedienpult vorgenommen. Die Maschinen werden ausschließlich durch die Herstellerfirma gewartet. Ein Wartungsvertrag liegt vor.

ALB AKADEMIE FÜR LASERSICHERHEIT BERLIN	Gefährdungsbeurteilung für Arbeitsplätze und Tätigkeiten mit Exposition durch Laserstrahlung Nach §§ 3,5 OStrV und TROS Laserstrahlung	Erstellt am 01.10.2019
Unternehmen/Institution/Klinik	Metallverarbeitung AG	
Abteilung	Laser	
Arbeitsbereich/Gebäude/Raum	Halle A 222	
Bezeichnung der Anlage/n	Faser2000 Lasersystems	
Beschreibung der Tätigkeit	Schneiden von Edelstahlblechen bis 2 mm Dicke	

An der Gefährdungsbeurteilung beteiligte Personen	Vor- und Zuname	Telefon
Unternehmer(in)/Führungsperson	Frau Diana Schlau	1234
Fachkundige Person	Herr Emil Richter	12345
Laserschutzbeauftragte(r)	Frau Ute Müller	123456
Fachkraft für Arbeitssicherheit	Herr Manfred Krüger	123457
Arbeitsmediziner(in)	Frau Dr. Susanne Peters	12345678
Betriebliche Interessenvertretung	Herr Karl Muster	123456789

Die Gefährdungsbeurteilung erfolgt
- ☒ arbeitsbereichsbezogen
- ☐ tätigkeits-/arbeitsplatzbezogen
- ☐ personenbezogen

_____

Unterschrift verantwortliche Person

15.2.1 Art und Ausmaß der Laserstrahlung

Lasergerät/ Hersteller	Lasertyp	Laser-klasse	Wellen-länge	Leistung/ Energie	Impuls-dauer	Impuls-folgefrequenz
Faser-Lasersystems	Faserlaser (gepumpt mit Dioden-Laser)	1	1000–1200 nm	4 kW cw	cw	cw

Lasergerät/ Hersteller	Liegen die Hersteller-daten vor?		Ist die CE-Kenn-zeichnung vorhanden?		Wurde das Ausmaß der Exposition ermittelt?	
Faser2000 Lasersystems	Ja☒	Nein☐	Ja☒	Nein☐	Ja☒	Nein☐
	Ja☐	Nein☐	Ja☐	Nein☐	Ja☐	Nein☐
	Ja☐	Nein☐	Ja☐	Nein☐	Ja☐	Nein☐

15.2.2 Ermittlung der direkten Gefährdungen

LasergerätHersteller	Expositionsgrenzwert nach TROS Laser-strahlung		NOHD		Exposition in W/m^2 oder J/m^2	Expositions-dauer in s
	Auge	Haut	Auge	Haut		
Faser-Laser-systems	50 W/m^2 (30.000 s)	10.000 W/m^2 (30.000 s)	Im Normalbetrieb innerhalb der Ein-hausung			

Wurde ermittelt, ob die Expositionsgrenzwerte eingehalten werden (Normalbetrieb/Wartung/Service)?

Ja	Nein
☒	☐

Falls ja, durch

Angaben des Herstellers (Expositionsgrenzwerte, NOHD)	☒
Durch eigene Berechnung	☐
Durch eigene Messung	☐

Die Herstellerdokumentation bzw. Messprotokolle oder Berechnungen werden dieser Gefährdungsbeurteilung beigefügt.
Werden Expositionsgrenzwerte überschritten? Für jede Laseranlage eine eigene Tabelle anlegen.

Betriebszustand	Auge			Haut		
Aufbau	Ja☒	Nein☐	n.a. ☐	Ja☒	Nein☐	n.a. ☐
Probebetrieb	Ja☒	Nein☐	n.a. ☐	Ja☒	Nein☐	n.a. ☐
Normalbetrieb	Ja☐	Nein☐	n.a. ☒	Ja☐	Nein☐	n.a. ☒
Einrichten	Ja☐	Nein☐	n.a. ☐	Ja☒	Nein☐	n.a. ☐
Wartung und Pflege	Ja☒	Nein☐	n.a. ☐	Ja☒	Nein☐	n.a. ☐
Störung	Ja☒	Nein☐	n.a. ☐	Ja☒	Nein☐	n.a. ☐
Abbau	Ja☒	Nein☐	n.a. ☐	Ja☒	Nein☐	n.a. ☐

n.a. = nicht anwendbar

Alle Betriebszustände, in denen Expositionsgrenzwerte überschritten werden können, werden durch die Herstellerfirma durchgeführt. Im Wartungsvertrag wurde festgelegt, dass die Herstellerfirma geeignete Schutzmaßnahmen festlegt und installiert. Vor einer dieser Tätigkeiten wird die Laserschutzbeauftragte, Frau Ute Müller, informiert.

15.2.3 Ermittlung indirekter Gefährdungen

Für jede Laseranlage eine eigene Tabelle anlegen.

Blendung	Ja☐	Nein☒
Brandgefahr	Ja☒	Nein☐
Explosionsgefahr	Ja☒	Nein☐

Inkohärente optische Strahlung	Ja⊠	Nein☐
Gefahrstoffe	Ja⊠	Nein☐
Ionisierende Strahlung	Ja☐	Nein⊠
Lärm	Ja☐	Nein⊠

15.2.4 Schutzmaßnahmen

Substitution

Ergebnis der Substitution	Es gibt kein anderes geeignetes Arbeitsmittel mit geringeren Gefährdungen

Technische Schutzmaßnahmen*			
Wird durch eine Emissionseinrichtung (optisch oder akustisch) angezeigt, dass der Laser in Betrieb ist?	Ja⊠	Nein⊠	n.a.☐
Ist ein Schlüsselschalter oder eine andere Vorrichtung am Laser vorhanden, welche das unbefugte Einschalten verhindert (Pflicht bei Laserklassen 3B und 4)?	Ja⊠	Nein☐	n.a.☐
Ist die Strahlaustrittsöffnung gekennzeichnet (Laserklassen 3R, 3B, 4)?	Ja⊠	Nein☐	n.a.☐
Wurde der Laserbereich abgegrenzt?	Ja⊠	Nein☐	n.a.☐
Wurde der Laserbereich durch geeignete Abschirmungen nach DIN EN 60825-4 oder DIN EN 12254 abgegrenzt?	Ja⊠	Nein☐	n.a.☐
Ist sichergestellt, dass medizinische Instrumente durch Material und Formgebung gefährliche Reflexionen ausschließen?	Ja☐	Nein☐	n.a.⊠
Sind Beobachtungsoptiken mit geeigneten Filtern ausgestattet, welche sicherstellen, dass die GZS für Klasse 1 nicht überschritten werden?	Ja☐	Nein☐	n.a.⊠
Befinden sich Not-Aus-Schalter im Laserbereich?	Ja⊠	Nein☐	n.a.☐
Sind Laserbereiche, in denen sich unterschiedliche Laser befinden, voneinander abgegrenzt?	Ja☐	Nein☐	n.a.⊠
Sind Fenster im Laserbereich mit geeigneten Abdeckungen (Vorhänge, Rollos) versehen?	Ja☐	Nein☐	n.a.⊠
Weisen Decken, Wände und weitere Flächen im Laserbereich der Laserklassen 3R, 3B und 4 diffuse Oberflächen auf?	Ja☐	Nein☐	n.a.⊠
Ist sichergestellt, dass offene Laserstrahlung nicht in Augenhöhe von Beschäftigten und Besuchern verlaufen?	Ja☐	Nein☐	n.a.⊠
Ist sichergestellt, dass keine unbeabsichtigten Reflexionen von Materialien im Laserbereich auftreten können (spiegelnde Fläche abdecken oder entfernen)?	Ja☐	Nein☐	n.a.⊠
Ist sichergestellt, dass bei Lasereinrichtungen der Klassen 1M und 2M keine optisch vergrößernden und sammelnden Instrumente benutzt werden (z. B. im Freien)?	Ja☐	Nein☐	n.a.⊠

n.a. = nicht anwendbar

Organisatorische Schutzmaßnahmen*			
Ist der Laserbereich durch Warnschilder gekennzeichnet?	Ja☒	Nein☐	n.a.☐
Wurden Zugangsregelungen zum Laserbereich festgelegt?	Ja☒	Nein☐	n.a.☐
Wird der Einschaltzustand des Lasers durch eine Warnleuchte an den Zugängen zum Laserbereich angezeigt?	Ja☒	Nein☐	n.a.☐
Ist ein Laserschutzbeauftragter schriftlich bestellt?	Ja☒	Nein☐	n.a.☐
Ist sichergestellt, dass die Laserschutzbeauftragten spätestens 5 Jahre nach der letzten Ausbildung an einem Fortbildungskurs zur Auffrischung der Kenntnisse teilnehmen?	Ja☐	Nein☒	n.a.☐
Werden die Beschäftigten vor dem ersten Einsatz im Laserbereich und danach jährlich zum Thema Lasersicherheit unterwiesen?	Ja☒	Nein☐	n.a.☐
Sind Betriebs- und Arbeitsanweisungen vorhanden und den Beschäftigten zugänglich?	Ja☐	Nein☐	n.a.☐
Ist die nach § 22 Jugendschutzgesetz und § 11 DGUV Vorschrift 11 geforderte Beschäftigungsbeschränkung von Jugendlichen sichergestellt (Laserklasse 3R, 3B und 4)?	Ja☐	Nein☐	n.a.☐
Wurde beim Lasereinsatz im Freien, welcher den Luftverkehr gefährden könnte, die Flugsicherungsbehörde informiert?	Ja☐	Nein☐	n.a.☐
Ist sichergestellt, dass alle Beschäftigten im Laserbereich über das Verhalten im Falle eines Unfalls unterwiesen wurden?	Ja☐	Nein☐	n.a.☐
Ist eine allgemeine arbeitsmedizinische Beratung der betroffenen Beschäftigten sichergestellt?	Ja☐	Nein☐	n.a.☐

* weitere organisatorische Schutzmaßnahmen finden Sie in Anlage X
n.a. = nicht anwendbar

Personenbezogene Schutzmaßnahmen					
Lasergerät Hersteller	Augenschutz Kennzeichnung	Hersteller und Herstellungs-datum	Handschutz Bezeichnung	Schutz-kleidung	Atemschutz
Faser 2000 Lasersytems Normalbetrieb	Normalbetrieb keine Schutzbrille				
Faser 2000 Lasersytems Arbeiten im Laserbereich	Bezeichnung: 950-1200 DI LB6	VisoGoogle 20.1.2019	Protect-1 (schützt bis 5 s)		

Indirekte Gefährdung und Schutzmaßnahmen

Gefährdung	Maßnahmen	Durchführung
		Wer?/Bis wann? Unterschrift
☐ Blendung	☐ Sichtbare Laserstrahlung wird vor den Beschäftigten abgeschirmt. ☐ Es wird sichergestellt, dass Pilotlaser nicht auf Augen gerichtet werden. ☐ Die Beschäftigten werden informiert, dass beim Auftreffen von Laserstrahlung auf die Augen diese sofort geschlossen und abgewendet werden müssen. ☐ Es werden keine reflektierenden Gegenstände in den Laserstrahl eingebracht. ☐ Die Laserstrahlung wird so ausgerichtet, dass sie oberhalb oder unterhalb der Augenhöhe verläuft	
☒ Brandgefahr	☒ Brennbare Stoffe oder Flüssigkeiten werden möglichst durch solche mit geringerer Gefährdung ersetzt. ☒ Brennbare Flüssigkeiten werden auf die Mindestmenge begrenzt. ☐ Laserstrahlung der Klasse 4 wird durch geeignete Strahlbegrenzungen abgrenzt. ☒ Beim offenen Umgang mit brennbaren Stoffen wird auf ausreichende Lüftung geachtet. ☒ Entflammbare Materialien werden, soweit möglich, aus dem Laserbereich entfernt. ☐ Es werden keine alkoholhaltigen oder brennbaren Flüssigkeiten der Laserstrahlung ausgesetzt. ☐ Abdecktücher und Tupfer, welche in der Medizin Anwendung finden, werden angefeuchtet. ☐ Es werden nur lasergeeignete Tuben verwendet	
☒ Explosionsgefahr	☒ Explosionsfähige Atmosphäre und explosible Stoffe werden aus dem Laserbereich entfernt. ☐ Brennbare Gase werden beim medizinischen Einsatz in Körperhöhlen abgesaugt	
☒ Gefahrstoffe	☒ Es werden Schutzmaßnahmen nach Kap. 4 GefStV festgelegt	
☒ Gefährdung durch inkohärente optische Strahlung	☒ Es wird geeigneter Augen- und Gesichtsschutz (TROS IOS und DGUV Regel 112-192) benutzt ☐ Es wird geeigneter Hautschutz benutzt	
☐ Gefährdung durch ionisierende Strahlung	☐ Schutzmaßnahmen werden nach Strahlenschutzgesetz festgelegt; ggf. werden Strahlenschutzbeauftragte ausgebildet. Es erfolgt die Abstimmung und Anzeige bei der örtlich zuständigen Behörde	
☐ Gefährdung durch Lärm	☐ Es wird geeigneter Gehörschutz benutzt	
☐	☐	
☐	☐	

15.2.5 Wirksamkeitskontrolle

Wirksamkeitskontrolle

Datum	Wie wurde die Wirksamkeits-kontrolle durchgeführt*	Durchgeführt durch	Ergebnis
30.10.2019	3	Ute Müller (LSB)	Keine Beanstandungen
10.12.2019	2	Ute Müller	Keine Beanstandungen

*Möglichkeiten sind:
1: Gespräche mit den Beschäftigten über die Wirksamkeit der Maßnahmen. Diese können durch die Führungskraft im regelmäßigen Mitarbeitergespräch oder beim Teammeeting erfolgen.
2. Ein Kurz-Mitarbeiterworkshop, zum Beispiel im Rahmen der jährlichen Unterweisung. Hier können die Beschäftigten eine Rückmeldung über die Wirkung der umgesetzten Maßnahmen geben und ggf. neue Maßnahmen anregen.
3. Begehung des Arbeitsplatzes/Stichpunktkontrolle durch Fachkundige, LSB oder Fachkraft für Arbeitssicherheit.

15.2.6 Dieser Gefährdungsbeurteilung zugrunde liegende Literatur

Richtlinie 2006/25/EG des Europäischen Parlaments und des Rates vom 5. April 2006 zum Schutz von Sicherheit und Gesundheit der Arbeitnehmer vor der Gefährdung durch künstliche optische Strahlung
Unverbindlicher Leitfaden zur Richtlinie 2006/25/EG über künstliche optische Strahlung

ArbSchG	Arbeitsschutzgesetz
MuSchG	Mutterschutzgesetz
JArbSchG	Jugendarbeitsschutzgesetz
MPG	Medizinproduktegesetz
MPBetreibV	Medizinprodukte-Betreiberverordnung
BetrSichV	Betriebssicherheitsverordnung
ArbStättV	Arbeitsstättenverordnung
GefStoffV	Gefahrstoffverordnung
OStrV	Verordnung zum Schutz der Beschäftigten vor Gefährdungen durch künstliche optische Strahlung
TROS Laserstrahlung	Technische Regeln zur Verordnung zu künstlicher optischer Strahlung
DGUV Vorschrift 1	Grundsätze der Prävention

DGUV Vorschrift 11/12	Unfallverhütungsvorschrift „Laserstrahlung" (ist bei einigen Versicherungsträgern bereits zurückgezogen)
DGUV Regel 112-192	Benutzung von Augen- und Gesichtsschutz
DGUV Regel 113-001	Explosionsschutz-Regeln (EX-RL)
DGUV Information 203-042	Auswahl und Benutzung von Laser-Schutzbrillen, Laser-Justierbrillen und Laser-Schutzabschirmungen
DIN EN 60825-1 bis :2008-05	Sicherheit von Lasereinrichtungen, Klassifizierung von Anla gen
DIN EN 60825-2	Sicherheit von Lichtwellenleiter-Kommunikationssystemen (LWLKS)
DIN EN 60825-4	Laserschutzwände
DIN EN 207	Filter- und Augenschutzgeräte gegen Laserstrahlung
DIN EN 208	Augenschutzgeräte für Justierarbeiten an Lasern und Laseraufbauten

15.2.7 Abweichungen

Ermittelte Abweichungen				
Zu Punkt	Aufgabe	Maßnahme	Verantwortliche Person	Unterschrift und Datum, wenn erledigt
4.3	Fortbildung Laserschutzbeauftragte	Fortbildung an der Akademie für Lasersicherheit Berlin	Frau Diana Schlau	

15.3 Beispiel einer Gefährdungsbeurteilung Laser in einer ärztlichen Praxis

Ausgangssituation:

In einer zahnärztlichen Praxis mit zwei Behandlungsräumen wird mehrmals wöchentlich ein Diodenlaser der Klasse 4 zur Behandlung eingesetzt. Hierfür ist nur einer der beiden Behandlungsräume geeignet, sodass Laserbehandlungen ausschließlich in diesem Raum durchgeführt werden.

ALB AKADEMIE FÜR LASERSICHERHEIT BERLIN	Gefährdungsbeurteilung für Arbeitsplätze und Tätigkeiten mit Exposition durch Laserstrahlung Nach §§ 3,5 OStrV und TROS Laserstrahlung	Erstellt am 01.02.2020
Unternehmen/Institution/Klinik	Zahnärztliche Praxis Berlin	
Adresse	14000 Berlin	
Arbeitsbereich/Gebäude/Raum	Behandlungsraum 2	
Bezeichnung der Anlage/n	Paro-Diodenlaser in eine Faser eingekoppelt	
Beschreibung der Tätigkeit	Dekontamination keimbesiedelter Oberflächen im Rahmen einer Parodontitis marginalis	
Beurteilung durch	Praxisinhaberin Frau Dr. Miriam Sorgfalt	
Laserschutzbeauftragte	Frau Sonia Rose	
Namen der Mitarbeiterinnen und Mitarbeiter	Frau Sonia Rose, zahnmedizinische Fachangestellte Herr Peter Ziel, zahnmedizinischer Fachangestellter	
Weitere beteiligte Personen	Herr Simon Test, externe Fachkraft für Arbeitssicherheit	

Die Gefährdungsbeurteilung erfolgt
- ☐ arbeitsbereichsbezogen
- ☒ tätigkeits-/arbeitsplatzbezogen
- ☐ personenbezogen

Art und Ausmaß der Laserstrahlung

Lasergerät/Hersteller: Paro-Diodenlaser
Lasertyp: Diodenlaser
Laserklasse: 4
Wellenlänge: 810 nm
Laserleistung: 1 W
Anwendungsdauer: Jeweils 20 s

Allgemeine Anforderungen

Liegen die Herstellerdaten vor?	Ja☒	Nein☐
Ist die CE-Kennzeichnung vorhanden?	Ja☒	Nein☐
Wurde das Ausmaß der Exposition ermittelt?	Ja☒	Nein☐
Werden die Lasergeräte entsprechend den Vorgaben aus dem Medizinprodukterecht überprüft?	Ja☒	Nein☐
Wird ein aktuelles Bestandsverzeichnis und ggf. ein Medizinproduktebuch geführt?	Ja☒	Nein☐

Gefährdungen

Nr.	Gefährdung		
1	Werden Expositionsgrenzwerte nach TROS Laserstrahlung überschritten (Gefährdung der Augen und der Haut)?	Ja☒	Nein☐
2	Besteht die Gefahr von Blendung durch den Laserstrahl?	Ja☐	Nein☒
3	Besteht Brandgefahr?	Ja☒	Nein☐
4	Besteht Explosionsgefahr?	Ja☒	Nein☐
5	Entstehen bei der Behandlung Gefahrstoffe?	Ja☐	Nein☒

Schutzmaßnahmen Ergebnis der Substitution: Es gibt kein anderes geeignetes Arbeitsmittel mit geringeren Gefährdungen.

	Schutzmaßnahmen	Durchgeführt? /Wann?	
Zu 1	Der Laserbereich ist abgegrenzt (Türknauf außen)	Ja☒	Nein☐
Zu 1	Fenster werden mit geeigneten Abschirmungen versehen (Rollos)	Ja☒	Nein☐
Zu 1	Der Zugang zum Laserbereich ist nur unterwiesenen Personen möglich	Ja☒	Nein☐
Zu 1	Spiegelnde Oberflächen im Laserbereich werden, wenn möglich, entfernt	Ja☒	Nein☐
Zu 1	Medizinische Instrumente, die dem Laserstrahl ausgesetzt werden können, weisen matte, diffus reflektierende Oberflächen auf	Ja☒	Nein☐
Zu 1	Medizinische Instrumente, die dem Laserstrahl ausgesetzt werden können, haben kleine Radien	Ja☒	Nein☐
Zu 1	Eine Laserschutzbeauftragte ist schriftlich bestellt	Ja☒	Nein☐
Zu 1	Der Laserbereich ist mit einem Warnschild gekennzeichnet	Ja☒	Nein☐
Zu 1	Der Einschaltzustand des Lasers wird durch eine Warnleuchte angezeigt	Ja☒	Nein☐
Zu 1	Die Beschäftigten werden vor dem ersten Einsatz und danach mindestens einmal jährlich unterwiesen	Ja☒	Nein☐
Zu 1	Vor der Inbetriebnahme des Lasers wird die Faser auf Intaktheit überprüft	Ja☒	Nein☐
Zu 1	Vor dem Betätigen des Fußschalters wird durch Sichtkontrolle bzw. Nachfrage sichergestellt, dass alle Anwesenden eine Laserschutzbrille tragen	Ja☒	Nein☐
Zu 1	Alle Beschäftigten im Laserbereich werden über das Verhalten im Falle eines Unfalls unterwiesen	Ja☒	Nein☐
Zu 1	Die Beschäftigten werden über die Möglichkeit einer Wunschvorsorge nach MedVV informiert	Ja☒	Nein☐
Zu 1	Es ist festgelegt, dass die Laserschutzbeauftragte spätestens 5 Jahre nach der letzten Ausbildung an einem Fortbildungskurs zur Auffrischung der Kenntnisse teilnimmt	Ja☒	Nein☐

	Schutzmaßnahmen	Durchgeführt? /Wann?	
Zu 1	Die nach § 22 Jugendschutzgesetz und § 11 DGUV Vorschrift 11 geforderte Beschäftigungsbeschränkung von Jugendlichen ist sichergestellt (Laserklasse 3R, 3B und 4)	Ja☒	Nein☐
Zu 1	Alle im Laserbereich tätigen Personen verfügen über eine geeignete persönliche Laserschutzbrille nach DIN EN 207	Ja☒	Nein☐
Zu 3	Entflammbare Materialien werden, soweit möglich, aus dem Laserbereich entfernt	Ja☒	Nein☐
Zu 3	Tupfer und Abdecktücher, die dem Laserstrahl ausgesetzt werden können, werden angefeuchtet	Ja☒	Nein☐
Zu 4	Explosionsfähige Atmosphäre wird aus dem Laserbereich entfernt	Ja☒	Nein☐

Lasergerät Hersteller	Augenschutz Kennzeichnung	Hersteller und Herstellungsdatum
Paro-Diodenlaser	D 800-850 LB4 XX CE	Laser Gog GmbH, 01.12.2019 Überprüfung spätestens am 01.12.2025 durch die Herstellerfirma – Arbeitstäglich auf Kratzer durch den Anwender

15.3.1 Wirksamkeitskontrolle

Wirksamkeitskontrolle			
Datum	Wie wurde die Wirksamkeitskontrolle durchgeführt*	Durchgeführt durch	Ergebnis
30.10.2019	3	Herrn Simon Test, externe Fachkraft für Arbeitssicherheit	Keine Beanstandungen

*Möglichkeiten sind:
1: Gespräche mit den Beschäftigten über die Wirksamkeit der Maßnahmen. Diese können durch die Führungskraft im regelmäßigen Mitarbeitergespräch oder beim Teammeeting erfolgen.
2. Ein Kurz-Mitarbeiterworkshop, zum Beispiel im Rahmen der jährlichen Unterweisung. Hier können die Beschäftigten eine Rückmeldung über die Wirkung der umgesetzten Maßnahmen geben und ggf. neue Maßnahmen anregen.
3. Begehung des Arbeitsplatzes/Stichpunktkontrolle durch Fachkundige, LSB oder Fachkraft für Arbeitssicherheit.

15.3.2 Dieser Gefährdungsbeurteilung zugrunde liegende Literatur

Richtlinie 2006/25/EG des Europäischen Parlaments und des Rates vom 5. April 2006 zum Schutz von Sicherheit und Gesundheit der Arbeitnehmer vor der Gefährdung durch künstliche optische Strahlung

Unverbindlicher Leitfaden zur Richtlinie 2006/25/EG über künstliche optische Strahlung

ArbSchG	Arbeitsschutzgesetz
MuSchG	Mutterschutzgesetz
JArbSchG	Jugendarbeitsschutzgesetz
MPG	Medizinproduktegesetz
MPBetreibV	Medizinprodukte-Betreiberverordnung
BetrSichV	Betriebssicherheitsverordnung
OStrV	Verordnung zum Schutz der Beschäftigten vor Gefährdungen durch künstliche optische Strahlung
TROS Laserstrahlung	Technische Regeln zur Verordnung zu künstlicher optischer Strahlung
DGUV Vorschrift 1	Grundsätze der Prävention
DGUV Vorschrift 11/12	Unfallverhütungsvorschrift „Laserstrahlung" (ist bei einigen Versicherungsträgern bereits zurückgezogen)
DGUV Regel 112-192	Benutzung von Augen- und Gesichtsschutz
DGUV Regel 113-001	Explosionsschutz-Regeln (EX-RL)
DGUV Information 203-042	Auswahl und Benutzung von Laser-Schutzbrillen, Laser-Justierbrillen und Laser-Schutzabschirmungen
DIN EN 60825-4	Laserschutzwände
DIN EN 207	Filter- und Augenschutzgeräte gegen Laserstrahlung

15.4 Beispiel für eine umfangreiche Gefährdungsbeurteilung nach OStrV § 3 und TROS-Laserstrahlung in einer Klinik

Ausgangssituation

In einer Hautklinik werden mehrere unterschiedliche Lasersysteme zur Behandlung in verschiedenen Operationssälen eingesetzt. Für die verschiedenen Systeme soll eine Gefährdungsbeurteilung erstellt werden.

	Gefährdungsbeurteilung für Arbeitsplätze und Tätigkeiten mit Exposition durch Laserstrahlung Nach §§ 3,5 OStrV und TROS Laserstrahlung	Erstellt am 10.10.2019
Klinik	Hautklinik	
Abteilung	Laserabteilung und OP	
Arbeitsbereich/ Gebäude/Raum	OP1, OP2, OP3	
Bezeichnung der Anlage/n	**Ablatinslaser xxx** **Diodenlaser yyy** **CO_2-Laser zzz**	

Beteiligte Person	Vor- und Zuname	Telefon
Fachkundige Person	Dipl.-Ing. G. …	
Laserschutzbeauftragte	Dipl.-Ing. M. …	
Ansprechpartnerin der Klinik	OÄ Dr. med. O….	

Benachrichtigte Person	Vor- und Zuname	Telefon
Unternehmer(in)/Führungsperson	Prof. Dr. C. ….	
Fachkraft für Arbeitssicherheit	M. …	
Personalärztlicher Dienst (PED)	Dr. B. …	
Betriebliche Interessenvertretung	K.. …	

Die Gefährdungsbeurteilung erfolgt
☐ arbeitsbezogen
☑ tätigkeits-/arbeitsplatzbezogen
☐ personenbezogen

Laserschutzbeauftragter / Fachkundige Person

15.4.1 Erfassung der Arbeitsbereiche und Tätigkeiten

Arbeitsbereich	Tätigkeit
Hautklinik, Laser OP1 Laser-behandlung, **Ablationslaser xxx** ID-Nummer 12345	Ablation von kleineren oberflächlichen Läsionen, z. B. Lentigines seniles, seborrhoische Keratosen, dermale Naevi, Xanthelasmen, teilweise Narbenkorrekturen
Hautklinik, Laser OP2 Laser-behandlung, **Diodenlaser yyy** ID-Nummer 12346	„Verödung" vaskulärer Veränderungen, Teleangiektasien an Gesicht und Körper, Rosazea, Naevus flammeus, Hämangiome, Spider naevi, Narbenbehandlung
Hautklinik, Laser OP3 Laser-behandlung, **CO_2-Laser zzz** ID-Nummer 12347	Ablative Therapie von Verrucae und Condylomata, dermale Naevi, seb. Keratosen etc., ziel- und feldgerichtete Lasertherapie von aktinischen Keratosen, fraktionierte Lasertherapie bei Narben, Aknenarben, fraktioniertes Skinresurfacing, Faltenbehandlung
Hautklinik, Laser OP3, Laser-behandlung **CO_2-Laserzzz** ID-Nummer 12347	Ablation von größeren, tiefreichenden oder ausgedehnten Läsionen, Condylomata, Verrucae, Akne inversa

15.4.2 Dieser Gefährdungsbeurteilung zugrunde liegende Literatur

Richtlinie 2006/25/EG des Europäischen Parlaments und des Rates vom 5. April 2006 zum Schutz von Sicherheit und Gesundheit der Arbeitnehmer vor der Gefährdung durch künstliche optische Strahlung
  Unverbindlicher Leitfaden zur Richtlinie 2006/25/EG über künstliche optische Strahlung

ArbSchG	Arbeitsschutzgesetz
MuSchG	Mutterschutzgesetz
JArbSchG	Jugendarbeitsschutzgesetz
MPG	Medizinproduktegesetz
MPBetreibV	Medizinprodukte-Betreiberverordnung
BetrSichV	Betriebssicherheitsverordnung
ArbStättV	Arbeitsstättenverordnung
GefStoffV	Gefahrstoffverordnung
OStrV	Verordnung zum Schutz der Beschäftigten vor Gefährdungen durch künstliche optische Strahlung
TROS Laserstrahlung	Technische Regeln zur Verordnung zu künstlicher optischer Strahlung
DGUV Vorschrift 1	Grundsätze der Prävention
DGUV Vorschrift 11/12	Unfallverhütungsvorschrift „Laserstrahlung" (ist bei einigen Versicherungsträgern bereits zurückgezogen)
DGUV Regel 112-192	Benutzung von Augen- und Gesichtsschutz
DGUV Regel 113-001	Explosionsschutz-Regeln (EX-RL)
DGUV Information 203-042	Auswahl und Benutzung von Laser-Schutzbrillen, Laser-Justierbrillen und Laser-Schutzabschirmungen
DIN EN 60825-1 bis :2008-05	Sicherheit von Lasereinrichtungen, Klassifizierung von Anlagen
DIN EN 60825-4	Laserschutzwände
DIN EN 207	Filter- und Augenschutzgeräte gegen Laserstrahlung
DIN EN 208	Augenschutzgeräte für Justierarbeiten an Lasern und Laseraufbauten

15.4.3 Ermittlung der Gefährdungen

Arbeitsbereich/Tätigkeit	Gefährdung
Laser-OP1, Laser ID-Nummer 12345/Wellenlänge 2900 nm/ **Behandlungsart** Ablation von kleineren oberflächlichen Läsionen, z. B. Lentigines seniles, seborrhoische Keratosen, dermale Naevi, Xanthelasmen, teilweise Narbenkorrekturen	Direkte Gefährdung für Haut und Augen von Anwender, Patient und Dritten Indirekte Gefährdung durch Brand- und Explosionsgefahr, Dämpfe und Aerosole
Laser-OP2,Laser ID-Nummer 12346/Wellenlänge 959 nm **Behandlungsart** „Verödung" vaskulärer Veränderungen, Teleangiektasien an Gesicht und Körper, Rosazea, Naevus flammeus, Hämangiome, Spider naevi, Narbenbehandlung	Direkte Gefährdung für Haut und Augen von Anwender, Patient und Dritten Indirekte Gefährdung durch Brand- und Explosionsgefahr, Dämpfe und Aerosole
Laser-OP3, Laser ID-Nummer 12347/Wellenlänge 10.600 nm **Behandlungsart** Ablative Therapie von Verrucae und Condylomata, dermale Naevi, seb. Keratosen etc., ziel- und feld- gerichtete Lasertherapie von aktinischen Keratosen, fraktionierte Lasertherapie bei Narben, Aknenarben, fraktioniertes Skinresurfacing, Faltenbehandlung	Direkte Gefährdung für Haut und Augen von Anwender, Patient und Dritten Indirekte Gefährdung durch Brand- und Explosionsgefahr, Dämpfe und Aerosole
Laser-OP4, Laser ID-Nummer 12347/Wellenlänge 10.600 nm/ **Behandlungsart** Ablation von größeren, tiefreichenden oder ausgedehnten Läsionen, Condylomata, Verrucae, Akne inversa	Direkte Gefährdung für Haut und Augen von Anwender, Patient und Dritten Indirekte Gefährdung durch Brand- und Explosionsgefahr, Dämpfe und Aerosole

15.4.4 Technische Informationen zu den Geräten

Technische Informationen, ID-Nummer 12345

Hersteller	Xxx
Lasertyp Herstellungsdatum	**Ablationslaser xxx** **Baujahr 2010**
Laserklasse	**4**
Wellenlänge(n)	**2900 nm**
Leistung (cw-Laser)	**Max. 10 W**

Hersteller	Xxx
Frequenz und Pulsenergie	**1 Hz: 100–1000 mJ** **5 Hz: 100–1000 mJ** **8 Hz: 100–1200 mJ** **10 Hz: 100–1000 mJ** **15 Hz: 100–400 mJ**
Pulsbreite	**200–300 µs**
Pulswiederholfrequenz	**15 Hz**
Mittlere Leistung P_0	**9,6 W**
Pulsspitzenleistung P_p	**6000 W**
Strahldurchmesser	**2,5 mm**
Strahldivergenz	**80 mrad**
Zielstrahl (Wellenlänge, Leistung)	**635 nm/1 mW**
Bestrahlungsdauer	
Expositionsgrenzwert gemäß TROS Laserstrahlung	
NOHD gemäß TROS Laserstrahlung	**2 m (Herstellerangabe)**

Die Berechnung des Expositionsgrenzwerts H in J/m² entnehmen Sie bitte Abschn. 5.6.2, Aufgabe 5.

$$NOHD = \frac{\sqrt{\frac{Q \cdot 4}{\pi \cdot H_{EGW}}} - d}{\varphi} = \frac{\sqrt{\frac{1,2\,\mathrm{J} \cdot 4\,\mathrm{m}^2}{\pi \cdot 219,7\,\mathrm{J}}} - 2,5 \cdot 10^{-3}\,\mathrm{m}}{80 \cdot 10^{-3}} = 1,01\,\mathrm{m}$$

Technische Informationen, ID-Nummer 12346

Hersteller	Yyy
Lasertyp Herstellungsdatum	**Diodenlaser yyy** **Baujahr 2012**
Laserklasse	**4**
Wellenlänge(n)	**595 nm**
Leistung (cw-Laser)	**–**
Frequenz und Pulsenergie	**1,5 Hz/6 J**
Pulsbreite	**0,45–40 ms**
Pulswiederholfrequenz	**1,5 Hz**
Mittlere Leistung P_0	**9 W**
Pulsspitzenleistung P_p	**13.333 W**
Strahldurchmesser	**5 mm, 7 mm, 10 mm, 3 mm × 10 mm**

Hersteller	Yyy
Strahldivergenz	**5 mm–33 mrad** **7 mm–30 mrad** **10 mm–36 mrad** **3 mm × 10 mm–52 mrad × 34 mrad**
Zielstrahl (Wellenlänge, Leistung)	**Nicht vorhanden**
Bestrahlungsdauer	**10 s**
Expositionsgrenzwert gemäß TROS Laserstrahlung, Berechnung Abschn. 5.6.1, Aufgabe 6	**0,0015 J/m²**
NOHD gemäß TROS Laserstrahlung	**2379 m**

$$NOHD = \frac{\sqrt{\frac{Q\cdot 4}{\pi \cdot H_{\mathrm{EGW}}}} - d}{\varphi} = \frac{\sqrt{\frac{6\mathrm{J}\cdot 4\mathrm{m}^2}{\pi\cdot 0{,}0015\mathrm{J}}} - 7\cdot 10^{-3}}{30\cdot 10^{-3}} = 2379\,\mathrm{m}$$

Technische Informationen, ID-Nummer 12347

Hersteller	Zzz
Lasertyp Herstellungsdatum	**CO₂-Laser zzz** **Baujahr 2016**
Laserklasse	**4**
Wellenlänge(n)	**10.600 nm**
Leistung (cw-Laser)	**40 W**
Frequenz und Pulsenergie	**30 mJ max.**
Pulsbreite	**265 µs**
Pulswiederholfrequenz	**550 Hz**
Mittlere Leistung P_0	**40 W**
Pulsspitzenleistung P_p	**225 W**
Strahldurchmesser	**0,257 cm**
Strahldivergenz	**0,0095 rad**
Zielstrahl (Wellenlänge, Leistung)	**635 nm/5mW (3R)**
Bestrahlungsdauer	**10 s**
Expositionsgrenzwert gemäß TROS Laserstrahlung, die Berechnung findet man in Abschn. 5.4.2	**90,36 W/m²** **Herstellerangabe**
NOHD gemäß TROS Laserstrahlung	**333 m** **Herstellerangabe**

Wartung/Reparaturen

Für den sicheren Betrieb der Laser werden jährlich Wartungsmaßnahmen durch eine autorisierte Person (Servicetechniker) der Herstellerfirma durchgeführt. Während der Wartung oder Reparaturen ist der Zugang gesperrt. Der Bereich darf erst nach Freigabe des Servicetechnikers wieder betreten werden. Für die Einhaltung des Laserschutzes während der Instandhaltungsmaßnahmen ist die Servicefirma eigenverantwortlich.

ID-Nummer 12345, Ablationslaser xxx: Laser1 GmbH
ID-Nummer 12346, Diodenlaser yyy: Laser2 GmbH
ID-Nummer 12347, CO_2-Laser zzz: Laser3 GmbH

Gefährdung bei Wartung/Reparaturen

- Direkte Gefährdung von Haut und Augen des Servicetechnikers
- Indirekte Gefährdungen:

  - Brand- und Explosionsgefahr
  - elektrische Gefährdung

15.4.5 Schutzmaßnahmen

Gefährdung	Schutzmaßnahmen T = Technische Schutzmaßnahmen O = Organisatorische Schutzmaßnahmen P = Persönliche Schutzmaßnahmen	Ja	Nein	n.a.	Durchführung		Erledigt	Über-prüfung
					Wer?	Bis wann?	Unter-schrift Datum	Unter-schrift Datum
Direkte Gefährdung des Auges und der Haut des Anwenders und weiterer Personen im Laser-bereich	Eine Substitutions-prüfung wurde durchgeführt	☐	☐	☑				

Gefährdung	Schutzmaßnahmen T = Technische Schutzmaßnahmen O = Organisatorische Schutzmaßnahmen P = Persönliche Schutzmaßnahmen	Ja	Nein	n.a.	Durchführung		Erledigt	Über-prüfung
					Wer?	Bis wann?	Unter-schrift Datum	Unter-schrift Datum
	Eine CE-Kenn-zeichnung ist auf dem Lasergerät angebracht	☑	☐	☐				
	Die Kennzeichnung der Laserklasse ist auf dem Lasergerät angebracht	☑	☐	☐				
	Bedienungs-anleitungen des Herstellers sind vor-handen, welche die technischen Daten des Lasers enthalten	☑	☐	☐				
	Die Expositions-grenzwerte wurden ermittelt	☑	☐	☐	s. Technische Informationen			
	Art und Ausmaß der Exposition wurden ermittelt	☑	☐	☐	Unterlagen Hersteller			
	Die Expositions-grenzwerte für Auge und Haut ohne Schutzmaßnahmen (Augenschutz/ Schutzkleidung) können überschritten werden	☑	☐	☐	**Hinweis:** Der gesamte Raum ist Laserbereich, die Schutzmaßnahmen sind auf den folgenden Seiten aufgeführt			

Gefährdung	Schutzmaßnahmen T = Technische Schutzmaßnahmen O = Organisatorische Schutzmaßnahmen P = Persönliche Schutzmaßnahmen		Ja	Nein	n.a.	Durchführung		Erledigt	Über-prüfung
						Wer?	Bis wann?	Unter-schrift Datum	Unter-schrift Datum
Direkte Gefährdung des Auges und der Haut des Anwenders und weiterer Personen im Laser-bereich	T	Der Laserbereich wurde so klein wie möglich gehalten (Mindestgröße für Arbeitsplatz berücksichtigen)	☑	☐	☐				
	T	Durch eine Emissionsein-richtung wird (optisch oder akustisch) angezeigt, dass der Laser in Betrieb ist	☑	☐	☐				
	T	Ein Schlüssel-schalter oder eine andere Vorrichtung am Laser ist vor-handen, welche das unbefugte Einschalten ver-hindert (Pflicht bei Laserklassen 3B und 4) (Schlüssel bzw. Passwort)	☑	☐	☐				
	T	Die Strahlaus-trittsöffnung ist gekennzeichnet (Laserklassen 3R, 3B, 4)	☑	☐	☐				
	T	Es ist sicher-gestellt, dass Lasereinrichtungen der Klassen 2–4 nicht unbe-absichtigt strahlen können	☑	☐	☐				
	T	Die Laserstrahlung wurde durch diffuse Reflektoren, Strahlfänger oder Shutter begrenzt (Verhinderung von vagabundierender Laserstrahlung)	☐	☐	☑				

Gefährdung	Schutzmaßnahmen T = Technische Schutzmaßnahmen O = Organisatorische Schutzmaßnahmen P = Persönliche Schutzmaßnahmen		Ja	Nein	n.a.	Durchführung		Erledigt	Über-prüfung
						Wer?	Bis wann?	Unter-schrift Datum	Unter-schrift Datum
Direkte Gefährdung des Auges und der Haut des Anwenders und weiterer Personen im Laser-bereich	T	Der Laser-bereich wurde durch geeignete Abschirmungen nach DIN EN 60825-4 abgegrenzt	☐	☐	☑				
	T	Der Laser-bereich wurde durch geeignete Abschirmungen nach DIN EN 12254 abgegrenzt	☐	☐	☑				
	T	Es ist sicher-gestellt, dass die Laser-strahlungsquelle so positioniert ist, dass sie weder in Richtung von Türen noch in Richtung von Fenstern strahlt	☐	☐	☑				
	T	Es ist sicher-gestellt, dass nicht abgeschirmte Laserstrahlen nicht in Augenhöhe von Beschäftigten und Besuchern ver-laufen	☐	☐	☑				
	T	Es ist sicher-gestellt, dass keine unbeabsichtigten Reflexionen von Materialien im Laserbereich auftreten können (spiegelnde Fläche abdecken oder ent-fernen)	☐	☑	☐	**OP1:** Spiegel am Wasch-becken mit Rollo abdecken. Auftrag ist durch Klinik ausgelöst			

Gefährdung	Schutzmaßnahmen T = Technische Schutzmaßnahmen O = Organisatorische Schutzmaßnahmen P = Persönliche Schutzmaßnahmen		Ja	Nein	n.a.	Durchführung		Erledigt	Überprüfung
						Wer?	Bis wann?	Unterschrift Datum	Unterschrift Datum
Direkte Gefährdung des Auges und der Haut des Anwenders und weiterer Personen im Laserbereich	T	Es ist sichergestellt, dass medizinische Instrumente durch Material und Formgebung gefährliche Reflexionen ausschließen	☑	☐	☐				
	T	Fenster im Laserbereich sind mit geeigneten Abdeckungen (Vorhänge, Rollos) versehen	☐	☑	☐	**OP2:** Türen aus Glas werden mit undurchsichtigen Folien nachgerüstet. Auftrag ist durch Klinik ausgelöst			
	T	Decken, Wände und weitere Flächen im Laserbereich der Laserklassen 3R, 3B und 4 weisen diffuse Oberflächen auf	☐	☑	☐	**Laserabteilung:** Fliesen am Waschbecken werden durch Vorhang abgedeckt. Auftrag ist durch Klinik ausgelöst			
	T	Die Zugänge zum Laserbereich sind mit einem Warnschild und einer Warnleuchte versehen	☑	☐	☐				
	T	Beim medizinischen Einsatz ist sichergestellt, dass Tuben, die dem Laserstrahl ausgesetzt werden können, schwer entflammbar sind	☑	☐	☐				

Gefährdung	Schutzmaßnahmen T = Technische Schutzmaßnahmen O = Organisatorische Schutzmaßnahmen P = Persönliche Schutzmaßnahmen		Ja	Nein	n.a.	Durchführung		Erledigt	Über-prüfung
						Wer?	Bis wann?	Unter-schrift Datum	Unter-schrift Datum
Direkte Gefährdung des Auges und der Haut des Anwenders und weiterer Personen im Laser-bereich	T	Es befinden sich ausreichend Not-Ausschalter im Laserbereich	☑	☐	☐				
	O	Bei Lasern der Klassen 3R, 3B und 4 sind Laserschutz-beauftragte nach § 5 Abs. 2 OStrV und § 6 DGUV Vorschrift 11 schriftlich bestellt	☐	☑	☐	Bestellung durch KD nach Ver-abschiedung der Dienstanweisung Laserschutz			
	O	Der Einschalt-zustand der Lasereinrichtung der Klasse 3R, 3B und 4 wird durch eine Warnleuchte angezeigt	☑	☐	☐				
	O	Es ist sicher-gestellt, dass Personen, die sich in Laser-bereichen aufhalten, vor dem ersten Ein-satz und danach mindestens einmal jährlich unterwiesen werden	☑	☐	☐				
	O	Es ist eine Betriebs-anweisung vorhanden und für die Beschäftigten zugänglich	☑	☐	☐				

| Gefährdung | Schutzmaßnahmen T = Technische Schutzmaßnahmen O = Organisatorische Schutzmaßnahmen P = Persönliche Schutzmaßnahmen | | Ja | Nein | n.a. | Durchführung | | Erledigt | Überprüfung |
						Wer?	Bis wann?	Unterschrift Datum	Unterschrift Datum
Direkte Gefährdung des Auges und der Haut des Anwenders und weiterer Personen im Laserbereich	O	Die nach § 22 Jugendschutzgesetz und § 11 DGUV VORSCHRIFT 11 geforderte Beschäftigungsbeschränkung von Jugendlichen ist sichergestellt (Laserklasse 3R, 3B und 4)	☑	☐	☐				
	O	Es ist sichergestellt, dass sich nur Personen im Laserbereich aufhalten, die dort zwingend erforderlich sind	☑	☐	☐				
	O	Die Beschäftigten wurden darüber informiert, dass es besondere Gefährdungen bei bestimmten Vorerkrankungen gibt (z. B. durch Gespräch mit dem Arbeitsmediziner	☐	☑	☐	Hinweis in jährlicher Unterweisung, Formulierung durch PED			
	O	Es ist sichergestellt, dass Arbeiten im Laserbereich möglichst nicht alleine ausgeführt werden	☑	☐	☐				
	O	Es ist sichergestellt, dass im Laserbereich keine stark reflektierenden Gegenstände (Uhren, Ringe, Ketten) getragen werden	☑	☐	☐				
	O	Es ist sichergestellt, dass alle Beschäftigten im Laserbereich über das Verhalten im Falle eines Unfalls unterwiesen wurden	☑	☐	☐				

Gefährdung	Schutzmaßnahmen T = Technische Schutzmaßnahmen O = Organisatorische Schutzmaßnahmen P = Persönliche Schutzmaßnahmen	Ja	Nein	n.a.	Durch-führung Wer?	Bis wann?	Erledigt Unter-schrift Datum	Über-prüfung Unter-schrift Datum
Direkte Gefährdung des Auges und der Haut des Anwenders und weiterer Personen im Laser-bereich	O Es ist sichergestellt, dass die Anzahl der Zugänge zu Laser-bereichen auf ein Mindestmaß begrenzt wurde	☐	☐	☑				
	O Die Beschäftigten wurden über die Möglichkeit einer Wunschvorsorge nach MedVV informiert	☐	☐	☐	PED			
	O Eine allgemeine arbeitsmedizinische Beratung der betroffenen Beschäftigten ist sichergestellt	☐	☐	☐	PED			
	O Beim Lasereinsatz in der Medizin wird ein aktuelles Bestands-verzeichnis und ein Medizinproduktebuch geführt	☑	☐	☐				
	O Zugänge zu medizinischen Laserbereichen sind schleusenartig aus-gebaut	☐	☐	☑				
	O Es ist sicher-gestellt, dass Lasereinrichtungen vor der ersten Inbetriebnahme durch eine befähigte Person geprüft wurden	☑	☐	☐				
	O Eine wieder-kehrende Prüfung der Lasereinrichtung durch eine befähigte Person ist festgelegt	☑	☐	☐				

Gefährdung	Schutzmaßnahmen T = Technische Schutzmaßnahmen O = Organisatorische Schutzmaßnahmen P = Persönliche Schutzmaßnahmen		Ja	Nein	n.a.	Durchführung		Erledigt	Über- prüfung
						Wer?	Bis wann?	Unter- schrift Datum	Unter- schrift Datum
Direkte Gefährdung des Auges und der Haut des Anwenders und weiterer Personen im Laserbereich	O	Es sind Feuer- löscher in den Laserbereichen vorhanden	☐	☑	☐	OP1: Feuerlöscher installieren, Auftrag durch Klinik erteilt			
	P	Für die Beschäftigten im Laserbereich sind geeignete Schutzbrillen nach DIN EN 207 vorhanden	☑	☐	☐				
	P	Es stehen für die Beschäftigten bei Überschreitung der Expositions- grenzwerte der Haut geeignete Schutzhand- schuhe und Schutzkleidung zur Verfügung	☐	☐	☐	Schutzmittel müssen vor- handen sein, Klinik fragen			

Gefährdung	Maßnahmen	Durchführung	Erledigt	Überprüfung
		Von Wem?	Bis wann? Unterschrift Datum	Unterschrift Datum
☑ Blendung	☐ Sichtbare Laserstrahlung vor den Beschäftigten abschirmen ☑ Sicherstellen, dass Pilotlaser nicht auf Augen gerichtet werden. ☑ Beschäftigte informieren, dass beim Auftreffen von Laserstrahlung auf die Augen diese sofort geschlossen und abgewendet werden müssen. ☑ Keine reflektierenden Gegenstände in den Laser- strahl einbringen ☑ Laserstrahlung so aus- richten, dass sie oberhalb oder unterhalb der Augen- höhe verläuft	Anwender ständig Im Rahmen der Laserschutz-unter- weisung		

Gefährdung	Maßnahmen	Durchführung	Erledigt	Überprüfung
		Von Wem?	Bis wann? Unterschrift Datum	Unterschrift Datum
☑ Brandgefahr	☐ Brennbare Stoffe oder Flüssigkeiten möglichst durch solche mit geringerer Gefährdung ersetzen. ☑ Brennbare Flüssigkeiten auf die Mindestmenge begrenzen. ☐ Laserstrahlung der Klasse 4 durch geeignete Strahl-begrenzungen abgrenzen. ☑ Beim offenen Umgang mit brennbaren Stoffen auf aus-reichende Lüftung achten. ☑ Entflammbare Materialien, soweit möglich, aus dem Laserbereich ent-fernen. ☑ keine alkoholhaltigen oder brennbaren Flüssigkeiten der Laserstrahlung aussetzen. ☑ Abdecktücher und Tupfer, welche in der Medizin Anwendung finden, anfeuchten. ☐ Nur lasergeeignete Tuben verwenden	Anwender ständig		

Gefährdung	Maßnahmen	Durchführung	Erledigt	Überprüfung
		Von Wem?	Bis wann? Unterschrift Datum	Unterschrift Datum
☐Explosionsgefahr	☐ Explosionsfähige Atmosphäre aus dem Laserbereich ent-fernen. ☐ Brennbare Gase beim medizinischen Einsatz in Körper-höhlen absaugen			
☐Gefahrstoffe	☐ Schutzmaßnahmen nach Kap. 4 GefStV festlegen			
☑ Elektrische Gefährdung	☑ Regelmäßige Über-prüfung der Arbeits-mittel durch befähigte Personen	Im Rahmen der Sicherheits-kontrolle		

Gefährdung	Maßnahmen	Durchführung	Erledigt	Überprüfung
		Von Wem?	Bis wann? Unterschrift Datum	Unterschrift Datum
☐ Gefährdung durch ionisierende Strahlung	☐ Schutzmaßnahmen StrSchV festlegen			
☑ Gefährdung durch inkohärente optische Strahlung	☑ Benutzung von geeignetem Augen- und Gesichtsschutz (TROS IOS). ☐ Benutzung von geeignetem Hautschutz	Nutzung durch Anwender bei jeder Behandlung		

15.4.6 Wirksamkeitskontrolle

Wirksamkeitskontrolle			
Datum	Wie wurde die Wirksamkeits- kontrolle durchgeführt?*	Durchgeführt durch	Ergebnis
30.10.2019	3	M. …... (LSB)	Keine Beanstandungen
10.12.2019	2	M. …... (LSB)	Keine Beanstandungen

*Möglichkeiten sind:
1: Gespräche mit den Beschäftigten über die Wirksamkeit der Maßnahmen. Diese können durch die Führungskraft im regelmäßigen Mitarbeitergespräch oder beim Teammeeting erfolgen [1].
2. Ein Kurz-Mitarbeiterworkshop, zum Beispiel im Rahmen der mindestens jährlichen Unterweisung. Hier können die Beschäftigten eine Rückmeldung über die Wirkung der umgesetzten Maßnahmen geben und ggf. neue Maßnahmen anregen.
3. Begehung des Arbeitsplatzes/Stichpunktkontrolle durch Fachkundige, LSB oder Fachkraft für Arbeitssicherheit.

15.5 Beispiel einer Gefährdungsbeurteilung eines Prüflabors, in dem Laser zum Einsatz kommen

Ausgangssituation In einem Testlabor werden verschiedene CO_2-Laser bezüglich ihrer Strahleigenschaften getestet. Die Laser haben je nach Typ eine Maximalleistung von 100 W (cw). Der Rohstrahldurchmesser beträgt $d_t = 20$ mm. Beim Test wird eine Probewand aus Massivholz mit den Laserstrahlen beaufschlagt. Der Testabstand beträgt 10 m. Die Divergenz der Laserstrahlung beträgt im ungünstigsten Fall 8 mrad. Im Testraum arbeiten in der Regel maximal 2 Personen (Abb. 15.1).

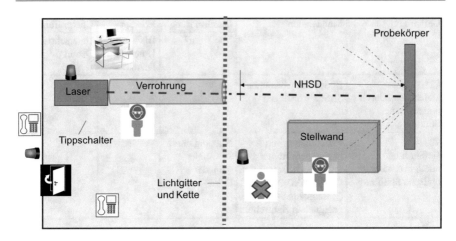

Abb. 15.1 Testlabor für CO_2-Laser

![ALB AKADEMIE FOR LASERSICHERHEIT BERLIN]	Gefährdungsbeurteilung für Arbeitsplätze und Tätigkeiten mit Exposition durch Laserstrahlung Nach §§ 3,5 OStrV und TROS Laserstrahlung	Erstellt am 23.09.2019
Unternehmen/Institution/ Klinik	Institut für Hochleistungslaser	
Abteilung	Laserprüfung	
Arbeitsbereich/Gebäude/ Raum	Testlabor Haus G Raum 238	
Bezeichnung der Anlage/n	Verschiedene CO_2-Laser	
Beschreibung der Tätigkeit	Prüfung der Strahleigenschaften von verschiedenen CO_2-Lasern	

An der Gefährdungsbeurteilung beteiligte Personen	Vor- und Zuname	Telefon
Laborleiterin	Dr. M… W…	1234
Fachkundige Person	F… S…	2345
Laserschutzbeauftragte(r)	F… S…	4567
Fachkraft für Arbeitssicherheit	P… G…	7891
Arbeitsmediziner(in)	Dr. S… R…	8917
Betriebliche Interessenvertretung		

Die Gefährdungsbeurteilung erfolgt
☐ arbeitsbereichsbezogen
☒ tätigkeits-/arbeitsplatzbezogen
☐ personenbezogen

Unterschrift verantwortliche Person

15.5.1 Art und Ausmaß der Laserstrahlung

Lasergerät/ Hersteller	Lasertyp	Laserklasse	Wellenlänge	Leistung/ Energie	Impuls- dauer	Impuls- folge- frequenz
Ver- schiedene	CO_2-Laser	4	10.600 nm	Max. 250 W	cw	cw

15.5.2 Ermittlung der direkten Gefährdungen

Wurde ermittelt, ob die Expositionsgrenzwerte eingehalten werden (Normal-betrieb/Wartung/Service)?

Ja	Nein
☒	☐

Falls ja, durch

Angaben des Herstellers (Expositionsgrenzwerte, NOHD)	☐
Eigene Berechnung	☒
Eigene Messung	☒

Bestimmung des Laserbereichs

Auge Die Expositionsgrenzwerte für die Augen können aufgrund von Reflexionen im ganzen Raum überschritten werden. Auch Fenster müssen Berücksichtigung finden.

Haut Bestimmung des Sicherheitsabstandes für die Haut *NSHD*
Der Expositionsgrenzwert für die Haut (Reaktionszeit 2 s) ergibt sich nach TROS Laserstrahlung zu

$$H_{EGW} = 5,6 \cdot 10^3 \cdot t^{0,25} \frac{J}{m^2}$$

Mit $C_A = 5$; ergibt sich:

$$|H_{EGW} = 5,6 \cdot 10^3 \cdot 2^{0,25} \frac{J}{m^2} = 6659,55 \frac{J}{m^2}$$

$$NSHD = \frac{\sqrt{\frac{P \cdot 4}{\pi \cdot E_{EGW}}} - d}{\varphi} = \frac{\sqrt{\frac{250W \cdot 4\,m^2}{\pi \cdot 6659,55\,W}} - 20 \cdot 10^{-3}}{8 \cdot 10^{-3}} = 24,83\,m$$

Der Expositionsgrenzwert für die Haut wird im gesamten Raum überschritten. Unter der Annahme, dass der Probekörper metallische Teile aufweist und eine direkte Reflexion von 10 % (25 W) verursacht, verringert sich der Sicherheitsabstand zu

$$NSHD = \frac{\sqrt{\frac{P \cdot 4}{\pi \cdot E_{EGW}}} - d}{\varphi} = \frac{\sqrt{\frac{25\,\text{W} \cdot 4\,\text{m}^2}{\pi \cdot 6659\,\text{W}}} - 20 \cdot 10^{-3}}{8 \cdot 10^{-3}} = 5,46\,\text{m}$$

Für den Fall einer solchen Reflexion wird innerhalb eines Abstandes von 5,46 m der Expositionsgrenzwert für die Haut überschritten. Der Raum muss daher in zwei Bereiche aufgeteilt werden. Der erste Bereich wird durch die Länge der Verrohrung definiert und durch ein Kamerasystem bzw. ein Lichtgitter (ähnlich einer Lichtschranke) und eine Kette abgegrenzt, so dass in diesem Bereich nur die Expositionsgrenzwerte für das Auge überschritten werden können. Müssen Personen sich im zweiten Bereich (NSHD) zur Beobachtung des Prozessbereiches aufhalten, müssen diese durch eine zusätzliche Schutzwand vor der direkt reflektierten Strahlung geschützt werden.

15.5.3 Ermittlung indirekter Gefährdungen

Blendung	Ja☐	Nein☒
Brandgefahr	Ja☒	Nein☐
Explosionsgefahr	Ja☒	Nein☐
Inkohärente optische Strahlung	Ja☐	Nein☒
Gefahrstoffe	Ja☐	Nein☒
Ionisierende Strahlung	Ja☐	Nein☒
Lärm	Ja☐	Nein☒

15.5.4 Schutzmaßnahmen

Aufgrund der Gefährdungsabschätzung sollten folgende Schutzmaßnahmen getroffen werden:

Bauliche Maßnahmen
- Kennzeichnung des Zugangs zum Testlabor mit einem Laser-Warnschild
- Anbringen von Warnleuchten (Laserbetrieb (an/aus) innen und außen
- Anbringen einer Türverriegelung

- Eine Schaltmatte oder Überwachung wird vorgesehen, sodass Personen nicht durch Unachtsamkeit oder Erschrecken (unbekannte Ursache) während des Laserbetriebs in den NSHD-Bereich ohne Warnung eintreten können.
- Installation einer mobilen Laserschutzwand
- Installation eines Lichtgitters (BWS = Berührungslos wirkende Schutzeinrichtung)
- Installation eines Kamerasystems

Organisatorische Schutzmaßnahmen
- Zutritt in den Laborraum nur für befugtes und unterwiesenes Personal. Maximal 2 Personen dürfen sich bei Laserbetrieb im Raum befinden. Kennzeichnung des NSHD mit dauerhaften Linien auf dem Boden (Gelb/Schwarz) und mit einer Kette (beim Testbetrieb).
- Betriebsanweisung: Bei möglichem Laserbetrieb darf der Raum nur mit den geeigneten Laserschutzbrillen betreten werden.
- Aushängen der Betriebsanweisung an gut sichtbarer Stelle im Testraum mit wichtigen Telefonnummern (LSB, Erste Hilfe, Arzt, Augenklinik usw.).

Personenbezogene Schutzmaßnahmen
- Bei Tätigkeiten, bei denen der Laser getestet werden soll, muss vor dem Betreten des Test-Labors eine Laserschutzbrille mit der Kennzeichnung D LB5 10.600 nm (Anm: in der Regel wird hier ein erweiterter Kennzeichnungsbereich auf der Laser-Schutzbrille zu finden sein) aufgesetzt werden.
- Im Bereich des NSHD muss geeignete Laser-Schutzkleidung getragen werden.

Berechnung der Laserschutzbrille:
$P = 250$ W; $d_{63} = 20$ mm; $F(d) = d_{63}^{1,7} = 163$. Da F(d) auf den Wert von 100 begrenzt ist, wird mit diesem Wert weiter gerechnet.

Damit wird

$$E = \frac{250\text{W}}{3,14 \cdot 10^{-4}\text{m}^2} = 7,96 \cdot 10^5 \frac{\text{W}}{\text{m}^2}$$

$$E^* = E \cdot F(d) = 7,96 \cdot 10^5 \frac{\text{W}}{\text{m}^2} \cdot 100 = 7,96 \cdot 10^7 \frac{\text{W}}{\text{m}^2}$$

Die notwendige Schutzstufe der Laserschutzbrille beträgt: D LB5.

5. Indirekte Gefährdung und Schutzmaßnahmen

Gefährdung	Maßnahmen	Durchführung
		Wer?/Bis wann? Unterschrift
☒ Brandgefahr	☒ Brennbare Stoffe oder Flüssigkeiten werden möglichst durch solche mit geringerer Gefährdung ersetzt. ☒ Brennbare Flüssigkeiten werden auf die Mindestmenge begrenzt. ☒ Laserstrahlung der Klasse 4 wird durch geeignete Strahlbegrenzungen abgegrenzt. ☐ Beim offenen Umgang mit brennbaren Stoffen wird auf ausreichende Lüftung geachtet. ☒ Entflammbare Materialien werden, soweit möglich, aus dem Laserbereich entfernt. ☒ Es werden keine alkoholhaltigen oder brennbaren Flüssigkeiten der Laserstrahlung ausgesetzt. ☐ Abdecktücher und Tupfer, welche in der Medizin Anwendung finden, werden angefeuchtet. ☐ Es werden nur lasergeeignete Tuben verwendet	
☒ Explosionsgefahr	☒ Explosionsfähige Atmosphäre und explosible Stoffe werden aus dem Laserbereich entfernt	

15.5.5 Wirksamkeitskontrolle

Wirksamkeitskontrolle

Datum	Wie wurde die Wirksamkeitskontrolle durchgeführt?*	Durchgeführt durch	Ergebnis
01.06.2019	1	Dr. M… W…	Keine Auffälligkeiten
01.12.2019	2; 3	Dr. M… W…	Keine Auffälligkeiten

*Möglichkeiten sind:
1: Gespräche mit den Beschäftigten über die Wirksamkeit der Maßnahmen. Diese können durch die Führungskraft im regelmäßigen Mitarbeitergespräch oder beim Teammeeting erfolgen.
2. Ein Kurz-Mitarbeiterworkshop, zum Beispiel im Rahmen der jährlichen Unterweisung. Hier können die Beschäftigten eine Rückmeldung über die Wirkung der umgesetzten Maßnahmen geben und ggf. neue Maßnahmen anregen.
3. Begehung des Arbeitsplatzes/Stichpunktkontrolle durch Fachkundige, LSB oder Fachkraft für Arbeitssicherheit.

15.5.6 Dieser Gefährdungsbeurteilung zugrunde liegende Literatur

Richtlinie 2006/25/EG des Europäischen Parlaments und des Rates vom 5. April 2006 zum Schutz von Sicherheit und Gesundheit der Arbeitnehmer vor der Gefährdung durch künstliche optische Strahlung

Unverbindlicher Leitfaden zur Richtlinie 2006/25/EG über künstliche optische Strahlung

ArbSchG	Arbeitsschutzgesetz
MuSchG	Mutterschutzgesetz
JArbSchG	Jugendarbeitsschutzgesetz
BetrSichV	Betriebssicherheitsverordnung
ArbStättV	Arbeitsstättenverordnung
GefStoffV	Gefahrstoffverordnung
OStrV	Verordnung zum Schutz der Beschäftigten vor Gefährdungen durch künstliche optische Strahlung
TROS Laserstrahlung	Technische Regeln zur Verordnung zu künstlicher optischer Strahlung
DGUV Vorschrift 1	Grundsätze der Prävention
DGUV Vorschrift 11/12	Unfallverhütungsvorschrift „Laserstrahlung" (ist bei einigen Versicherungsträgern bereits zurückgezogen)
DGUV Regel 112-192	Benutzung von Augen- und Gesichtsschutz
DGUV Regel 113-001	Explosionsschutz-Regeln (EX-RL)
DGUV Information 203-042	Auswahl und Benutzung von Laser-Schutzbrillen, Laser-Justierbrillen und Laser-Schutzabschirmungen
DIN EN 60825-1 bis :2008-05	Sicherheit von Laser-Einrichtungen, Klassifizierung von Anlagen
DIN EN 60825-2	Sicherheit von Lichtwellenleiter-Kommunikationssystemen (LWLKS)
DIN EN 60825-4	Laserschutzwände
DIN EN 207	Filter- und Augenschutzgeräte gegen Laserstrahlung
DIN EN 208	Augenschutzgeräte für Justierarbeiten an Lasern und Laseraufbauten

15.6   Gefährdungsbeurteilung für ein Laser-Fluoreszenzmikroskop

Ausgangssituation Zu wissenschaftlichen Zwecken wird ein Laser-Fluoreszenzmikroskop in einem Forschungslabor eingesetzt. Als Grundlage für die Gefährdungsbeurteilung dient das Beispiel a) in Abschn. 5.4.3 zu Expositionsgrenzwerten bei Lasern in der Forschung.

1. Art der optischen Strahlungsquelle

☒ Laser: Anlagenbezeichnung – Lasermikroskop
☐ inkohärente Strahlungsquelle

2. Allgemeine Angaben

Fakultät/Gebäude	Biologische Fakultät II/IIIa
Straße	Am Oberen ……
PLZ/Stadt	00000 B…
Laborraum	A 0.17
Verantwortliche	Prof. Dr. A. H… PD Dr. C. B…
Laserschutzbeauftragter	PD Dr. C. B… G. C… (Stellvertretung)
Gefährdungsbeurteilung erfolgt	☐ arbeitsbereichsbezogen ☒ tätigkeits-/arbeitsplatzbezogen ☐ personenbezogen
Sonstige Hinweise	

3. Technische Daten zur Strahlungsquelle

Hersteller	Fupp GmbH
Wellenlängen/-bereich	920 nm, 1064 nm
Laserklasse	4 ☒ nach DIN EN 60825-1:2008-05 ☐ nach DIN EN 60825-1: _____
Laserart/Signalform	☒ Impulslaser ☐ cw-Laser
Serien-Nr./Bezeichnung	ZUASM369
Mittlere Laserleistung Pulsspitzenleistung (berechnet)	1 W für 920 nm 1 W für 1064 nm Jeweils 10^{11} W
Impulswiederholfrequenz	100 Hz
Energie (Pulslaser)	0,01 J
Strahldivergenz	≤1,5 mrad
Pulsdauer	100 fs
Strahlradius r (bei 1/e)	2 mm
Stationär/handgeführt	Stationär
Sonstige Angaben	Laser ist verbaut in einem konfokalen Laserscanning Mikroskop.

4. Angaben zur Tätigkeit/Exposition

Anwendung/Tätigkeit	Der Laser wird in einem konfokalen Laserscanning Mikroskop für Bioimaging – Messungen im Rahmen von Zelluntersuchungen betrieben
Betroffene Personenzahl	Max. 10 bis 15 (Doktoranden, Studierende etc.)
Bewertung erfolgt	☒ Laser ☐
Weitere Angaben	Der Laser ist im Normalbetrieb fest im Mikroskop verbaut. Ein direkter Kontakt zum Laserstrahl im Betrieb ist nicht möglich, da die Bildausgabe direkt über den PC-Monitor erfolgt und es sich bei dem vorliegenden Mikroskop um ein geschlossenes System handelt. Anders verhält es sich bei Wartung und Service am Mikroskop. Hier kann der Laserstrahl frei zugänglich sein

5. Gefährdungen/Einwirkungen

a) Direkte Gefährdung

Wurde ermittelt, ob die Expositionsgrenzwerte eingehalten werden? (Normalbetrieb, Justage, Service, Wartung)	☒ Ja ☐ Nein
Wenn Ja, durch	☒ Angabe des Herstellers ☐ Eigene Messungen ☐ Eigene Berechnungen
Anmerkungen	Von Seiten des Herstellers liegen Unterlagen vor, die der Gefährdungsbeurteilung beigefügt sind. Hieraus ist zu entnehmen, dass im Normalbetrieb keine Gefährdung vorliegt, da es sich um ein geschlossenes System handelt. Der Laserstrahl ist nicht frei zugänglich. Service und Wartung des Gerätes darf nur durch Mitarbeiter der Firma Fupp vorgenommen werden. Das Öffnen des Systems ist nur durch entsprechend unterwiesenes Fachpersonal der Firma Fupp gestattet
Laserbereich	Der Laserbereich ist im Normalbetrieb auf das gekapselte Gerät beschränkt. Es liegt im Normalbetrieb keine Gefährdung für Auge und Haut vor. Anders verhält es sich bei Service und Wartung

b) Indirekte Gefährdung

Blendung	Ja ☐	Nein ☒
Brandgefahr	Ja ☐	Nein ☒
Explosionsgefahr	Ja ☐	Nein ☒
Inkohärente optische Strahlung	Ja ☐	Nein ☒
Gefahrstoffe	Ja ☐	Nein ☒
Ionisierende Strahlung	Ja ☐	Nein ☒

5. Gefährdungen/Einwirkungen		
Lärm	Ja ☐	Nein ☒

6. Schutzmaßnahmen

Substitution (alternative Arbeitsverfahren)

Es können keine alternativen Arbeitsverfahren verwendet werden

Folgende Schutzmaßnahmen sind umzusetzen, wenn die Möglichkeit, andere Verfahren zu verwenden, ausgeschlossen ist

	Maßnahmen	Umsetzung durch	Bis	Erledigt
Technisch	Einhausung des Lasers im Normalbetrieb	Firma Fupp		☒
				☐
				☐
				☐
				☐
				☐
Organisatorisch	Kennzeichnung des Zugangs zum Labor mit einem Laser-Warnschild und einer Warnleuchte	PD Dr. C. Birjik, G. Chiemer		☐
	Zutritt in den Laborraum nur für befugtes und unterwiesenes Personal. Maximal 2 Personen dürfen sich beim Messbetrieb im Raum befinden	PD Dr. C. Birjik, G. Chiemer		☐
	Aushängen der Betriebsanweisung an gut sichtbarer Stelle im Labor mit wichtigen Telefonnummern (LSB, Erste Hilfe, Arzt, Augenklinik usw.)	PD Dr. C. Birjik, G. Chiemer		☐
				☐
				☐
				☐
Persönlich	Im Normalbetrieb ist das Tragen einer Schutzbrille nicht erforderlich			☐
				☐
				☐
				☐
				☐

6. Schutzmaßnahmen

			☐
Überprüfung der Umsetzung der fest-gelegten Schutzmaßnahen bzw. evtl. noch offener Maßnahmen durch die verantwortliche Person	K. Bergmann	bis zum: 31.12.2019	☐
Anlagen (z. B. Messprotokoll, Unterlagen des Herstellers)	Herstellerunterlagen mit Abschätzung der Exposition und Vorgaben hinsichtlich der Betriebsmodi		

Weitere Maßnahmen sind:

1. Es ist sicherzustellen, dass Service und Wartung durch die fachkundige Person des Herstellers durchgeführt werden.
2. Unterweisung der Beschäftigten.
3. Begehung des Arbeitsplatzes/Stichpunktkontrolle

7. An der Gefährdungsbeurteilung beteiligte Personen

Laborleiter	PD Dr. C. Birjik
Fachkundige Person	F. Cole
Laserschutzbeauftragter	PD Dr. C. Birjik G. Chiemer (Stellvertretung)
Fachkraft für Arbeitssicherheit	K. Bergmann
Weitere Personen	–

Eine Begehung fand am 07.08.2019 statt.

30.11.2019

_____

Unterschrift der verantwortlichen Person

_____

Datum

Wirksamkeitskontrolle

Während der Unterweisungen wird in Gesprächen mit den Beschäftigten/Studierenden/Doktoranden die Wirksamkeit der getroffenen Schutzmaßnahmen abgefragt

Wirksamkeitskontrolle

Eine Aktualisierung der Gefährdungsbeurteilung hat zu erfolgen, wenn z. B. neue bzw. weitere Laser Anwendung finden, sich Tätigkeiten oder der Stand der Technik ändern oder Unfälle eingetreten sind

Die Gefährdungsbeurteilung muss bis zum 30.11.2020 auf ihre Aktualität hin überprüft werden

15.7 Beispiel für eine Gefährdungsbeurteilung im Bereich Show- und Projektionslaser

Bei der im Folgenden beschriebenen Gefährdungsbeurteilung handelt es sich um eine einfache Variante einer Lasershow, bei der der Laserstrahl nicht in das Publikum gestrahlt wird. Komplexe Shows verlangen die Bewertung durch eine befähigte Person, die mit der Berechnung und Messung von Laserstrahlung und Expositionsgrenzwerten im Showbereich vertraut ist.

Situation

Für eine Betriebsfeier soll eine Lasershow (Laser-Licht-Animation) am Abend für 20 min projiziert werden. Bekannt ist, dass der Laser verschiedene Wellenlängen aussendet. Der Laser soll komplett mit einer vorprogrammierten Show gemietet werden. Ein/e Laserschutzbeauftragte/r und ein/e eingewiesener Techniker/in ihrer Firma soll die Show starten und überwachen.

An der Gefährdungsbeurteilung beteiligte Personen

Fachkundige Person	Manfred Licht
Laserschutzbeauftragte	Corinna Bunt
Unternehmer(in)/Führungsperson	Manuela Brecht
Fachkraft für Arbeitssicherheit	Manfred Sicher

Die Gefährdungsbeurteilung erfolgt
☐ arbeitsbezogen
☑ tätigkeits-/arbeitsplatzbezogen
☐ personenbezogen

_____

Unternehmer/in

15.7.1 Dieser Gefährdungsbeurteilung zugrunde liegende Literatur

Richtlinie 2006/25/EG des Europäischen Parlaments und des Rates vom 5. April 2006 zum Schutz von Sicherheit und Gesundheit der Arbeitnehmer vor der Gefährdung durch künstliche optische Strahlung

Unverbindlicher Leitfaden zur Richtlinie 2006/25/EG über künstliche optische Strahlung

ArbSchG	Arbeitsschutzgesetz
MuSchG	Mutterschutzgesetz
JArbSchG	Jugendarbeitsschutzgesetz
BetrSichV	Betriebssicherheitsverordnung
ArbStättV	Arbeitsstättenverordnung
GefStoffV	Gefahrstoffverordnung
OStrV	Verordnung zum Schutz der Beschäftigten vor Gefährdungen durch künstliche optische Strahlung
TROS Laserstrahlung	Technische Regeln zur Verordnung zu künstlicher optischer Strahlung
DGUV Vorschrift 1	Grundsätze der Prävention
DGUV Vorschrift 11/12	Unfallverhütungsvorschrift „Laserstrahlung" (ist bei einigen Versicherungsträgern bereits zurückgezogen)
DGUV Regel 112-192	Benutzung von Augen- und Gesichtsschutz
DGUV Regel 113-001	Explosionsschutz-Regeln (EX-RL)
DGUV Information 203-042	Auswahl und Benutzung von Laser-Schutzbrillen, Laser-Justierbrillen und Laser-Schutzabschirmungen
DGUV Information 203-036	Laser-Einrichtungen für Show- oder Projektionszwecke
DIN EN 60825-1 bis :2008-05	Sicherheit von Lasereinrichtungen, Klassifizierung von Anlagen
DIN EN 60825-4	Laserschutzwände
DIN EN 207	Filter- und Augenschutzgeräte gegen Laserstrahlung
DIN EN 208	Augenschutzgeräte für Justierarbeiten an Lasern und Laseraufbauten

15.7.2 Erfassung der Arbeitsbereiche und Tätigkeiten

Die 20-minütige Show findet in einer Fabrikhalle statt. Die Laserstrahlung soll Projektionen an der Wand erzeugen. Der Laserstrahl soll nicht in das Publikum gerichtet werden. Der Aufbau der Anlage erfolgt nach Abb. 15.2.

Das Lasersystem mit Bedieneinheit, wird auf einer Bühne aufgebaut. Zutritt haben dort nur befugte und unterwiesene Personen.

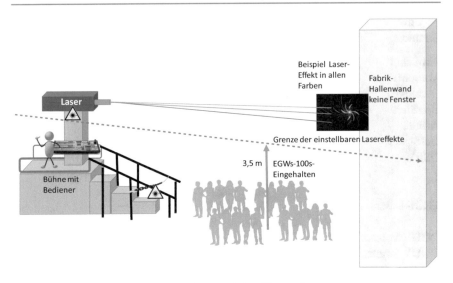

Abb. 15.2 Einsatz eines Klasse-4-Showlasers auf einer Veranstaltung

15.7.3 Technische Daten des Lasers

Es handelt sich um einen DPSS-Laser mit folgenden Daten:

Wellenlängen   maximal Leistung:
Rot, 650 nm   150 mW
Grün, 532 nm   80 mW
Blau, 445 nm   200 mW

Die Gesamtleistung, gemessen durch eine 7-mm-Blende, beträgt 430 mW maximal.

Der Sicherheitsabstand NOHD für 1000 s wird mit 40 m für die gemietete Show angegeben.

15.7.4 Ermittlung und Bewertung der Gefährdungen

Es besteht eine Gefährdung von Auge und Haut des Anwenders und weiterer Personen im Showlaserbereich, da Expositionsgrenzwerte für Auge und Haut überschritten werden. Im Zuschauerbereich dürfen die Expositionsgrenzwerte nicht überschritten werden. Weiterhin besteht Brand- und Explosionsgefahr durch den direkten Laserstrahl.

15.7.5 Schutzmaßnahmen

Es muss geklärt werden, ob die vorhandene fachkundige Person gemäß OStrV im Unternehmen eine ausreichende Qualifikation zur Beurteilung der Laser zur

Showanwendung hat. Im vorliegenden Beispiel gehen wir davon aus, dass diese Kenntnisse vorhanden sind.

Als Informationsmaterial sollte im Folgenden neben den Hersteller-informationen und der TROS Laserstrahlung auch die DGUV Information 203-036 Show- und Projektionslaser und dieses Buch verwendet werden.

Anhand der geplanten Aufstellung des Lasers und der Show sollten vorab bei der Planung folgende wichtige Punkte berücksichtigt werden:

1. Der Laserstrahl wird auf eine Hallenfläche mit einer Leinwand geführt. Dies geschieht von einer Bühne aus, in einem Wickel von 30 Grad. Der Laser wird fest verschraubt, sodass die Anlage nicht verkippen kann. Das Ausweichen des Laserstrahls muss verhindert werden. Hierzu dienen geeignete fest fixierte Blenden und Überwachungsschaltungen, die beim Verkippen des Laserstrahls diesen abschalten oder einen Shutter in den Strahlengang einbringen.
2. Das Lasersystem muss mit einem Schlüsselschalter gegen Einschalten von unbefugten Personen gesichert sein. Ist die Anlage unbeaufsichtigt, muss der Schlüssel abgezogen und sicher verwahrt sein.
3. Durch einen Not-Aus-Taster muss die Anlage jederzeit sicher abgeschaltet werden können.
4. Der Strahlengang muss so auslegt werden, dass keine Personen innerhalb des NOHDs gelangen können. Hierbei muss auch berücksichtigt werden, dass mögliche Reflexionen durch spiegelnde Materialien, wie Spiegel, Fliesen, Metalloberflächen und Glas verhindert werden.
5. Im Showlaserbereich dürfen nur schwer entflammbare Materialien Verwendung finden.
6. Die im Showlaserbereich tätigen Mitarbeiter/innen müssen vor der ersten Inbetriebnahme des Lasers und danach jährlich zum Thema Lasersicherheit unterwiesen werden.
7. Der Bedienbereich wird durch eine Absperrkette vom Zuschauerbereich getrennt.
8. Im Bedienbereich kann nur im Wartungsfall, durch Aufstellen einer Leiter, die Austrittsstelle des Lasers erreicht werden. In diesem Fall muss für die sich im Showlaserbereich befindliche Person eine geeignete Laserschutzbrille für alle 3 relevanten Wellenlängen, jeweils mit Schutzstufe RB 3, vorhanden sein und getragen werden.
9. Ein Laserschutzbeauftragter wurde schriftlich bestellt.
10. Nach DGUV Vorschrift 11 muss der Laser bei der für den Arbeitsschutz zuständigen Behörde und der Berufsgenossenschaft angezeigt werden. Dies gilt noch so lange, bis diese Vorschrift zurückgezogen wurde.
11. Da die Expositionsgrenzwerte nur im Bereich oberhalb von 3,5 m über den Zuschauerbereich überschritten werden können, reicht hier die Beobachtung der Show durch den Laserschutzbeauftragten (Bediener) oder einen Vertreter aus. Dieser muss, insbesondere in den Fällen, in denen Personen in den Bedienbereich kommen, die Anlage abschalten können.
12. Hierfür muss eine verantwortliche Person und ihr Stellvertreter benannt werden.

Ist die Planung abgeschlossen und werden die oben aufgeführten Punkte erfüllt, kann anhand der folgenden Checkliste, die im Wesentlichen aus der DGUV I Show- und Projektionslaser übernommen und auf das Beispiel angepasst wurde, auf weitere Punkte hin überprüft werden (Tab. 15.1).

Es sind alle Punkte zu berücksichtigen, die die Möglichkeit beinhalten, dass Personen in den Bereich der Expositionsgrenzwertüberschreitung, also in den Showlaserbereich, kommen und sich schädigen könnten.

15.7.6 Wirksamkeitskontrolle

Ein weiterer wesentlicher Punkt der Gefährdungsbeurteilung ist die Wirksamkeitskontrolle der getroffenen Schutzmaßnahmen. Nach deren Umsetzung wird kontrolliert, ob die Schutzmaßnahmen wirksam und ausreichend sind. Dies kann durch Begehungen durch den Laserschutzbeauftragten oder die fachkundige

Tab. 15.1 Checkliste zur Überprüfung und Dokumentation der wichtigsten Anforderungen an den Einsatz von Show- oder Projektionslasern

Nr.:	Checkpunkt	Ja	Nein	Nicht anwendbar	Maßnahmen/ Bemerkung
1	Allgemeine Anforderungen				
2	Sind beim Umgang mit Show- oder Projektionslasern Anweisungen erteilt, wie die zugängliche Bestrahlung möglichst niedrig gehalten werden kann?				
3	Ist der Laser fest, unverrückbar eingebaut?				
4	Ist der Laser so eingebaut, dass er nur befugten Personen zugänglich ist? Falls der Laserstrahl auch in den Zuschauerraum gelenkt wird, ist geprüft worden, ob die EGW auch unter allen vorhersehbaren Umständen eingehalten sind?				
5	Hat die verantwortliche Führungskraft (ggf. in Zusammenarbeit mit dem für die Einrichtung verantwortlichen LSB) die erforderlichen Schutzmaßnahmen schriftlich festgelegt?				
6	Ist ein Laserschutzbeauftragter gemäß OStrV schriftlich vom Unternehmer bestellt?				

Person, durch Gespräche mit den Beschäftigten oder durch die Fachkraft für Arbeitssicherheit erfolgen. Auch Befragungen im Rahmen der jährlichen Unterweisung sind geeignet. Die Wirksamkeitskontrolle muss dokumentiert und regelmäßig wiederholt werden.

15.8 Beispiel für eine Gefährdungsbeurteilung in der Vermessungstechnik

Unternehmen _____

Datum_____

Arbeitsbereich _____   Tätigkeit_____

An der Gefährdungsbeurteilung beteiligte Personen_____

Nr.	Arbeitsbedingungen, z. B. Arbeitsumgebung, Arbeitsmittel	Gefährdung/Belastung	Schutzmaßnahme	Durchführung der Maßnahme	Wirksamkeitskontrolle*
	Allgemeines	• Sehbeeinträchtigungen durch Blendung, Blitzlichtblindheit oder Nachbilder. • Erschrecken • Klassen 2 und 2M: Augenschäden falls länger als 0,25 s in den Laserstrahl geschaut wird. • Klassen 1M und 2M: Augenschäden falls mit optisch sammelndem Gerät (Fernrohr) in den Laserstrahl geschaut wird. • Beim Öffnen des Gerätegehäuses kann eine deutlich stärkere Laserstrahlung auftreten und Augen, ggf. auch die Haut gefährden.	Laser der Laserklasse 1 dürfen ohne besondere Schutzmaßnahmen verwendet werden. Mindestens einmal jährlich eine Unterweisung durchführen und dokumentieren. Bedienungsanleitungen/ Handbücher mit Anweisungen (Betriebsanweisung) für den sicheren Betrieb am Gerät verfügbar machen. Ein Öffnen des Gehäuses ist der Fachwerkstatt vorbehalten. Arbeitsbereiche von Lasereinrichtungen, in denen der Laserstrahl durch Arbeits- und Verkehrsbereiche führt, kennzeichnen. (Warnschilder mit dem Hinweis „Nicht in den Laserstrahl blicken" aufstellen.) Unterbinden, dass mit anderen optischen Geräten in den Laserstrahl der Klasse 1M und 2M geblickt werden kann. Bei Lasereinrichtungen der Klassen 2 und 2M die Strahlenachse oder Strahlenfläche so einrichten und sichern, dass eine Gefährdung der Augen verhindert wird.	Verantwortliche/r *Vor jedem Einsatz durchführen bzw. prüfen.* Maßnahmen durchgeführt? Ja☐ Nein☐ Durch wen? Wann?	Beurteilende/r Am: Maßnahmen wirksam? Ja☐ Nein☐
	Einsatz von Lasern der Laserklasse 1M, Laserklasse 2 und Laserklasse 2M				

Nr.	Arbeitsbedingungen, z. B. Arbeitsumgebung, Arbeitsmittel	Gefährdung/Belastung	Schutzmaßnahme	Durchführung der Maßnahme	Wirksamkeitskontrolle*
	Einsatz von Lasern der Laserklasse 3R,	• Augenschäden • Sehbeeinträchtigungen durch Blendung, Blitzlichtblindheit oder Nachbilder. • Erschrecken • Beim Öffnen des Gerätegehäuses kann eine deutlich stärkere Laserstrahlung auftreten und Augen, ggf. auch die Haut gefährden.	Ausbildung eines Laserschutzbeauftragten. Die Messung darf erst durchgeführt werden, nachdem sichergestellt ist, dass sich niemand im Laserbereich aufhält. Dies kann durch Posten, die den Messbereich beobachten, realisiert werden. Das Messgerät ist so sicher aufzustellen, dass eine unbeabsichtigte Richtungsänderung des Strahls verhindert wird. Nach Möglichkeit sollte oberhalb oder unterhalb der Augenhöhe von Personen gemessen werden. Hierbei ist auch zu berücksichtigen, dass sich Personen in Fahrzeugen mit einer niedrigeren Augenhöhe befinden. Der Laserstrahl darf niemals auf Personen gerichtet werden. Nicht auf reflektierenden oder spiegelnden Oberflächen messen. Auf keinen Fall in den austretenden Strahl blicken. Nach Beendigung der Messung ist das Tachymeter sicher zu verwahren.	Verantwortliche/r _____ _____ Maßnahmen durchgeführt? Ja☐ Nein☐ Durch wen? Wann?	Maßnahmen wirksam? Ja☐ Nein☐ **Die Wirksamkeitskontrolle erfolgte durch** ☐ Gespräche mit den Beschäftigten über die Wirksamkeit der Maßnahmen. Diese können durch die Führungskraft im regelmäßigen Mitarbeitergespräch oder bei einem Teammeeting erfolgen. ☐ Einen Kurz-Mitarbeiterworkshop, zum Beispiel im Rahmen der jährlichen Unterweisung. Hier können die Beschäftigten eine Rückmeldung über die Wirkung der umgesetzten Maßnahmen geben und ggf. neue Maßnahmen anregen [1]. ☐ Baustellenbegehung/Stichpunktkontrolle [1] Quelle BGETEM
	Laserklasse 3B Laserklasse 4 oder nicht (nach DIN) gekennzeichnete Laser	• Schwere Augenschäden • ggf. Hautschäden • Sehbeeinträchtigungen durch Blendung, Blitzlichtblindheit oder Nachbilder • Erschrecken • ggf. Brand- u. Explosionsgefahr • Beim Öffnen des Gerätegehäuses kann eine deutlich stärkere Laserstrahlung auftreten und Augen, ggf. auch die Haut gefährden.	Wie oben, zusätzlich geeignete Schutzbrillen verwenden Bezeichnung: Hersteller: Herstellungsdatum		

15.9 Beispiel für eine Gefährdungsbeurteilung für Lichtwellenleiter-Kommunikationssysteme (LWLKS)

	Gefährdungsbeurteilung für Arbeits-plätze und Tätigkeiten mit Exposition durch Laserstrahlung Nach §§ 3,5 OStrV und TROS Laser-strahlung	Erstellt am 22.11.2019
AKADEMIE FÜR LASERSICHERHEIT BERLIN		
Betreiber des Netzes	Stadtwerk Dux….	
Mieter des Netzes	CS Internet Service GmbH Br…	
Fasertyp	Singlemode	
Arbeitsbereich	Störungsbeseitigung Erdreich vor T… Str. 17	
Bezeichnung der Anlage/n		
Beschreibung der Tätigkeit	Reparaturarbeiten an einem zerstörten Lichtwellen-leiterkabel im Erdreich	

An der Gefährdungsbeurteilung beteiligte Personen	Vor- und Zuname	Telefon
Unternehmer(in)/Führungsperson		
Fachkundige Person	M. L…	
Laserschutzbeauftragte(r)	P. S…	
Fachkraft für Arbeitssicherheit	Auguste Berlin	
Arbeitsmediziner(in)	Simone Mut	
Betriebliche Interessenvertretung		

Die Gefährdungsbeurteilung erfolgt
- ☐ arbeitsbereichsbezogen
- ☒ tätigkeits-/arbeitsplatzbezogen
- ☐ personenbezogen

_____

Unterschrift verantwortliche Person

15.9.1 Art und Ausmaß der Laserstrahlung

Laserklasse	4 ☒ nach DIN EN 60825-1:2015-07 ☐ nach DIN EN 60825-1: ———
Gefährdungsgrad am Arbeitsort	4
Wellenlänge	980 nm
Max. Leistung/Energie	500 mW
Impulsdauer	cw-Laser
Impulsfolgefrequenz	cw-Laser
ALV	
Dark Fibre	Ja☒ Nein☐
Numerische Apertur NA	0,1

15.9.2 Ermittlung der direkten Gefährdungen

Lasergerät/ Hersteller	Expositionsgrenzwert nach TROS Laserstrahlung		NOHD		Exposition in W/m^2 oder J/m^2	Expositions- dauer in s
	Auge	Haut	Auge	Haut		
			1,6 m			

Wurde ermittelt, ob die Expositionsgrenzwerte eingehalten werden (Normalbetrieb/Wartung/Service)?

Ja	Nein
☒	☐

Falls ja, durch

Angaben des Herstellers (Expositionsgrenzwerte, NOHD)	☐
Literaturangaben	☐
Eigene Berechnung	☒
Eigene Messung	☐

Die Herstellerdokumentation bzw. Messprotokolle oder Berechnungen werden dieser Gefährdungsbeurteilung beigefügt.

Der NOHD beträgt 1,6 m für Bestrahlungsdauern bis 100 s.

Werden Expositionsgrenzwerte überschritten? Für jede Laseranlage eine eigene Tabelle anlegen.

Betriebszustand	Auge			Haut		
Installation	Ja☐	Nein☐	n.a. ☒	Ja☐	Nein☐	n.a. ☒
Normalbetrieb	Ja☐	Nein☐	n.a. ☒	Ja☐	Nein☐	n.a. ☒
Wartung und Pflege	Ja☐	Nein☐	n.a. ☒	Ja☐	Nein☐	n.a. ☒
Instandsetzung	Ja☒	Nein☐	n.a. ☐	Ja☒	Nein☐	n.a. ☐
Störungssuche	Ja☐	Nein☐	n.a. ☒	Ja☐	Nein☐	n.a. ☒

n.a. = nicht anwendbar

15.9.3 Ermittlung indirekter Gefährdungen

Blendung (Prüflaser)	Ja☒	Nein☐
Brandgefahr	Ja☒	Nein☐
Explosionsgefahr	Ja☒	Nein☐
Verletzungsgefahr durch Faserreste	Ja☒	Nein☐
Gefahrstoffe (Isopropanol, Polierstaub)	Ja☒	Nein☐

15.9.4 Schutzmaßnahmen

Substitution

Ergebnis der Substitution	Es gibt kein anderes geeignetes Arbeitsmittel mit geringeren Gefährdungen.

Technische Schutzmaßnahmen			
Wird durch eine Emissionseinrichtung (optisch oder akustisch) angezeigt, dass der Leistungszustand (Leistung an oder aus) klar erkennbar ist?	Ja☐	Nein☐	n.a.☒
Wird durch einen Schlüsselschalter verhindert, dass eine wirksame ALV durch Unbefugte wieder in Kraft gesetzt werden kann?	Ja☐	Nein☐	n.a.☒
Ist sichergestellt, dass Stecker geschlossen oder mit einer Schutzkappe sicher abgedeckt sind?	Ja☒	Nein☐	n.a.☐
Kommen Video-Mikroskope zur Betrachtung der Faserenden zum Einsatz?	Ja☒	Nein☐	n.a.☐
Sind, falls Beobachtungsoptiken notwendig, diese mit geeigneten Filtern ausgestattet, welche sicherstellen, dass die GZS für Klasse 1 nicht überschritten werden?	Ja☐	Nein☐	n.a.☒

n.a. = nicht anwendbar

Organisatorische Schutzmaßnahmen*

Wurden vor Beginn der Arbeiten Absprachen mit dem Betreiber der Anlage zu Schutzmaßnahmen getroffen?	Ja☒	Nein☐	n.a.☐
Wurde der Gefährdungsbereich festgelegt?	Ja☒	Nein☐	n.a.☐
Wurden Zugangsregelungen zum Laserbereich festgelegt?	Ja☒	Nein☐	n.a.☐
Ist sichergestellt, dass Gefährdungsbereiche ab Gefährdungsbereich 1M mit einem Warnschild und einem Hinweisschild gekennzeichnet sind?	Ja☒	Nein☐	n.a.☐
Sind alle optischen Steckverbindungen und andere Teile, aus denen Laserstrahlung oberhalb des Gefährdungsgrades 1 austreten kann, mit einem Schild gekennzeichnet?	Ja☐	Nein☐	n.a.☒
Ist sichergestellt, dass die Beschäftigten wissen, dass das Betrachten der Lichtwellenleiterenden ohne Schutzmaßnahmen verboten ist?	Ja☒	Nein☐	n.a.☐
Ist sichergestellt, dass die Fasern bei Spleißarbeiten so positioniert sind, dass von einem eventuell austretenden Strahl keine Gefährdung ausgehen kann?	Ja☒	Nein☐	n.a.☐
Werden bei der Verwendung von Messkabeln die optischen Quellen zuletzt angeschlossen und nach der Messung als Erstes wieder abgetrennt?	Ja☐	Nein☐	n.a.☒
Ist ein Laserschutzbeauftragter schriftlich bestellt?	Ja☒	Nein☐	n.a.☐
Ist sichergestellt, dass die Laserschutzbeauftragten spätestens 5 Jahre nach der letzten Ausbildung an einem Fortbildungskurs zur Auffrischung der Kenntnisse teilnehmen?	Ja☒	Nein☐	n.a.☐
Werden die Beschäftigten vor dem ersten Einsatz im Laserbereich und danach jährlich zum Thema Lasersicherheit unterwiesen?	Ja☒	Nein☐	n.a.☐
Sind Betriebs- und Arbeitsanweisungen vorhanden und den Beschäftigten zugänglich?	Ja☒	Nein☐	n.a.☐
Ist die nach § 22 Jugendschutzgesetz und § 11 DGUV Vorschrift 11 geforderte Beschäftigungsbeschränkung von Jugendlichen sichergestellt (Laserklasse 3R, 3B und 4)?	Ja☒	Nein☐	n.a.☐
Ist sichergestellt, dass beim Arbeiten an „Dark Fibres" nur mit Schutzmaßnahmen entsprechend der max. möglichen Strahlung von ca. 2 W gearbeitet wird?	Ja☐	Nein☒	n.a.☐
Ist sichergestellt, der Laser von einer anderen Stelle aus nicht zugeschaltet werden kann?	Ja☐	Nein☒	n.a.☐
Ist sichergestellt, dass alle Beschäftigten im Laserbereich über das Verhalten im Falle eines Unfalls unterwiesen wurden?	Ja☒	Nein☐	n.a.☐
Ist eine allgemeine arbeitsmedizinische Beratung der betroffenen Beschäftigten sichergestellt?	Ja☒	Nein☐	n.a.☐

n.a. = nicht anwendbar

Personenbezogene Schutzmaßnahmen

Laseranlage	Augenschutz Kennzeichnung	Hersteller und Herstellungs-datum	Handschutz Bezeichnung	Schutz-kleidung	Atemschutz Bezeichnung

Personenbezogene Schutzmaßnahmen					
Netz der Stadt- werke Duxdorf	DIR 900-1100 LB3 LV CE S	Firma Lasi 24.8.2019	n.a.	n.a.	n.a.

n.a. = nicht anwendbar

Indirekte Gefährdung und Schutzmaßnahmen		
Gefährdung	Maßnahmen	Durchführung
		Wer?/Bis wann? Unterschrift
☒ Blendung durch Prüflaser	☒ Sichtbare Laserstrahlung wird vor den Beschäftigten abgeschirmt. ☒ Beschäftigte werden darüber informiert, dass beim Auftreffen von Laserstrahlung auf die Augen diese sofort geschlossen und abgewendet werden müssen. ☒ Es werden keine reflektierenden Gegenstände in den Laserstrahl eingebracht	
☒ Brandgefahr	☒ In der Nähe von offenen LWL-Kabeln werden keine brennbaren oder entzündlichen Stoffe gelagert (z. B. ist das LWL-Gel Petrolat brennbar). ☒ Die Verschmutzung der Faserenden wird vermieden, da diese sich sonst entzünden können. ☒ Reinigungsarbeiten werden bei niedriger Leistung durchgeführt. ☒ Beim offenen Umgang mit brennbaren Stoffen wird auf ausreichende Lüftung geachtet. ☒ Faserenden fixieren, um eventuelle Bestrahlung von brennbaren Stoffen zu vermeiden	
☒ Explosions- gefahr	☒ Es werden keine Arbeiten am offenen LWL durch- geführt, wenn explosionsfähige Atmosphäre vorhanden ist. ☒ Entstehung von explosionsfähiger Atmosphäre wird verhindert	
☒ Gefahrstoffe	☒ Isopropanol wird nur in Kleinstgebinden verwendet. ☒ Auf ausreichende Belüftung wird geachtet. ☒ Soweit möglich, werden alternative Reinigungsver- fahren, wie z. B. Trockenreinigung mit einer Reinigungs- kassette, verwendet. ☒ Polierstaub wird nur mit einem nassen Tuch auf- genommen, nicht wegblasen. ☒ Am Arbeitsplatz wird nicht gegessen oder getrunken	
☒ Gefährdung Faserreste bei Spleißarbeiten	☒ Es wird ein Faserrestebehälter verwendet. ☒ Es wird eine Präzisionspinzette verwendet. ☒ Es wird eine schwarze Unterlage, auf der die Faser- reste gut erkennbar sind, verwendet-	
☒ Klima	☒ Im Sommer vor direkter Sonneneinstrahlung schützen, für ausreichend Getränke sorgen	
☒ Beleuchtung	☒ Für ausreichende Beleuchtung (mind. 500 lx) sorgen. Beim Tragen einer Laserschutzbrille deutlich heller, oft Faktor 5 (bei z. B. 20 % Tageslichttransmission)	

Indirekte Gefährdung und Schutzmaßnahmen		
☒ Zwangs-haltung	☒ Für Bewegungsfreiheit in der Baugrube sorgen, auf ausreichend lange Pausen achten	

15.9.5 Wirksamkeitskontrolle

Wirksamkeitskontrolle			
Datum	Wie wurde die Wirksamkeits-kontrolle durchgeführt?*	Durchgeführt durch	Ergebnis
12.12.2019	2 (siehe unten)	P… S… (LSB)	Keine Beanstandung

Wirksamkeitskontrolle			
Datum	Wie wurde die Wirksamkeits-kontrolle durchgeführt?*	Durchgeführt durch	Ergebnis

*Möglichkeiten sind:
1. Gespräche mit den Beschäftigten über die Wirksamkeit der Maßnahmen. Diese können durch die Führungskraft im regelmäßigen Mitarbeitergespräch oder beim Teammeeting erfolgen.
2. Ein Kurz-Mitarbeiterworkshop, zum Beispiel im Rahmen der jährlichen Unterweisung. Hier können die Beschäftigten eine Rückmeldung über die Wirkung der umgesetzten Maßnahmen geben und ggf. neue Maßnahmen anregen.
3. Begehung des Arbeitsplatzes/Stichpunktkontrolle durch Fachkundige, LSB oder Fachkraft für Arbeitssicherheit

Abweichungen

Ermittelte Abweichungen				
Zu Punkt	Aufgabe	Maßnahme	Verantwortliche Person	Unterschrift und Datum, wenn erledigt

15.9.6 Dieser Gefährdungsbeurteilung zugrunde liegende Literatur

Richtlinie 2006/25/EG des Europäischen Parlaments und des Rates vom 5. April 2006 zum Schutz von Sicherheit und Gesundheit der Arbeitnehmer vor der Gefährdung durch künstliche optische Strahlung

Unverbindlicher Leitfaden zur Richtlinie 2006/25/EG über künstliche optische Strahlung

ArbSchG	Arbeitsschutzgesetz
JArbSchG	Jugendarbeitsschutzgesetz
BetrSichV	Betriebssicherheitsverordnung
ArbStättV	Arbeitsstättenverordnung
GefStoffV	Gefahrstoffverordnung
OStrV	Verordnung zum Schutz der Beschäftigten vor Gefährdungen durch künstliche optische Strahlung
TROS Laserstrahlung	Technische Regeln zur Verordnung zu künstlicher optischer Strahlung
DGUV Vorschrift 1	Grundsätze der Prävention
DGUV Vorschrift 11/12	Unfallverhütungsvorschrift „Laserstrahlung" (ist bei einigen Versicherungsträgern bereits zurückgezogen)
DGUV Regel 112-192	Benutzung von Augen- und Gesichtsschutz
DGUV Regel 113-001	Explosionsschutz-Regeln (EX-RL)
DGUV Information 203-042	Auswahl und Benutzung von Laser-Schutzbrillen, Laser-Justierbrillen und Laser-Schutzabschirmungen
DGUV Information 203-039	Umgang mit Lichtwellenleiter-Kommunikationssystemen (LWLKS)
DIN EN 60825-1 bis :2008-05	Sicherheit von Lasereinrichtungen, Klassifizierung von Anlagen
DIN EN 60825-2	Sicherheit von Lichtwellenleiter-Kommunikationssystemen (LWLKS)
DIN EN 60825-4	Laserschutzwände
DIN EN 207	Filter- und Augenschutzgeräte gegen Laserstrahlung
DIN EN 208	Augenschutzgeräte für Justierarbeiten an Lasern und Laseraufbauten

Literatur

1. https://www.bgetem.de/arbeitssicherheit-gesundheitsschutz/themen-von-a-z-1/psychische-belastung-und-beanspruchung/gemeinsam-zu-gesunden-arbeitsbedingungen-beurteilung-psychischer-belastung/gbpb-in-grossbetrieben/6-wirksamkeitskontrolle

Teil V
Anhang

Anlage 1: Verordnung zum Schutz der Beschäftigten vor Gefährdungen durch künstliche optische Strahlung (Arbeitsschutzverordnung zu künstlicher optischer Strahlung – OStrV)

16

Inhaltsverzeichnis

vom 19.07.2010 (BGBI. 1 S. 960), zuletzt geändert durch Artikel 5 Absatz 6 der Verordnung vom 18. Oktober 2017 (BGBI. 1 S. 3584)

Abschn. 1
Anwendungsbereich und Begriffsbestimmungen

§ 1   Anwendungsbereich
§ 2   Begriffsbestimmungen

Abschn. 2
Ermittlung und Bewertung der Gefährdungen durch künstliche optische Strahlung; Messungen

§ 3   Gefährdungsbeurteilung
§ 4   Messungen und Berechnungen
§ 5   fachkundige Personen, Laserschutzbeauftragter

Abschn. 3
Expositionsgrenzwerte für und Schutzmaßnahmen gegen künstliche optische Strahlung

© Springer-Verlag GmbH Deutschland, ein Teil von Springer Nature 2020
C. Schneeweiss et al., *Leitfaden für Fachkundige im Laserschutz*,
https://doi.org/10.1007/978-3-662-61242-2_16

§ 6   Expositionsgrenzwerte für künstliche optische Strahlung
§ 7   Maßnahmen zur Vermeidung und Verringerung der Gefährdungen von Beschäftigten durch künstliche optische Strahlung

Abschn. 4
Unterweisung der Beschäftigten bei Gefährdungen durch künstliche optische Strahlung; Beratung durch den Ausschuss für Betriebssicherheit

§ 8   Unterweisung der Beschäftigten
§ 9   Beratung durch den Ausschuss für Betriebssicherheit

Abschn. 5
Ausnahmen; Straftaten und Ordnungswidrigkeiten

§ 10   Ausnahmen
§ 11   Straftaten und Ordnungswidrigkeiten

16.1   Abschn. 1

Anwendungsbereich und Begriffsbestimmungen
§ 1 Anwendungsbereich

1. Diese Verordnung gilt zum Schutz der Beschäftigten bei der Arbeit vor tatsächlichen oder möglichen Gefährdungen ihrer Gesundheit und Sicherheit durch optische Strahlung aus künstlichen Strahlungsquellen. Sie betrifft insbesondere die Gefährdungen der Augen und der Haut.
2. Die Verordnung gilt nicht in Betrieben, die dem Bundesberggesetz unterliegen, soweit dort oder in den auf Grund dieses Gesetzes erlassenen Rechtsverordnungen entsprechende Rechtsvorschriften bestehen.
3. Das Bundesministerium der Verteidigung kann für Beschäftigte, für die tatsächliche oder mögliche Gefährdungen ihrer Gesundheit und Sicherheit durch künstliche optische Strahlung bestehen, Ausnahmen von den Vorschriften dieser Verordnung zulassen, soweit öffentliche Belange dies zwingend erfordern, insbesondere für Zwecke der Verteidigung oder zur Erfüllung zwischenstaatlicher Verpflichtungen der Bundesrepublik Deutschland. In diesem Fall ist gleichzeitig festzulegen, wie die Sicherheit und der Gesundheitsschutz der Beschäftigten nach dieser Verordnung auf andere Weise gewährleistet werden können.

§e2 Begriffsbestimmungen

1. Optische Strahlung ist jede elektromagnetische Strahlung im Wellenlängenbereich von 100 nm bis 1 mm. Das Spektrum der optischen Strahlung wird unterteilt in ultraviolette Strahlung, sichtbare Strahlung und Infrarotstrahlung:

1. Ultraviolette Strahlung ist die optische Strahlung im Wellenlängenbereich von 100 bis 400 nm (UV-Strahlung); das Spektrum der UV-Strahlung wird unterteilt in UV-A-Strahlung (315 bis 400 nm), UV-B-Strahlung (280 bis 315 nm) und UV-C-Strahlung (100 bis 280 nm);

2. Sichtbare Strahlung ist die optische Strahlung im Wellenlängenbereich von 380 bis 780 nm;

3. Infrarotstrahlung ist die optische Strahlung im Wellenlängenbereich von 780 nm bis 1 mm (IR-Strahlung); das Spektrum der IR-Strahlung wird unterteilt in IR-A-Strahlung (780 bis 1400 nm), IR-B-Strahlung (1400 bis 3000 nm) und IR-C-Strahlung (3000 nm bis 1 mm).

2. Künstliche optische Strahlung im Sinne dieser Verordnung ist jede optische Strahlung, die von künstlichen Strahlungsquellen ausgeht.

3. Laserstrahlung ist durch einen Laser erzeugte kohärente optische Strahlung. Laser sind Geräte oder Einrichtungen zur Erzeugung und Verstärkung von kohärenter optischer Strahlung.

4. Inkohärente künstliche optische Strahlung ist jede künstliche optische Strahlung außer Laserstrahlung.

5. Expositionsgrenzwerte sind maximal zulässige Werte bei Exposition der Augen oder der Haut durch künstliche optische Strahlung.

6. Bestrahlungsstärke oder Leistungsdichte ist die auf eine Fläche fallende Strahlungsleistung je Flächeneinheit, ausgedrückt in Watt pro Quadratmeter.

7. Bestrahlung ist das Integral der Bestrahlungsstärke über die Zeit, ausgedrückt in Joule pro Quadratmeter.

8. Strahldichte ist der Strahlungsfluss oder die Strahlungsleistung je Einheitsraumwinkel je Flächeneinheit, ausgedrückt in Watt pro Quadratmeter pro Steradiant.

9. Ausmaß ist die kombinierte Wirkung von Bestrahlungsstärke, Bestrahlung und Strahldichte von künstlicher optischer Strahlung, der Beschäftigte ausgesetzt sind.

10. Fachkundig ist, wer über die erforderlichen Fachkenntnisse zur Ausübung einer in dieser Verordnung bestimmten Aufgabe verfügt. Die Anforderungen an die Fachkunde sind abhängig von der jeweiligen Art der Aufgabe. Zu den Anforderungen zählen eine entsprechende Berufsausbildung oder Berufserfahrung jeweils in Verbindung mit einer zeitnah ausgeübten einschlägigen beruflichen Tätigkeit sowie die Teilnahme an spezifischen Fortbildungsmaßnahmen.

11. Stand der Technik ist der Entwicklungsstand fortschrittlicher Verfahren, Einrichtungen oder Betriebsweisen, der die praktische Eignung einer Maßnahme zum Schutz der Gesundheit und zur Sicherheit der Beschäftigten gesichert erscheinen lässt. Bei der Bestimmung des Standes der Technik sind insbesondere vergleichbare Verfahren, Einrichtungen oder Betriebsweisen heranzuziehen, die mit Erfolg in der Praxis erprobt worden sind. Gleiches gilt für die Anforderungen an die Arbeitsmedizin und Arbeitshygiene.

12. Den Beschäftigten stehen Schülerinnen und Schüler, Studierende und sonstige in Ausbildungseinrichtungen tätige Personen, die bei ihren Tätigkeiten künstlicher optischer Strahlung ausgesetzt sind, gleich.

16.2 Abschn. 2

Ermittlung und Bewertung der Gefährdungen durch künstliche optische Strahlung; Messungen
§ 3 Gefährdungsbeurteilung

1. Bei der Beurteilung der Arbeitsbedingungen nach § 5 des Arbeitsschutzgesetzes hat der Arbeitgeber zunächst festzustellen, ob künstliche optische Strahlung am Arbeitsplatz von Beschäftigten auftritt oder auftreten kann. Ist dies der Fall, hat er alle hiervon ausgehenden Gefährdungen für die Gesundheit und Sicherheit der Beschäftigten zu beurteilen. Er hat die auftretenden Expositionen durch künstliche optische Strahlung am Arbeitsplatz zu ermitteln und zu bewerten. Für die Beschäftigten ist in jedem Fall eine Gefährdung gegeben, wenn die Expositionsgrenzwerte nach § 6 überschritten werden. Der Arbeitgeber kann sich die notwendigen Informationen beim Hersteller oder Inverkehrbringer der verwendeten Arbeitsmittel oder mit Hilfe anderer ohne Weiteres zugänglicher Quellen beschaffen. Lässt sich nicht sicher feststellen, ob die Expositionsgrenzwerte nach § 6 eingehalten werden, hat er den Umfang der Exposition durch Berechnungen oder Messungen nach § 4 festzustellen. Entsprechend dem Ergebnis der Gefährdungsbeurteilung hat der Arbeitgeber Schutzmaßnahmen nach dem Stand der Technik festzulegen.
Bei der Gefährdungsbeurteilung nach Absatz 1 ist insbesondere Folgendes zu berücksichtigen:
   1. Art, Ausmaß und Dauer der Exposition durch künstliche optische Strahlung,
   2. der Wellenlängenbereich der künstlichen optischen Strahlung,
   3. die in § 6 genannten Expositionsgrenzwerte,
   4. alle Auswirkungen auf die Gesundheit und Sicherheit von Beschäftigten, die besonders gefährdeten Gruppen angehören,
   5. alle möglichen Auswirkungen auf die Sicherheit und Gesundheit von Beschäftigten, die sich aus dem Zusammenwirken von künstlicher optischer Strahlung und fotosensibilisierenden chemischen Stoffen am Arbeitsplatz ergeben können,
   6. alle indirekten Auswirkungen auf die Sicherheit und Gesundheit der Beschäftigten, zum Beispiel durch Blendung, Brand- und Explosionsgefahr,
   7. die Verfügbarkeit und die Möglichkeit des Einsatzes alternativer Arbeitsmittel und Ausrüstungen, die zu einer geringeren Exposition der Beschäftigten führen (Substitutionsprüfung),

8. Erkenntnisse aus arbeitsmedizinischen Vorsorgeuntersuchungen sowie hierzu allgemein zugängliche, veröffentlichte Informationen,
9. die Exposition der Beschäftigten durch künstliche optische Strahlung aus mehreren Quellen,
10. die Herstellerangaben zu optischen Strahlungsquellen und anderen Arbeitsmitteln,
11. die Klassifizierung der Lasereinrichtungen und gegebenenfalls der in den Lasereinrichtungen zum Einsatz kommenden Laser nach dem Stand der Technik,
12. die Klassifizierung von inkohärenten optischen Strahlungsquellen nach dem Stand der Technik, von denen vergleichbare Gefährdungen wie bei Lasern der Klassen 3R, 3B oder 4 ausgehen können,
13. die Arbeitsplatz- und Expositionsbedingungen, die zum Beispiel im Normalbetrieb, bei Einrichtvorgängen sowie bei Instandhaltungs- und Reparaturarbeiten auftreten können.

3. Vor Aufnahme einer Tätigkeit hat der Arbeitgeber die Gefährdungsbeurteilung durchzuführen und die erforderlichen Schutzmaßnahmen zu treffen. Die Gefährdungsbeurteilung ist regelmäßig zu überprüfen und gegebenenfalls zu aktualisieren, insbesondere wenn maßgebliche Veränderungen der Arbeitsbedingungen dies erforderlich machen. Die Schutzmaßnahmen sind gegebenenfalls anzupassen.

4. Der Arbeitgeber hat die Gefährdungsbeurteilung unabhängig von der Zahl der Beschäftigten vor Aufnahme der Tätigkeit in einer Form zu dokumentieren, die eine spätere Einsichtnahme ermöglicht. In der Dokumentation ist anzugeben, welche Gefährdungen am Arbeitsplatz auftreten können und welche Maßnahmen zur Vermeidung oder Minimierung der Gefährdung der Beschäftigten durchgeführt werden müssen. Der Arbeitgeber hat die ermittelten Ergebnisse aus Messungen und Berechnungen in einer Form aufzubewahren, die eine spätere Einsichtnahme ermöglicht. Für Expositionen durch künstliche ultraviolette Strahlung sind entsprechende Unterlagen mindestens 30 Jahre aufzubewahren.

§ 4 Messungen und Berechnungen

1. Der Arbeitgeber hat sicherzustellen, dass Messungen und Berechnungen nach dem Stand der Technik fachkundig geplant und durchgeführt werden. Dazu müssen Messverfahren und -geräte sowie eventuell erforderliche Berechnungsverfahren
   4. den vorhandenen Arbeitsplatz- und Expositionsbedingungen hinsichtlich der betreffenden künstlichen optischen Strahlung angepasst sein und
   5. geeignet sein, die jeweiligen physikalischen Größen zu bestimmen; die Messergebnisse müssen die Entscheidung erlauben, ob die in § 6 genannten Expositionsgrenzwerte eingehalten werden.
2. Die durchzuführenden Messungen können auch eine Stichprobenerhebung umfassen, die für die persönliche Exposition der Beschäftigten repräsentativ ist.

§ 5 fachkundige Personen, Laserschutzbeauftragter

1. Der Arbeitgeber hat sicherzustellen, dass die Gefährdungsbeurteilung, die Messungen und die Berechnungen nur von fachkundigen Personen durchgeführt werden. Verfügt der Arbeitgeber nicht selbst über die entsprechenden Kenntnisse, hat er sich fachkundig beraten zu lassen.
2. Vor der Aufnahme des Betriebs von Lasereinrichtungen der Klassen 3R, 38 und 4 hat der Arbeitgeber, sofern er nicht selbst über die erforderlichen Fachkenntnisse verfügt, einen Laserschutzbeauftragten schriftlich zu bestellen. Der Laserschutzbeauftragte muss über die für seine Aufgaben erforderlichen Fachkenntnisse verfügen. Die fachliche Qualifikation ist durch die erfolgreiche Teilnahme an einem Lehrgang nachzuweisen und durch Fortbildungen auf aktuellem Stand zu halten. Der Laserschutzbeauftragte unterstützt den Arbeitgeber
   1. bei der Durchführung der Gefährdungsbeurteilung nach § 3,
   2. bei der Durchführung der notwendigen Schutzmaßnahmen nach § 7 und
   3. bei der Überwachung des sicheren Betriebs von Lasern nach Satz 1.

Bei der Wahrnehmung seiner Aufgaben arbeitet der Laserschutzbeauftragte mit der Fachkraft für Arbeitssicherheit und dem Betriebsarzt zusammen.

16.3   Abschn. 3

Expositionsgrenzwerte für und Schutzmaßnahmen gegen künstliche optische Strahlung
§ 6 Expositionsgrenzwerte für künstliche optische Strahlung

1. Die Expositionsgrenzwerte für inkohärente künstliche optische Strahlung entsprechen den festgelegten Werten im Anhang I der Richtlinie 2006/25/EG des Europäischen Parlaments und des Rates vom 5. April 2006 über Mindestvorschriften zum Schutz von Sicherheit und Gesundheit der Arbeitnehmer vor der Gefährdung durch physikalische Einwirkungen (künstliche optische Strahlung) (19. Einzelrichtlinie im Sinne des Artikels 16 Absatz 1 der Richtlinie 89/391/EWG) (ABl. L 114 vom 27.4.2006, S. 38) in der jeweils geltenden Fassung.
2. Die Expositionsgrenzwerte für Laserstrahlung entsprechen den festgelegten Werten im Anhang II der Richtlinie 2006/25/EG des Europäischen Parlaments und des Rates vom 5. April 2006 über Mindestvorschriften zum Schutz von Sicherheit und Gesundheit der Arbeitnehmer vor der Gefährdung durch physikalische Einwirkungen (künstliche optische Strahlung) (19. Einzelrichtlinie im Sinne des Artikels 16 Absatz 1 der Richtlinie 89/391/EWG) (ABl. L 114 vom 27.04.2006, S. 38) in der jeweils geltenden Fassung.

§ 7 Maßnahmen zur Vermeidung und Verringerung der Gefährdungen von Beschäftigten durch künstliche optische Strahlung

1. Der Arbeitgeber hat die nach § 3 Absatz 1 Satz 7 festgelegten Schutzmaßnahmen nach dem Stand der Technik durchzuführen, um Gefährdungen der Beschäftigten auszuschließen oder so weit wie möglich zu verringern. Dazu sind die Entstehung und die Ausbreitung künstlicher optischer Strahlung vorrangig an der Quelle zu verhindern oder auf ein Minimum zu reduzieren. Bei der Durchführung der Maßnahmen hat der Arbeitgeber dafür zu sorgen, dass die Expositionsgrenzwerte für die Beschäftigten gemäß § 6 nicht überschritten werden. Technische Maßnahmen zur Vermeidung oder Verringerung der künstlichen optischen Strahlung haben Vorrang vor organisatorischen und individuellen Maßnahmen. Persönliche Schutzausrüstungen sind dann zu verwenden, wenn technische und organisatorische Maßnahmen nicht ausreichen oder nicht anwendbar sind.

2. Zu den Maßnahmen nach Absatz 1 gehören insbesondere:
    1. alternative Arbeitsverfahren, welche die Exposition der Beschäftigten durch künstliche optische Strahlung verringern,
    2. Auswahl und Einsatz von Arbeitsmitteln, die in geringerem Maße künstliche optische Strahlung emittieren,
    3. technische Maßnahmen zur Verringerung der Exposition der Beschäftigten durch künstliche optische Strahlung, falls erforderlich auch unter Einsatz von Verriegelungseinrichtungen, Abschirmungen oder vergleichbaren Sicherheitseinrichtungen,
    4. Wartungsprogramme für Arbeitsmittel, Arbeitsplätze und Anlagen,
    5. die Gestaltung und die Einrichtung der Arbeitsstätten und Arbeitsplätze,
    6. organisatorische Maßnahmen zur Begrenzung von Ausmaß und Dauer der Exposition,
    7. Auswahl und Einsatz einer geeigneten persönlichen Schutzausrüstung,
    8. die Verwendung der Arbeitsmittel nach den Herstellerangaben.

3. Der Arbeitgeber hat Arbeitsbereiche zu kennzeichnen, in denen die Expositionsgrenzwerte für künstliche optische Strahlung überschritten werden können. Die Kennzeichnung muss deutlich erkennbar und dauerhaft sein. Sie kann beispielsweise durch Warn-, Hinweis- und Zusatzzeichen sowie Verbotszeichen und Warnleuchten erfolgen. Die betreffenden Arbeitsbereiche sind abzugrenzen und der Zugang ist für Unbefugte einzuschränken, wenn dies technisch möglich ist. In diesen Bereichen dürfen Beschäftigte nur tätig werden, wenn das Arbeitsverfahren dies erfordert; Absatz 1 bleibt unberührt.

4. Werden die Expositionsgrenzwerte trotz der durchgeführten Maßnahmen nach Absatz 1 überschritten, hat der Arbeitgeber unverzüglich weitere Maßnahmen nach Absatz 2 durchzuführen, um die Exposition der Beschäftigten auf einen Wert unterhalb der Expositionsgrenzwerte zu senken. Der Arbeitgeber hat die Gefährdungsbeurteilung nach § 3 zu wiederholen, um die Gründe für die Grenzwertüberschreitung zu ermitteln. Die Schutzmaßnahmen sind so anzupassen, dass ein erneutes Überschreiten der Grenzwerte verhindert wird.

16.4   Abschn. 4

Unterweisung der Beschäftigten bei Gefährdungen durch künstliche optische Strahlung; Beratung durch den Ausschuss für Betriebssicherheit
§ 8 Unterweisung der Beschäftigten

1. Bei Gefährdungen der Beschäftigten durch künstliche optische Strahlung am Arbeitsplatz stellt der Arbeitgeber sicher, dass die betroffenen Beschäftigten eine Unterweisung erhalten, die auf den Ergebnissen der Gefährdungsbeurteilung beruht und die Aufschluss über die am Arbeitsplatz auftretenden Gefährdungen gibt. Sie muss vor Aufnahme der Beschäftigung, danach in regelmäßigen Abständen, mindestens jedoch jährlich, und sofort bei wesentlichen Änderungen der gefährdenden Tätigkeit erfolgen. Die Unterweisung muss mindestens folgende Informationen enthalten:
   1. die mit der Tätigkeit verbundenen Gefährdungen,
   2. die durchgeführten Maßnahmen zur Beseitigung oder zur Minimierung der Gefährdung unter Berücksichtigung der Arbeitsplatzbedingungen,
   3. die Expositionsgrenzwerte und ihre Bedeutung,
   4. die Ergebnisse der Expositionsermittlung zusammen mit der Erläuterung ihrer Bedeutung und der Bewertung der damit verbundenen möglichen Gefährdungen und gesundheitlichen Folgen,
   5. die Beschreibung sicherer Arbeitsverfahren zur Minimierung der Gefährdung auf Grund der Exposition durch künstliche optische Strahlung,
   6. die sachgerechte Verwendung der persönlichen Schutzausrüstung.
   Die Unterweisung muss in einer für die Beschäftigten verständlichen Form und Sprache erfolgen.
2. Können bei Tätigkeiten am Arbeitsplatz die Grenzwerte nach § 6 für künstliche optische Strahlung überschritten werden, stellt der Arbeitgeber sicher, dass die betroffenen Beschäftigten arbeitsmedizinisch beraten werden. Die Beschäftigten sind dabei auch über den Zweck der arbeitsmedizinischen Vorsorgeuntersuchungen zu informieren und darüber, unter welchen Voraussetzungen sie Anspruch auf diese haben. Die Beratung kann im Rahmen der Unterweisung nach Absatz 1 erfolgen. Falls erforderlich, hat der Arbeitgeber den Arzt nach § 7 Absatz 1 der Verordnung zur arbeitsmedizinischen Vorsorge zu beteiligen.

§ 9 Beratung durch den Ausschuss für Betriebssicherheit
Das Bundesministerium für Arbeit und Soziales wird in allen Fragen der Sicherheit und des Gesundheitsschutzes bei künstlicher optischer Strahlung durch den Ausschuss nach § 21 der Betriebssicherheitsverordnung beraten. § 21 Absatz 5 und 6 der Betriebssicherheitsverordnung gilt entsprechend.

16.5 Abschn. 5

Ausnahmen; Straftaten und Ordnungswidrigkeiten
§ 10 Ausnahmen

1. Die zuständige Behörde kann auf schriftlichen Antrag des Arbeitgebers Ausnahmen von den Vorschriften des § 7 zulassen, wenn die Durchführung der Vorschrift im Einzelfall zu einer unverhältnismäßigen Härte führen würde und die Abweichung mit dem Schutz der Beschäftigten vereinbar ist. Diese Ausnahmen können mit Nebenbestimmungen verbunden werden, die unter Berücksichtigung der besonderen Umstände gewährleisten, dass die Gefährdungen, die sich aus den Ausnahmen ergeben können, auf ein Minimum reduziert werden. Die Ausnahmen sind spätestens nach vier Jahren zu überprüfen; sie sind aufzuheben, sobald die Umstände, die sie gerechtfertigt haben, nicht mehr gegeben sind. Der Antrag des Arbeitgebers muss mindestens Angaben enthalten zu

   1. der Gefährdungsbeurteilung einschließlich der Dokumentation,
   2. Art, Ausmaß und Dauer der Exposition durch die künstliche optische Strahlung,
   3. dem Wellenlängenbereich der künstlichen optischen Strahlung,
   4. dem Stand der Technik bezüglich der Tätigkeiten und der Arbeitsverfahren sowie zu den technischen, organisatorischen und persönlichen Schutzmaßnahmen,
   5. den Lösungsvorschlägen, wie die Exposition der Beschäftigten reduziert werden kann, um die Expositionswerte einzuhalten, sowie einen Zeitplan hierfür.

   Der Antrag des Arbeitgebers kann in Papierform oder elektronisch übermittelt werden.
2. Eine Ausnahme nach Absatz 1 Satz 1 kann auch im Zusammenhang mit Verwaltungsverfahren nach anderen Rechtsvorschriften beantragt werden.

§ 11 Straftaten und Ordnungswidrigkeiten

1. Ordnungswidrig im Sinne des § 25 Absatz 1 Nummer 1 des Arbeitsschutzgesetzes handelt, wer vorsätzlich oder fahrlässig

   1. entgegen § 3 Absatz 3 Satz 1 Beschäftigte eine Tätigkeit aufnehmen lässt,
   2. entgegen § 3 Absatz 4 Satz 1 und 2 eine Gefährdungsbeurteilung nicht richtig, nicht vollständig oder nicht rechtzeitig dokumentiert,
   3. entgegen § 4 Absatz 1 Satz 1 nicht sicherstellt, dass eine Messung oder eine Berechnung nach dem Stand der Technik durchgeführt wird,
   4. entgegen § 5 Absatz 1 Satz 1 nicht sicherstellt. dass die Gefährdungsbeurteilung, die Messungen oder die Berechnungen von fachkundigen Personen durchgeführt werden,

5. entgegen § 5 Absatz 2 Satz 1 einen Laserschutzbeauftragten nicht schrift-lich bestellt,

6. entgegen § 5 Absatz 2 Satz 2 einen Laserschutzbeauftragten bestellt, der nicht über die für seine Aufgaben erforderlichen Fachkenntnisse verfügt,

7. entgegen § 7 Absatz 3 Satz 1 einen Arbeitsbereich nicht kennzeichnet,

8. entgegen § 7 Absatz 3 Satz 4 einen Arbeitsbereich nicht abgrenzt,

9. entgegen § 7 Absatz 4 Satz 1 eine Maßnahme nicht oder nicht rechtzeitig durchführt oder

10. entgegen § 8 Absatz 1 Satz 1 nicht sicherstellt, dass ein Beschäftigter eine Unterweisung in der vorgeschriebenen Weise erhält.

2. Wer durch eine in Absatz 1 bezeichnete vorsätzliche Handlung das Leben oder die Gesundheit von Beschäftigten gefährdet, ist nach § 26 Nummer 2 des Arbeitsschutzgesetzes strafbar.

Anlage 2: Formelsammlung für den Laserschutz

17

Physikalische Begriffe

Begriff	Einheit	Beschreibung
Wellenlänge λ	nm	$1\ \text{nm} = 10^{-9}\ \text{m}$

Mathematische Begriffe

Begriff	Einheit	Beschreibung
Bogenmaß	rad	$1\ \text{rad} = 360°/2\pi = 57{,}3°$ $1° = 0{,}0175\ \text{rad}$
Keisfläche A	m^2	$A = \pi r^2$ $r = \text{Kreisradius}$

Allgemeine Parameter der Laserstrahlung

Begriff	Einheit	Beschreibung
Strahlungsenergie Q	$\text{J} = \text{Ws}$	$Q = \text{Leistung } P \cdot \text{Zeit } t$
Strahlungsleistung P	$\text{W} = \text{J/s}$	$P = Q/t$

Strahlparameter für Dauerstrichlaser

Begriff	Einheit	Beschreibung
Dauerstrichleistung P	$\text{W} = \text{J/s}$	cw = continous wave

Strahlparameter für Impulslaser

Begriff	Einheit	Beschreibung
Impulsfolgefrequenz f	$\text{Hz} = 1/\text{s}$	$f = \text{Anzahl der Impulse } N/\text{Zeit } t$
Impulsdauer t	s	
Impulsenergie Q	Ws	$Q = \text{Energie eines Einzelimpulses}$
Impulsspitzenleistung P_P	J/s	$P_\text{P} = Q/t$
Mittlere Leistung P_0	J/s	$P_0 = Q \cdot f$ $P_0 = P_\text{P} \cdot t \cdot f$

© Springer-Verlag GmbH Deutschland, ein Teil von Springer Nature 2020
C. Schneeweiss et al., *Leitfaden für Fachkundige im Laserschutz*,
https://doi.org/10.1007/978-3-662-61242-2_17

Geometrische Strahlparameter (TEM 00) des Laserstrahls

Begriff	Einheit	Beschreibung
Strahldurchmesser d_{63}	m	Der Strahldurchmesser d_{63} ist der Durchmesser, der 63 % der gesamten Strahlungsleistung (oder Energie) umfasst. In diesem Falle fällt die Bestrahlungsstärke auf $1/e$ (37 %) des Maximalwerts ab Bemerkung: Laserhersteller geben für den Strahldurchmesser meist den $1/e^2$-Wert an, der um den Faktor $\sqrt{2} = 1{,}41$ größer ist
Strahldurchmesser im Fokus einer Linse $d_{63}{'}$	m	$d_{63}{'} = \frac{\lambda f}{\pi d_{63}}$ $f =$ Brennweite der Linse, $\lambda =$ Wellenlänge
Rayleigh-Länge z	m	$z = \frac{d_{63}^{4\pi}}{4\lambda}$
Divergenz φ_{63}	rad	$\varphi_{63} = \frac{\lambda}{\pi d_{63}}$

Parameter für die Exposition und die daraus entstehende biologische Wirkung

Begriff	Einheit	Beschreibung
Expositionsdauer T	s	In manchen Papieren wird die Expositionsdauer auch als t beschrieben
Bestrahlungsstärke E	W/m^2	$E = \frac{P}{A}$ $A =$ Querschnittsfläche des Laserstrahls $E_{\text{EGW}} =$ Expositionsgrenzwert
Bestrahlung H	J/m^2	$H = \frac{Q}{A}$ $H_{\text{EGW}} =$ Expositionsgrenzwert

Sicherheitsabstand Nominal Ocular Hazard Distance *(NOHD)*

Begriff	Einheit	Beschreibung
Kontinuierlich strahlende Laser (cw)	m	$NOHD = \frac{\sqrt{\frac{4P}{\pi \cdot E_{\text{EGW}}}} - d_{63}}{\tan\varphi_{63}} \approx \frac{\sqrt{\frac{4P}{\pi \cdot E_{\text{EGW}}}} - d_{63}}{\varphi_{63}}$ Bei kleinen Divergenzen kann der anfängliche Strahldurchmesser d_{63} vernachlässigt werden
Impulslaser (Einzelimpuls)	m	$NOHD = \frac{\sqrt{\frac{4Q}{\pi \cdot H_{\text{EGW}}}} - d_{63}}{\tan\varphi_{63}} \approx \frac{\sqrt{\frac{4Q}{\pi \cdot H_{\text{EGW}}}} - d_{63}}{\varphi_{63}}$ Die obige Formel gilt näherungsweise für kleine Winkel φ ($\tan\varphi \approx \varphi$). Bei Impulsfolgen wird der NOHD-Wert größer

NOHD hinter Lichtwellenleitern

Begriff	Einheit	Beschreibung
Monomodefaser	m	$NOHD = \dfrac{\sqrt{\frac{P}{1{,}05 \cdot E_{EGW}}}}{NA}$ NA = Numerische Apertur der Faser
Multimodefaser (Gradientenindexfaser)	m	$NOHD = \dfrac{\sqrt{\frac{P}{\frac{\pi}{2} \cdot E_{EGW}}}}{NA}$
Multimodefaser (Stufenindexfaser)	m	$NOHD = \dfrac{\sqrt{\frac{P}{\pi \cdot E_{EGW}}}}{NA}$

NOHD hinter Linsen

Begriff	Einheit	Beschreibung
NOHD hinter einer Linse	m	$NOHD = \dfrac{2f}{d_{63}} \sqrt{\dfrac{P}{\pi \cdot E_{EGW}}}$ f = Brennweite der Linse

Anlage 3: Beispielhafte Betriebsanweisungen

18

Inhaltsverzeichnis

© Springer-Verlag GmbH Deutschland, ein Teil von Springer Nature 2020
C. Schneeweiss et al., *Leitfaden für Fachkundige im Laserschutz*,
https://doi.org/10.1007/978-3-662-61242-2_18

18.1   Beispiel für eine Betriebsanweisung in der Materialbearbeitung

[1]   Fachausschussinformation FA ET 5, Betrieb von Laser-Einrichtungen für medizinische und kosmetische Anwendungen

	Betriebsanweisung für Laser-Einrichtungen	Arbeitsbereich: Montagehalle

1. Anwendungsbereich

Laser-Schweißanlage, Nd:YAG, 1500 W, Laserklasse 4 (Normalbetrieb EGWs für 100 s eingehalten)

2. Gefahren für Mensch und Umwelt

- Laserstrahlung kann Augen- und Hautverletzungen verursachen (EGW können überschritten werden)
- Es besteht Brand- und Explosionsgefahr
- Schadstoffe können gesundheitliche Schäden hervorrufen
- Elektrische Gefährdung

3. Schutzmaßnahmen und Verhaltensregeln

- Verwendung von Laserschutzbrillen nach DIN EN 207 (falls Anlage offen/Instandsetzung)
- Absaugung von Gefahrstoffen im Entstehungsbereich
- Beseitigen der Brand- und Explosionsgefahr
- Die Lasereinrichtung gegen unbefugtes Einschalten sichern

4. Verhalten bei Störungen und im Gefahrfall   **Notruf:**

- Reparaturen der Laseranlage nur von einer Elektrofachkraft (Abteilung: XC) durchführen lassen
- Sonstige Störungen nur von Fachpersonal (eingewiesene Person) beseitigen lassen Beauftragung durch Herrn Mustermann
- Störungen dem Aufsichtsführenden melden
- Bedienungsanleitung beachten

5. Verhalten bei Unfällen – Erste Hilfe   **Notruf (0)112**

- Laser abschalten
- Im Brandfall Löschversuche unternehmen
- Ersthelfer und Aufsichtsführende informieren
- Verletzte betreuen
- Augenarzt/Klinik:

6. Instandhaltung

- Die Bestrahlung von Personen durch Laserstrahlung oberhalb der Expositionsgrenzwerte ist zu verhindern (Mit Kette Raum absperren / Warnleuchte anschalten / Verwendung Laserschutzbrille siehe weitere Anweisung XX)

Datum:	Unterschrift:

18.2 Beispiel für eine Betriebsanweisung in der Medizin

[1] Fachausschussinformation FA ET5 Betrieb von Lasereinrichtungen für medizinische und kosmetische Anwendungen

Klinik/Praxis	Betriebsanweisung für Laser-Einrichtungen im Medizinbereich	Arbeitsbereich: Laser-OP

1. Anwendungsbereich

Laser-OP

2. Gefahren für Mensch und Umwelt

- Laserstrahlung kann Augen und Haut schädigen.
- Brand- und Explosionsgefahr (z. B. Narkosegase, Methan im Magen-Darm-Trakt, Tuben, Abdeckmaterialien)
- Schadstoffe (Gewebsrauche)
- Elektrische Gefährdung

3. Schutzmaßnahmen und Verhaltensregeln

- Warnleuchte einschalten, wenn Laser in Betrieb
- Persönliche Schutzausrüstung, Verwendung der „CVB-001, Schutzstufe LB 7"- Laser-Schutzbrillen nach DIN EN 207
- Absaugung der Gewebsrauche im Entstehungsbereich
- Lasergeeignete Tuben, Abdeckmaterialien, Tupfer und medizinische Instrumente verwenden
- Lasereinrichtung gegen unbefugtes Einschalten schützen (Schlüsselübergabe durch Bereich SD-005)
- Bedienungsanleitung und ggf. Hinweise am Gerät beachten

4. Verhalten bei Störungen und im Gefahrfall — **Notruf:**

- Reparaturen der Laseranlage nur durch den Service der Firma XX durchführen lassen – (Anm: Die Firma stellt die Elektrofachkraft und führt bei Arbeiten im separaten Raum auch die Maßnahmen durch.)
- Sonstige Störungen nur von Fachpersonal (eingewiesene Person) beseitigen lassen
- Störungen dem Aufsichtsführenden melden

5. Verhalten bei Unfällen – Erste Hilfe — **Notruf (0)112**

- Laser abschalten
- Ersthelfer und Aufsichtsführende informieren
- Verletzten betreuen

6. Instandhaltung, Entsorgung

- Können Laserbereiche auftreten, die vorher nicht eindeutig festlegbar sind, z. B. Bruch von Lichtleitern, sind die Beschäftigten, welche die Instandhaltung durchführen, so auszurüsten, dass sie gegen die maximale mögliche Laserstrahlung geschützt sind [2].

Datum:	Unterschrift:

18.3   Beispiel für eine Betriebsanweisung in einem Hochschullabor

Hochschule	Betriebsanweisung für Laser-Einrichtungen der Hochschule XC Berlin	Arbeitsbereich: Labor für Lasertechnik

1. Anwendungsbereich

Laserlabor 1, 2, 3,4

2. Gefahren für Mensch und Umwelt

- Blendung (Laser im Sichtbaren ab Klasse 1)
- Gefährdung der Augen (ab Laserklasse 3R)
- Gefährdung der Haut (ab Laserklasse 3B)
- Brand- und Explosionsgefahr (ab Laserklasse 3B)
- Elektrische Gefährdung (alle Klassen)

3. Schutzmaßnahmen und Verhaltensregeln

- Warnleuchte beachten
- Bereitstellen von persönlicher Schutzausrüstung außerhalb des Laserbereichs
- Schutz- und Justierbrillen vor Verwendung auf Intaktheit prüfen (durch die Träger/innen und bei der Ausgabe durch Frau Mustermann)
- Keine reflektierenden Gegenstände am Körper tragen (Ringe, Uhren, Nagellack-Spiegel …)
- Unbefugtes Eintreten in einen Laserbereich durch eine Abgrenzung (z.B. lasergeeigneten Vorhang) verhindern. Laserbetrieb nur bei geschlossenem Vorhang. Im sicheren Eingangsbereich muss geeignete Schutzausrüstung vorgehalten werden.
- Nicht mit reflektierenden Gegenständen in den Strahl eingreifen
- Verwendung von Laserschutz- und Justierbrillen nach DIN EN 207 und DIN EN 208 (Zuordnung zu den einzelnen Versuchseinrichtungen)
- Beseitigen der Brand- und ggf. Explosionsgefahr
- Bei Nichtbenutzung der Laser, Schlüssel abziehen und im Schlüsselkasten verwahren

4. Verhalten bei Störungen und im Gefahrfall   **Notruf:**

- Reparaturen der Laseranlage nur von einer Elektrofachkraft durchführen lassen
- Sonstige Störungen nur von Fachpersonal (eingewiesene Person) beseitigen lassen
- Störungen dem Aufsichtsführenden melden

5. Verhalten bei Unfällen – Erste Hilfe   **Notruf (0)112**

- Laser sofort abschalten
- Ersthelfer und Aufsichtsführende informieren
- Verletzten betreuen und umgehend einen Transport in eine Augenklinik veranlassen
- Augenarzt/Klinik:

6. Instandhaltung, Entsorgung

- Während der Instandhaltung Schutzmaßnahmen für die höchste vorkommende Laserklasse einhalten
- Können Laserbereiche auftreten, die vorher nicht eindeutig festlegbar sind, z.B. Bruch von Lichtleitern, sind die Beschäftigten, die die Instandhaltung durchführen, so auszurüsten, dass sie gegen die maximale mögliche Laserstrahlung geschützt sind.

Datum:	Unterschrift:

18.4   Beispiel für eine Betriebsanweisung für Show- und Projektionslaser

Veranstaltungsort	Betriebsanweisung für Laser-Einrichtungen zu Show- und Projektionszwecken	Arbeitsbereich: Showlaser

1. Anwendungsbereich

Lasershow Klasse 4 RGB

2. Gefahren für Mensch und Umwelt

- Laserstrahlung kann Augen und Haut verletzen.
- Brandgefahr, Explosionsgefahr
- Blendung
- Elektrische Gefährdung

3. Schutzmaßnahmen und Verhaltensregeln

- Im Zuschauerbereich dürfen die Expositionsgrenzwerte nicht überschritten werden.
- Showlaser fest und unverrückbar einbauen
- Not-Aus-Vorrichtung vor jedem Einsatz überprüfen
- Sicherstellen, dass die Lasershow jederzeit durch eine unterwiesene Person abgeschaltet werden kann
- Mindestabstände nach DGUV-Information 203-036 einhalten
- Lasershow durch eine befähigte Person abnehmen lassen
- Laserschutzbeauftragte schriftlich bestellen
- Persönliche Schutzausrüstung, Verwendung von Laser-Justier- oder -Schutzbrillen nach DIN EN 207 im Showlaserbereich
- Leicht entflammbare Materialien aus dem Showlaserbereich entfernen
- Bei gemieteten Laser-Einrichtungen: Sicherstellen, dass die Lasereinrichtung nach DIN VDE 0837 und DIN EN 56912 ausgeführt ist, gegebenenfalls Verleihfirma anfragen

4. Verhalten bei Störungen und im Gefahrfall   **Notruf:**

- Reparaturen der Laseranlage nur von der Elektrofachkraft Herrn Mustermann durchführen lassen
- Sonstige Störungen nur von Fachpersonal (eingewiesene Person) beseitigen lassen
- Störungen dem Aufsichtsführenden melden

5. Verhalten bei Unfällen – Erste Hilfe   **Notruf (0)112**

- Laser abschalten
- Ersthelfer und Aufsichtsführende informieren
- Verletzten betreuen
- Verletzte Person zeitnah einem Augenarzt vorstellen
- Augenklinik:

6. Instandhaltung, Entsorgung

- Bei allen Wartungs- und Justierarbeiten des Showlasers müssen Schutzmaßnahmen getroffen werden. Diese dürfen nur durch eine unterwiesene Person durchführt werden.
- Schäden an der Anlage dürfen nur von den dazu beauftragten Personen beseitigt werden.
- Für die Instandhaltung ist zuständig:

Datum:	Unterschrift:

18.5 Beispiel für eine Betriebsanweisung in der Vermessungstechnik

Nummer: **VERM 58**	**Betriebsanweisung**	Betrieb: *GENAU BAU GmbH*

Bearbeitungsstand: 08/20

Arbeitsplatz/Tätigkeitsbereich: *Baustellenvermessung*

• 1. ANWENDUNGSBEREICH

Einsatz von Lasereinrichtungen

der Laserklassen 1M, 2 und 2M und 3R bei

Leitstrahlverfahren und Vermessungsarbeiten

• 2. GEFAHREN FÜR MENSCH UND UMWELT

- Sehbeeinträchtigungen durch Blendung, Blitzlichtblindheit oder Nachbilder.
- Erschrecken
- Klassen 2 und 2M: Augenschäden falls länger als 0,25 s in den Laserstrahl geschaut wird.
- Klassen 1M und 2M: Augenschäden falls mit optisch sammelndem Gerät (Fernrohr) in den Laserstrahl geblickt wird.
- Beim Öffnen des Gerätegehäuses kann eine deutlich stärkere Laserstrahlung auftreten und die Augen, ggf. auch die Haut gefährden.

• 3. SCHUTZMASSNAHMEN UND VERHALTENSREGELN

- Lasereinrichtungen der Laserklassen 3B und 4 oder nicht (nach DIN) gekennzeichnete Laser dürfen nicht verwendet werden.
- Mindestens einmal jährlich erfolgt eine Unterweisung.
- Bedienungshandbücher sind am Gerät verfügbar zu machen.
- Arbeitsbereiche von Lasereinrichtungen, in denen der Laserstrahl durch Arbeits- und Verkehrsbereiche führt, sind zu kennzeichnen. (Warnschilder mit dem Hinweis „Nicht in den Laserstrahl blicken" und der verwendeten Laserklasse aufstellen.)
- Es ist zu unterbinden, dass mit anderen optischen Geräten in den Laserstrahl der Klasse 1M und 2M geblickt werden kann.
- Bei Lasereinrichtungen der Klassen 2 und 2M sind die Strahlenachse oder Strahlenfläche so einzurichten und zu sichern, dass der direkte Blick in den Laserstrahl unwahrscheinlich wird.
- Bei Lasern der Klasse 3R muss der Laserbereich sicher abgegrenzt werden (z. B. durch Sicherstellen, dass keine Personen während des Laserbetriebs in den Laserbereich gelangen können).

4. VERHALTEN BEI STÖRUNGEN

- Gerät ausschalten.
- Vorgesetzte informieren.
- Wartung und Reparatur nur in der Fachwerkstatt.

5. ERSTE HILFE

- Gefahrenstelle sichern.
- Notruf absetzen und auf Augenverletzung hinweisen.
- Augenarzt: Herr Dr. R..., Hauptstraße 1, Neustadt, Tel. 054 100-25
- Innerbetriebliche Unfallmeldung und Verbandbucheintrag

6. INSTANDHALTUNG

- Ein Öffnen des Gehäuses ist der Fachwerkstatt vorbehalten.

Datum: 21.08.2020

Nächster

Überprüfungstermin: 08/2020

Unterschrift: *G. Genau*

Unternehmer/Geschäftsleitung

18.6   Beispiel für eine Betriebsanweisung LWLKS

Firma:	**Betriebsanweisung** **für Laser-Einrichtungen in** **Kommunikationseinrichtungen LWLKS (bis** **24 V)**	Arbeitsbereich:

1. Anwendungsbereich

Beseitigung von Störungen an LWLKS unbekannter Leistungsbeaufschlagung

2. Gefahren für Mensch und Umwelt

- Laserstrahlung kann Auge und Haut gefährden.
- Brand- und Explosionsgefahr
- Gefährdung durch Faserbruchstücke und Polierstaub
- Gefahrstoffe (Lösemittel, Isopropanol)

3. Schutzmaßnahmen und Verhaltensregeln

- Laserbereich festlegen (NOHD beachten), abgrenzen und kennzeichnen
- Vor Öffnen der Faser, Laserquelle abschalten
- Überprüfung der Intaktheit der Schutzkappe (Versengung!, Verfärbung)
- Nicht ohne Überprüfung der Leistungsfreiheit mit bloßem Auge auf das Faserende schauen
- Die Faser nicht auf die Haut richten
- Wenn möglich, Beseitigung der Störung bei abgeschalteter Laserquelle
- Laser-Systeme bei Arbeiten am System gegen Wiedereinschalten sichern (Modul elektrisch entriegeln)
- Arbeiten ohne Laserschutzbrille nur nach vorhergehender Überprüfung (Messung) der Leistungsfreiheit und Sicherung gegen automatisches Wiederanlaufen
- Dämpfungsmessung nur mit Lasern der Klassen 1 und 2, Bestrahlung der Augen (Blendung) vermeiden
- Videomikroskope XYZ verwenden, falls Arbeiten mit Inspektionsmikroskopen erforderlich: nur solche mit geeignetem Laserschutzfilter verwenden
- Bei beaufschlagter Faser: Betrachten der Faserenden **nur** mit Schutzbrille
- Spleißarbeiten: Faser so fixieren, dass von eventuell austretendem Strahl keine Gefährdung ausgeht
- Werkzeuge mit diffus reflektierenden Oberflächen verwenden
- Faserreste mit feuchtem Tuch aufnehmen
- Faserreste in einem Restebehälter entsorgen
- Beim Arbeiten mit Isopropanol auf ausreichende Lüftung achten
- Nur bei abgeschaltetem Laser Fasern reinigen

4. Verhalten bei Störungen und im Gefahrfall   **Notruf:**

- Reparaturen der Laseranlage in der Regel nur von einer Elektrofachkraft Herr/Frau Mustermann durchführen lassen
- Sonstige Störungen nur von Fachpersonal (eingewiesene Person) beseitigen lassen
- Störungen dem Aufsichtsführenden Frau Mustermann und dem LSB Herr Mustermann melden

5. Verhalten bei Unfällen – Erste Hilfe   **Notruf (0)112**

- Tätigkeit sofort unterbrechen
- Ersthelfer und Aufsichtsführende informieren
- Verletzten betreuen

6. Instandhaltung, Entsorgung

- Faserreste verschlossen entsorgen

Datum:	Unterschrift:

Herr/Frau _____

wird ab dem _____

zum/zur Laserschutzbeauftragten

für den Bereich/Betrieb _____ bestellt.

Rechtliche Grundlagen	§ 5 Abs. 2 Verordnung zum Schutz der Beschäftigten vor Gefährdungen durch künstliche optische Strahlung; OStrV Vor der Aufnahme des Betriebs von Lasereinrichtungen der Klassen 3R, 3B und 4 ist ein Laserschutzbeauftragter schriftlich zu bestellen
Aufgaben	**Unterstützung des Arbeitgebers bei der Durchführung der Gefährdungsbeurteilung** • Erstellung einer Gefährdungsbeurteilung speziell für die Gefährdung durch Laserstrahlung **Unterstützung des Arbeitgebers bei der Durchführung der Schutzmaßnahmen** • Mitwirkung bei der Durchführung und Umsetzung der in der Gefährdungsbeurteilung festgelegten Maßnahmen • Mitwirkung bei der Unterweisung der Mitarbeiter • Erstellen von Betriebsanweisungen • Organisation der arbeitsmedizinischen Vorsorge und Beratung zur medizinischen Versorgung bei Augenunfällen • Veranlassung von ärztlichen Untersuchungen in der Augenklinik bei vermuteten Laserunfällen **Unterstützung des Arbeitgebers bei der Überwachung des sicheren Betriebs von Lasern** • Regelmäßige Überprüfung und Dokumentation der Wirksamkeit der getroffenen Schutzmaßnahmen • Melden von Mängeln • Mitwirkung bei Prüfung von Lasereinrichtungen und persönlicher Schutzausrüstung • Organisation von Wartungsarbeiten – Zusammenarbeit mit Fremdfirmen • Abstellen von Mängeln, gegebenenfalls Stillsetzen der Laseranlagen **Enge Zusammenarbeit mit der Fachkraft für Arbeitssicherheit und dem Betriebsarzt**

© Springer-Verlag GmbH Deutschland, ein Teil von Springer Nature 2020
C. Schneeweiss et al., *Leitfaden für Fachkundige im Laserschutz*,
https://doi.org/10.1007/978-3-662-61242-2_19

Rechte	Zur Erfüllung dieser Aufgaben wird Herrn/Frau _____ Weisungsrecht in Sachen Lasersicherheit in der Abteilung Musterhaus erteilt Er/Sie darf bei der Arbeit nicht behindert und wegen der Erfüllung der Pflichten nicht benachteiligt werden
Pflichten	Die fachliche Qualifikation ist durch die erfolgreiche Teilnahme an einem Lehrgang nachgewiesen. Die Fachkenntnisse müssen spätestens alle 5 Jahre aktualisiert werden
Datum	**Geschäftsführung**

Verteiler: Bereich, Betriebsrat, Arbeits- und Umweltschutz, Personalabteilung

Arbeitgeber/in:
Datum:
Abteilung:
Es handelt sich um eine

O Ersteinweisung
O Einweisung wegen Änderung
O jährliche Unterweisung
O halbjährliche Unterweisung für Auszubildende (teilweise unter 18)

Art der Unterweisung:

O Vortrag mit Diskussion
O Gespräch am Ort der Lasereinrichtung _____
O Multimedia/Video

Ziel der Unterweisung
Die Beschäftigten sollen durch die Unterweisung über die Gefährdungen, die mit den vorhandenen Laseranlagen verbunden sind, informiert werden, um einen Unfall oder eine gesundheitliche Schädigung zu verhindern.

Inhalt der Unterweisung:
Die Unterweisung beruht auf den Ergebnissen der Gefährdungsbeurteilung und enthält u. a. folgende Informationen über:

O die mit der Tätigkeit verbundenen direkten und indirekten Gefährdungen durch Laserstrahlung
O die biologische Wirkung von Laserstrahlung auf Auge und Haut
O die Eigenschaften der zur Anwendung kommenden Laserstrahlung
O die Laserklassen
O die Beschreibung sicherer Arbeitsverfahren zur Minimierung der Gefährdung

© Springer-Verlag GmbH Deutschland, ein Teil von Springer Nature 2020
C. Schneeweiss et al., *Leitfaden für Fachkundige im Laserschutz,*
https://doi.org/10.1007/978-3-662-61242-2_20

O   die sachgerechte Benutzung der persönlichen Schutzausrüstung (Schutz-brillen, Justierbrillen, Schutzkleidung)

O   das Verhalten im Laserbereich

O   Zugangsregelungen

O   das Verhalten bei Störungen

O   das Verhalten bei Unfällen

O   die Möglichkeit der Wunschvorsorge

Mit meiner Unterschrift bestätige ich, dass ich die Unterweisung aufmerksam verfolgt, die Inhalte verstanden habe und mich an die vorgetragenen Anweisungen halte.

Name	Vorname	Unterschrift

....
Unterschrift der/des Laserschutzbeauftragten

....
Unterschrift der/des Unterweisenden

Allgemeines

1. Wie schreibe ich eine Gefährdungsbeurteilung und wo bekomme ich Vorlagen?

   Hierzu gibt es spezielle Weiterbildungen von den Berufsgenossenschaften oder der Bundesanstalt für Arbeitsschutz und Arbeitsmedizin. Auch die Akademie für Lasersicherheit in Berlin bietet Ausbildungen für Fachkundige zur Erstellung der Gefährdungsbeurteilung an. Vorlagen findet man in diesem Buch und z. B. bei der BGETEM.

2. Ab welcher Kohärenzlänge spricht man von einem Laser?

   Ein Laser kann nicht durch die Kohärenzlänge definiert werden. Zum Beispiel kann ein Weißlichtlaser eine kleinere Kohärenzlänge als andere Lichtquellen haben. Es ist die stimulierte Emission, die den Laser kennzeichnet.

3. Ein Lasergerät wurde beschafft. Danach wurde ein Laserschutzbeauftragter hinzugezogen bzw. ausgebildet. Für eine Substitutionsprüfung ist es nun zu spät. Oder muss sie trotzdem durchgeführt und das Gerät ggf. wieder ausgetauscht werden?

   Die Substitutionsprüfung muss immer durchgeführt werden. Auch im Nachhinein. Ein Beispiel hierfür wäre ein Laserpointer der Laserklasse 4. Der/Die Laserschutzbeauftragte stellt z. B. fest, die getroffenen Schutzmaßnahmen sind nicht sinnvoll und auch nicht durchsetzbar. Es ist daher günstiger einen Zeigestock zu verwenden oder einen Laserpointer der Klasse 1 oder 2 zu kaufen.

Rechtliches

4. Was muss beim Einsatz des Lasers dokumentiert werden und zu welchen Ämtern/Behörden muss ich laufen? Also was muss konkret bei mir im Schrank stehen?

   Derzeit muss der Laser nach DGUV-Vorschrift 11/12 bei der für den Arbeitsschutz zuständigen Behörde und bei der Berufsgenossenschaft bzw. Unfallkasse angemeldet werden. Es besteht eine Dokumentationspflicht für die

Gefährdungsbeurteilung, die Betriebsanweisung und ein Nachweis über die jährliche Unterweisung. Die Laserschutzbeauftragten unterstützen den Arbeitgeber/Vorgesetzten bei diesen Aufgaben.

5. Gibt es Richtlinien für die Beachtung von Brandschutz und Explosionsschutz (Entzündungskriterien/laserbasierte) Daten, die für die Bewertung durch eine Brandschutzfachkraft relevant sind?
   JA, die TROS Laserstrahlung.
   Die jährliche Unterweisung sollte dazu genutzt werden, die Beschäftigten über die Wirkweise der Laserschutzbrillen aufzuklären. Der Beschäftigte ist dazu verpflichtet, die notwendigen Schutzmaßnahmen anzuwenden.

6. Wann ist eine flugrechtliche Anmeldung beim Laserbetrieb im Freien notwendig? Gibt es spezielle Fragestellungen bei einer flugrechtlichen Anmeldung zu beachten?
   Sobald in den Luftraum gestrahlt werden soll, ist die jeweilige Landes-Luftaufsichtsbehörde zu informieren und um eine Genehmigung zu bitten.

7. Gibt es für den Laserschutz vorgeschriebene Normen von Türkontaktschaltern und Interlocksystemen?
   Nein. Es gelten die elektrotechnischen Normen für Interlocksysteme, z. B. DIN EN 62081.

8. Welche rechtlichen Konsequenzen sind im Schadensfall zu erwarten? (Unterscheidung zwischen fahrlässig und grob fahrlässig. Ist im Schadensfall immer mit grob fahrlässig zu rechnen?)
   Die Konsequenzen hängen von den konkreten Aufgaben der Verantwortlichen im Betrieb ab und ob hierbei durch deren Handeln ein Unfall hätte verhindert werden können oder ob der Unfall sogar durch deren Handeln ausgelöst wurde.
   Gehen wir einmal im Folgenden von der Verantwortlichkeit eines Laserschutzbeauftragten aus, welcher nicht direkt an einem Unfall beteiligt ist. Ein Mitarbeiter stolpert und stößt dadurch einen weiteren Mitarbeiter an, welcher gerade einen Laser justiert und durch das Anstoßen bedingt mit dem Arm in den Strahl gelangt. Die Folge davon ist eine leichte Hautrötung. Der Laserschutzbeauftragte hat die vom Arbeitgeber an ihn beauftragte wöchentliche Überwachung der Laseranlage regelmäßig durchgeführt und keine Beanstandungen gefunden. Eine weitergehende Überwachung hätte hier den Unfall auch nicht verhindern können. In diesem Fall nehmen wir daher eine leichte Fahrlässigkeit an. Ein etwas anders gearteter Fall könnte jedoch zu einer anderen Beurteilung führen.
   Ein anderes Beispiel sei folgendes: Ein Arbeitgeber beschäftigte an einem offenen Laser der Klasse 4 zur Materialbearbeitung mehrere Mitarbeiter. Bei den Tätigkeiten an diesem Laser werden keinerlei Maßnahmen zum Schutz vor der Laserstrahlung getroffen (keine PSA, keine Vorkehrungen zur Abschirmung, keine Kennzeichnung, keine Unterweisung …), um eine Schädigung zu verhindern. Für diesen Fall kann man von grober Fahrlässig-

keit ausgehen. Neben den strafrechtlichen und haftungsrechtlichen Folgen kann in diesem Fall auch der Unfallversicherungsträger Regress nehmen.

In diesem Buch können keine konkreten Aussagen zu strafrechtlichen oder haftungsrechtlichen Konsequenzen getroffen werden, da die Autoren keine juristische Ausbildung haben.

9. Inwieweit lassen sich zusätzliche Verantwortungen zusätzlich schriftlich fixieren und bis zu welchen Grenzen sind sie zulässig?
   Hierbei ist der Arbeitgeber relativ frei. Allerdings bleibt die Gesamtverantwortung immer beim Arbeitgeber.
10. Wie ist die Haftung geregelt bei Messungen zur Bestimmung des Laserschutzbereichs?
    Die Haftung fällt unter das Vertragsrecht, d. h., es wird vor Vertragsbeginn geregelt, wer für was haftet.

Laserschutzbeauftragte

11. Ein Vertreter führt ein offenes Laserschweißgerät vor. Er ergreift jedoch keine Schutzmaßnahmen, sogar die Ärmel werden hochgekrempelt. Muss ich als Laserschutzbeauftragter die Vorführung abbrechen?
    JA!
12. Für was ist der Laserschutzbeauftragte direkt verantwortlich?
    Der/Die Laserschutzbeauftragte ist für die ihm/ihr übertragenen Aufgaben verantwortlich. Neben den gesetzlich geregelten Aufgaben, welche lediglich die Unterstützung des Arbeitgebers bei dessen Aufgaben zum Laserschutz fordern, kann der Arbeitgeber in einer Pflichtenübertragung weitere Aufgaben, wie z. B. die Erstellung der Gefährdungsbeurteilung in eigener Verantwortung oder die Unterweisung der Beschäftigten, auf die Laserschutzbeauftragten übertragen. Dies hat schriftlich zu geschehen.

Kennzeichnung

13. Welche Daten können Typenschildern von Lasergeräten entnommen werden?
    Auf den Hinweisschildern sollen die Wellenlänge, Laserklasse, Leistung, Leistungsdichte und bei Impulslasern die Energie, Energiedichte und Impulsfolgefrequenz zu finden sein.

Unterweisung

14. Ist die jährliche Laserschutzunterweisung auch für Lasermessgeräte der Klasse 1 gesetzlich vorgeschrieben?
    Die Unterweisung gemäß OStrV muss mindestens einmal jährlich erfolgen. Nur wenn keine direkte oder indirekte Gefährdung vorliegt, muss nicht unterwiesen werden. Beispiel: CD-Player und keiner der Mitarbeiter könnte diesen öffnen und reparieren. Es ist sinnvoll, diese kurze Unterweisung im Rahmen der allgemeinen Unterweisung durchzuführen.
15. Wie oft muss ich meine Mitarbeiter nach der ersten Unterweisung schulen?
    Mindestens einmal jährlich. Bei Jugendlichen halbjährlich.

Laserschutzbrillen

16. Ich bin des Öfteren auf die Frage gestoßen, ob von der Farbe der Laserschutzbrille auf die Filterwirkung bzgl. der (ophthalmologischen) Laser rückgeschlossen werden kann.

Die Farbe der Laserschutzbrille lässt keine eindeutige Aussage zur Filterwirkung und zur Standfestigkeit (die Laserschutzbrille muss auch der Laserleistung für die Sie ausgelegt wurde, für mindestens 5 s standhalten) zu. Trotzdem kann die Farbe des Filters einen ersten Hinweis auf das Einsatzgebiet geben. So wird ein rotes Filter nicht gegen rote Laserstrahlung schützen. Nur durch die Kennzeichnung mit der entsprechenden Schutzstufe gemäß EN 207/207 kann überprüft werden, ob die Brille geeignet ist.

17. Was soll man tun, wenn jemand über Laserschutz belehrt wurde, aber die Schutzbrille nicht trägt/tragen will?

Auf keinen Fall darf über dieses Verhalten hinweggesehen werden. Diese Frage ist mit dem Vorgesetzten zu klären, um die Vorgehensweise bei Nichteinhaltung der Schutzmaßnahmen festzulegen. Eine wesentliche Aufgabe besteht darin, die Beschäftigten über die Gefährdung der Laserstrahlung für das Auge aufzuklären. Zunächst sollte im Gespräch mit dem „Unwilligen" versucht werden, ihn von der Notwendigkeit der Schutzmaßnahme zu überzeugen. Trägt dies keine Früchte, so ist ein Gespräch mit dem Vorgesetzten angebracht.

18. Was soll man tun, wenn jemand mit zwei Lasern verschiedener Wellenlänge arbeitet, aber glaubt, er braucht dafür nur eine einzige Schutzbrille? Bzw. er hat ja schon eine Schutzbrille und braucht daher nicht nach einer zweiten nachzufragen.

In diesem Fall hilft nur die Aufklärung, dass das Arbeiten mit dieser Brille zu einem schweren Augenschaden führen kann. Falls dies nicht zur Einsicht führt, ist ein Gespräch mit dem Vorgesetzten zu führen.

19. Welche Laserschutzbrille benötige ich und wie liest man die Schilder auf den Laserschutzbrillen, um die richtige auszuwählen?

Welche Laserschutzbrille benötigt wird, hängt von der Wellenlänge des Lasers, von der Bestrahlungsstärke E bzw. der Bestrahlung H ab. Die DGUV-Information 203-042 „Auswahl und Benutzung von Laser-Schutz- und –Justierbrillen" gibt hierbei eine hilfreiche Unterstützung. Da die Kennzeichnung auf der Brille oft sehr klein ist, kann es sinnvoll sein, die Laserschutzbrille zusätzlich mit einem Hinweis zur Anwendung zu kennzeichnen. Bei der Auswahl der geeigneten Schutzbrille kann der Hersteller dieser Produkte behilflich sein.

20. Ist für die Beurteilung der Schutzstufe von Laserschutzbrillen beim Auftreten mehrerer Wellenlängen die Summenbedingung für die Beurteilung der Exposition anzuwenden?

In der Regel nein, da die Schutzbrillen immer nur für eine oder mehrere entsprechende Wellenlängen ausgelegt sind. Hier muss der Hersteller gefragt werden.

Expositiongrenzwerte

21. Müssen für jede Gefährdungsbeurteilung die Expositionsgrenzwerte ermittelt werden?

Zunächst einmal ist zu prüfen, ob der Hersteller die Expositionsgrenzwerte in der Betriebsanleitung beschrieben hat. Ist dies nicht der Fall, so können die Expositionsgrenzwerte nach TROS Laserstrahlung berechnet werden. In einfachen Fällen, z. B. wenn bei einem Laser der Laserklasse 4 vollkommen klar ist, dass die Expositionsgrenzwerte überschritten werden, kann auf die Ermittlung verzichtet werden. Der gesamte Bereich, in den der Laser strahlen kann, ist dann der Laserbereich und es müssen Schutzbrillen getragen werden.

Sicherheitsabstand

22. Im Gegensatz zu dem, was man sich landläufig als lasertypisch vorstellt (enorme Parallelität und damit eine nur schwach von der Entfernung zur Quelle abhängige Leistungsdichte), strahlen Halbleiterlaser stark divergierend ab. In relativ kurzem Abstand nimmt hierdurch die Intensität eines 1-Watt-Lasers Werte an, die nur noch der Klasse 2M entsprechen. Mit welchen Faustregeln lässt sich die NOHD bestimmen, wenn Wellenlänge, Leistung, die Strahlabmessungen am Lichtaustritt und die Divergenz bekannt sind?

Ob es sich bei dem Laser um einen Laser der Klasse 2M handelt, muss der Hersteller angeben. Der Sicherheitsabstand lässt sich mit folgender Formel berechnen:

$$NOHD = \frac{\sqrt{\frac{4 \cdot P}{\pi \cdot E_{EGW}}} - d_{63}}{\varphi}$$

Wobei P = Leistung, E_{EGW} = Expositionsgrenzwert, d_{63} = Anfangsdurchmesser und φ = Divergenz sind.

23. Kann man einen alternativen NOHD für einen deutlich elliptischen Strahl ansetzen, insbesondere in Fällen, in denen eine Überabschätzung durch einen runden Strahlengang nicht sinnvoll ist?

Nein. Nach TROS Laserstrahlung Teil 2 muss die Leistung durch eine von der Wellenlänge abhängende Blende gemessen werden.

Laserbereich

24. Wie ist ein Laserbereich zu kennzeichnen/beschildern, der nur temporär in Betrieb ist?

Der Laserbereich ist mit den erforderlichen Schildern, wie einem Laserwarnschild und einem Schild, welches zum Tragen einer Schutzbrille auffordert, zu kennzeichnen. Ob der Laser in Betrieb ist, wird durch eine Warnleuchte angezeigt.

25. Wie beschildere ich einen Laserbereich, der mit diversen bzw. wechselnden Lasern bestückt ist?

Hier gibt es keine besonderen Vorgaben. Es ist sinnvoll, mit einem Schild darauf hinzuweisen, dass unterschiedliche Lasersysteme in dem Raum betrieben werden, die unterschiedliche Schutzbrillen erfordern. Die einzelnen Laserbereiche sind voneinander abzugrenzen und die Beschäftigten müssen unterwiesen werden, wo die für den jeweiligen Einsatz geeigneten Laserschutzbrillen zu finden sind.

26. In der Praxis bleiben bei der Aufhängung von Laserschutzvorhängen oftmals kleine Restöffnungen. Wie ist im Prinzip mit verbleibenden Restöffnungen in Laservorhängen umzugehen, insbesondere wenn der NOHD deutlich größer ist als der mit den Vorhängen abzugrenzende Bereich?
    In diesem Fall sind Vorhänge mit Überlapp und gegebenenfalls magnetische Verschlüsse notwendig, die beim Öffnen des Vorhangs zum Abschalten des Lasers führen.

27. Wie kann man eine Expositionsbewertung für DIN EN 60825-4 durchführen bzw. die Rechnungen von DIN EN 12254 nach DIN EN 80625-4 übertragen, insbesondere wenn ein Laserhersteller/-lieferant die Vorhänge nur nach DIN EN 60825-4 zertifiziert hat?
    Dies ist nicht ohne Weiteres möglich aber auch nicht nötig.

28. Welche Abstände sind für die Expositionsberechnung bei der Auslegung von Laserschutzvorhängen nach DIN EN 12254 anzunehmen?
    Der Abstand der Quelle bzw. einer möglichen Reflexion zum Vorhang.

Laserschutz in der Vermessungstechnik

29. Welche Schutzmaßnahmen (Absperrung und Beschilderung) sind bei Vermessungsarbeiten mit einem roten Laser-Entfernungsmesser bis 300 m Entfernung Messreichweite und einem grünen Kreuzlinienlaser mit nutzbarer Reichweite von 30 m in öffentlich zugänglichen Verkehrsräumen notwendig?
    Zunächst muss der Sicherheitsabstand NOHD ermittelt werden. Bei Lasern der Klasse 1M oder 2M ist hierbei der erweiterte Sicherheitsabstand zu betrachten, da die Gefährdung durch die Benutzung von Ferngläsern oder Teleskopen erhöht wird. Der NOHD ist in der Regel in der Betriebsanleitung des jeweiligen Lasers zu finden. Wenn möglich, ist der Laserbereich durch Flatterbänder abzugrenzen und durch ein Warnschild zu kennzeichnen. Ist dies nicht möglich, muss durch weitere Personen (Posten) sichergestellt werden, dass sich keine Personen im Laserbereich befinden.

30. Reicht zur Absperrung des Gefahrbereiches bei Vermessungsarbeiten, max. Laserklasse 2, Gurtabsperrungen aus?
    Gurtabsperrungen sind bei einem Laser der Klasse 2 nicht notwendig. Es muss jedoch sichergestellt werden, dass niemand angestrahlt wird, um Blendung zu vermeiden.

31. Welche Beschilderungen und ggf. Absperrungen sind bei Entfernungsmessarbeiten in geschlossenen Räumen (mit Außenfenster, straßenseitig) mit Entfernungsmessern der Laserklasse 2 erforderlich?
    Der Laserstrahl darf nicht auf Augenhöhe verlaufen. Der Zugang zum Laserbereich muss mit einem Laser-Warnschild gekennzeichnet werden.

32. Welche Strafen drohen bei Nichteinhaltung der Schutzmaßnahmen bei Vermessungsarbeiten in öffentlich zugänglichen Verkehrsräumen?

    Wenn durch den Laserstrahl Personen geblendet werden und es zu einem schweren Verkehrsunfall, im schlimmsten Fall mit einem Todesfall kommt, handelt es sich um fahrlässige oder grob fahrlässige Tötung, die mit vielen Jahren Gefängnis bestraft werden kann.

33. Gibt es bei der Durchführung von Vermessungsarbeiten mit Laserentfernungs- und Markierungstechnik einen Unterschied der Bestrafung bei Nichteinhaltung der Schutzmaßnahmen für Privat- und berufstätig ausführenden Personen?

    Das hängt sehr vom jeweiligen Fall ab. Es wird z. B. geprüft, ob man wissentlich gehandelt hat. Bei der beruflichen Nutzung und Schulung des AG kann man somit leicht in den Verdacht des Vorsatzes rutschen.

34. Ist die OStrV und TROS rechtlich auch zum Schutz der Zivil- und Privatpersonen im öffentlichen Verkehrsraum anwendbar, z. B. bei Vermessungsarbeiten und Kanalbauarbeiten?

    Als Hilfestellung ja. Rechtlich ist sie im Privatbereich nicht bindend.

35. Muss sich eine Privatperson bei privater Nutzung von Lasergeräten an die OStrV und TROS halten, z. B. bei Vermessungsarbeiten auf einer frei zugänglichen Wiese, öffentlich zugänglicher, jedoch privater Verkehrsraum?

    Im Privatbereich gilt die OStrV nicht. Im öffentlichen Bereich gilt Sie zwar für mich als Privatperson nicht! Ich darf jedoch keine anderen Personen schädigen und sollte mich deshalb auch an die OStrV halten.

36. Muss für Vermessungsgeräte mit Lasertechnik (max. Laserklasse 2), die u. a. auch für den Privatkauf verfügbar sind, eine Gefährdungsbeurteilung gemäß OStrV § 3 bei Nutzung dieser Geräte im beruflichen Arbeitseinsatz seitens des LSB bzw. dem Laserfachkundigen erstellt werden?

    Ja! Aber diese kann sehr knapp werden! Siehe z. B. die Broschüre „Damit nichts ins Auge geht" der Bundesanstalt für Arbeitsschutz und Arbeitsmedizin BAUA.

Laserschutz in der Medizin

37. Welche Anmeldungen müssen vor dem Einsatz von Lasern in der Arztpraxis bei welchen Institutionen vorgenommen werden?

    In der Regel keine, da die Berufsgenossenschaft BGW die Vorschrift 11 bzw. 12 nicht mehr erlassen hat.

38. Unser Laser für endolumonale Varizentherapie ist ein Infrarotlaser der Laserklasse 4. Warum benötigen wir einen Pilotlaser? Als Pilotlaser wird der rote Laser mit Laserklasse 3R verwendet. Warum wird nicht der ebenfalls zur Verfügung stehende grüne Laser der Klasse 2 verwendet?

    Da der infrarote Laser nicht sichtbar ist, verwendet man einen Pilotlaser, um den Operierenden zu zeigen, an welcher Stelle des Gewebes der Laser auftreffen wird. Warum dafür ein Laser der Klasse 3R im roten Spektralbereich eingesetzt wird, ist eine Entscheidung des Herstellers und der Prüfstelle.

39. Hat es eine Bedeutung, welcher Art Schuhwerk oder Socken (ohne Schuhe) bei der Bedienung einer Fußtaste getragen werden?

Auf keinen Fall darf ohne Schuhe gearbeitet werden. Sinnvoll sind nicht zu klobige Schuhe mit rutschfesten Sohlen.

40. Wie kann unmittelbar vor dem Einsatz (unmittelbar = ein, zwei, maximal wenige Sekunden) die Funktion des Systems praktisch (und arbeitssicher) erprobt werden?

Das hängt sehr vom Einsatz des Lasers ab. Am sinnvollsten ist es, den Hersteller zu kontaktieren und nachzufragen, welche Funktionsüberwachung gefordert ist. Das Ausprobieren des Lasers, z. B. auf Holz, kann gefährlich sein und sollte vermieden werden.

LED

41. Fallen LEDs auch unter die Laserschutzverordnung?

Nein. LEDs fallen in der Regel unter die OStrV bzw. TROS IOS. Jedoch gibt es Mischformen, bei denen die LEDs ab einer bestimmten Betriebsspannung in den Laserbetrieb übergehen. In diesem Fall ist die TROS Laserstrahlung anzuwenden.

42. Wie sind LEDs einzustufen?

In der Regel gemäß Normreihe EN 62471 oder einer speziellen Norm für die entsprechende Anwendung.

Laserpointer

43. Ist bei nachträglich abgeschwächten Punktlasern eine lichttechnische Nachvermessung zwingend notwendig oder reicht die Dokumentation inkl. Beschreibung der Berechnungsgrundlage anhand der Herstellerinfos aus? Welche Dokumentationspflicht besteht? Muss die Verfasserin bzw. der Verfasser der Dokumentation über die „Fachkunde Laserschutz" verfügen?

Nach der OStrV dürfen Berechnungen und Messungen nur durch fachkundige Personen durchgeführt werden. Viele im Internet gekaufte Laserpointer weichen stark von den Herstellerangaben ab. Hierbei ist auch zu berücksichtigen, dass die Leistung der Laserpointer während der Messung mit der Zeit ansteigen kann. Berechnungen und Messungen müssen nach der TROS Laserstrahlung erfolgen und dokumentiert werden.

44. Welche Schutzmaßnahmen sind für die berufstätige Person zur lichttechnischen Vermessung eines Laserpointers/Lasermarkierungsgerätes unbekannter Laserleistung und unbekannter Herkunft erforderlich?

Vor der Vermessung müssen geeignete Schutzmaßnahmen getroffen werden. Es empfiehlt sich, die Messung in einem abgeschlossenen Kasten vorzunehmen. Vor der Messung muss die Wellenlänge mit einem Spektrometer ermittelt werden, da viele Messgeräte für die optische Leistung eine Wellenlängenabhängigkeit aufweisen und eine geeignete Schutzbrille ausgesucht werden muss.

45. Gibt es eine einfache Möglichkeit, die Gefährlichkeit eines Laserpointers abzuschätzen, ohne diesen direkt lichttechnisch zu vermessen? Zum Beispiel

um zu erkennen, ob ein Laserpointer aus dem Internethandel möglicherweise falsch klassifiziert wurde, um diesen weiterverkaufen zu dürfen? *Eine solche Möglichkeit gibt es nicht. Der Helligkeitseindruck hängt stark von der Wellenlänge ab. Die einzige Möglichkeit besteht in der Vermessung des Lasers nach DIN EN 60825-1.*

46. Dürfen Laserpointer und Vermessungsgeräte mit Laser der Laserklasse 2 im Handgepäck oder im Koffer bei Flugreisen zumindest innerhalb der EU außerhalb der Schweiz transportiert werden? *Dies obliegt der jeweiligen Fluggesellschaft und hängt vom Flughafen ab. Jeder, der dies vorhat, sollte sich beim Zoll entsprechend erkundigen.*

47. Wieso gibt es auch im Fachhandel bisher keine Laserpointer mit grünem Licht der Laserklasse 1? *Dies ist eine gute Frage! Herstellbar sind diese Laser! Vermutlich werden sie aufgrund der höheren Kosten und aufgrund geringer Nachfrage noch nicht vertrieben.*

48. Welche mobile Messtechnik ist für die lichttechnische Vermessung zur Gefährdungsbeurteilung von Laserpointern im Handel verfügbar? Darf diese Laserpointer-Vermessung auch vom LSB durchgeführt werden? *Verfügt der oder die Laserschutzbeauftragte über die Fachkunde zur Messung von Laserstrahlung, kann die Messung durchgeführt werden. Für die Messung kleiner Leistungen bis ca. 100 mW existieren im Handel kleine handliche Powermeter, welche in etwa so groß wie ein Laserpointer sind.*

Laserprojektoren

49. Für die Laserlicht-Projektoren gibt es eine Einstufung in Risikogruppen, weshalb findet für die „normalen" Projektoren diese Einstufung in Risikogruppen nicht statt? *Normale Projektoren entsprechen in der Regel der freien Risikogruppe nach DIN EN 62471 und müssen dementsprechend nicht gekennzeichnet werden.*

Materialbearbeitungslaser Klasse 1

50. Wie stelle ich den Schutz vor Laserstrahlung bei einem Laser, der durch eine Einhausung in die Klasse 1 eingestuft werden soll, gegenüber den Beschäftigten normgerecht sicher? *Die Einhausung muss (sollte) gemäß EN 60825-4 hergestellt werden. In der Norm sind für einige LASER und Leistungsdichten Standzeiten für Stahl angegeben. Ansonsten ist es sinnvoll, die Anlage durch einen Sachverständigen überprüfen zu lassen. Maßgerechte Anleitungen zum Bau einer Einhausung gibt es nicht.*

51. Ist es zulässig, einen Markierungslaser der USA-FDA-Laserklasse IIIa (entspricht der EU-Laserklasse 3R) nur auf Grundlage der technischen Daten des Herstellers mithilfe von Foto-Graufilterfolien (Absorptionskennlinie in Abhängigkeit der Lichtwellenlänge des Graufilters ist im Herstellerdatenblatt

verfügbar) auf eine Laserlichtleistung entsprechend der EU-Laserklasse 2 abzuschwächen und diesen abgeschwächten Laser anschließend entsprechend der Schutzmaßnahmen eines Klasse-2-Laser zu verwenden?

Derjenige, der dies macht, ist dann ein neuer Hersteller eines Produktes der Klasse 2 und würde sämtliche Haftungsrisiken tragen! Es müssen alle europäischen Anforderungen eingehalten werden.

52. Gelten die Vorschriften zum Laserschutz alle unverändert auch für voll gekapselte Laseranlagen der Klasse 4 (Laserbereich wird niemals betreten)? Müssen ebenfalls Schutzbrillen zur Verfügung stehen und auf die Auswirkungen auf die Gesundheit beim Aufenthalt im Laserbereich hingewiesen werden etc., auch dann, wenn das alles eigentlich nicht relevant sein sollte?

Auch bei Lasern der Klasse 1 gelten alle Vorschriften. Die Maßnahmen können entsprechend angepasst werden. Schutzbrillen müssen dann zur Verfügung gestellt werden, wenn im Fall von z. B. Wartung oder Einrichtung Expositionsgrenzwerte überschritten werden können.

53. Ein Messgerät mit der Laserklasse 2M wird robotergeführt bewegt. Der Roboter ist so programmiert, dass für Zuschauer/Besucher/Bediener unter vorhersehbaren Bedingungen keine Gefahr besteht. Müssen trotzdem weitere Schutzeinrichtungen, z. B. kompletter Sichtschutz, sichere Arbeitsraumbegrenzung o. Ä., eingerichtet werden, wenn der Roboter „unbeobachtet" betrieben wird?

Es muss sichergestellt werden, dass Personen zu keiner Zeit mit Laserstrahlung oberhalb der Expositionsgrenzwerte exponiert werden. Der Hersteller muss dazu eine Risikobewertung erstellen.

54. Eine Laserschutzkabine (T1, teilweise aktiver Schutz) lässt durch alle möglichen Ecken und Spalten normales Licht von außen eintreten. Innen wird ein Laser der Klasse 4 betrieben. Muss ich die Kabine so abschotten, dass kein normales Licht mehr einfallen kann, um sicherzugehen, dass kein Laserlicht austreten kann? Ein direkter „Sichtkontakt" zwischen innen und außen ist nicht vorhanden.

In der Regel muss der Hersteller die Schutzkabine entsprechen der DIN 60825-4 auslegen. Dabei können bei einem Laser der Klasse 4 sehr kleine Spalte vorhanden sein und dennoch die Anforderungen der Norm erfüllt sein. Ein direkter Blick auf die Anlage durch die Spalte hindurch sollte jedoch nicht möglich sein. In jedem Fall ist der Hersteller zu befragen.

55. Ab wann kann man davon ausgehen, dass ein Laseraufbau „geschlossen" ist? Wie geht man damit um, dass mit einer Schutzbrille der Strahl nicht sichtbar ist und es daher unmöglich wird, ihn auszurichten?

Ein Laseraufbau ist geschlossen, wenn zu keiner Zeit Expositionsgrenzwerte überschritten werden können. Zur Ausrichtung kann ein Pilotlaser verwendet werden.

Stichwortverzeichnis

© Springer-Verlag GmbH Deutschland, ein Teil von Springer Nature 2020
C. Schneeweiss et al., *Leitfaden für Fachkundige im Laserschutz,*
https://doi.org/10.1007/978-3-662-61242-2

Willkommen zu den Springer Alerts

Unser Neuerscheinungs-Service für Sie:
aktuell | kostenlos | passgenau | flexibel

Mit dem Springer Alert-Service informieren wir Sie individuell und kostenlos über aktuelle Entwicklungen in Ihren Fachgebieten.

Jetzt anmelden!

Abonnieren Sie unseren Service und erhalten Sie per E-Mail frühzeitig Meldungen zu neuen Zeitschrifteninhalten, bevorstehenden Buchveröffentlichungen und speziellen Angeboten.

Sie können Ihr Springer Alerts-Profil individuell an Ihre Bedürfnisse anpassen. Wählen Sie aus über 500 Fachgebieten Ihre Interessensgebiete aus.

Bleiben Sie informiert mit den Springer Alerts.

Mehr Infos unter: springer.com/alert

Part of **SPRINGER NATURE**

Printed in the United States
By Bookmasters